中国腐蚀状况及控制战略研究丛书

层状无机功能材料在海洋防腐防污领域的应用

王　毅　张　盾　编著

科学出版社

北　京

内 容 简 介

本书对层状无机功能材料在海洋防腐防污领域的应用现状进行了梳理和分类，介绍了层状无机功能材料的分类、基本结构、制备和在海洋防腐防污领域的应用，目的在于促进层状无机功能材料在海洋防腐防污领域应用的发展和成熟。全书共分6章，分别介绍了海洋腐蚀与生物污损研究的意义和现状，层状无机功能材料的分类、结构、制备方法和应用，层状无机功能材料型纳米容器在海洋防腐防污领域的应用，层状无机功能材料基薄膜在海洋防腐防污领域的应用，层状无机功能材料作为填料在防腐防污涂层中的应用，层状无机功能材料在其他领域的应用和展望。

本书内容丰富，数据翔实，可读性强，可以为海洋相关科研院所，海洋开发类企业，海洋工程、化工、能源和石油化工企业中对海洋腐蚀和生物污损防护有兴趣的读者提供重要参考，也可供高等院校的师生阅读参考。

图书在版编目(CIP)数据

层状无机功能材料在海洋防腐防污领域的应用/王毅，张盾编著. —北京：科学出版社，2016.5

（中国腐蚀状况及控制战略研究丛书）

ISBN 978-7-03-048349-2

Ⅰ. ①层… Ⅱ. ①王… ②张… Ⅲ. ①无机材料–功能材料–应用–海洋工程–防腐–研究 Ⅳ. ①P755.3

中国版本图书馆CIP数据核字（2016）第112672号

责任编辑：李明楠 李丽娇 / 责任校对：贾娜娜
责任印制：张 伟 / 封面设计：铭轩堂

科 学 出 版 社 出版
北京东黄城根北街16号
邮政编码：100717
http://www.sciencep.com

北京教图印刷有限公司 印刷
科学出版社发行 各地新华书店经销

*

2016年5月第 一 版 开本：720×1000 B5
2016年5月第一次印刷 印张：18 1/8
字数：365 000

定价：108.00元

（如有印装质量问题，我社负责调换）

“中国腐蚀状况及控制战略研究”丛书
顾问委员会

“中国腐蚀状况及控制战略研究”丛书
总编辑委员会

丛 书 序

腐蚀是材料表面或界面之间发生化学、电化学或其他反应造成材料本身损坏或恶化的现象，从而导致材料的破坏和设施功能的失效，会引起工程设施的结构损伤，缩短使用寿命，还可能导致油气等危险品泄漏，引发灾难性事故，污染环境，对人民生命财产安全造成重大威胁。

由于材料，特别是金属材料的广泛应用，腐蚀问题几乎涉及各行各业。因而腐蚀防护关系到一个国家或地区的众多行业和部门，如基础设施工程、传统及新兴能源设备、交通运输工具、工业装备和给排水系统等。各类设施的腐蚀安全问题直接关系到国家经济的发展，是共性问题，是公益性问题。有学者提出，腐蚀像地震、火灾、污染一样危害严重。腐蚀防护的安全责任重于泰山！

我国在腐蚀防护领域的发展水平总体上仍落后于发达国家，它不仅表现在防腐蚀技术方面，更表现在防腐蚀意识和有关的法律法规方面。例如，对于很多国外的房屋，政府主管部门依法要求业主定期维护，最简单的方法就是在房屋表面进行刷漆防蚀处理。既可以由房屋拥有者，也可以由业主出资委托专业维护人员来进行防护工作。由于防护得当，许多使用上百年的房屋依然完好、美观。反观我国的现状，首先是人们的腐蚀防护意识淡薄，对腐蚀的危害认识不清，从设计到维护都缺乏对腐蚀安全问题的考虑；其次是国家和各地区缺乏与维护相关的法律与机制，缺少腐蚀防护方面的监督与投资。这些原因就导致了我国在腐蚀防护领域的发展总体上相对落后的局面。

中国工程院“我国腐蚀状况及控制战略研究”重大咨询项目工作的开展是当务之急，在我国经济快速发展的阶段显得尤为重要。借此机会，可以摸清我国腐蚀问题究竟造成了多少损失，我国的设计师、工程师和非专业人士对腐蚀防护了解多少，如何通过技术规程和相关法规来加强腐蚀防护意识。

项目组将提交完整的调查报告并公布科学的调查结果，提出切实可行的防腐蚀方案和措施。这将有效地促进我国在腐蚀防护领域的发展，不仅有利于提高人们的腐蚀防护意识，也有利于防腐技术的进步，并从国家层面上把腐蚀防护工作的地位提升到一个新的高度。另外，中国工程院是我国最高的工程咨询机构，没有直属的科研单位，因此可以比较超脱和客观地对我国的工程技术问题进行评估。把这样一个项目交给中国工程院，是值得国家和民众信任的。

这套丛书的出版发行，是该重大咨询项目的一个重点。据我所知，国内很多领域的知名专家学者都参与到丛书的写作与出版工作中，因此这套丛书可以说涉及了我国生产制造领域的各个方面，应该是针对我国腐蚀防护工作的一套非常全面的丛书。我相信它能够为各领域的防腐蚀工作者提供参考，用理论和实例指导我国的腐蚀防护工作，同时我也希望腐蚀防护专业的研究生甚至本科生都可以阅读这套丛书，这是开阔视野的好机会，因为丛书中提供的案例是在教科书上难以学到的。因此，这套丛书的出版是利国利民、利于我国可持续发展的大事情，我衷心希望它能得到业内人士的认可，并为我国的腐蚀防护工作取得长足发展贡献力量。

徐匡迪

2015 年 9 月

丛书前言

众所周知，腐蚀问题是世界各国共同面临的问题，凡是使用材料的地方，都不同程度地存在腐蚀问题。腐蚀过程主要是金属的氧化溶解，一旦发生便不可逆转。据统计估算，全世界每 90 秒钟就有一吨钢铁变成铁锈。腐蚀悄无声息地进行着破坏，不仅会缩短构筑物的使用寿命，还会增加维修和维护的成本，造成停工损失，甚至会引起建筑物结构坍塌、有毒介质泄漏或火灾、爆炸等重大事故。

腐蚀引起的损失是巨大的，对人力、物力和自然资源都会造成不必要的浪费，不利于经济的可持续发展。震惊世界的“11・22”黄岛中石化输油管道爆炸事故造成损失 7.5 亿元人民币，但是把防腐蚀工作做好可能只需要 100 万元，同时避免灾难的发生。针对腐蚀问题的危害性和普遍性，世界上很多国家都对各自的腐蚀问题做过调查，结果显示，腐蚀问题所造成的经济损失是触目惊心的，腐蚀每年造成损失远远大于自然灾害和其他各类事故造成损失的总和。我国腐蚀防护技术的发展起步较晚，目前迫切需要进行全面的腐蚀调查研究，摸清我国的腐蚀状况，掌握材料的腐蚀数据和有关规律，提出有效的腐蚀防护策略和建议。随着我国经济社会的快速发展和“一带一路”战略的实施，国家将加大对基础设施、交通运输、能源、生产制造及水资源利用等领域的投入，这更需要我们充分及时地了解材料的腐蚀状况，保证重大设施的耐久性和安全性，避免事故的发生。

为此，中国工程院设立“我国腐蚀状况及控制战略研究”重大咨询项目，这是一件利国利民的大事。该项目的开展，有助于提高人们的腐蚀防护意识，为中央、地方政府及企业提供可行的意见和建议，为国家制定相关的政策、法规，为行业制定相关标准及规范提供科学依据，为我国腐蚀防护技术和产业发展提供技术支持和理论指导。

这套丛书包括了公路桥梁、港口码头、水利工程、建筑、能源、火电、船舶、轨道交通、汽车、海上平台及装备、海底管道等多个行业腐蚀防护领域专家学者的研究工作经验、成果以及实地考察的经典案例，是全面总结与记录目前我国各领域腐蚀防护技术水平和发展现状的宝贵资料。这套丛书的出版是该项目的一个重点，也是向腐蚀防护领域的从业者推广项目成果的最佳方式。我相信，这套丛书能够积极地影响和指导我国的腐蚀防护工作和未来的人才培养，促进腐蚀与防护科研成果的产业化，通过腐蚀防护技术的进步，推动我国在能源、交通、制造业等支柱产业上的长足发展。我也希望广大读者能够通过这套丛书，进一步关注我国腐蚀防护技术的发展，更好地了解和认识我国各个行业存在的腐蚀问题和防腐策略。

在此，非常感谢中国工程院的立项支持以及中国科学院海洋研究所等各课题承担单位在各个方面的协作，也衷心地感谢这套丛书的所有作者的辛勤工作以及科学出版社领导和相关工作人员的共同努力，这套丛书的顺利出版离不开每一位参与者的贡献与支持。

侯保荣

2015年9月

序

21 世纪是海洋的世纪，高速发展的蓝色经济正逐步成为我国经济新的增长点。海洋资源开发速度和利用规模惊人，这对各类海洋工程设施的安全服役提出了严苛要求。但是，海洋是最为苛刻的自然腐蚀环境，服役其中的海洋工程设施由于直接受到海水腐蚀等影响，不仅造成资源的无谓消耗，而且会导致严重灾害性事故。除海洋腐蚀外，生物污损也会造成船舶航速下降、管线阻塞以及海洋平台载荷增加等问题，影响海洋工程设施安全有效运行。因此，开发利用海洋就必须重视海洋防腐防污技术。

近年来，随着人类环保意识的增强，海洋防腐防污技术绿色化已经成为大势所趋。而环境友好海洋防腐防污技术的发展依赖于新材料的应用。层状无机功能材料作为一类具有二维层状空间结构的化合物，具有独特的超分子插层结构。该类材料种类丰富，具有独特的物理化学特性，在海洋防腐防污领域具有广阔的应用前景。

本书作者制备了系列分子容器型天然产物防污剂插层水滑石材料，突破了插层组装技术瓶颈，解决了天然产物防污剂光热稳定性差和易失活的难题，为新型环境友好防污涂层技术发展做出了尝试和贡献。本书还涵盖了近年来国内外有关层状无机功能材料在海洋防腐防污领域应用的最新研究成果。

相信此书的出版会使人们对层状无机功能材料在海洋环境腐蚀与生物污损防护领域的应用有一个更为全面和深入的认识，对相关基础理论和应用研究具有推动作用。

侯保荣

2016 年 4 月

前　言

海洋是人类生存和发展的资源宝库。各类海洋工程设施浸入海水后会同时发生海洋腐蚀和生物污损两个自然过程。海洋腐蚀会对海洋工程设施造成腐蚀损坏，导致巨大经济损失，甚至发生灾害性事故。生物污损会造成海洋平台载荷增加、管线堵塞、船舶设施航速下降等问题，不仅降低设备使用性能，还会显著减低设施和材料的安全有效运行。因此，要保障海洋工程设施安全服役，必须大力发展海洋腐蚀与生物污损防护技术。

海洋腐蚀与生物污损防护技术的进步有赖于新材料的研发与应用。特别是近年来，随着人类环保意识的增强，一些传统防腐防污技术由于不具有环境友好性相继遭受限用和禁用。在此催动下，世界各国相继开展了环境友好海洋腐蚀与生物污损防护新材料的研发工作，并取得了丰硕的成果。

层状无机功能材料是一类具有二维层状空间结构的化合物，具有独特的物理化学性质，已经成为化学、材料学等领域的研究热点。近年来，将其应用于环境友好海洋腐蚀与生物污损防护领域也取得了一定的研究进展。本书作者在国家重点基础研究发展计划（2014CB643304）、国家自然科学基金（21101160）、中国科学院“百人计划”和重要方向性项目、山东省及青岛市自然科学基金的支持下，在天然产物防污剂分子插层水滑石缓释防污技术领域取得了一定的进展，开发了系列具有超分子插层结构的缓释防污材料，弥补了天然产物防污剂分子光热稳定性差和制备成涂层易失活的缺陷，为新型天然产物防污剂在防污涂料中的应用提供了新的解决方案。此外，还利用原位生长技术在金属基体表面制备了水滑石型微纳结构涂层，经过表面疏水化处理或者焙烧后具有良好的防微生物污损性能。

将层状无机功能材料应用拓展到海洋腐蚀与生物污损领域具有重要的科学意义，有助于获取环境友好、性能优异的防腐防污材料。未来，随着材料制备和表征技术的进步，必将有更多的层状无机功能材料被应用于该领域，有力推动该领域技术进步。但是现阶段，层状无机功能材料在海洋防腐防污领域应用发展时间不长，急需一本关于这方面的著作，使读者加深对其在海洋防腐防污领域应用的了解。本书正是为这一需求而编写的。

本书对层状无机功能材料在海洋防腐防污领域的应用现状进行了梳理和分类。按照分类，编排章节，介绍了层状无机功能材料分类、基本结构、制备和在海洋防腐防污领域的应用，目的在于促进层状无机功能材料在海洋防腐防污领域应用的发展和成熟。全书共分 6 章。第 1 章简要介绍海洋腐蚀与生物污损研究的意义和现状；第 2 章简要介绍层状无机功能材料的分类、结构、制备方法和应用；第 3 章重点介绍层状无机功能材料型纳米容器在海洋防腐防污领域的应用；第 4 章着重介绍层状无机功能材料基薄膜在海洋防腐防污领域的应用；第 5 章介绍层状无机功能材料作为填料在防腐防污涂层中的应用；第 6 章简要介绍层状无机功能材料在其他领域的应用和展望。

感谢中国工程院重大咨询项目对本书出版的资助。

由于作者水平有限，本书难免存在不足和疏漏，恳请广大读者批评指正！

王　毅　张　盾

2016 年 4 月

目　录

第 1 章　海洋防腐防污概述

1.1　研 究 意 义

海洋是人类生存和发展不可缺少的空间环境，是解决人口剧增、资源短缺、环境恶化三大难题的希望所在。我国拥有 18 000 多千米的大陆海岸线、6500 个面积在 500 平方米以上的沿海岛屿和 37 万平方千米拥有 12 海里领海权的海域面积，这为我国发展海洋经济提供了十分广阔的天地。开发海洋资源，发展海洋经济已成为国家发展的重要支柱。

海洋工程设施浸入海水后会同时发生海洋腐蚀和生物污损两个相互作用共同影响的自然过程。海洋工程设施由于直接受到海水腐蚀以及干湿交替等影响，不仅会造成腐蚀损坏和功能丧失，缩短使用寿命，造成资源、材料和能源的巨大浪费，而且会导致灾害性事故。例如，1980 年北海油田上正在作业的一钻井平台因六根撑管先后断裂而发生剪切开裂，10 105 吨重的平台在 25 分钟倾覆，123 人罹难，造成近海石油钻探史上一起罕见的灾难。挪威事故调查委员会的检查报告表明这起事故是由腐蚀疲劳断裂引发的[1]。

据世界各国统计，每年因腐蚀所造成的经济损失约占 GDP 的 2%～4%，超过火灾、水灾、旱灾以及台风等灾害所带来的损失总和。英国在 1970 年发表的著名的 Hoar 报告指出，英国每年腐蚀损失为 13.65 亿英镑，占 GDP 的 3.5%[2]。美国 1984 年腐蚀损失为 1680 亿美元；1989 年腐蚀损失为 2000 亿美元，约占 GDP 的 4.2%；1998 年腐蚀损失为 GDP 的 3.1%，约合 2760 亿美元[2]。日本腐蚀防蚀协会用 Uhlig 和 Hoar 两种方法在 1975 年和 1999 年分别进行了两次腐蚀损失调查，1997～1998 年的调查报告指出，日本的腐蚀直接损失约为 39 380 亿日元[2]。我国 2014 年 GDP 达到 636 463 亿人民币，腐蚀损失按 4%计算，也超过了 25 000 亿人民币，而一般认为海洋腐蚀损失至少占 1/3 以上。已有研究表明，如果采取有效的控制和防护措施，其中 25%～40%是可以避免的，这样每年可以节约巨额资金。惊人的腐蚀损失告诉我们，开发海洋必须重视海洋腐蚀的研究，以保证海洋工程设施能够长期安全运行，这对于顺利开发海洋资源、国民经济建设和国家海防安全都具有十分重要的保障意义。

海洋污损生物是海洋环境中栖息或附着在船舶和各种水下人工设施上对人类经济活动产生不利影响，给投资者带来负效益的动物、植物和微生物的总称。主要包括一些大型藻类、水螅、外肛动物、龙介虫、双壳类、藤壶和海鞘。全世界记录的污损生物有4000余种，其群落组成有明显地域性，并呈季节性变化[3]。大多数污损生物幼虫营浮游生活，成体营附着或固着生活。这些生物在水下人工设施表面附着、聚集，给人类经济活动带来的危害称为生物污损，这是人类开始从事海洋开发就遇到的生物危害。世界各国每年花费大量费用用于防除海洋生物污损，据最近一次统计，仅用于商业运输目的船舶上去除污损的费用，就约合300亿美元。此外，据不完全统计，全世界仅生物污损给各种水下工程设施与舰船设备造成的损失就可达每年65亿美元以上。因此，开发新型、高效、经济的海洋防生物污损（简称防污）材料不仅对我国具有重要战略意义，而且还有很大的经济效益和社会效益。

严重的海洋生物污损造成海洋平台载荷增加、管线堵塞、船舶设施航速下降等问题，不仅降低了设备的使用性能，还会显著降低设施和材料的安全有效运行。对于海洋船舶设施而言，生物污损代价巨大，会大大增加舰船外壳动力阻力。例如，会使100μm厚的生物膜增加摩擦阻力10%以上；1mm厚的生物膜摩擦阻力增加80%，使船速降低15%。船舶生物污损严重时，船底生物附着可达十多厘米厚，对近万平方米船底的大型商用船舶或军用舰船来说，将造成航速下降、能耗增加，严重影响设备性能的发挥和安全运行。生物污损还可堵塞海水淡化设备中的关键膜部件、海水输送管道或者换热器内部管道，引起传质或传热效率降低；增加海上石油平台重量，造成平台超负荷运行；增加设施物截面积，增大波涛和海流引起的动力载荷效应，带来安全隐患。污损生物附着在船底声呐等设备上，会引起设备信号减弱甚至失灵；造成仪表及转动机构失灵，影响浮标、阀门等设备的正常使用；覆盖在牺牲阳极表面，使得牺牲阳极污损失效。另外，硫酸盐还原菌（sulfate-reducing bacteria，SRB）和铁细菌等海洋细菌的附着以及细菌自身代谢导致的阴极去极化，会加速海上金属结构电化学腐蚀，破坏金属表面保护层，引发局部腐蚀；污损生物在钢表面附着加剧金属腐蚀；污损生物会破坏金属表面涂层，使金属裸露而导致金属腐蚀；有石灰外壳的污损生物覆盖在金属表面，改变了金属表面的局部供氧，形成氧浓差电池而加剧腐蚀；一些藻类由于光合作用产生氧气，增加水中的溶解氧浓度，从而加速金属腐蚀。此外，还会对水产养殖业造成不利影响。据不完全统计，全世界仅生物污损给各种水下工程设施造成的损失就达每年2000亿美元以上[4]。因而，深入研究生物污损问题，发展防污技术已显得尤为重要，并引起世界各国的重视。

1.2　海洋环境腐蚀概述

1.2.1　海洋腐蚀环境分区

从腐蚀的角度，海洋环境分为海洋大气区、浪花飞溅区、海水潮差区、海水全浸区和海底泥土区五个不同的区带[1]。海水全浸区还可以细分为浅海区和深海区。典型海洋环境五个区带及腐蚀行为的分类总结见表1-1[2]。各种材料在不同腐蚀区带，有着不同的腐蚀特点和影响因素。因此，材料在不同区带的腐蚀规律不能一概而论，要分别研究对待。

表1-1　不同海洋环境区域的腐蚀特点

海洋区域	环境条件	腐蚀特点
海洋大气区	风带来小海盐颗粒，影响因素有：高度、风速、雨量、温度、辐射等	海盐粒子使腐蚀加快，但随离海岸距离不同而不同
浪花飞溅区	潮湿、充分充气的表面，无海生物沾污	海水飞溅、干湿交替，腐蚀剧烈
海洋潮差区	周期浸没、供氧充足	因氧浓差电池形成阴极而受到保护，阴极区往往形成石灰质
海水全浸区	海水通常为饱和状态，影响因素有：含氧量、流速、水温、海生物、细菌等	腐蚀随温度和海水深度变化，生物因素影响较大
海底泥土区	常有细菌（如SRB）	泥浆通常有腐蚀性，引起微生物腐蚀

1. 海洋大气区

海洋大气区是指海洋环境中常年不直接接触海水的部分。海洋大气区腐蚀受多种因素影响，是不同因素相互作用引起的。一般认为，距离海岸线200m以内的区域称为海洋大气腐蚀环境。与陆地大气区相比，海洋大气区金属表面存在含盐液滴，使得该区带腐蚀比内陆严重许多。海洋大气区腐蚀与海盐沉积、风浪条件、距离海面高度和在空气中暴露时间长短等因素有关。对海洋大气区腐蚀产生重要影响的其他因素还有表面水分、降雨、日光照射、温度、大气中的腐蚀气体，以及表面的尘埃和细菌等。在距离海岸线较近的工业大气中，往往含有二氧化硫、二氧化碳等有害气体，这对金属腐蚀也有较大影响[1]。

2. 浪花飞溅区

浪花飞溅区是指海水飞沫能够喷洒到其表面，但在海水涨潮时又不能被海水浸没的部位[5]。由于受到海水周期润湿，经常处于干湿交替状态，氧供应充分，盐分高，温度差异大及波浪冲击等是造成浪花飞溅区腐蚀严重的重要因素。例如，同一种钢在浪花飞溅区腐蚀速度比在海水中快3～10倍。此外，钢铁材料在浪花飞溅区腐蚀状况也与该海域气象条件密切相关[6, 7]。

3. 海洋潮差区

海洋潮差区是指涨潮时被海水浸没，退潮时又暴露在空气中的位置，即海水平均高潮线与平均低潮线之间的区域。该区特点是干湿周期性变化。对于钢结构物整体而言，在潮差区部分能与全浸区部分形成氧浓差电池，潮差区部分由于氧浓度较高成为阴极受到保护，而全浸区部分由于氧浓度偏低，成为阳极，腐蚀加重。

4. 海水全浸区

海水全浸区是指常年被海水浸泡的区带。按深度可分为浅海区（浅于 200m）和深海区（深于 200m）两部分[2]。在浅海区又把海面下 20m 之内的区域称为表层海水，其中溶解氧近于饱和，生物活性强，水温高，是全浸条件下腐蚀较重的区域。

随着海洋开发向深海进行，关于材料深海腐蚀的研究也越发迫切。深海区对材料结构和功能可靠性要求更高。与浅海相比，深海海洋工程设施服役过程将承受低温、低溶解氧、低盐度和低 pH 的影响，以及洋流、湍流、高压和复杂工况载荷作用。其腐蚀行为与浅层海水中表现迥异，有些规律截然相反，需区别对待。

5. 海底泥土区

海底泥土区是指海水全浸区以下部分，主要由海底沉积物构成，是海洋环境的重要组成部分。对于海洋环境腐蚀来讲，更关注的是金属及合金材料在海底沉积物表层（0～2m）的腐蚀行为。表层海底沉积物具有如下特征：长期与海水充分接触，含水量高，电阻率低，含氧量低，通常含有较丰富的有机质，厌氧细菌含量较高，微生物代谢比较活跃，微生物矿化作用显著。该自然环境腐蚀因子十分有利于金属和合金材料的微生物腐蚀的发生和发展。

1.2.2 海洋环境腐蚀影响因素

海洋环境是一种特定的极为复杂的腐蚀环境，温度、光照、海浪冲击、流速和泥沙磨蚀等物理因素，以及盐度、溶解氧、pH 和海洋污染物等化学因素，均会对海洋环境腐蚀产生影响。此外，由于海水的生物活性，由海洋腐蚀性细菌产生的代谢产物、形成的生物膜和生物污损等生物因素也会影响海洋环境腐蚀。另外，材料自身因素，如合金加工缺陷和所处腐蚀区带位置等，也会对海洋环境腐蚀发生过程产生影响。

下面简要介绍一下氯离子、溶解氧和微生物等因素影响的钢铁材料海洋环境腐蚀过程。

1. 氯离子

以钢铁材料海洋腐蚀为例，在腐蚀电池产生的电场作用下海水介质中的 Cl^- 不断向阳极区迁移、富集。阳极溶解出的 Fe^{2+}和 Cl^-生成可溶于水的 $FeCl_2$，然后向阳极区外扩散，与本体溶液或阴极区的 OH^-生成俗称“褐锈”的 $Fe(OH)_2$，遇到孔隙液中的水和氧很快又转化成其他形式的锈。$FeCl_2$ 生成 $Fe(OH)_2$ 后又可被氧化为 $Fe(OH)_3$，$Fe(OH)_3$ 若继续失水就形成水合氧化物 FeOOH（即为红锈），一部分氧化不完全变为 Fe_3O_4（即为黑锈）。同时放出 Cl^-，新的 Cl^-又向阳极区迁移，带出更多的 Fe^{2+}。Cl^-不构成腐蚀产物，在腐蚀中也未被消耗，如此反复对腐蚀起催化作用。Cl^-对钢的腐蚀起着阳极去极化作用，加速钢的阳极反应，促进钢的局部腐蚀[2]。

此外，氯化物对混凝土也有侵蚀作用。Cl^-通过扩散、毛细、渗透等进入混凝土中并到达钢筋表面，当它吸附于局部钝化膜处时，可使该处 pH 迅速降低。当 $pH<11.5$ 时，钝化膜就开始不稳定；当 $pH<9.88$ 时，钝化膜生成困难或已经生成的钝化膜逐渐被破坏。Cl^-的局部酸化作用会破坏钢筋钝化膜，造成小阳极大阴极情况，促成严重的电化学腐蚀，并形成腐蚀产物。其产生的膨胀压力能够导致混凝土顺筋开裂，严重的使混凝土保护层剥落，导致钢筋混凝土结构可靠性降低[2]。

2. 溶解氧

溶解氧含量随海水深度不同而变化。在正常情况下，表层海水是被空气饱和的，溶解氧浓度一般随水温在 $5\times10^{-6}\sim10\times10^{-6}cm^3/L$ 范围内变化。另外，由表 1-2 可见，盐浓度和温度越高，氧的溶解度越小。

表 1-2　氧在海水中的溶解度

温度/℃	盐浓度（质量分数）/%					
	0.0	1.0	2.0	3.0	3.5	4.0
0	10.30	9.65	9.00	8.36	8.04	7.72
10	8.02	7.56	7.09	6.63	6.41	6.18
20	6.57	6.22	5.88	5.52	5.36	5.17
30	5.57	5.27	4.95	4.65	4.50	4.34

以钢铁材料为例，溶解氧作为去极化剂，获得电子，被还原成 OH^-，进一步

与 Fe^{2+}形成腐蚀产物 $Fe(OH)_2$，并随后被水中溶解氧氧化形成铁锈[2]。在海洋环境中，腐蚀过程通常是由氧扩散控制的，即钢铁材料腐蚀速率主要取决于溶解氧到达金属表面的浓度和被还原的速度。但是在实海环境中，由于其他环境因素综合影响，海洋环境腐蚀的真实发生过程是极为复杂的，其破坏威力也远远大于溶解氧的单独作用。

3. 微生物

微生物通过在金属表面形成生物膜而与其发生相互作用，导致金属性能的劣化和破坏，是工程设施加速腐蚀破坏的重要发生因素。据报道，海洋环境中 20%～30%的腐蚀损失与微生物腐蚀有关[8]。

传统的海洋微生物腐蚀研究主要是针对海底泥土区的缺氧环境，也就是厌氧的 SRB 腐蚀的研究，而对其他腐蚀区带金属材料微生物腐蚀研究相对较少。但是，最近的观点认为几乎所有腐蚀区带都涉及微生物腐蚀，已证实可造成微生物腐蚀的细菌有很多种，如参与硫循环的硫氧化菌（sulfur-oxidizing bacteria，SOB）和 SRB[9]，参与铁循环的铁氧化细菌（iron-oxidizing bacteria，IOB）[10，11]和铁还原菌（iron-reducing bacteria，IRB）[11，12]，以及一些芽孢杆菌属和假交替单胞菌属[13，14]等。

在海洋大气区和浪花飞溅区，主要是湿盐膜在金属表面的沉积，此种情况下主要是真菌（霉菌）腐蚀。在海洋潮差区和海水全浸区，海洋微生物会在海洋工程设施表面发生生物附着，最初是好氧微生物附着，引起好氧微生物腐蚀。随着生物膜污损程度加重，生物膜会发生群落更替，底层生物膜就逐渐成为厌氧环境，此时则主要以厌氧微生物腐蚀为主。在海底泥土区，主要生存厌氧微生物，微生物通过海泥海水中的有机营养物生存，此环境中主要发生厌氧微生物腐蚀。

在海洋微生物腐蚀研究中，SRB 腐蚀最为常见，也是研究最早、最为广泛的腐蚀微生物种属之一。1934 年，Kühr 等[15]最早提出 SRB 参与金属腐蚀的阴极去极化理论。后来，Booth 等[16]证实了 SRB 细胞中的氢化酶、H_2S 都可以促进阴极去极化作用，加速金属腐蚀，为阴极去极化理论提供了依据，并完善和丰富了阴极去极化理论。1973 年，King 等[17]提出 SRB 代谢产物 S^{2-}会与阳极反应产物 Fe^{2+}发生作用形成 FeS 附着在碳钢表面上作为阴极，与 Fe 阳极形成局部电池，使金属发生腐蚀。近期，Venzlaff 等[18]研究证明金属表面沉积的腐蚀产物 FeS 作为一种半导体材料，在电子从金属基体流向 SRB 细胞过程中起到非常重要的作用。然而，Chen 等[19]研究发现在无有机电子供体的情况下，无论存在或不存在 FeS，SRB 都能够通过直接从碳钢表面获取电子来长期存活。Iverson[20]认为 SRB 厌氧腐蚀也是由于其代谢产生了具有较高活性和挥发性的磷化物的结果，磷化物与基体 Fe、H_2S 作用可产生磷化铁，加剧基体腐蚀。Dinh 等[21]研究发现，在 Fe

存在条件下，一种 SRB 可以产生高浓度氢气而非消耗氢气，认为该细菌可以直接从 Fe 中获得电子来加速阳极反应过程，而非依靠消耗阴极氢。Xu 等[22]研究发现，SRB 在营养物质匮乏的条件下，能够通过自身产生的导电纳米线从金属基体表面获取能量，这支持了 Dinh 等的观点。Mehanna 等[23]研究证明一种 SRB（*Geobacter sulfurreducens*）可导致不锈钢开路电位升高，暗示该菌种可通过膜表面活性物质与材料表面直接进行电子转移获取电子。Bao 等[24]研究证明 SRB 两种主要代谢产物——硫化物和胞外聚合物对碳钢的腐蚀起到相反的作用，硫化物能够加速碳钢腐蚀，然而胞外聚合物在金属表面吸附形成一层致密膜，在一定程度上保护了基体金属。这一系列结果说明，SRB 自身活动或者代谢过程产生的产物对腐蚀过程的电化学反应过程的影响是材料表面微生物腐蚀发生的主要原因。

1.2.3 海洋环境腐蚀主要破坏形式

海洋腐蚀环境十分复杂，不同种类金属及合金材料腐蚀破坏形式明显不同，即使是同一种材料，在不同海洋腐蚀环境下其腐蚀破坏形式也存在差异。一般来说，海洋环境腐蚀主要破坏形式包括以下几个方面。

1）全面腐蚀

材料全面腐蚀的腐蚀速率随时间延长变化不大，是一种可预测的海洋腐蚀形态，其危险性相对较小，在工程设计上可通过预留腐蚀余量来保证结构物使用寿命。研究表明，这种腐蚀形态只有少量碳钢和低合金钢在全浸腐蚀条件下出现。

2）局部腐蚀

局部腐蚀，特别是点蚀，是影响金属及合金材料强度及使用寿命的一个重要因素。局部腐蚀虽然质量损失较小，但多集中发生在某些突发性事故，因而其危险性较大。据统计，大约有 80%以上的腐蚀事故是由局部腐蚀造成的。

3）电偶腐蚀

在海洋环境中，由于海水电阻率很小，是强电解质介质，当两种不同金属，如碳钢和不锈钢、不锈钢和钛合金等，共同使用时，就要特别注意避免发生电偶腐蚀。

4）宏观电池腐蚀

海洋钢桩在潮差区和海水全浸区存在宏观电池腐蚀，海水全浸区的钢桩是阳极，发生加速腐蚀。

5）应力腐蚀

应力腐蚀是海洋工程腐蚀破坏形式之一，因其难以预测，容易造成严重事故，危险性较大。

6）腐蚀疲劳

波浪载荷下的腐蚀疲劳破坏是钢桩式结构的主要强度破坏形式之一。另外，由于海水腐蚀与疲劳载荷共同作用的结果，疲劳载荷加速腐蚀破坏的过程，而海水腐蚀进一步加速钢结构的疲劳破坏，从而使其寿命缩短。

1.2.4 海洋环境腐蚀防护技术

由于海洋腐蚀环境的复杂性与多变性，金属及合金材料腐蚀情况存在着较大差异，这就决定了海洋工程设施的腐蚀防护是一个非常复杂的问题。要具体问题具体分析，从而采取恰当有效的科学防腐措施。海洋工程设施防腐措施众多，总体来说可归纳为以下几种[25]。

1）合理选材及结构设计优化

选用性能优异的金属及合金材料是提高海洋工程设施耐腐蚀性能的有效措施，如镍铝青铜、锰青铜、海军黄铜、含钼不锈钢、莫内尔合金及钛合金等材料在海洋环境下都具有良好的耐腐蚀性能。此外，通过对海洋工程设施进行结构设计优化，减少海水及腐蚀介质在其表面的积存，并使其利于实现腐蚀防护，也是提高海洋工程设施耐腐蚀性能的措施。

2）采用防护涂层及包覆防腐技术

海洋环境防腐对于涂料的要求很高，一般要求有至少十年以上的保护期，属于重防腐领域。目前能够应用于海洋浪花飞溅区的重防腐涂料主要有三大类：超厚膜型防护涂料、玻璃鳞片防护涂料和环氧树脂砂浆涂料。涂料技术是目前国内腐蚀防护的主要手段之一，但是对于浪花飞溅区等重腐蚀区带，不能单纯采用涂料技术进行防护，应与其他防护手段（如表面包覆防护技术）联用，才能达到最佳的腐蚀防护效果。

表面包覆技术可分为有机包覆、无机包覆和矿脂包覆三大类防腐技术。其中矿脂包覆防腐技术特别适用于已建钢结构的腐蚀修复。该技术可以应用于浪花飞溅区和海洋潮差区等重腐蚀区带，既可在新建结构物上施工，也可对在役构造物进行修复，并且可带水施工。此外，矿脂包覆技术也可以应用于大气以及埋地管道、法兰的腐蚀防护[2]。

3）添加缓蚀剂

在相对封闭的海洋环境中，通常可以采取添加缓蚀剂的方法来抑制金属及合金材料腐蚀，如在海水循环系统和海底管线中添加缓蚀剂以防腐。缓蚀剂是具有抑制金属腐蚀功能的一类无机物质和有机物质的总称，主要包括钼酸盐、锌盐、铝系金属盐、葡萄糖酸盐、咪唑啉及其衍生物、胺类、醛类及季铵盐等。

4）阴极保护技术

阴极保护技术就是通过给被保护金属材料通入足够的阴极电流，使其电极电位变负，降低其溶解速率，以达到金属材料防腐的目的。目前，阴极保护技术主要有牺牲阳极保护技术和外加电流保护技术，不但能控制全面腐蚀，而且能有效抑制局部腐蚀，其技术可靠，使用年限长，是海洋结构物的有效防腐手段之一，在海水全浸区已普遍应用。

针对不同的环境特点，以上 4 种方法往往各有侧重。例如，海洋大气区通常采用涂层保护法；浪花飞溅区可以采用涂层与包覆联合防腐技术；海洋潮差区可以采用涂层与阴极保护联合防腐技术；海水全浸区和海底泥土区可以采用阴极保护法，也可采用涂层与阴极保护联合防腐技术。总之，上述的腐蚀防控技术在工业上都有广泛的应用，为减缓或防止金属及合金材料在海洋环境中的腐蚀做出了较大贡献。

1.3　海洋生物污损概述

1.3.1　生物污损机制

生物污损是一个发展的、渐进的复杂过程。一个稳定的污损生物群落的形成与发展，一般经历了初期（诱导）、中期（生长）和稳定三个主要阶段。在初期，任何浸入海水的物体在复杂的海洋环境中，都会受到一系列物理、化学和生物因素的共同作用，在数分钟内物体表面就会吸附一层以蛋白质大分子为主要成分的聚合物薄膜，一般称作条件膜。条件膜的形成改变了基体材料表面的物理化学特性、溶质浓度等，成为浮游生物（如细菌、硅藻等）附着、繁殖、形成微生物膜的基础。微生物膜形成后，单细胞真核生物、多细胞真核生物等相继附着在基体材料表面，逐渐形成复杂的生态系统。而后，通过黏附在材料表面的细菌分泌的细胞外产物的连接作用，逐渐形成一层以细菌和硅藻为主的生物膜。生物膜形成后，海洋中漂浮、游动的大型污损动物幼虫就会在这些生物膜表面固定附着，在膜中发育生长，最后形成复杂的大型污损生物层[26]。在整个过程中，生物膜起着重要作用：①为附着生物的浮游幼虫提供立足点；②使发亮表面变暗并改变表面原来颜色，从而有利于附着；③可充当藤壶、贻贝及其他浮游生物幼虫或成虫的饵料；④促进定居生物的石灰质沉淀；⑤分解有机质，从而增加藻类植物又为附着动物提供食物来源。此外，生物膜内微生物的存在和其生命活动会引起微生物腐蚀。仅因 SRB 产生的 H_2S 的腐蚀作用使石油工业的生产、运输和储存设备每年遭受的损失就达数亿美元[27]。

在生物污损发生发展过程中，条件膜的形成是无法避免的。但是，生物膜的形成过程则可被人为控制。如果前期生物膜的形成过程被有效阻止，则后续大型污损生物附着也将被有效延缓或阻止。因此，基体材料表面初期微生物污损的防控研究，一直是科学界的研究热点。

1.3.2　生物污损影响因素

海洋污损生物的附着主要受海洋生态环境、附着材料表面性质及相对海水流速的影响。海域、季节、水温、光照、水流速度、盐度、附着材料界面性能等众多因素对附着污损生物种类和数量均有一定的影响和制约。一般来说，富营养化、水温较高、水流速度缓慢的海域有利于污损生物附着。影响海洋生物附着的因素可以宏观地归结为以下四个方面。

1. 海洋生态环境

污损生物群落具有非均一性和非连续性，它们随多种因素的动态变化而变化。污损生物种类组成、优势种、主要危害种、生物量、覆盖面积、分布状况等参数均随海域生态环境变化而改变，不同海域优势种不同。由于地理位置和环境因素的差异，我国各近海海区污损生物群落种类组成和结构特点会出现不同。

南海纵跨热带与亚热带，自然环境较为复杂，水温较高，盐度大，透明度高，污损生物种类多，生长迅速，且全年都可附着，是我国生物污损最严重的海域。在南海，无柄蔓足类在沿岸水域的污损生物群落中占绝对优势，其附着量随离岸距离的增加而下降；而有柄蔓足类则在距岸较远的近海水域占优势，其附着量随离岸距离的增加而上升。群落垂直分带明显，分布广，潮上带至潮下带生物种类和附着量呈先增加后减少趋势，在海面附近水层生物附着量达到最大。污损生物的种类组成和数量会随季节发生变化，总体趋势为夏秋季高于冬春季[28]。

东海海域污损生物种类多样性的变化以河口区最大，内湾区最小，这主要与河口区环境因子变化大而内湾区变化较小有关。流速对污损生物分布的影响则以港湾最为明显。例如，对东山湾 6 个试验点污损生物研究表明，位于湾口的太平屿流速达 210m/h，故生物种类最多，生物量也最大。东海区的优势种（如网纹藤壶、三角藤壶、红巨藤壶、钟巨藤壶、翡翠贻贝等）的分布与南海近岸完全相同，而与黄、渤海区差异极大。上述优势种都不进入黄海、渤海区，而北方的某些优势种，如致密藤壶等，也不进入东海区，这显然是与长江强劲的径流有关[29-31]。

黄海、渤海地处温带，所出现的污损生物为广盐和低盐的温带种和广温种，主要有软体动物、苔藓动物、甲壳类、多毛类、腔肠动物、海鞘和藻类。由于地理位置的不同和环境因素的差异，各海域污损生物状况会有所变化：在水流不畅的调查站位（如秦皇岛港和连云港），污损生物种类不多，附着量较低，且主要是密鳞牡蛎、苔藓虫和海鞘等种类，藤壶较少出现；而在入海径流丰富、盐度较低的海域（如渤海湾、莱州湾和吕四洋海域），优势种中会出现泥藤壶和长牡蛎等种类。在水流通畅，盐度较高的近岸海域（如辽东半岛东南部海域和山东半岛东北部海域），污损生物种类丰富，优势种组成比较复杂，生物附着量也比较大；远岸的开阔海域（如渤海中部海域），紫贻贝则在污损生物群落中占优势地位，类似情况也出现在英国北海离岸海洋油气设施上。另外，黄海、渤海污损生物的种类组成和数量大小还随季节发生明显变化，一般夏、秋季污损生物的种类最多，数量最大，春季次之，冬季由于水温太低，很少有污损生物附着[32]。

2. 附着材料表面性质

附着材料表面的表面能、化学成分、表面微结构、色泽等性质均对污损生物的附着种类和数量有一定影响。

相对于柔软的基体材料来说，坚硬材料的表面更利于污损生物附着；而基体材料表面若具有低表面能、光滑或憎水等特性时则不利于污损生物附着[33]。

适宜海洋生物生存繁殖的海水 pH 为 7.5～8.0，在酸性更强或碱性更强的环境中，海洋生物将难以生存。有些研究人员利用硅酸盐在船体表面形成长期稳定的高碱性涂层来达到防污目的。

基体材料表面若具有一定规整的表面微纳结构则可能具有较好的防污性能，而且微纳结构重复单元的尺度、高宽比、分形布局、规整程度等均能影响涂层的防污性能[34]。Scardino 等[35]采用光刻蚀方法制备出 9 种不同尺度微结构表面，考察 5 种不同尺寸的污损生物幼虫或孢子在其上的附着行为，结果表明，当微观结构尺度小于污损生物尺寸时，总体附着量减少，但对不同物种减少程度不同。Schumacher 等[36]发现增大涂层微结构的高宽比能显著降低藤壶幼虫和绿藻孢子的附着量。利用光刻蚀、气相沉积等方法制备的表面易于控制微观尺度，便于理论研究，但难以推广应用；采用在涂料中添加纳米粒子的方式易于大面积涂覆，但表面微观结构规整度不高，纳米粒子分布不均且容易团聚。采用嵌段共聚物微相分离方式能得到规整的微纳结构，且能通过改变条件而改变重复单元的尺度和高宽比，有极其广阔的应用前景。Grozea 等[37]合成了两种嵌段共聚物 polystyrene-block-poly(2-vinyl pyridine)和 polystyrene-block-poly(methyl methacrylate)，可以自组装成圆柱形的纳米结构，能显著降低绿藻石莼孢子的附着，首次实现了在水下较长时间内保持结构的稳定性。如果基体材料表面微观结构的尺度小于某种污损生物孢子尺寸，那么该种污损生物附着量就会减少。但对不同物种来说，减少程度并不相同。而增大涂层微纳结构的长宽比则有助于降低藤壶幼虫和绿藻孢子的附着量。

另外，污损生物的脱附强度与$(EG_c)^{1/2}$（其中，E为复合模量，单位为MPa；G_c为黏结破坏能，单位为J）有很好的线性相关性[38]。这说明涂层在保持其机械强度的前提下模量越低污损生物越容易在外力作用下脱附，同时，也表明生物污损过程更似胶黏剂/被黏物的黏结过程，而不是液体的浸润过程。但过低的模量会导致材料机械性能的急剧下降。Chisholm 等[39]通过大量实验发现涂层的弹性模量、微生物膜表面覆盖度与藤壶黏附强度和污损速度间的相关性很好，而表面能与海洋挂板实验结果无相关性。

此外，涂层的颜色对污损生物附着也有一定影响，但仅限于海水表层，且对藻类的影响比其他污损生物显著。藤壶倾向于附着在黑色基板表面，而牡蛎则在黄色基板附着最多，水云在黑色基板附着最多，灰色和白色最少[3]。因此，针对不同优势种，可通过改变涂层颜色来提高防污效果。

3. 海水相对流速

一般来说，污损生物附着量与舰船在港停靠时间成正比，与舰船航行速度成反比。当海水相对流速大于5mile/h（mile：英里，1mile=1.609 344km）时生物不能附着[40]。因此可通过加大航速，或通过机械或人工对舰船表面进行冲洗和刮除，以减少生物附着或使之完全脱落。

4. 电场及辐射

材料表面若存在一定的电场或辐射，可以有效防止生物附着。一定的电场环境会对污损生物生长发育造成危害，使污损生物不能附着，甚至死亡[41]。而光辐射也能达到这种效果，研究人员利用紫外线杀死污损生物或使其丧失活性，从而实现防污的目的。但是，电场或辐射防污法存在施工时间较长、使用不便、危害性大以及无法用于大型舰船防污等特点。紫外线辐射还会导致涂料的自由基间反应，加速了高分子的降解和涂料的老化。此外，部分自由基间反应的产物还会导致海洋生物的遗传畸形[42]。

在对海洋污损生物附着影响的四个主要因素中，海洋生态环境是无法人为调控的，但可以通过技术手段对另外三个因素实现一定的选择、控制和调节。在现有防污技术中，最佳的技术手段是阻止海洋污损生物接近目标基底或有效地阻止污损生物在基体表面上附着定居，如涂以有机锡涂料等；其次是使海洋生物难于着床和定居，如在船舶表面涂上低表面能防污涂料、仿生防污涂料等，这样，即使附着了生物，也易于清除。总之，现行使用的和正在开发的船舶防污涂料均是基于这两点而设计完成的。

1.3.3　防污技术概述

1. 防污技术分类

从公元前 700 年腓尼基人用铅皮包覆帆船船底到现在大量防污方法和技术的应用，人类同海洋污损生物的斗争已有近三千年的历史。期间，包覆隔绝、防污剂杀除、机械清洗、微电场杀灭、紫外光照射等方法被用于污损生物防除。根据原理不同，大致可分为物理防污技术、化学防污技术和生物防污技术三大类，人们一般通过其中的一类或几类方法的协同作用来实现防污损的目的[42]。

1）物理防污技术

物理防污技术是指通过物理方法减少或阻止污损生物附着，从而达到防污目的的技术。主要包括机械清除技术、空穴化水喷射流除污技术、自剥落涂层防污技术、超声波防污技术、紫外线防污技术、微电场防污技术、低表面能涂料防污技术等。

机械清除技术是借助相应机械设备在船底或水下设施表面进行清洗和刮除，以减少生物附着或使之完全脱落的技术。机械清除技术操作简单，成本低廉，对较大的无脊椎生物等效果显著。主要缺点是不能防止污损过程发生，只能在附着之后进行清理，通常是利用正常停机期间进行作业。机械清除技术可以是人工清除，也有采用水下机器人清除的，其清除效率不高，容易损坏船体构件，应用受到限制。

空穴化水喷射流除污技术是利用高压喷射产生的空穴破裂时产生的巨大局部应力来清除污损生物。研究表明 3.5MPa 压力的喷射流就已有较好的清除效果，而即使是在高达 21MPa 的高压水流冲击时对涂料也只有很小的损坏。但是空穴化水喷射流除污技术附属设备较复杂，清除成本也较高。

超声波防污技术是利用一定频率（一般为 20～200kHz）的超声波可以杀死污损生物幼体、孢子或使刚附着的生物无法生长发育的原理开发的。但是，超声波防污技术能量消耗巨大，且会促进涂层老化，而且其高频声波对乘员健康不利。

自剥落涂层防污技术是通过具有自剥落性能的涂层来达到防污目的，当附着污损生物达到一定量时，涂层就会自动脱落，从而阻止污损生物大量附着。

紫外线防污技术是利用紫外线照射杀死污损生物或使其丧失活性，从而实现防污目的。该技术的缺点在于其施用时间较长，且紫外线辐射会导致涂料的自由基间反应，使得涂料中的高分子材料降解并导致涂料退化，自由基间反应产物还会导致海洋生物的遗传畸形。

微电场防污技术是利用电场杀死污损生物或使其丧失活性，从而实现防污的目的。但一定的电场环境会对污损生物的生长发育造成危害，使污损生物不能附着，甚至死亡。由于微电场作用下，会产生一定的次氯酸和重金属离子，因此部分研究人员把微电场防污技术归入化学防污技术。

低表面能涂料防污技术是利用表面能较低的材料作为涂层，使污损生物难以在其上附着和生长或附着不牢，利于清除。低表面能防污涂料不含生物灭杀剂，无毒环保，有效期长，主要包括氟树脂、硅树脂及氟硅树脂材料。但是，其较低的表面能也导致了低表面能防污涂层与防腐底漆的黏合力不够，配套性差，重复涂覆性不好等弊端。

物理防污技术具备操作简单方便、时效性强等优点，但也存在周期长、破坏涂层、致畸生物等弊病，因而应用有限。在现行的物理防污技术中，低表面能涂料防污技术具备物理防污技术无毒环保等优点，而无其周期长、破坏涂层、致畸生物等弊病，是物理防污技术的最新成果，具有重要的研究意义与广阔的发展前景。

2）化学防污技术

化学防污技术是通过选择一定的化学物质毒杀污损生物孢子或幼虫，达到防止海洋生物附着的目的，主要包括药物浸泡技术、直接毒杀技术和涂层保护技术等。此外，部分研究人员把电解防污技术也归于化学防污技术。

药物浸泡技术主要用于养殖行业中，是通过将养殖的网衣、网笼在具有防污作用的药物中浸泡后风干，使养殖网衣表面形成了一层可有效防止污损生物附着保护膜的方式达到防污效果[43]。

直接毒杀技术则是直接将有防污效果或杀灭效果的化学物质添加到海水中，抑制污损生物的生长繁殖或直接将其杀死。直接毒杀技术快速高效，适用于一定海域内设施的防污，但对于船舶等随时移动的海洋设施则无法使用。所采用的化学物质主要包括液氯、次氯酸钠溶液、二氧化氯、臭氧等。其中，臭氧的灭杀效果最好且不会对环境造成污染，具有良好的发展前景[44]。

电解防污技术是利用电解的原理，通过生成的次氯酸或重金属离子达到杀灭污损生物幼虫、孢子等或使污损生物失去附着能力，达到防污目的[41]。主要分为电解海水防污技术、电解重金属防污技术以及电解涂层防污技术。其优点是成本较低、无需专人操作、节约成本、增加船舶在航率、减少进坞次数和维修时间等。

涂料涂层保护技术是最常用的防污技术之一，在船体或养殖设施以及其他载体表面喷涂防污涂料，形成保护层，并通过涂层内防污剂的溶解渗出，达到防止污损生物附着的目的，具体可以分为基料可溶型防污涂料、基料不溶型防污涂料、扩散型防污涂料和自抛光型防污涂料[42]。

基料可溶型防污涂料是指涂料中的基料在海水中可缓慢溶解，毒料粒子不断接触海水并释放出来，对污损生物予以杀灭，从而实现防污目的。该类涂料常用基料一般为松香，毒性物质为氧化亚铜或有机锡，缺点是防污期较短。基料不溶型防污涂料中的基料不溶解，但其中的毒料溶解，达到防污目的，但毒料溶解后，涂层表面有大量孔洞，表面变粗糙，航行阻力剧增，另外，毒料的渗出率会随时间变化而衰减，后期防污效果较差。

基料不溶型防污涂料是毒料溶解后在涂层中留下蜂窝状结构，海水随之渗入其内部使内部毒料能与海水接触并从这些孔隙中不断释放出来。基料不溶型防污涂料的主要缺点是毒料溶解后涂层表面变得粗糙，增加了航行阻力增加，降低了船舶航行速度，而且毒料渗出率会随时间变化而衰减，残留的毒剂至少有 30%得不到利用，后期防污效果较差且失效的防污涂层不易除去。

扩散型防污涂料一般以丙烯酸类树脂和乙烯类树脂作为基体树脂，以有机锡化合物作为毒料，其中有机锡毒料均匀分散在整个涂层中，使用过程中是利用毒料的扩散释放达到防污效果。

自抛光型防污涂料的涂膜材料会在海洋环境中逐步降解，在水流冲刷作用下，外层涂膜材料会逐渐脱落，且脱落时会使所附着污损生物同时剥离，同时新的涂膜形成，而新的涂膜接着水解并释放毒料。这样一来，既可以减少生物附着又降低了基体材料的表面粗糙度，具备较好的防污、减阻性能，其有效期取决于漆膜厚度。

化学防污技术是目前最为成熟的防污技术，防污作用显著，应用最为广泛，其防污机制是利用有毒物质来毒杀污损生物，可通过与涂料技术的结合实现较长时间的防污效果。但是，其采用的有毒物质会污染海洋环境，使海洋生物产生畸变，对人类本身也有较大危害。

3）生物防污技术

生物防污技术是在全面把握污损生物附着机理、生活习性、优势种等数据基础上，通过规避、干扰或阻断其附着过程，实现防止生物污损的目的。其作用机理包括抑制附着、抑制变态、干扰神经传导和驱避作用等。目前，这方面研究主要集中在生物防污剂、表面微结构防污涂料、仿渗型防污涂料等方面[45]。

生物防污剂防污涂料是利用从天然生物中提取的有防污活性的物质作为毒料，添加到涂料基体中，它们在海水中缓慢释放出来达到防污目的，其优点是通过改变细胞自身表面特性、干扰污损生物神经传导和驱避等方式起到防污作用，对海洋环境友好，不破坏生态平衡。缺点是天然防污剂来源有限，不易大量获得，而且在使用中受施工、环境等因素影响容易失活，因而很难广泛使用。主要面临着提取量有限、活性稳定性差、单一天然防污剂广谱性不足等问题。

表面微结构型防污涂料是模仿鲨鱼等大型动物表皮表面存在的微米级沟槽，采用光刻蚀技术、静电纺丝技术、微相分离技术、纳米技术等手段设计制备了各种具有规定尺度的表面，发现这些表面在实验室条件下具有一定的抑制微生物附着能力。其缺点是大面积、表面规整的微结构不易获得；此外，由于生物的多样性，附着点大小不同，其单一的结构对不同生物的抑制效果不同。

仿渗型防污涂料是通过模仿海豚、鲸鱼等大型动物表皮可以分泌出特殊的黏液的特点，通过添加油状物质，使海洋污损生物不易附着，从而达到防污效果。

仿生防污涂料是一种近些年兴起的一种防污概念，是近些年来新型环境友好型防污涂料研究最为活跃的一类，它可以替代目前应用较多的对环境有害的传统防污涂料，可以使其应用领域得到很大程度的扩大，发展前景非常广阔。但是由于现阶段该类防污涂层材料中的新型天然防污剂和模拟海洋生物表皮状态的高分子材料的研究还处于基础理论研究阶段，产品存在成本过高、防污实例较少、只在实验室等小范围内研究而没有实船实验，故其应用受到很大限制。

2. 防污涂料发展的历史

在众多防污技术中，无论考虑经济性还是效果，防污涂料仍被认为是唯一可广泛应用的方法。因此，新型防污涂料的研制与开发，一直是海洋防污领域的一个重要课题。迄今，人类对防污涂料的研究大致经历了以下四个阶段。

1）防污涂料的初级阶段

早在公元前 700 年腓尼基人开始用铅皮包覆帆船船底，对木质帆船具有良好的防污效果。1691 年，英国海军成功采用铜皮包覆木船的方法，防海蛆效果良好。该方法随后被其他国家相继采用。1737 年，Lee 等发明用沥青、焦油和硫黄等组成的涂覆物，在英国使用后被证明有两年以上的防污效果[46]。

18 世纪中后期，随着铁船的产生和发展，先前的防污技术，如铜板包覆方法，就不再适用。这是因为钢铁材质与铜板壳体之间会形成原电池，加速船体腐蚀。这就促进了专用防污涂料的迅猛发展，在实际应用中，铜、砷和汞化合物是常用的防污剂，树脂为热熔性热塑型漆和溶解性冷塑型漆为主。

第二次世界大战和战后经济发展，为了争夺海上霸权，刺激了造船工业的迅猛发展。在此催动下，防污方法研究也迅速发展。一直到 20 世纪 70 年代，氧化亚铜是防污涂料的主要防污剂，其他防污增效剂有氧化汞和有机金属化合物，如铅、汞、砷、锌和锡。防污涂料的类型以溶解型和接触型为主。但是，用铜、砷、汞等化合物作为毒料，造成了有色金属的大量消耗，而且它们加速了船壳腐蚀速率，造成了经济上的巨大浪费。此外，其毒性较大，给海洋生物和人类带来极大的危害[47]。

2）有机锡类防污涂料

1954 年 Van der Kerk 和 Luijten 发现一类以三丁基锡（TBT）为基本的毒料在极其微量的浓度下就可以达到广谱、高效的防污效果，引起了相关人员的广泛关注[48]。现场试验表明，这类有机锡化合物的防污能力是氧化亚铜的 10～20 倍。随后，研究发现丙烯酸丁基锡酯聚合物在水解过程中可释放出 TBT，而水解后的聚丙烯酸酯在海水中慢慢溶解，使聚合物表面不断更新并保持光滑。自此以后，防污涂料进入了“自抛光”防污涂料（self-polishing coating，SPC）的时代，该技术从 20 世纪 70 年代以来得到了大规模的应用。

TBT-SPC 有效使用期可达 5 年，能保持缓慢的聚合物溶解性，使涂层表面趋于光滑，达到保持船速和节省燃油的优点。因此，一经问世就获得了迅猛发展，取得了巨大的经济和社会效益。20 世纪 80 年代，TBT-SPC 已成为世界各国船舶通用防污涂料，用量高达防污涂料总量的 70%以上。而 90%左右新建商船被涂装 TBT-SPC 防污涂料。但是 TBT-SPC 在防除污损生物的同时，也引起了环境污染问题。对 TBT-SPC 会造成环境污染的担忧，在 20 世纪 70 年代末期首先在法国逐渐表现出来[49]。在法国游艇码头附近水域养殖的太平洋牡蛎，因受到来自游艇 TBT-SPC 渗出的影响，生长遇到了严重问题：产卵减少，发育不良，壳体变异，并发现受影响的牡蛎含有高浓度锡。此后，TBT 的环境污染问题引起了人们的重视。经过多年研究发现：TBT 强烈干扰生物内分泌系统，破坏生物生殖功能，造成生长和遗传方面的不良后果，并引起生物发生遗传变异，导致畸形。另外，TBT 在极微量（万亿分之几）时就可毒杀海水中的一些水生生物，而且 TBT 环境稳定性高、不易分解，可通过食物链进入人体，直接危害了人类健康。

法国在严峻事实下首先采取了禁止和限制有机锡防污漆的使用范围。接着，英国、美国、日本、澳大利亚等国相继采取行动限制有机锡防污漆的使用。其中，美国海军在 1986 年就停止使用有机锡防污涂料，而美国国会则于 1988 年通过了著名的 OAPAC 法案，控制使用有机锡防污涂料；英国在 1985 年制定了“防污涂料管理条例”；日本于 1989 年禁止了 TBT 的使用；我国于 1995 年发表了“21 世纪海洋发展宣言”，明确提出了发展环保型防污技术的必要性和紧迫性。国际海事组织（IMO）多次讨论以 TBT 为主的防污漆问题。该组织海上环境保护委员会（MEPC）在 1998 年成立的工作组已通过一个在防污漆中停止使用和完全禁止使用有毒的有机锡化合物的提案，从 2003 年 1 月 1 日已开始禁止使用含 TBT 或其他有机锡作为毒料的防污漆，将在 2008 年 1 月 1 日完全禁止这些产品作为船舶防污漆存在[49]。为此，世界各国加快了研制和开发不含 TBT 的低毒或无毒防污涂料的步伐，防污涂料技术进入新的发展阶段。

3）无锡自抛光防污涂料

无锡自抛光防污涂料（tin free self-polishing coating，TF-SPC）构成及作用机理均与有锡自抛光防污涂料类似，仍是以丙烯酸或甲基丙烯酸类可水解树脂为基料，但是以含有机金属（如 Zn、Cu 等）的基团取代 TBT 作为防污剂。TF-SPC 综合了以往防污涂料的优点，具备低毒、自抛光的特点，得以迅猛发展和应用。但是随着人类对环境保护的日益重视，相关研究逐渐深入，人们发现低浓度的铜、锌等防污剂可以抑制各种藻类生长，而高浓度的该类防污剂足以毒死海藻、硅藻、石莼及一些鱼类[50]。而且，该类防污剂也在港口富集，造成巨大的环境污染[51]。因此，人类最终会放弃使用这类防污剂。

4）防污涂料发展现状

目前，虽然替代 TBT 的铜基防污涂料已经研制成功并投入使用，但是，铜元素也会在海洋中（特别是海港中）大量聚集，导致海藻的大量死亡，从而破坏生态平衡，因此最终也会被禁用[50]。此外，由于聚合物本身水解使铜离子渗出到海水中还达不到足够的防污能力，所以还要添加获得各国环保局注册允许使用在防污漆中的辅助杀生物剂。但是，这些辅助杀生物剂，如 Irgarol 1051，在防污同时也会抑制海产藻类的光合作用[52]；isothiazolone 则会引起眼部炎症，并通过食物链使人类患上接触性皮肤炎[53]；另外，抑制植物光合作用的敌草隆[54]，还会产生强致癌作用[55]，并使幼鱼在生长过程中发生畸变[56]；而含有二硫代氨基甲酸盐（或酯）的防污涂料可使幼鱼和鼠类形成畸胎[57]，增加小鼠患癌率[58]，并导致微生物对重金属吸收量增大[59]；抑菌灵能够引起非目标生物发生突变并致癌[60]；羟基吡啶硫铜酸锌则会使人类产生过敏接触性皮炎[61]，抑制哺乳动物细胞的发育生长[62]，导致幼鱼发生畸变[63]，抑制菌类的膜运输系统的正常运作[64]。因此，研制开发新型环保的海洋防污技术对于海洋环境的保护，防止 TBT 现象的再发生有深刻的意义。

现在正处于旧的防污涂料被淘汰，新的产品还未兴起这样一个阶段，正是各国科研工作者重新争夺防污涂层科技制高点新一轮竞赛的开始。现阶段，开发研制对环境无污染的新型无毒防污涂料已是大势所趋。目前的研究主要集中在两个方面：一是从天然产物（最好是海洋生物）中分离出可降解同时具有生物毒杀作用的天然防污化合物，添加到传统涂料中，使之缓慢释放，并维持足够的浓度；二是改变材料表面性质，开发新型防污涂层，使海洋生物在与之相互接触过程中，不利于生物附着，从根本上解决生物污损问题。

3. 天然产物防污剂

天然产物防污剂（natural product antifoulant，NPA）是利用生物技术从多种陆地植物和海洋动植物中提取的天然防止海洋生物污损的物质，是生物自身产生的具有防污活性的次级代谢产物，能很快降解，且不危害生物生命，有利于保持生态平衡。通过缓释技术控制，NPA 可缓慢、均匀地释放出来，从而达到长效、无公害防污的目的。对这一领域的开发与研究将产生巨大的社会和经济效益。

1）陆生植物 NPA

一些陆生植物中含具有防污功能的生物活性物质，其中，辣素类化合物（又称辣椒碱）因无毒、环保而备受关注。辣素可以从胡椒、辣椒、洋葱、生姜等辛辣性植物中提取，也可人工合成。研究表明，辣素对细菌和酵母菌有较好的抑制作用，同时也具有防止海洋生物附着生长的功能，是一种具有广谱抑菌作用的活性物质。

除辣素外，也可从其他陆生植物中提取防污活性物质。Göransson 等[65]从陆地植物香堇菜中提取了一种植物环蛋白，对藤壶显示了强有力的防污活性，且这种作用是可逆的、无毒的。Etoh 等[66]从生姜中提取出了 3 种异构物 6-生姜酚，8-生姜酚和 10-生姜酚，证明其防止贻贝附着能力比 $CuSO_4$ 高 3 倍。从植物中提取的 NPA 主要是通过改变细胞表面特征、干扰污损生物神经传导和驱避等方式起到防污作用，不会破坏海洋生态，绿色环保无污染。

2）海洋 NPA

海洋 NPA 研究始于 20 世纪 60 年代，但由于当时的提取分离及化学合成水平有限，且对防污机理缺乏研究，防污成效不大。直到最近，随着各方面技术水平的提高，其独特防污作用机理和高效防污活性重新引起人们的注意。目前，人们已对多种海洋植物、海洋动物（主要为海洋无脊椎动物）和海洋微生物进行了研究，并提取了一系列具有防污活性的天然产物，包括有机酸、无机酸、内酯、萜类、酚类、醇类和吲哚类等（表 1-3）[67]。

表 1-3　海洋 NPA

来源		天然产物	防污目标
红藻	*Laurencia*	elatol，lembyne-A，brominated sesquiterpene，laurintenol，iso-laurintenol	细菌
	L. majuscula	iso-obtusol	细菌
	Plocamium costatum	halogenated monoterpenes	细菌
	Grateloupia turuturu	isethionic acid	细菌
	Grateloupia turuturu	floridoside	细菌
	Grateloupia turuturu	*n*-hexane，dichloromethane，diethyl ether extracts	微藻
	Delisea pulchra	halogenated furanone	藤壶
褐藻	*Lobophora variegata*	lobophorolide	真菌
	Dictyota pfaffii	diterpenoids	藤壶
	Dictyopteris cervicornis	diterpenoids	贻贝
	Zonaria diesingiana	phloroglucinols	细菌
	Dictyota sp.	diterpenoids	细菌
	Halidrys siliquosa	tetraprenyltoluquinol analogues	细菌/藤壶
	Cystoseira baccata	meroditerpenoids and derivatives	微藻/海草
	Bifurcaria bifurcata	diterpenoids	藤壶
绿藻	*Ulva pertusa*	ethyl acetate crude extracts	硅藻/贻贝
	Ulva pertusa	aqueous extracts	海草
	Zostera marina	phenol acid sulphate esters	藤壶/细菌
	Syringodium isoetifolium	ethanol extracts	贻贝

续表

来源		天然产物	防污目标
海绵	*A. cavernosa*	kalihipyrans A，B	藤壶
	A. cavernosa	10-formamido-4-cadienene	藤壶
	A. cavernosa	10-ss-formamidokalihinol A	藤壶
	Phyllospongia papyracea	furan terpene	藤壶
	Ircinia oros	ircinin I，II	海草
	I. spinulosa	hydroquinone A	海草
	Agelas mauritiana	epi-agelasine C	海草
	Agelas mauritiana	mauritiamine	藤壶/细菌
	Haliclona koremella	ceramide	海草
	Protophilitaspongia aga	nicotinamide ribose	海草
	Axinella sp.	hymenialdisine	贻贝
珊瑚	*Dendronephthya* sp.	isogosterones A～D	藤壶
	Phyllogorgia dilatata	furanoditerpene	贻贝
	Sinularia flexilis	diterpenoids	海草
	Subergorgia suberosa	cholestane derivatives	藤壶
	Subergorgia suberosa	14-deacetoxycalicophirin B	藤壶
	Paramuricea clavata	bufotenine and 1, 3, 7-trimethylisoguanine	细菌
	Sinularia rigida	cembranoids	藤壶
棘皮动物	*Acodontaster conspicuus*	acodon-tasterosides D～I	细菌
	Goniopecten demonstrans	asterosaponins	海草
海胆	*Diadema setosum*	ethanol extracts	微藻
软体动物	*P. krempfi*	sesquiterpene isocyanides	藤壶
	P. pustulosa	sesquiterpene isocyanides	藤壶
	P. varicosa	sesquiterpene isocyanides	藤壶
	P. pustulosa	isocyanosesquiterpene alcohol	藤壶
海鞘	*Eudistoma olivaceum*	eudistomines G，H	苔藓虫
苔藓虫	*Zoobotryon pellcidum*	2, 5, 6-tribromo-1-methylgramine	藤壶
细菌	marine *Streptomyces*	2-furanone	藤壶
	Penicillium sp.	penispirolloid A	苔藓虫

3）在防污涂层中的应用进展

虽然将 NPA 直接应用到防污涂层中还是十分困难的，但人们还是进行了一些尝试。早在 2000 年，Armstrong 等[68]就将提取自细菌 F55 和 NudMB50-11 的防污活性物质添加到防污涂料中制成防污涂层。Peppiatt 等[69]将海洋细菌提取物添加到树脂中制成的防污涂层具有良好的抗菌性能。Perry 等[70]报道了添加 *Halomonas marina*（ATCC 27129）代谢物的聚氨酯涂层可抑制 *B. amphitrite* 附着。Stupak 等[71]从栗子、含羞草和白坚木中提取出苯甲酸钠和丹宁酸作为防污剂制备防污涂料，能够成功抑制纹藤壶附着。这两种物质对甲壳虫幼虫有麻醉作用，但只要将其置于新鲜海水中，它们又会苏醒过来。Sjögren 等[72]将两种提取自海绵的化合物 barettin 和 8, 9-dihydro barettin 作为防污剂添加到商用防污涂料中，实海挂板测试结果表明在添加量为 0.1%时就可有效抑制藤壶和紫贻贝附着。史航等[73]以辣素为防污剂开发了 3 种生物防污涂料，结果表明辣素类防污涂料具有良好的防污功能。闫雪峰等[74]合成了 3 种新型含辣素衍生结构的丙烯酰胺衍生物，并以合成的化合物为防污剂制备了海洋防污涂料，186 天实海挂板几乎没有附着任何海洋污损生物。国家海洋局第二海洋研究所林茂福项目组成功地在天然无污染的辣椒中提取生物活性物质与有机黏土复合，使辣素活性得以充分发挥，解决了低含量、高性能的技术问题。该产品填补了辣素防污漆在国内的空白，对污损生物藤壶有特效，而且对其他污损生物也有显著的防污效果，已经建成一条自动化程度高、密闭性生产效果好、年产达 1000t 的中试生产线[75]。Acevedo 等[76]将哥伦比亚加勒比海珊瑚提取物添加到防污涂料中，实海挂板实验结果表明来源于珊瑚 *Agelas tabulata* 的提取物具有良好的防污活性。Chambers 等[77]将红藻乙醇提取物作为防污剂添加到防污涂料中，实海挂板实验表现出一定的防污效果。

虽然基于 NPA 的防污涂料应用实例在文献中多有报道，但是到目前为止还未见有成功商用的例子。NPA 除提升自身防污性能外，要想成功商用还必须突破以下三个瓶颈：①NPA 产量少、价格高，注册认证费用高；②NPA 在海洋环境中释放速率快，使用寿命短，难以达到长效防污；③NPA 制成防污涂料后活性难以保持。只有最终解决这三个问题，NPA 才能真正走入市场，成功应用。

4）结构-效用关系研究进展

经过多年发展，到目前为止已经有了大量关于 NPA 的报道，但是研究焦点多集中在 NPA 的分离提纯表征以及防污性能研究中，而有关其作用机制还是知之甚少。虽然研究难度较大，还是有学者试图深入了解其作用本质，明确 NPA 结构-效用关系，并以此为指导进行 NPA 筛选和人工合成工作。例如，科研人员对多种海草进行了研究[78]，结果表明，超过 50%的海草种类中含有 6 种酚酸，其中对羟基苯甲酸存在于 12 个属和 25 个种中。而正是这些酚酸成分有效抑制了海洋海藻和海洋细菌的生长。

从海洋生物苔藓虫（*Zoobotryon pellcidum*）中提取的 2, 5, 6-三溴-1-甲基芦竹碱是一类吲哚类化合物，其防污活性是有机锡防污剂中防污活性最强的三丁基氧化锡的 6 倍，能有效防止藤壶附着，而对藤壶毒性仅为三丁基氧化锡的 1/10[79]。目前，研究[80]表明芦竹碱类防污剂的防污机理是抑制藤壶的神经传递，从而起到抑制生物附着的作用。芦竹碱类防污剂的防污活性与其取代基有关，即存在结构-

效应关系。例如，有研究[81]表明芦竹碱分子结构中—NH 基团被甲基取代后，其相应的防附着能力会下降。

Todd 等[82]研究发现从大叶藻中分离得到的对肉桂酸硫酸酯是一种能有效抑制海洋细菌和纹藤壶附着，且安全无毒的活性物质。此外，他们还发现人工合成的酚酸硫酸酯类似物与天然产物相比，具有相似的防污活性，其半数效应浓度（EC_{50}）约为 10μg/cm^2，但不含有硫酸基的化合物不具有防污作用。

De Nys 等[83]从红藻（*Delisea pulchra*）中分离纯化得到一系列次级代谢产物——卤代呋喃酮，能干扰细菌内部调节系统，阻止船体或海洋设施表面生物膜形成，可有效抑制纹藤壶、大型藻石莼和海洋细菌（*strain* SW8）这 3 类有代表性的污损生物附着，且这些化合物可生物降解，毒性低。其中，有的化合物抑制纹藤壶幼虫附着能力极强，其 EC_{50}＜25ng/mL；有的化合物抑制藻类活性极强，当浓度仅为 25ng/cm^2 时，即可有效抑制藻类生长和附着。

卤代呋喃酮属于萜类 NPA。萜类含有呋喃结构、羰基、内酯、醚和羟基等吸电子性氧，以及不饱和配位体等；而非萜类则含有 Br、Cl、NH_3、OH、C═O 等吸电子性卤素配位体原子以及 N 和 O 等。在以上防污活性物质中，其中含有呋喃结构的化合物合成相对简单，而且具有广谱防污活性，可通过多种防污机制进行防污，这些活性基团可取代酶、辅酶、荷尔蒙和基因等配位体，从而引起海洋生物新陈代谢紊乱，达到防污目的。在该领域已引起了人们的重视。

最近，Xu 等[84]和 Li 等[85]从深海沉积物中得到的海洋链霉菌中提取了 5 种结构相近的化合物，与另外 4 种从北海链霉菌中提取的防污化合物比较后确定了共同的防污活性结构 2-呋喃酮（2-furanone）。并在此研究基础上，化学合成了一种新的化合物 5-octylfuran-2(5H)-one，实验室和实海评价均显示其防污性能优于 SeaNine211 和其他商用防污剂，且毒性很低，是一类极具发展潜力的新型绿色防污剂。

总之，NPA 的广谱和无毒特性使其在生物污损防治中占有重要地位。相信随着对防污机理研究的深入，提取分离技术的提高，化学合成的进一步发展，最终一定能开发出高效低毒甚至无毒的防污涂料，在保护好生态环境的基础上满足防污需要。

4. 仿生表面防污技术

生活在海洋中的一些动植物具备一些“天生”的机能，可以摆脱其他生物的附着。例如，鲨鱼等动物表皮表面存在微米级沟槽；贝壳则依靠多尺度的微观结构防污；海豚、鲸鱼可以分泌出特殊黏液形成低表面能表面。此外，内河及陆生的许多动植物也具有这种天生的自净功能，如荷叶、水黾、蚊子的自清洁功能。

自然界动植物这种天然自净本能给科学家们很大的灵感和启发。师法自然，是现代科学研究的重要途径之一。科学家以这些动植物为对象开展仿生表面防污技术研究，通过对其表面拓扑结构、斑块图案以及黏液渗出、防污剂释放等性能的模拟，制备出多种仿生表面防污涂料。目前研究较多的依靠表面物理化学性能调控来获得具有优异防污表现的绿色防污材料主要包括低表面能涂层材料、亲水性表面材料、表面织构化涂层材料和表面植绒材料等。

1）低表面能防污材料

低表面能防污材料是通过改变基材构成，制备具有低表面自由能的涂层，使微生物分泌的体外生物黏液难以在涂层表面润湿，从而使海洋污损生物难以附着或附着不牢，达到基材表面清洁的效果[40]。按照基体树脂进行分类，低表面能防污材料主要包括有机硅、有机氟、氟硅及不含氟硅元素的聚合物四种类型。

有机硅是指有机聚硅氧烷，根据其摩尔质量和结构的不同可分为硅树脂、硅橡胶和硅油等，不同的有机基团在与聚硅氧烷中的硅原子联结即可形成有机硅聚合物。有机硅防污材料具有低表面能和良好的稳定性主要源自分子结构中的 Si—O 键。一方面，Si—O 键键能比 C—C 键键能高、键角大，侧链基团对主链具有屏蔽作用，使得有机硅聚合物具有低表面能特性；另一方面，Si—O 键的强极性增强了硅原子上连接的烷基对氧化作用的稳定性。但是，有机硅防污材料仍存在一些缺点。例如，对基材的附着力和重涂性能较差，作为成膜物单独使用时效果并不好，通常需要对其进行改性。常用的改性剂包括环氧树脂、丙烯酸酯、聚氨酯、聚醚、聚酰胺、聚芳砜等。除化学改性外，纳米技术、表面改性技术及等离子体技术也用于有机硅防污材料改性，使其具有更好的防污性能[86]。

氟原子电负性大、半径小，C—F 键较短、键能高（高达 486kJ/mol）。氟原子之间的相互排斥作用形成包围碳链四周的氟原子堆，导致氟树脂以及含氟物质具有低表面能特性、很强的疏水性和一定的憎油性。当暴露在海洋环境中时，这种结构使得表面分子扩散或重排降至最低，从而抑制生物附着，并且使其表面达到极低的表面自由能。但是，有机氟树脂也有一些制约其应用的缺点，如固化温度高、涂层与基体的附着力差、价格昂贵等。

氟硅树脂为刚性聚合物，涂层表面主要通过界面之间的剪切来实现污损生物的脱落，因此需要较高的能量。有研究[87]结果表明，氟硅防污材料兼顾氟碳材料和有机硅材料两者的优点，防污效果优于单纯的氟碳材料和有机硅材料。氟硅改性树脂通常是用有机硅材料来改性氟碳树脂，主要有两种改性方法：①具有反应活性官能团的氟碳树脂与硅化合物反应；②氟单体与硅氧烷单体的共聚[88]。相对于普通的防污材料，以氟硅树脂为基料的防污材料具有更好的憎水、憎油、憎污性能，而且稳定性好，是无毒防污材料未来发展的重点方向。

有一些不含氟硅元素的聚合物，如改性聚氨酯材料，也表现出低表面能特性。

詹媛媛等[89]以聚醚 210、异佛尔酮二异氰酸酯为基本单体，用亲水亲油平衡值很低的长脂肪链的硬脂酸单甘油酯封端合成了水性聚氨酯树脂，亲油的长脂肪链降低其表面能到 33mN/m。赖小娟等[90]以聚己内酯二元醇为软段，异佛尔酮二异氰酸酯和六亚甲基二异氰酸酯为硬段，环氧树脂 E-44 为大分子交联剂，制备了改性水性聚氨酯的固化膜，该膜对水的接触角增大，拒水性增强。

近年来，低表面能防污材料已取得迅速发展，但是仍存在部分技术难题亟待解决。单一的低表面能防污材料只能使得污损生物附着不牢，需要定期处理，但是在清除过程中又会破坏漆膜表面，缩短涂层使用寿命，同时也会耗费大量资金。将来，把使用效果良好的环境友好防污剂引入低表面能防污材料中增强其防污效果是一个重要研究方向。

2）亲水性表面防污材料

亲水材料可以吸收大量水分进入它们的结构中，形成一层致密的结合水层，导致分子链具有比较大的排斥体积，而海水里的蛋白或微生物若想黏附于基质表面，必须破坏这层致密的水层，基于此原理，亲水性表面可以有效阻止蛋白及微生物的接近。当前，有关于亲水性表面防污材料的研究主要分为三类：基本亲水型、亲水疏水两亲型和两性离子亲水型。

基本亲水型材料研究主要集中在含有寡聚乙二醇（oligo(ethylene glycol)，OEG）或聚乙二醇（polyethylene glycol，PEG）的聚合物。Schilp 等[91]在材料表面接枝不同长度链段的 PEG，而后测试了舟型硅藻、纤维蛋白和石莼孢子在表面的黏附情况。实验结果表明：含有两个以上重复单元的 OEG 和长链 PEG 均能有效防止蛋白和细胞黏附。Hong 等[92]合成了一系列聚甲基丙烯酸-甲基丙烯酸二丁基硅烷酯-丙烯酸三元无规共聚物涂层。实海挂板实验表明：涂层在浸入海水后逐渐水解，由于交联作用在表面自生成一层富含羧酸根离子的薄层水凝胶并吸水膨胀，相较于未交联涂层展现了更好的防污性能，附着藤壶数目明显减小，并且其防污性能随着涂层中可水解单元含量的增加而增强。Ekblad 等[93]通过自由基聚合将甲基丙烯酸羟乙酯和乙二醇单甲基丙烯酸酯聚合成水凝胶，分别采用藤壶、孢子、舟型藻和三种不同的细菌对其进行防污性能测试，结果表明：这种水凝胶涂层具有非常好的防污效果，可有效降低所测试的污损生物的附着。

亲水疏水两亲型材料一般是由亲水段和疏水段组成的嵌段共聚物或接枝共聚物，其表面构象会因环境变化而产生变化，从而对海洋生物具有迷惑作用。因此亲水疏水两亲型材料表面相当于给亲水表面增加了多重防污机理。Krishnan 等[94]研发出了具有亲、疏水两性链段的新型两亲嵌段聚合物表面（聚乙氧基氟化丙烯酸-b-聚苯乙烯）。结果表明，该表面可以明显降低海生物吸附量，在抗蛋白质非特异性吸附方面表现卓越，并且这种聚合物的表面能有效降低石莼和舟型藻的吸附，显著减少藤壶幼虫的附着密度。一般认为嵌段共聚物表面的微相分离结构和水环境中发生的表面重组是其产生优异防污性能的主要原因。

两性离子亲水型聚合物具有亲水的阴、阳离子基团，能够高度水化从而具有独特的抗微生物污染性能，即能够阻抗非特异性蛋白吸附、细菌黏附和生物膜的形成，其作用机理为空间排斥效应和水化理论，有望应用于海洋防污领域。关于其作用机制，主要有三种：第一是 Mackor 模型，认为两性离子聚合物通过自身的物理屏蔽作用阻隔了细胞/蛋白等与材料的接触；第二是立体排斥模型；第三是两性分子的水合作用[95]。

目前，关于亲水表面防污材料研究还主要在医学领域，考察较多的是各种蛋白质和表面的吸附及脱附作用，在海洋防污领域的工作刚刚起步。未来该类材料研究重点是其在海洋环境中的稳定性和实海防污效果。

3）表面织构化防污材料

表面织构化防污材料主要包括仿生织构化防污材料和规则织构化防污材料。在仿生织构化防污材料中研究最多的是关于鲨鱼和海豚表皮形貌的仿生。鲨鱼一辈子都生活在水中，却无污损生物（如藻类、藤壶等）的困扰，而同为大个子的鲸鱼表皮就会有污损生物黏附，这主要取决于鲨鱼皮表面的微结构[96]。鲨鱼表皮由一层盾形鳞片组成，层层重叠，鳞片的根部生长在鲨鱼的真皮层。每一片鳞片上还布满了条纹状沟壑。有研究表明，藤壶等分泌的黏胶无法对鲨鱼皮的沟槽结构渗入的太深，这样，污损生物只能有很小的吸附面可以落脚，鲨鱼在水中前进时，就可以把那些刚刚附着上的污损生物清除掉。

与鲨鱼有所不同，海豚皮肤光滑没有鳞片，而是存在一层不稳定的绒毛，受此启发，华盛顿大学的 Karen L. Wooley 研究团队在该方面开展了大量的科学研究[97]。他们通过模仿海豚皮肤的外形和组织研制的涂层很好地达到了减少海洋污损生物附着的目的。

除了鲨鱼和海豚表皮，研究者对其他生物的表皮形貌及防污效果也进行了深入研究。Bers 等[98]研究了自然界中的几种生物表皮的微观形貌对防污的影响，他们以环氧树脂为主要原料制备了仿蟹壳、贻贝壳、真蛇尾和猫鲨表皮的涂层，它们的表皮有类似山丘或凸柱或沟槽状的形貌，并研究了不同形貌涂层对藤壶、贻贝、纤毛虫等的防污效果，结果表明，仿蟹壳形貌的涂层在三周内可抑制藤壶附着，但是在第四周对藤壶幼体无明显抑制作用，对贻贝和纤毛虫的附着量基本没有影响；仿贻贝壳形貌涂层在第一周藤壶的附着量明显降低，但是对藤壶的抑制效果越来越弱，到第四周甚至比无形貌的涂层的附着量还多；仿真蛇尾形貌和仿猫鲨形貌的涂层对纤毛虫有较好的防污效果。

陈子飞等[99]制备了表面具有甲鱼壳正负形貌的仿生织构化有机硅改性丙烯酸酯涂层，该涂层表面存在类似颗粒状突起的微/纳结构，表面疏水性增强，与空白涂层相比，可使蛋白质、舟型藻和新月藻的附着量分别降低 58%、69%、50%

和 46%、52%、53%。

Wan 等[100]分别在间苯二酚-甲醛和聚二甲基硅氧烷（PDMS）弹性体上构筑了三叶草表面的正负形貌，考察其防污效果，结果表明这两种形貌均对小球藻有较好的防污效果。他们又进一步通过原子转移自由基聚合在织构表面接枝了聚(3-磺丙基丙烯酸甲酯)，使得涂层具有自清洁的作用，大大提升了对小球藻的防污性能。

在仿生织构化防污材料的基础上，人们发展了规则化人工表面的制备，这样就更加突出了设计的主动性，可以实现大面积的制备，更加有利于建立织构化表面形貌、几何参数与污损生物防污效果之间的构效关系。英国伯明翰大学的 Callow 研究团队及美国佛罗里达大学的 Bernnan 研究团队在 PDMS 表面设计制备了凸柱、凹坑、沟谷等多种几何尺寸不同的图案结构，考察了结构对浒苔孢子附着行为的影响[101]。他们发现，孢子的附着数量与表面图案的种类、几何尺寸有关，而且孢子对附着位置有选择性。容易附着于凹陷区域，而在柱状结构表面，孢子容易围绕柱状体附着。而且，Callow 等利用表面工程粗糙度（engineered roughness index，ERI）的概念对几何图案进行了数值转化，即

$$\mathrm{ERI}=\frac{r\times \mathrm{df}}{1-\varphi_{\mathrm{s}}} \tag{1-1}$$

式中，r 为粗糙度因子，r=实际表面积/投影面积，实际表面积包括顶部、侧壁和凹下部位面积；df 为自由度；φ_{s} 为突起面积占投影面积的比值。研究发现，孢子的附着数量与 ERI 之间呈线性递减关系，即附着孢子个数 N=796−63.5×ERI。ERI 的计算公式还被进一步修正为

$$\mathrm{ERI}=\frac{r\times n}{1-\varphi_{\mathrm{s}}} \tag{1-2}$$

式中，n 为材料表面上图案的种类数。材料表面形貌的种类和表面粗糙度是影响结构表面防污效果的关键参数。因此，在材料表面设计一定的仿生形貌、规则织构及复合结构，将极大地增强材料界面的防污效果。

各国科研工作者已设计开发出多种类型和几何参数的表面结构防污材料，仿生表面和人工表面均具有出色的防污效果，利用表界面形貌调控来构筑高效环保型防污材料已取得了很好的进展。但是当前对材料表面结构设计包括材料选择、形貌种类、几何参数、表面粗糙度没有统一的方法和研究标准，所得结论普适性较差。对于污损生物的选择及附着机理主要集中在污损生物的几何尺寸与防污材料表面的微结构尺寸的关系上，而对污损生物分泌的黏液在表面的润湿与化学作用机制研究甚少。不同的海洋污损生物在不同尺度微结构的表面上附着和污损表现不同，单一结构不能同时对多种污损生物发挥有效的防除作用。未来表面结构防污材料必然朝着复合化、多尺度方向发展。同时也应该把更多的注意力放到污

损生物分泌的黏液物质与织构化表面的化学作用机制上，这样才能获得更加全面、客观的防污机制。

4）表面植绒防污材料

同鲸鱼和鲨鱼一样，海狮虽然长期生活在海水中，却很少有污损生物附着。研究发现海狮表皮有一层很细的绒毛层，进一步观察时发现这层绒毛层会随着海水波动而左右摇摆。受此启发，人们开发了表面植绒防污材料。

该材料最早是由瑞典工程师 Kjell 在 20 世纪 90 年代开发，是一种依靠物理作用防污原理的无毒海洋防污技术。后来，Kjell 开发了在环氧树脂层上涂覆一层充有静电的极端密集纤维的防污技术。他们采用静电场的方式，使纤维“植”入涂有黏合剂的基材上，形成纤维表面，从而防止污损生物附着，被称为植绒防污技术。自 Kjell 开发了植绒防污技术之后，便成为海洋防污材料研究热点[102]。

植绒防污材料防污原理主要基于绒毛层成为基材的物理屏障，阻挡海洋污损生物的附着，主要分为两方面[102]。一是绒毛之间小空间的阻碍作用。纤维绒毛的间隙远远小于最小的污损生物的体积，阻挡污损生物使其无法接近或吸附于基材表面。二是纤维绒毛的不稳定作用。动态条件下，纤维绒毛随水流不停摆动，污损生物无法停留在这种完全不稳定的活动表面上，更不能生长。污损生物在静态条件下会停留在绒毛表面，但是在动态条件下会自然脱落。

植绒防污材料通过控制绒毛纤维的摆动特性来影响污损生物附着，因此绒毛材质、长度、密度和颜色是影响其防污效果的重要因素。绒毛长度、直径和植绒密度三者是一个有机整体，不能只考虑某一方面，只有三者都在一定合适范围内，才能形成一个在水中自由摆动且具有最佳防污效果的表面[102]。

植绒防污材料依靠物理作用防污，不释放有害化学物质，不发生消耗，对海洋环境无污染，是一种绿色防污材料。该材料具有匹配性好、适用范围广的特点。但是该材料应用时需要专门的植绒设备，其修补也比较困难，因此难以实际应用。

第2章 层状无机功能材料

近年来，随着微孔、介孔材料，无机-有机和无机-无机纳米复合材料研究的不断深入，多功能层状无机功能材料的研究已成为人们关注的热点。层状无机功能材料在光、电、磁、催化、防腐和防污等方面所表现出来的优异性能，更是引起了许多学者的研究兴趣，并被认为是一类开发前景极为广阔的功能材料。

层状无机功能材料是一种具有二维层状空间结构的化合物，其层间距处于分子水平，一般只有几纳米甚至几埃。层板内部存在强烈的共价键作用，而层与层之间一般通过弱的相互作用堆积在一起。如果层板为电中性（如石墨），这种相互作用就是范德华力；而如果层板带电，则层与层之间通过静电力结合在一起。根据层板结构特点，选择合适的方法就可以使不同的客体分子（包括有机、无机和有机金属化合物等）进入层间，而保持层板结构不变，这就为构筑超分子插层结构纳米复合材料提供了重要途径。近年来，基于层状无机功能材料开发的新型纳米复合材料因其具有诱人的力学、光学、电学、磁学性能而受到广大研究工作者的广泛关注，已经成为化学、材料学等领域的研究热点[103]。

早在1841年，Schafautl等报道了第一个插层复合材料——硫酸-石墨插层化合物，插层复合材料的研究经历了一百多年漫长的发展历程[104]。然而直到20世纪60年代末，Gamble等[105]发现胺插层2H-TaS_2会导致其超导转变温度提高，并将成果发表在*Science*上，才引起了科学家们的极大兴趣，从而迎来了插层复合材料的大发展。层状化合物层间的可调控性和插层复合技术的多样化为不同类型客体分子引入层间提供了可能。层状化合物中有些本身就具有光、电、磁等功能性质（如石墨、过渡金属氧化物以及过渡金属硫属化合物等），通过引入客体分子可以改善或者增强主体材料的功能性。而大部分层状主体材料是惰性的（如层状硅酸盐等），本身并不具有特殊的功能性质，当客体分子进入层间后，就可以获得功能性的纳米复合材料。研究发现通过插层复合技术制备的纳米复合材料，兼有无机层状化合物和客体分子的性质，同时又表现出不同于单一组分的催化、吸附、光、电、磁等功能性质，为构筑光电纳米器件、化学和生物传感器提供了新材料体系，在分子识别和催化等领域都有广阔的应用前景。

层状无机功能材料的分类方法很多，可以根据层板带电情况、化学组成和导电性等来划分，如表2-1所示[103]。根据层板带电情况可以分为阳离子型、阴离子型和中性层状无机功能材料。阳离子型层状无机功能材料的层板带负电，阳离子作为中和电荷平衡而存在于层与层之间，层状硅酸盐、磷酸盐、钛酸盐和过渡金属混合氧化物等都是典型的阳离子型层状化合物，此类化合物中很多本身就具有光学、电学等功能性质。阴离子型层状无机功能材料的层板带正电，层间阴离子补偿电荷平衡，类水滑石等都是这一类型的典型代表。此类材料可以方便地通过调变金属离子、阴离子的种类来改变结构和物理化学性质，因此有关类水滑石插层复合材料的报道比较多。中性层状无机功能材料层板不带电，呈电中性，其中研究较多的是石墨、过渡金属硫化物、过渡金属氧化物等。

表 2-1　层状无机功能材料分类

类型	名称及分子式
（1）中性层状无机功能材料	
（a）单元素	石墨
（b）过渡金属硫化物	MX_2，其中 M=Sn、Ti、Zr、Hf、V、Nb、Ta、Mo、W；X=S、Se、Te
（c）过渡金属氧化物	V_2O_5、MoO_3
（2）阴离子型层状无机功能材料	
类水滑石	$[M^{2+}{}_{1-x}M^{3+}{}_x(OH)_2]^{x+}(A^{n-})_{x/n}\cdot mH_2O$（$M^{2+}$=$Mg^{2+}$、$Fe^{2+}$、$Co^{2+}$、$Ni^{2+}$、$Mn^{2+}$、$Zn^{2+}$等；$M^{3+}$=$Al^{3+}$、$Fe^{3+}$、$Cr^{3+}$、$Mn^{3+}$、$V^{3+}$等；$A^{n-}$为阴离子）
（3）阳离子型层状无机功能材料	
（a）黏土	蒙脱石、高岭石、皂石、白云石等
（b）金属氧化物	$M^IM^{III}O_2$（M^I 为碱金属离子，M^{III}=Ti、V、Cr、Mn、Fe、Co、Ni）；层间为碱金属离子的钛酸盐，铌酸盐和铌钛酸盐
（c）多硫化物	AMS_2（M=Cr、V；A=Na、K），$ACuFeS_2$（A=Li、Na、K），Li_2FeS_2 和 $K_2Pt_4S_6$

2.1　阳离子型层状无机功能材料

阳离子型层状无机功能材料是由带负电荷的主体层板与带正电荷的客体离子所组成的层状化合物。这类层状无机功能材料包括层状硅酸盐、层状磷酸盐和层状钛酸盐等。

2.1.1　层状硅酸盐

层状硅酸盐矿物指的是由一系列 SiO_4 四面体以角顶相连成二维无限延伸的层状硅氧骨干组成的硅酸盐矿物。硅氧骨干中最常见的是每个四面体均以三个角顶与周围三个四面体相连而成六角网孔状的单层，其所有活性氧都指向同一侧。

它广泛地存在于云母、绿泥石、滑石、叶蜡石、蛇纹石和黏土矿物中，通常称为四面体层。四面体层通过活性氧再与其他金属阳离子（主要是 Mg^{2+}、Fe^{2+}、Al^{3+} 等）相结合。这些阳离子都具有八面体配位，各配位八面体均共棱相连而构成二维无限延展的八面体层。四面体层与八面体层相结合，便构成了结构单元层。如果结构单元层只由一片四面体层与一片八面体层组成，是 1∶1 型结构单元层，如高岭石、蛇纹石中的单元层。若是由活性氧相对的两片四面体层（复网层）夹一片八面体层构成，则为 2∶1 型结构单元层，如云母、滑石、蒙脱石（montmotorillonite，MMT）中的单元层。如果结构单元层本身的电价未达平衡，则层间可以有低价的大半径阳离子（如 Ca^{2+}、Na^{+}、H^{+}、Li^{+}等）存在，如云母、MMT 等。后者的层间同时还有水分子存在。在复网层内，如果八面体空隙全部都被金属离子填满时称为三八面体型；如果只有三分之二的空隙被填满时则称为二八面体型。此外，八面体片中与四面体片的一个六元环范围相匹配的是中心呈三角形分布的三个八面体。当八面体位置为二价阳离子占据时，此三个八面体中都必须有阳离子存在，才能达到电价平衡。若为三价阳离子时，则只需有两个阳离子即可达到平衡，此时另一个八面体位置是空的。据此，还可将结构单元层区分为三八面体型和二八面体型[103]。

1. MMT

1）MMT 的结构

MMT 是层状硅酸盐矿物的典型代表，由于其廉价易得，电荷适中，易于插层甚至剥离，且具有优良的物理化学性能等特点，被广泛用于聚合物/层状硅酸盐纳米复合材料的制备。MMT 是一种 2∶1 型含水层状硅酸盐矿物，主要成分为氧化硅和氧化铝，具有独特的层状结构，其晶体为一个铝氧八面体层夹在两个硅氧四面体层之间的三层结构，化学通式为$(Al_{2-y}Mg_y)Si_4O_{10}(OH)_2 \cdot nH_2O$，其结构如图 2-1 所示[106]。MMT 片层间的作用力主要以范德华力为主，片层分子间键能较弱，水分子或其他分子很容易进入片层间，使层间距增大，从而导致晶格定向膨胀。MMT 的片层间还含有许多金属阳离子，阳离子的水合作用加之片层间存在的羟基亲水基，使 MMT 能够稳定分散在水中，表现出强烈的亲水性。

MMT 晶格中的 Si^{4+}和 Al^{3+}易被其他低价阳离子取代，因而片层间存在过剩负电荷，通过静电吸附层间阳离子从而保持电中性，层内含有的阳离子主要是 Na^{+}、Ca^{2+}、Mg^{2+}等，其次有 K^{+}、Li^{+}等。这些被吸附的阳离子与 MMT 片层间常被水分子所隔，两者结合较松弛，因此可以同外部的有机或无机阳离子进行离子交换。MMT 按其层间可交换性阳离子的种类分为钠基 MMT、钙基 MMT、氢基 MMT 和锂基 MMT 等。由于钠基 MMT 比钙基 MMT 具有更好的膨胀性、阳离子交换

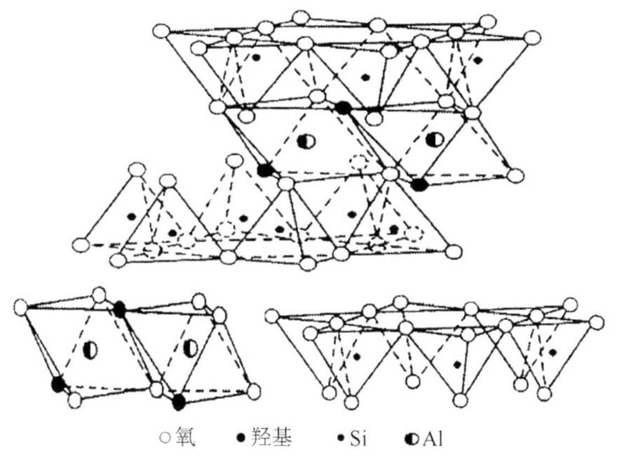

图2-1　MMT的结构式

性、水介质中的分散性、热稳定性及较高的热湿压强度和干压强度。因此对MMT进行钠化往往是MMT进一步深加工的基础。

2）MMT的性质

（1）膨胀性和吸水性。

MMT属于单斜晶系2∶1型层状结构，晶层之间以范德华力相结合，键能较弱，易解离。对于MMT，水分子能够进入晶层间，使晶层间键力断裂，引起晶格定向膨胀，表现出强烈的亲水性。吸水后的MMT层间距加大，表现出自身的膨胀性。

（2）吸附性与阳离子交换性。

当MMT层板上的高价Si^{4+}和Al^{3+}被其他低价阳离子所置换时，MMT层板带负电荷，它具有吸附某些阳离子的能力。除MMT晶层吸附阳离子外，它的外表面也吸附一定量阳离子。通常层间吸附的这些阳离子以共价键或离子键连接在一起，在一定条件下能与其他金属阳离子实现离子交换，所以MMT是一种天然的阳离子交换剂。

（3）催化活性。

MMT的化学性质呈弱酸性，因此它可以作为酸性催化剂的载体。MMT具有很大的比表面积和孔隙度，催化活性组分能很好地分散于MMT表面从而能将它制成活性较高的催化剂。利用MMT的可膨胀性和层间离子可交换性，可以在MMT层间引入各种阳离子或阳离子基团，将它改良成交联型催化剂或负载型催化剂。

（4）稳定性与无毒性。

MMT的物理性能在常温下相当稳定。它可以承受400℃以上的高温，由此可见MMT具有良好的热稳定性。对于有机MMT，它的热稳定性是随着有机MMT

类型的改变而改变，它的变化情况要视所使用的有机改性剂的热稳定情况而定。MMT 几乎不溶于水和有机溶剂，能微溶于强酸和强碱中，常温下不会被强氧化剂或强还原剂破坏，具有良好的化学稳定性。MMT 对人和其他动植物都没有毒害，经过美国食品药品监督管理局鉴定，无机 MMT 精细加工形成的矿物凝胶可以作为食品添加剂。

3）MMT 的改性

为了拓宽 MMT 的性能和应用范围，需要将 MMT 进行改性处理，不同改性剂制得的 MMT 往往具有不同的性能，可以满足不同领域的需求。通常按照改性剂种类不同可分为 MMT 的无机改性、有机改性以及无机-有机复合改性。

（1）无机改性。

无机改性起源于 19 世纪 70 年代，改性后的 MMT 具有较大的层间距，较好的热稳定性和可调变的酸性，可作为新型的催化材料和吸附材料。通过加入一种或多种无机金属水合阳离子与 MMT 层间可交换的阳离子进行交换，这些离子充当了平衡 SiO_4 四面体上负电荷的作用，同时由于在层间溶剂的作用下可以剥离分散成更薄的单晶片，经过干燥焙烧处理，形成柱撑缔合结构，撑开 MMT 层间形成较大的空间，由此改变 MMT 在水中的分散状态及性能，提高吸附能力和离子交换能力等。MMT 的无机柱撑过程如图 2-2 所示[106]。

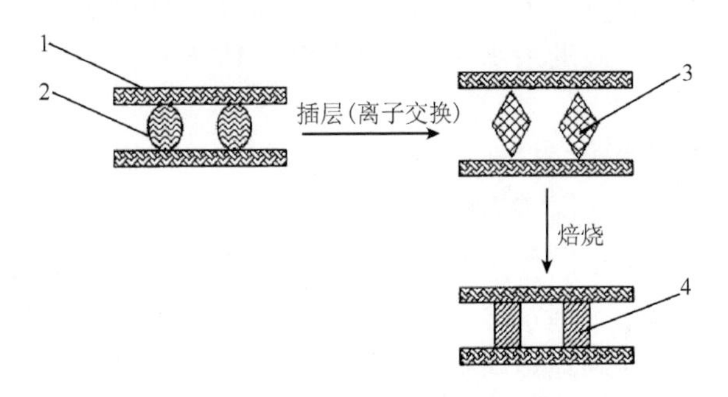

图 2-2 MMT 无机柱撑过程示意图

1. 蒙脱土结构单元；2. 可交换阳离子；3. 插层后的聚合羟基金属阳离子；4. 柱撑氧化物

MMT 的钠化改性是在一定条件下加入一定的改性剂（常用 Na_2CO_3），通过离子交换，使钙基 MMT 转变为钠基 MMT。目前，通常采用挤压的方法，在加入改性剂的同时施加一定的压力（主要为剪切应力），使 MMT 晶层之间、粒子之间产生相对运动而发生分离，从而增加了 Na^+的接触面积，有利于钠化的进行[106]。采用 MgO 和 Na_2CO_3 联合改性 MMT，MgO 可在 Na_2CO_3 存在的情况下发生电离，向溶液中提供 Na^+和 Mg^{2+}，使之被 MMT 双电层吸附，改变了层间电荷的比例，有效地进行钠化改性。曹玉红等[107]将 NaCl 乙醇溶液润湿钙基 MMT 置于微波场中进行加热干燥处理 3min 即可得到阳离子交换容量为 1.32mmol/g 的钠基 MMT，与传统方法对比，该方法具有反应时间短、工艺简单、低能耗及阳离子交换容量高等优点。

MMT 无机改性剂除钠盐外，还有铝盐、钛盐和铜盐等，改性 MMT 根据其性质差异应用于不同领域。Cooper 等[108]采用 Fe、Al 柱撑 MMT 来吸附脱除水体中的重金属离子（Cu^{2+}、Pb^{2+}等），其选择性及吸附容量都明显优于原土。Long 等[109]用 Fe^{3+}交换和 TiO_2 柱撑的 MMT 作为催化剂，结果表明经改性的 MMT 催化剂的选择性、热稳定性、抗中毒性以及催化性能都高于钒、钼等催化剂。林绮纯等[110]以制备的 Cu-Zr 交联 MMT 为催化剂，在富氧条件下 C_3H_6 还原脱除 NO 具有良好的催化活性，NO 的最高转化率在 300℃达到 55.1%。此外，一系列含钛 MMT 材料，以其良好的吸附性能和催化性能在石油催化裂解、污水处理等领域有着很好的应用前景[111]。

（2）有机改性。

由于层间阳离子的水合作用，MMT 能稳定地分散于水中，表现出亲水疏油性。为了提高 MMT 在聚合物基体中的分散性能，可以对 MMT 进行有机改性，利用 MMT 的离子交换性，某些有机分子可以进入 MMT 层间，形成有机改性 MMT。MMT 的有机化改性，不仅可以改善 MMT 的层间化学微环境，使 MMT 由亲水性转变为亲油性，还能降低 MMT 的表面能，使其层间距增大，从而提高 MMT 的使用性能，扩大其应用领域。常用的有机改性剂有长链烷基铵盐、氨基酸及有机聚合物单体等。

长链的烷基铵盐阳离子可以通过离子交换进入 MMT 层间，片层表面被有机长链所覆盖而从亲水性转变为亲油性，由此提高了 MMT 与有机的亲和。目前最常用是有机季铵盐，如十六烷基三甲基溴化铵或十八烷基三甲基溴化铵。长链烷基可以通过离子交换反应进入 MMT 片层，改善 MMT 性能，从而有利于聚合物单体或大分子插层反应的进行。

Juang 等[112]利用十六烷基三甲基溴化铵（CTAB）改性 MMT，并用于酚类衍生物的吸附研究。改性后的 MMT 对酚类物质吸附性能显著提高，吸附等温线符合 Langmuir 型吸附模型。

Akat 等[113]采用二甲基辛基乙硫醇溴化铵对 MMT 进行有机改性，并分别与甲基丙烯酸甲酯和苯乙烯聚合生成纳米复合材料。X 射线衍射光谱（XRD）和透射电子显微镜（TEM）结果表明，二甲基辛基乙硫醇溴化铵在促进自由基聚合反应的同时，使复合材料的热稳定性能进一步提高。

杨柳燕等[114]以 CTAB 为有机改性剂改性 MMT，然后用于含酚废水处理。结果表明，阳离子交换容量越高，有机改性 MMT 对苯酚去除率越高，改性剂用量为 MMT 阳离子交换容量 1.0 倍的有机改性 MMT 对苯酚的去除率可达到 76%。

改性 MMT 对苯酚的吸附机理为分配吸附，在试验的苯酚浓度下，改性 MMT 对苯酚吸附符合 Freundlich 吸附模式，不符合 Langmuir 吸附模式。

酸性条件下，氨基酸分子中的羧基内的一个质子就会转移到氨基基团内，使之形成一个铵基离子，这个新形成的铵基离子就具备了与 MMT 层间阳离子进行交换的能力。由此得到氨基酸有机化的 MMT。在原位插层聚合物制备聚酰胺/MMT 纳米复合材料时，常采用氨基酸改性 MMT。

沈志刚等[115]采用十二烷基氨基酸对 MMT 进行改性，得到氨基酸改性 MMT，并使其层间距扩大，在一定条件下用茂金属催化剂 $Cp·Ti(OC_6H_4F)_3$ 进行苯乙烯原位聚合发现，在氨基酸改性的蒙脱土存在下，茂金属催化剂活性有所提高，能制得间规聚苯乙烯/MMT 纳米复合材料。

冯猛等[116]研究了氨基硅烷偶联剂对 MMT 的修饰改性，并和长链烷基硅烷偶联剂作对比。通过改性前后 MMT 的傅里叶变换红外光谱（FT-IR）、XRD、热失重分析研究发现，在冰醋酸的处理下，氨基硅烷偶联剂不但能够对 MMT 进行表面偶联修饰而且能够以插层剂的形式进入 MMT 的层间。初步的浸润/分散性实验研究结果表明：氨基硅烷插层/表面修饰改性的 MMT 在弱极性乙醇溶剂中的分散性能明显提高。

将有机聚合物的单体作为有机改性剂插层到 MMT 层间，再通过原位聚合得到纳米复合 MMT 材料。目前这类改性剂中研究较多的是苯胺，苯胺单体很容易地进入 MMT 层间与 MMT 形成结合键，很难将其从层间分离，聚苯胺（polyaniline，PANI）进入 MMT 片层间后由于其分子链之间的相互作用力被 MMT 主体阻隔，因此得到 PANI 单链。用这种方法制备的复合材料具有较高的导电率和热稳定性[117]。

强敏等[118]为提高 PANI 涂料耐强腐蚀介质的性能，运用插层复合的方法用苯胺和 MMT 制备出了 PANI/MMT 纳米复合材料。经 XRD 和扫描电子显微镜（SEM）分析表明，PANI/MMT 纳米复合材料中的 MMT 的 d_{001} 面层间距已完全消失，MMT 以纳米数量级片层结构分散在 PANI 中。正交实验表明：当聚合温度为 25℃，n（过硫酸铵）∶n（苯胺）=1∶1、w(MMT)=0.5%、掺杂剂为 0.03mol/L 磺基水杨酸时产品的溶解度较大，成膜性较好，在 3.5% NaCl 溶液腐蚀环境中腐蚀电流为 2.1μA，明显优于纯 PANI 作为涂层的 18μA 和冷轧钢的 23μA。在相同的腐蚀环境中电化学交流阻抗谱（EIS）证明以 PANI/MMT 纳米复合材料为底漆，环氧树脂为面漆防腐蚀效果较纯环氧树脂好，其中以 w(MMT)=0.75%制成的 PANI/MMT 纳米复合材料底漆防腐蚀效果最好。

赵竹第等[119]报道了未经处理及经 11-氨基酸处理的 MMT 由于己内酰胺的引入而发生膨胀。引入的己内酰胺可以在 MMT 的硅酸盐片层间聚合，形成尼龙 6/MMT 纳米复合材料。经 11-氨基酸处理的 MMT 和尼龙 6 分子间有很强的化学相互作用。与未经处理的 MMT 相比，其所构成的尼龙 6/MMT 纳米复合材料具有很好的力学性能。

除了以上有机改性剂外，还有用有机硅对MMT进行有机改性的报道[120, 121]。

（3）无机-有机复合改性。

无机和有机改性的MMT都有各自的优势，在一些应用领域中将二者的性能结合起来，研究出一系列的无机-有机复合型MMT，表现出了良好的效果，是一个新兴的研究热点。

Srinivasan等[122]研究了有机-无机复合改性MMT的制备、结构和性质，而且将其运用到工业废水氯酚等有机污染物的处理，取得了较好的效果。Wu等[123]用十六烷基吡啶改性Al柱撑的无机MMT得到有机-无机MMT来进行吸附苯酚实验，常温下能较大幅度地提高MMT对苯酚的吸附能力。研究表明：有机改性使吸附材料能有效地亲和水体中的苯酚，从而更好地利用经无机柱撑的MMT进行吸附。于瑞莲等[124]用溴代十四烷基吡啶对天然MMT进行改性，然后与硫酸铝复合制得复合改性MMT处理垃圾渗滤液，COD_{Cr}的去除率和脱色率分别达到95.4%和95.1%，为MMT的改性及其在处理垃圾渗滤液中的应用提供了有价值的参考数据。

MMT层间域是一个特殊的化学反应场所，通过层间交换、层间柱撑等物理化学方法，使其结构和性质发生相应的变化，MMT矿物材料在催化剂、吸附剂、择形分子筛等方面必将具有更为广阔的应用前景。我国MMT资源丰富，存储量仅次于美国居世界第二。但与发达国家相比，我国MMT资源利用水平较低，应用范围有待拓宽，产品开发的多样化和系列化程度水平不高，切实着力加强MMT的层间域微环境和化学改性等基础理论的研究，对深化MMT资源的开发与应用将具有重要的意义。

2. 高岭石

1）高岭石的结构

高岭石（kaolinite）是高岭土的主要成分，化学式为$Al_2[Si_2O_5](OH)_4$，各化学成分理论含量为：Al_2O_3，41.2%；SiO_2，48%；H_2O，10.8%。晶体属三斜晶系C1空间群，a=5.14Å，b=8.93Å，c=7.37Å，α=91.5°，β=104.5°，γ=90°[125]。高岭石晶体结构如图2-3所示，每一个层状结构单元是由硅氧四面体和铝氧八面体通过桥氧键相连而成，其中在八面体中Al^{3+}的配位数为6，每个Al^{3+}同时和四个OH^-和两个O^{2-}相连形成单个$AlO_2(OH)_4$八面体，八面体通过共棱相连向二维空间延伸形成八面体片，其中Al^{3+}只填充八面体空位数的2/3，在实际的高岭石结构中存在少量的Al^{3+}被Mg^{2+}、Fe^{3+}等杂质取代；四面体中Si^{4+}的配位数是4，每个Si^{4+}则是通过与四个O^{2-}形成单个SiO_4四面体，四面体通过三个角共顶连接形成六节环向二维空间无限延伸形成四面体片。四面体与八面体通过公用活性氧组成高岭石的晶体结构单元层，高岭石晶体的层状结构则是由这种单元层的铝氧八面体羟基层和硅氧四面体氧原子层之间的氢键相连而成。其中每个铝氧八面体的四个羟基有三个位于晶体单元层之间，称为内表面羟基（inner surface OH）；另一个羟基则位于晶体单元层的内部，称为内羟基（inner OH）。同时，由于铝氧八面体的大小（a_0=5.06Å，b_0=8.62Å）和硅氧四面体片（a_0=5.14Å，b_0=8.93Å）不是完全匹配，因此，四面体片层中的四面体需要经过适度的相对转动和翘曲才能和铝氧八面体片相匹配。高岭石结构层的堆叠不是平行叠置，而是相连的结构层沿 a 轴方向相互错开(1/3)a，并存在不同角度的旋转。因此，高岭石存在不同的多型，在高岭石的晶体结构内部存在一定的应力作用。

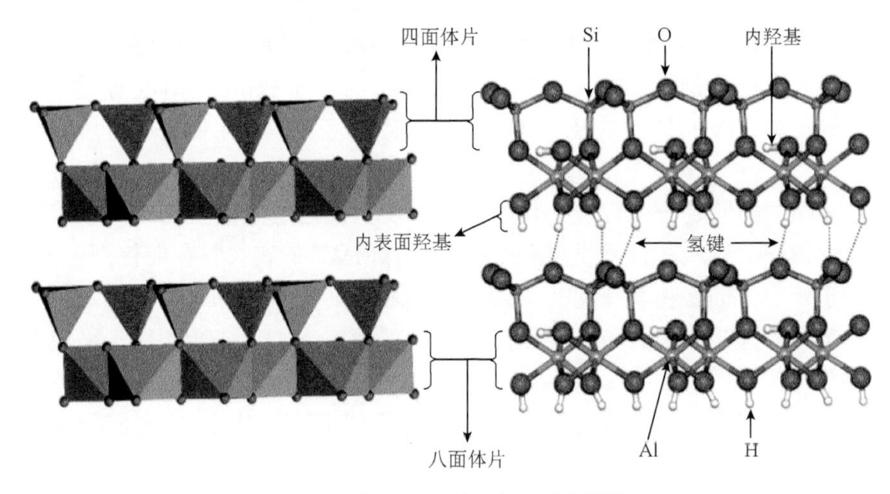

图 2-3　高岭石晶体结构示意图[126]

2）高岭石的性质

质纯的高岭石白度高、质软、易分散悬浮于水中，且具有较强的抗酸碱性、优良的电绝缘性、强离子吸附性、良好的烧结性和较高的耐火度等特点。同时，高岭石结构中很少有同晶置换，表面电荷主要来源于结构边缘的断键或暴露于表面的羟基的质子化或去质子化过程，永久电荷位极少，表面电荷零点一般在 pH 为 3～5，在弱酸性、中性以及碱性条件下高岭石表面羟基容易解离，表面通常带可变负电荷[127]。高岭石层与层间由氢键紧密联结，层间没有水分子和阳离子，表面阳离子交换量低，为 2～15cmol/kg（1cmol/kg=10mmol/kg）。层间距比较固定，其 d_{001} 约为 0.72nm[128]。高岭石矿物颗粒较大，呈六角形片状，比表面积小，约 7～30m^2/g。高岭石的表面活性基团主要为铝醇基（Al—OH）、硅烷醇基（Si—OH）和 Lewis 酸点位，其中铝醇基具有更高的活性，是活跃的表面位点。

3）高岭石的应用

高岭石在传统行业的应用主要涉及陶瓷、造纸、橡胶、塑料、搪瓷、石油化工、涂料、油墨、光学玻璃、光纤、砂轮、建材、化肥、农药和杀虫剂载体、胶水、耐火材料等行业，其中以陶瓷和造纸行业需求量最大[129]。一直以来，随着各种采矿和深加工技术的应用，使高岭石的产品质量得到了大大的改善，这不仅扩大了高岭石在传统行业的应用，也导致高岭石在很多新行业中得到了推广。其中煅烧和机械力活化是两种常见的高岭石深加工手段，煅烧后的高岭石从层状结构转变成无定形的偏高岭石，在很多方面表现出更好的活性。机械力活化可以减小高岭石的颗粒大小，提高比表面积，并使其发生一定程度的晶格畸变，形成新的活性中心。高岭石在新材料等领域的应用研究有很多，其中有些已经实现了工业化大规模生产。

（1）高岭石在合成分子筛领域的应用。

分子筛也称沸石，是指由硅氧四面体或铝氧四面体通过桥氧相连而形成分子尺寸大小的孔道和空腔体系。按孔道大小划分，孔道尺寸小于 2nm、2～50nm 和大于 50nm 的分子筛分别称为微孔、介孔和大孔分子筛。由于分子筛具有非常高的比表面积，作为催化剂、吸附剂、洗涤剂等被广泛应用。高岭石经煅烧后可提供合成分子筛所需的活性硅源和铝源，可以取代传统方法所需的纯硅铝化学试剂。如 Lin 等[130]利用煅烧后的偏高岭石成功制备了 JBW 型、CAN 型、SOD 型和 ABW 型分子筛。一些高 Si/Al 比的 ZSM-5[131]、NaY[132]型分子筛也可以通过偏高岭石和添加的硅源作为原料合成制备，高岭石的低成本等特点使其在分子筛催化剂方面具有广阔的应用前景。

（2）高岭石制备 Sialon 材料。

Sialon（silicon aluminum oxynitride）是一种由硅、铝、氧、氮组成的化合物，最早是在 20 世纪 70 年代，Oyama[133]和 Jack[134]在研究 Si_3N_4 材料添加剂时发现的。在黏土矿物中，高岭石是合成 Sialon 材料首选天然原料，将高岭石粉末与石墨粉按一定的配比混合，加入一定量的烧结助剂，在氮气氛中加热至 1400℃以上反应生成[135]。通过调节原料中的 Si/Al 比（物质的量比），可获得不同种类的 Sialon 材料，以满足不同的需要。由于 Sialon 材料具有优越的力学性能、高温性能和化学稳定性等，在石油、化工、冶金、汽车、宇航等领域都有广泛的应用。

（3）高岭石制备地聚物材料。

地聚物材料（geopolymeric materials，GM）是近些年国际上研究非常活跃的材料之一。20 世纪 70 年代末，Davidovits[136]在对古建筑物的研究过程中发现，耐久性的古建筑物中含有一种网络状的硅铝氧化合物，并提出 GM 概念。它是以烧黏石（偏高岭石）、碱激发剂为主要原料，采用适当工艺处理，通过化学反应得到的具有与陶瓷性能相似的一种新材料[137]。GM 的主要力学性能指标优于玻璃与水泥混凝土，可与陶瓷、铝、钢等材料相媲美[138]，且生产 GM 的能耗低，只有陶瓷的 1/20、钢的 1/70、塑料的 1/150[139]，是一种“绿色胶凝材料”，可以作为核废料或重金属离子固化材料、建筑结构材料、耐火保温材料等。

（4）高岭土有机插层复合物。

高岭石有机插层复合物是指一定条件下，一些极性分子可以通过吸附、插入、柱撑、嵌入等方式进入高岭石层间而不破坏其层状结构，其中高岭石被称为插层主体，进入的极性分子称为插层客体。但由于高岭石层间存在很强的结合力作用，与其他层状黏土相比，它是较难与一些有机分子发生插层反应的[140]。

关于高岭石有机插层复合物的发现和研究始于 20 世纪 60 年代。1961 年，Wada 等[141]发现高岭石经浓乙酸钾溶液浸泡或与乙酸钾研磨后，使高岭石层间距从 0.72nm 膨胀到 1.42nm；1963 年，Weiss 等[142]发现尿素也可以插层高岭石使层间距增大到 1.08nm；1968 年，Olejnik 等[143]制备出了二甲基亚砜（DMSO）/高岭石插层复合物。到 20 世纪 80 年代，已经陆续发现一些如 DMSO、乙酸钾、甲酰胺[144]、尿素、肼、氧化吡啶等极性有机小分子可以直接插层高岭石。初期阶段，研究这类插层复合物主要用于鉴别高岭石等黏土矿物，这一阶段的表征手段主要以 XRD 和 FT-IR 为主。Ledoux 等[145]通过 FT-IR 系统研究了乙酸钾、肼、甲酰胺和尿素插层后高岭石的羟基变化，证实插层分子在高岭石层间形成了新的氢键作用。

1988 年，Sugahara 等[146]通过置换的方式制备得到丙烯腈/高岭石插层复合物，再通过引发剂引发，单体在高岭石层间发生原位聚合，成功制备了聚丙烯腈/高岭石插层复合材料，为制备聚合物/高岭石插层复合材料开辟了一个新的领域。此后，先后有报道制备得到了聚乙二醇/高岭石插层复合物[147]、聚甲基丙烯酰胺/高岭石插层复合物[148]、聚氯乙烯/高岭石插层复合物[149]、聚苯乙烯/高岭石插层复合物[150]等。由于更多的有机分子需要通过置换的方式才能进入高岭石层间，所以，寻找合适的高岭石插层前驱体则显得尤为关键。1998 年，Komori 等[151]研究发现通过甲醇置换甲酰胺/高岭石插层复合物，得到的甲醇/高岭石插层复合物具有很广的通用性，更多复杂的高岭石有机插层复合物都可以通过甲醇/高岭石复合物经置换后得到，如烷基胺/高岭石插层复合物[152]、尼龙 6/高岭石插层复合物[153]、聚乙烯吡咯烷酮/高岭石插层复合物[154]、乙烯-乙烯醇共聚物/高岭石插层复合物[155]等。这一阶段制备出了大量的高岭石有机插层复合物，理论研究和应用开发也得到了很大的发展。

近些年来，通过高岭石有机插层复合物制备具有特殊性能的有机/无机纳米杂化材料引起人们越来越大的兴趣。如 2007 年，Tonle 等[156]利用 DMSO/高岭石插层复合物为前驱体，在高岭石层间插层接枝 3-氨基丙基三乙氧基硅烷，发现这种插层复合物可以作为一种电化学感应器。这类材料的主要特点是插层分子与高岭石层间的活性羟基能够发生接枝反应，使插层的有机分子在高岭石层间能稳定存在，并表现出异于常规材料的一些性能。可以说，高岭石层间的纳米空间为人们设计、合成各种纳米杂化材料提供了有利的场所，这方面的很多研究尚属探索阶段，但对高岭石插层复合物应用研究则具有很大的意义。

高岭石有机插层复合物的研究历史很短，但发展速度很快。到目前为止，通过各种途径已可制备出大量的高岭石有机插层复合物，且在多个领域具有较大的应用前景。目前来说，其实际的应用价值仍受制备工艺繁琐、周期长等因素限制，但由于这类材料具有特殊的结构和性能，相信经过今后相关理论的不断完善以及工艺的不断改善，高岭石有机插层复合物将成为一种全新的功能化纳米复合材料，并具有广阔的应用前景。

4）高岭石有机插层复合物的制备方法

根据有机插层剂和高岭石插层反应状态的不同，可以将插层反应分为蒸发溶剂插层法、液相插层法、机械力插层法等。近些年来，也有研究利用超声波、微波等辅助能量手段制备高岭石插层复合物。

（1）蒸发溶剂插层法。

蒸发溶剂插层法是溶质有机小分子在蒸发溶剂浓缩混合体系的过程中进入高岭石的层间而实现的插层反应。该方法实际上也属于液相插层法，只是在插层反应过程中溶剂不断蒸发，溶液浓度不断增大。

（2）液相插层法。

液相插层法指插层剂在液态溶液或熔融状态下进行的插层反应。液相插层法是最常用的一种方法，根据插层剂的特点和插层反应的步骤可分为直接插层、两步插层或多步插层法。目前已发现能够直接插层的有机分子只有少数，大多有机插层剂则需要通过两步或多步置换预先插层的分子才能进入层间，由于需要多次插层、分离、洗涤、烘干等工序，所以置换插层反应时间一般较长。近些年来，有报道研究利用超声波、微波等辅助能量方式制备插层复合物，可以大大缩短插层反应时间。Zhang 等[157]利用微波辅助插层制备 DMSO/高岭石插层复合物，插层反应时间可以从几天缩短到几小时，并且可以获得更高的插层率。所以通过引入超声波、微波等特殊能量作用于插层反应，是一种节能环保的好方法，且能够得到插层率更高的复合物。

（3）机械力化学插层法。

机械力化学是指通过压缩、剪切、摩擦、延伸、弯曲、冲击等手段，对固体、液体、气体物质施加机械能而诱发这些物质的物理化学变化，使固体和与其相接触的气体、液体、固体发生化学变化的一系列现象。机械力化学插层法就是利用外界机械力的作用促进插层剂和高岭石的作用，从而更快地形成高岭石有机插层复合物。Mako 等[158]研究比较液相插层法和机械力化学插层法制备尿素/高岭石复合物效果时发现，由于机械力的作用可以提高高岭石层结构的弹性形变，使其层间距增大，从而可以得到插层率更高的尿素/高岭石插层复合物，但高岭石的晶体结构也遭到严重的破坏。

根据插层剂的特点可以选择不同的插层方法，液相插层法是最常用的插层方法，但其反应周期较长，工序繁多；机械化学法则可以提高插层速度，但对高岭石晶体破坏也很严重。如何简化工艺、缩短插层反应时间，同时不破坏高岭石的层状晶体结构仍是目前亟待解决的问题。

5）高岭石有机插层复合物的应用

（1）聚合物/高岭石插层复合物材料。

聚合物/层状硅酸盐纳米复合材料不同于传统材料，由于层状硅酸盐材料能够以接近单片层的状态分散在聚合物体系中，复合后大大提高了聚合物材料的力学性能、热稳定性、阻燃性、生物降解、气体阻隔性等。目前研究此类材料大都采用层间结合力很弱的MMT，高岭石层间较强的氢键使其在聚合物中很难分散成单片层结构。但高岭石杂质少、纯度高，且高岭石片层结构中存在高密度的活性羟基基团，可以与聚合物发生接枝作用，使两者的结合性更好，所以高岭石在聚合物/层状硅酸盐纳米复合材料领域也具有很高的应用价值。插层黏土在聚合物中可以以插层型和剥离型两种方式存在，目前利用高岭石制备此类复合材料的报道大多是插层型。Li 等[159]以 DMSO/高岭石复合物为前驱体，通过原位聚合方法形成聚甲基丙烯酸甲酯/高岭石插层复合材料，并测得聚甲基丙烯酸甲酯的机械性能和热稳定性能得到了较大的改善。Itagaki 等[160]利用甲醇/高岭石复合物作为前驱体制备的尼龙 6/高岭石插层复合材料，具有良好的机械力学性能。聚合物/高岭石插层复合材料是最有应用前景的一类材料，但如何进一步使高岭石在聚合物基体中以完全剥离的形态存在，仍是高岭石有机复合物研究领域的一大难点。

（2）药物缓释。

由于高岭石具有无毒、高比表面积、较好的吸附能力和流变性等性质，在水疗、美容等行业已得到了应用，另有报道高岭石在药物成型、药物传递等领域也存在潜在的应用[161]。高岭石有机插层复合物中的层间分子在一定条件下会向外界缓慢脱嵌，利用这一性质，插层高岭石则在药物缓释等行业也具有潜在的应用。Elbokl 等[162]以 DMSO/高岭石为前驱体，将合成药物常用的环亚酞胺分子通过置换插层的方法引入高岭石层间，进入高岭土层间的环亚酞胺在水溶液中发生缓慢的脱嵌作用，这说明通过高岭石的插层技术可以应用到药物缓释领域。一些应用广泛的多羟基醇类分子也可以通过置换方式引入高岭石层间，如 Janek 等[163]利用乙酸钾/高岭石复合物为前驱体，分别与无水乙二醇和甘油 65℃反应数天后，得到了乙二醇/高岭石和甘油/高岭石插层复合物。目前，关于高岭石插层复合物在医药缓释等方面的研究报道尚少，由于药性分子需要通过多步置换插层过程，且过程中可能会引入对人体有害的物质，但高岭石作为无毒性的廉价原料，今后在药物缓释等领域的应用仍具有很大的发展空间。

（3）纳米反应器。

纳米颗粒具有高的比表面积，很容易发生团聚现象，通常需要通过加入表面活性剂的方式解决这一问题，而高岭石层间的纳米区域为制备无机纳米材料提供了理想的空间，纳米粒子在其层间形成后，被高岭石的层状结构彼此分开，则可以避免纳米晶体的团聚。Patakfalvi 等[164]利用 DMSO/高岭石为前驱体，经甲醇漂洗 5 天后，加入 $AgNO_3$ 溶液中，经还原剂还原后得到平均粒径为 10nm 的纳米银颗粒，且均匀分散吸附在高岭石晶粒边缘部位。

（4）环保吸附。

高岭石本身具有较高的比表面积，可以直接作为废水处理的吸附剂，当高岭石经过有机分子插层改性后，对重金属离子和一些有机分子的吸附能力则可以继续得到增强[165]。有研究[166]发现高岭石经过尿素插层后，经过盐酸超声波处理剥片后，其比表面积可以大大提高，相比于未处理的高岭石，对 Cu^{2+}和 Pb^{2+}的吸附能力也大大增强。Tonle 等[156]则通过 DMSO/高岭石插层复合物为前驱体，向高岭石层间引入三乙醇胺分子后，再与碘化甲烷反应，将这种有机改性的高岭石复合物喷涂到石墨电极表面进行电化学实验，发现这种插层处理的高岭石对浓缩处理废水中的 CN^-具有很好的吸附作用，说明高岭石插层复合物在环保吸附等领域也具有很大的应用价值。

（5）电学方面。

高岭石本身并不具有电学方面的性能，但当高岭石层间插层进入其他分子后，则可以表现出一些电学方面的性能。Orzechowski 等[167]测得乙酸钾/高岭石、尿素/高岭石插层复合物由于层间极性分子的转动，高频下可以测得一定的介电常数和损耗。Letaief 等[168]以 DMSO/高岭石为前驱体，利用置换插层法将有机咪唑卤化物盐引入高岭石层间，得到高岭石纳米杂化复合材料，并将其压片喷金后进行阻抗测试，并发现在 160～200℃的温度范围内，具有很好的离子导电性能。

（6）非线性光学材料。

Takenawa 等[169]制备了对硝基苯胺/高岭石插层复合物并观察到了这种复合物可以产生的二次简谐波，这是由于对硝基甲苯在高岭石层间的非对称环境，而形成单层自发取向并呈非对称中心排列所致，利用高岭石有机插层复合材料这种光学特性，使其在非线性光学材料领域具有一定的应用价值。

（7）电流变液。

Wang 等[170]研究了 DMSO/高岭石插层复合物在电流变液中的行为时发现，在 3kV/mm 的电场下，用 DMSO/高岭石制备的电流变液剪切应力达到 600Pa（剪切速度为 $5s^{-1}$），是纯高岭石的电流变液的 2.14 倍，并且具有良好的抗沉降性能和很好的温度效应，认为这是由于高岭石插层复合物对介电性能的改善所致。

3. 其他层状硅酸盐

除 MMT 和高岭石之外，还有其他几种重要的层状硅酸盐因其特有的物理化学性质而得到广泛的关注，包括 magadiite、凹凸棒石（attapulgite，ATP）等。

1）magadiite

Magadiite 是一种天然矿物，其理想的化学式为 $NaSi_7O_{13}(OH)_3·4H_2O$，层间有可被交换的水合钠离子，因此有很好的离子交换特性。层板具有较好的膨胀性，可以容纳小到质子大到高分子和蛋白质等客体。性能各异的客体分子同无机层状主体材料形成的复合材料在催化、吸附以及新型功能材料等领域有着重要的应用价值。

2）ATP

ATP 又名坡缕石（palygorskite），是一种具有层链状结构的含水富镁铝硅酸盐黏土矿物，在矿物学上属于海泡石族。它的理想化学式为 $Mg_5Si_8O_{20}(OH)_2(OH_2)_4·4H_2O$，并由 Bradley 于 1940 年首先提出了它的理想晶体结构，如图 2-4 所示[171]。ATP 的基本结构是由两层硅氧四面体和一层镁（铝）氧八面体组成的 2∶1 型层链状结构，其中硅氧四面体有双链，分上下两条，每一条都有四个 Si—O 四面体组成硅氧四面体带，中间夹五个镁（铝）氧四面体，每个单元层四面体角顶的 Si—O 发生翻转，相互间通过氧原子连接成孔道型的晶体结构。另外，在每个 2∶1 型的结构层中，四面体的角顶每隔一定距离颠倒一次方向，形成层链状结构。在 Si—O 四面体条带间形成平行于 c 轴与链平行的孔道，孔道中充满沸石水和结晶水。

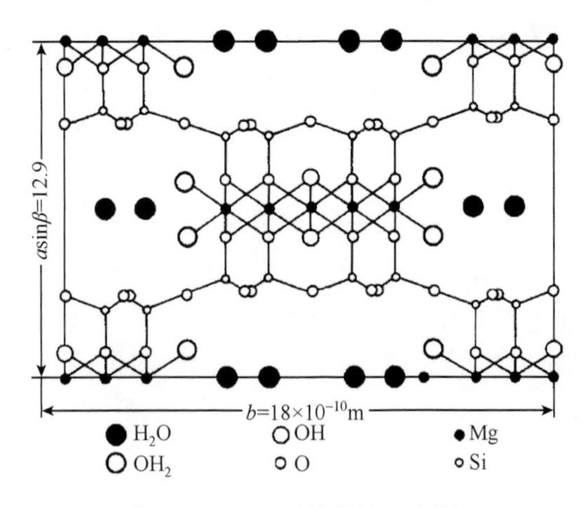

图 2-4　ATP 晶体结构示意图

一般来说，ATP 的结构分为三个层次：①由基本结构单元组成的棒状单晶体，直径可达 0.01μm 数量级，长度可达 0.1～1.0μm；②由单晶体平行聚集而成的棒晶束；③由晶束（包括棒晶）相互聚集堆积而成的各种聚集体，粒径通常为 0.01～0.1mm 数量级。这三种层次的结构使聚集态的 ATP 形成或松或散的显微结构，主要表现为晶束的粗细和长短、晶束的聚集状态，以及孔洞与裂缝等。

由于 ATP 的晶体内部具有孔道结构和聚集时产生的平行隧道空隙，单位质量的 ATP 具有非常大的内表面积，有时占比可达 30%以上。同时，进行活化处理后的 ATP 表面会存在不平衡电荷与吸附中心，从而使其具有良好的吸附性。因此 ATP 常被用作工业除臭剂、脱色剂、净化剂等[171]。另外，由于 ATP 纤维之间的结合力不强，因此很容易在外力的作用下分散在水中，并显示很好的流变性，可应用于悬浮剂、触变剂和钻井泥浆等领域。

ATP 的多孔道和聚集体中的微细空隙结构，以及非等价阳离子类质同象置换与加热引起的晶体内部和表面产生路易斯酸化中心和碱化中心，使 ATP 具有很好的催化性能并作为催化剂载体广泛应用于化学工业领域。

ATP 除了具有纤维状结构和较大的比表面积被广泛用于上述领域外，由于其还具备来源丰富且成本低廉，无毒、无味、无刺激性等优点，人们已经开始将其作为填充剂用于塑料和橡胶等领域。

2.1.2　层状磷酸盐

在为数众多的层状材料中层状磷酸盐材料是一类受到广泛关注的化合物。它们主要是三价、四价、五价金属的酸性、碱性或含氧磷酸盐，由于这种材料层板结构规整，稳定性高，表面基团易于设计，而被人们普遍看好。其中 α-磷酸锆（α-ZrP）是最早人工制备得到的层状磷酸盐，由 Clearfield 等于 1964 年合成，也是目前研究最为广泛的层状磷酸盐材料[103]。

1. α-ZrP 结构

α-ZrP 的分子式为 $\alpha\text{-Zr(HPO}_4)_2\cdot\text{H}_2\text{O}$，层间距为 0.76nm，阳离子交换容量为 6.67mmol/g。其结构如图 2-5 所示，α-ZrP 的层与层以 ABAB 的方式堆积在一起，每一层面上的锆原子近似处于同一平面，而上下两层的 O_3P—OH 基团将锆原子夹在中间。其中，O_3P—OH 是活性质子酸，这个质子可被其他阳离子通过离子交换取代，从而具有阳离子交换能力，一些小分子（如烷基胺等）可以毫不费力地通过酸碱质子交换反应插入层间。指向层内空间的 O_3P—OH 与锆原子共用 3 个氧原子，层与层之间以范德华力结合[103]。

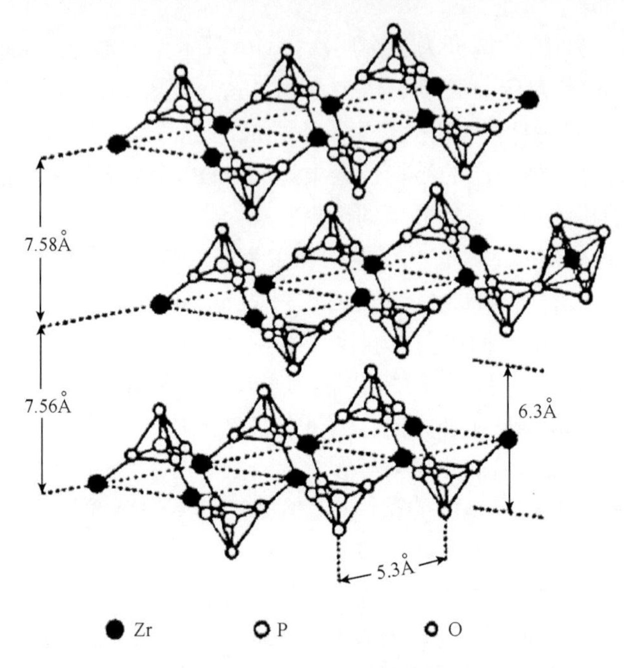

图 2-5　α-ZrP 材料的结构示意图

α-ZrP 具有层状化合物的共性外，还具有一些特性：①制备较易，层状结构稳定；②热稳定性和机械强度很强，化学稳定性较高；③表面电荷密度较大，可发生离子交换反应，从而引入各种官能团；④在一定条件下，可发生剥层反应。

2. α-ZrP 的合成

α-ZrP 在离子交换和插入客体分子的过程中存在着传质阻力大、晶粒粉碎、水解和胶体化现象，而制备结晶度高、晶粒较大的 α-ZrP 可以降低传质阻力，提高物理和化学稳定性。目前，α-ZrP 的制备方法主要有 Clearfield 等[172]首先采用的溶胶回流法，Benhamza 等[173]采用的溶胶凝胶法，Alberti 等[174]采用的直接沉淀法及 Sun 等[175]采用的水热法。

采用回流法制备 α-ZrP，先制得 ZrP 凝胶，再将凝胶放入一定浓度和酸度的磷酸中回流 1～7 天。XRD 结果表明，回流法制备的 α-ZrP 层间距为 0.766nm，结晶度较好。

水热法是一种较优越的制备层状磷酸盐的方法，它是将回流法制得的 ZrP 凝胶与磷酸溶液混合均匀后，转移至不锈钢反应釜中，水热晶化 1～7 天。张蕤等[176]用水热法合成了具有良好结晶度和大层间距的 α-ZrP、α-磷酸锡及 α-磷酸钛晶体。其中，α-ZrP 电镜结果显示晶体形貌最为完美，呈规则的六边形薄片状，相应的薄片尺寸为 900nm×300nm；α-ZrP 的晶体形貌也较规整，可以看到六边形片状结构，尺寸为 700nm×500nm；而 α-磷酸锡电镜图显示其片层尺寸为 625nm×625nm，呈较为规则的正六边形。热分析结果表明，采用水热法制备的 α-磷酸锡和 α-磷酸钛比常规方法所得产品的热稳定性高，其中 α-磷酸钛的热稳定性最高，层间距为 0.763nm。

直接沉淀法，也叫氟配合法[177]。氢氟酸首先与氧氯化锆反应形成锆的配合物 ZrF_6^{2-}，ZrF_6^{2-} 可通过加热分解，也可通过硅酸钠与氢氟酸的反应，促进配合物的分解，然后锆离子与磷酸发生反应生成 ZrP 沉淀。反应方程式如下

$$ZrO^{2+}+6HF \longrightarrow ZrF_6^{2-}+H_2O+4H^+ \tag{2-1}$$

$$ZrF_6^{2-} \rightleftharpoons Zr^{4+}+6F^- \tag{2-2}$$

$$Na_2SiO_3+4F^-+6H^+ \longrightarrow SiF_4\uparrow+3H_2O+2Na^+ \tag{2-3}$$

$$Zr^{4+}+2H_3PO_4+H_2O \longrightarrow Zr(HPO_4)_2\cdot H_2O\downarrow+4H^+ \tag{2-4}$$

杜以波等[178]以玻璃反应瓶代替常用的聚四氟乙烯反应瓶，加入适量 $ZrOCl_2\cdot 8H_2O$ 和 H_2O，再加入一定量 37%的盐酸和 40%的氢氟酸，然后加入一定浓度为 85%的磷酸。室温下电磁搅拌，反应在四天内完成。然后过滤，固相用去离子水洗涤，洗至滤液 pH 为 5，常温真空干燥，这使制备 α-ZrP 的过程大大简化。

杜以波等[179]还讨论了氢氟酸/锆比、磷/锆比、锆离子浓度和反应温度等因素对直接沉淀法生成 α-ZrP 结晶度和生长形态的影响。分析结果表明，氢氟酸/锆比影响晶面生长的完整程度和有序程度，增大氢氟酸/锆比，析晶速度相对变慢，α-ZrP 片状微晶长大，片厚度增加，晶面生长的完整程度和有序程度就相对提高，若氢氟酸/锆比在较低的情况下，则相反；磷/锆比对产品结晶度基本不影响，采用较低的磷/锆比（＞2）不仅节约磷酸，而且对洗涤有利；锆离子浓度在 0.1mol/L 左右时较好，浓度太高，得到的 ZrP 结构和结晶水含量与 α-ZrP 不同；玻璃瓶质可加快析晶速度、提高产率；较高的反应温度会加快氢氟酸的挥发，加快配合物离子（ZrF_6^{2-}）分解，从而加快析晶速度。

回流法制得的晶体层板有序度和结构完美程度不如沉淀法和水热法，但回流法操作简单，制得的晶体更容易实现胶体化；水热法得到的晶体形貌规整并具有较高的热稳定性，合成的 α-ZrP 水解率较低，作为插层或层柱复合材料的基体更为有利；张华等[180]对用回流、水热晶化和氢氟酸沉淀这三种方法制备的 α-ZrP 进行了比较，结果表明，沉淀法制得的晶体尺寸最大，层板有序度最高，水热法次之，而回流法最差，因此沉淀法需要更多的有机胺分子才能实现胶体化。

张蕤等[181]用溶剂热法合成 α-ZrP。结果显示，用乙醇作溶剂制得的 α-ZrP，具有良好的结晶度，层间距达到 0.763nm，热稳定性好，实验过程简单，同时缩短了反应时间，克服了回流法、溶胶凝胶和直接沉淀法等存在的反应时间长、操

作繁琐或产品结晶度低等不足，为进一步探索在溶剂热条件下制备层状化合物及其插层或柱撑反应奠定基础。

3. α-ZrP 的插层反应

1）α-ZrP 插层方法

α-ZrP 层间电荷密度较大，层间距小，不能像黏土那样在水溶液中溶胀，一些长链的季铵盐分子、无机聚合离子及生物大分子很难直接插入层间。如果 α-ZrP 预先嵌入有机胺进行预撑或用极性小分子（如烷基胺、醇胺、烷基胺碱等）进行胶体化处理，可使层间距扩大、层板间作用力减弱，从而可以将一些难插层的客体分子引入层间[182]。如图 2-6 所示，α-ZrP 的插层方法主要有直接插层（A）、预撑插层（B）和胶体化后组装插层（C）。

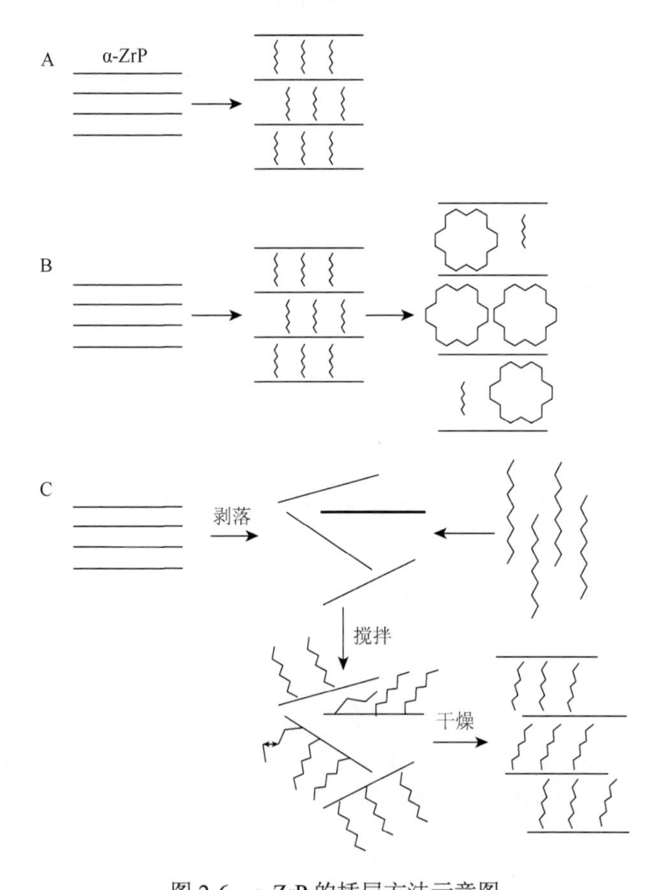

图 2-6　α-ZrP 的插层方法示意图

A. 直接插层；B. 预撑插层；C. 胶体化后组装插层

A. 直接插层

α-ZrP 不仅是一种阳离子型交换材料，一些金属阳离子如 Li^+、Na^+、K^+、Rb^+ 等及 NH_4^+ 可直接与 HPO_4^{2-} 通过离子交换反应插入层间，还具有固体酸的性能，因此，小分子的烷基胺可与 α-ZrP 通过酸碱质子化反应而直接插入层间。其中，插层化合物的层间距与客体分子的插入量及链长度密切相关。

B. 预撑插层

在对 α-ZrP 的插层行为和离子交换能力的研究过程中，人们发现胺和醇等极性小分子具有较强的可插层能力，将它们嵌入层间可使层间距扩大，以此为前驱物，其他不能直接插入的客体大分子易于进入层间形成稳定的柱撑或插层化合物。

C. 胶体化后组装插层

有时通过预撑插层所得的插层前驱物的层间化学环境仍不能满足一些生物大分子及疏水性聚合物分子嵌入的要求，这时，需用胶体化试剂对 α-ZrP 进行剥层，使层与层发生分离，从而有利于插入大体积的客体分子。

2）胺和醇插层 α-ZrP

自从 Michel 等报道正烷基胺插入 α-ZrP 以来，Clearfield 等和 Maclachlan 等在这方面进行了许多研究工作[103]。其中，Maclachlan 等[183]研究了 α-ZrP 中烷基胺的插入量与其层间排布的规律，发现短链的烷基胺（如丙胺和丁胺），因插入量的不同在层间具有多种排列形态。当插入的胺较少时，形成单层排列嵌入物；随着胺插入量的增大，转换成双层排列嵌入物，同时层间距随胺插入量增加不断增大直至最大，其中双分子层排列的烷基胺插层 α-ZrP 的化合物在层间具有强的疏水性。烷基胺的插入一方面增大了层间距，另一方面在层内引入了疏水基团。通过烷基胺的插入对 α-ZrP 进行预撑插层可将一些不能直接插层的有机分子引入 α-ZrP 层中，如丁胺插层 α-ZrP 的化合物，可通过与丁胺进行交换引入亚甲基蓝[184]。

Kijima 等[185]将树枝状多胺如 $N(CH_2CH_2NH_2)_3$ 和 $N(CH_2CH_2CONHCH_2CH_2NH_2)_3$ 插入 α-ZrP 层中，多胺分子在 α-ZrP 层内单层排布。研究发现，分子空间较大的 $N(CH_2CH_2CONHCH_2CH_2NH_2)_3$ 在其稀溶液中可对 α-ZrP 进行较好地插层，而在其浓溶液中不能对 α-ZrP 进行插层，其原因可能是在浓溶液中多胺分子相互之间发生缠绕，使其体积位阻增大，从而不易插入层中。

Hayashi 等[186]近年来主要研究了不同烷基胺插层 α-ZrP 后吸附有毒气体及液体的效果。研究发现，一些多胺类物质插层 α-ZrP 所得的插层化合物在吸附羧酸和甲醛时表现出反应场效应，即未质子化的—NH_2 体现出碱性特征，在限定的层间区域与所吸附的气体相互作用。如吸附的气体甲醛与胺类物质共存于 α-ZrP 的限定区域时，加速了甲醛的自身氧化还原反应；α-ZrP 不吸附酚类物质，而将正丁胺插入 α-ZrP 形成的插层化合物表现出对酚类物质较好的吸附效果，这与插层化合物具有一定的疏水性有关。将正丁胺插层 α-ZrP 化合物与正辛胺插层 α-ZrP

化合物相比，由于正辛胺疏水性大于正丁胺，吸附酚的效果比正丁胺好。

Sun 等[187]最新研究发现，客体分子的结构和插层主体的晶型将对插入反应机理产生较大影响。他们采用两种不同结晶度的 α-ZrP，分别用线性的己胺和非平面的环己胺进行插层，结果发现，插层能垒在插层过程中有重要影响。当插层能垒较低时，α-ZrP 的层间距随客体分子插入量的增加而逐渐增加，而当插层能垒达到一定水平时，层间距出现阶段性增长；作为客体分子的线性己胺和非平面环己胺由于具有不同的位阻效应，插层能垒不同，其中环己胺的插层能垒大，以层板有序度较低的 α-ZrP 作插层主体，环己胺插层 α-ZrP 的层间距出现阶段性增长。将结构类似的苯胺插层层板有序度较低的 α-ZrP，与环己胺相比，由于苯胺的碱性较弱，插层能力比环己胺低，层间距亦出现阶段性增长；当以层板有序度较高的 α-ZrP 作主体时，线性己胺插层 α-ZrP 的层间距也出现阶段性增长。

杜以波等[188]将 $4\text{-}CH_3SC_6H_4NH_2$（简称 MMA）插层 α-ZrP，研究发现，即使在 MMA 大大过量的条件下，仍然有部分 α-ZrP 没有发生插层反应；当 MMA/α-ZrP＜2 时，在 XRD 谱图上，只有 α-ZrP 相存在，没有观察到插层产物相。MMA 在 α-ZrP 层板之间以双分子层的形式排列，由于其相对较弱的碱性，导致 MMA 有两种存在状态，一种是 MMA 的氨基被 α-ZrP 的酸性位质子化，另一种是氨基与 α-ZrP 的氢原子以氢键形式相连，这与胺分子（如乙胺、丁胺和癸胺）与 α-ZrP 的完全质子化过程不同。MMA 的插层产物只有一相，这与 MMA 分子是平面几何构型有关，平面型 MMA 只有两种状态，要么有足够的胺分子插入量，把 α-ZrP 层板完全撑开，形成稳定的插层产物；要么 MMA 分子就不能插入 α-ZrP 层间。

一些小分子的烷基胺碱由于碱性较强，可将 α-ZrP 胶体化。Shi 等[189]用强有机碱四丁基氢氧化铵做胶体化试剂将 α-ZrP 层板打开，进而将表面活性剂 CTAB 插入层间，结果发现层间距为 39.6Å，与 Kumar 等[190]报道的层间距（56Å）不同；通过将 CTAB 引入 α-ZrP 层间，使层间距大大增加，从而可以将荧光素染料等一些难插层的大分子化合物插入 α-ZrP 层间，进而制备有机超分子材料。张蕤等[191]以甲胺为胶体化试剂，合成得到 CTAB 插层 α-ZrP 化合物，结果显示，所获得的插层化合物具有有序的层状结构，层间距为 2.9nm，并具有良好的疏水性，是制备聚合物/α-ZrP 纳米复合材料的优良前驱体。

马学兵等[192]将有机基团引入磷酸氢锆制备无机-有机复合膦酸锆。他们用 ^{31}P MAS NMR 和 ^{13}C CPMAS NMR 分析研究有机-无机杂化磷酸锆 $Zr(HPO_4)_{2-x}[O_3PCH_2N(CH_2CO_2H)_2]_x\cdot H_2O$ 中有机基团的含量及胺插层化合物结构的表征。有机基团的引入使无机磷酸锆的层板撑开，层间距发生改变，而且可以根据需要选择适当的有机基团调节层间距的大小，从而选择性识别客体分子的插入。

醇插入 α-ZrP 后形成质子化的醇，但醇的插入能力不如胺，这与其相对较弱的碱性有关。用 α-ZrP 和醇的稀溶液直接作用，很难将醇插入 α-ZrP 层间，一些带有支链的烷基醇主要从改变主体分子的结构和插层途径这两方面来解决。

Gentili 等[193]制备的有机双膦酸锆可在稀水溶液中插入醇类，这是因为有机膦酸锆的烷基链可在层间形成大的自由空间，空间阻碍较小，当有机膦酸锆作为主体时，客体分子进入层中，占据自由空间位置。

杜以波等[194]用微波法直接将乙二醇插入 α-ZrP 层间，层间距是 1.07nm，与用 $ZrHNa(PO_4)_2 \cdot 5H_2O$ 作为插入前体的制备结果（层间距是 1.03nm）基本一致；将 1-辛醇用微波法插入 α-ZrP 层间，层间距为 1.00nm，和 $Zr(HPO_4)_2(C_8H_{17}OH)_2 \cdot H_2O$ 层间距是 2.67nm 相比，相差很大，说明层板没有被完全撑开；正丁胺可以在十分温和的条件下插入 α-ZrP 层板之间，并将层板撑开，层间距由 0.76nm 增大到 1.94nm，热稳定性高，而醇分子与 α-ZrP 层板的结合力不像胺分子与 α-ZrP 层板的结合力那么强，它的热稳定性能较差。

徐金锁等[195]考察了醇胺和烷基胺的嵌入对 α-ZrP 结构和性质的影响，发现层板剥离度与有机胺种类及加入量有关，烷基碳链较短的对表面亲水基团的屏蔽作用较弱，有利于层板胶体化。因醇胺分子本身具有亲水基团，胶体化效果比烷基胺好，所以对层状磷酸盐进行胶体化或预撑，醇胺是更值得推荐的有机胺；已剥离的层板是介稳定的，放置后会重新有序化并发生相变；烷基胺和醇胺在饱和嵌入量时，在 α-ZrP 层间呈双层排列，若在空气中长时间放置，甲胺和乙胺会转化为单层排列，而丙胺、丁胺和醇胺仍保持双层排列。

3）氨基酸插层 α-ZrP

Kijima 等[196, 197]将一些碱性氨基酸如组氨酸、赖氨酸及精氨酸分别插入 α-ZrP 和 γ-ZrP 中，结果发现在插入量较低时，氨基酸在层中形成单层，但随插入量增加，它们在 α-ZrP 和 γ-ZrP 层中的插层情况不同。出现这种差别的主要原因是氨基酸在 γ-ZrP 层中受到的立体阻碍比在 α-ZrP 层中大。研究还发现酸性和中性氨基酸不能在 α-ZrP 和 γ-ZrP 层中发生插层反应，这与 α-ZrP 和 γ-ZrP 本身是固体酸有关。

4）含氮杂环化合物的插层

吡啶、喹啉、咪唑和联吡啶等含氮杂环化合物具有弱碱性，它们可作为客体插入磷酸锆层中[198]。制备的插层复合物可用于生物传感器、修饰玻碳电极、吸附和导电等，因此对这些含氮杂环化合物的插层行为研究有助于特殊功能材料的设计。

5）生物大分子的插层

DNA、血红蛋白和胰岛素等生物大分子的化学性质不稳定，容易失活，若把它们插入 α-ZrP 层中，不但分子的结构和活性没变，还可提高它们的稳定性，有利于制备生物复合材料和生物传感器[199, 200]。由于生物分子体积较大较难直接插层，因此，需先用预撑剂进行预撑处理，然后将生物分子与预撑剂进行交换。例如，Geng 等[201]用二次组装方法插入血红蛋白，即先用预撑剂插入 γ-ZrP 层中，然后再插入血红蛋白，使血红蛋白和预撑剂进行交换。

由于层状 α-ZrP 具有生物兼容性、易修饰和层间距可调等特性，因此它可以成为很好的药物载体。将活性生物物种插入 α-ZrP 层中制备出的插层化合物，在生物学上，药物活性将暂时失活，从而排除外界物质的干扰，一旦此插层化合物接触到其目标物，在特定位置将会释放出活性药物，从而减少了副作用的产生。

6）金属配合物的插层

金属配合物插入 α-ZrP 作为催化剂，不仅可改变金属配合物的催化活性，而且还可避免金属离子的水解。Karlsson 等[202]将磷化铑固定于 α-ZrP，用于催化丙烯和己烯的加氢催化反应。稀土金属配合物具有特有的光物理、化学特性，常被用作发光材料，而 α-ZrP 作为主体介质能够提供独特的微环境，可将稀土金属（Eu^{3+}、Y^{3+}）插入 α-ZrP 层中，使其光学特性发生了较大的变化。此外，二茂铁及二氯化二茂钛也可插入 α-ZrP 层间。二茂铁可用作电化学传感器中的电子媒介，而二氯化二茂钛是一种潜在的抗癌药物，将它们插入 α-ZrP 层间，XRD 数据显示有新相产生且层间距扩大。$Ru(bpy)_3^{2+}$ 的配合物、铁（Ⅱ）邻菲咯啉和铂（Ⅱ）三联吡啶等也可插入 α-ZrP 层间[103]。

4. α-ZrP 的应用

α-ZrP 可应用于环保、异相催化、高性能工程材料、阻燃材料和固相电化学等许多领域。

1）α-ZrP 在环保领域中的应用

随着环境污染的日益严重和公众对环境问题的日益关心，绿色化学已成为世界各国大力实施的可持续发展方针的重要组成部分。由于 α-ZrP 具有良好的离子交换特性和较大的内表面积，所以在放射性核废料，吸附甲醛、甲酸气体和污水处理等去除有害物质方面的研究成果不断见诸报道。

（1）吸附重金属离子。

众所周知，重金属污染是危害最大的水污染问题之一。一些随废水排出的重金属离子，即使浓度很低，也可在藻类和底泥中积累，被鱼和贝的体表吸附，产生食物链浓缩，从而造成公害。尽管锰、铜和锌等重金属是生命活动所需要的微量元素，但是大部分重金属（如汞、铅、镉等）并非生命活动所必需，而且所有重金属超过一定浓度都对人体有毒。针对这个重金属污染问题，目前，很多研究工作者对用一些新型材料来吸附水中低浓度有毒金属离子产生了浓厚的兴趣。

α-ZrP 作为一种无机阳离子交换材料，经研究发现，它对 Pb^{2+}具有很强的吸附能力，并且克服了其他吸附剂热稳定性差、化学性质不稳定及再生效果低的不足。考虑到 α-ZrP 为粉末状（0.2～20μm），应用时会产生强大的压力降，再加上其低的机械强度，难以直接进行固定床吸附，为解决这个问题，Zhang 等[203]主要研究了 α-ZrP 固定于不同大孔树脂后吸附重金属离子的效果。

固定床吸附试验：将 α-ZrP 负载于强酸性的阳离子交换树脂材料 D-001，制成 ZrP-001，对 Pb^{2+}、Zn^{2+}和 Cd^{2+}进行吸附，发现在竞争性阳离子 Na^{+}、Ca^{2+}和 Mg^{2+}大量共存下，ZrP-001 比 D-001 表现出更好的吸附性能，且吸附量 $Pb^{2+} \gg Zn^{2+} \approx Cd^{2+}$，可见 ZrP-001 对 Pb^{2+}具有很强的吸附能力；ZrP-001 固定床吸附 Pb^{2+}，Pb^{2+}浓度从 40mg/L 下降至 0.05mg/L，与 D-001 和 ZrP-CP（将 α-ZrP 负载于氯球树脂）比较，由于 ZrP-001 既有负载主体 D-001 本身具有的唐南膜效应（带负电荷的磺酸基在树脂表面不扩散，从而增加目标金属离子的渗透），又具有 α-ZrP 的优点，这使吸附 Pb^{2+}的效果大大增加；ZrP-CP 与 D-001 比较，在竞争性阳离子大量共存下，ZrP-CP 的吸附效果好；溶液 pH 对吸附重金属离子影响较大，随 pH 的减小，吸附量大大减少，这有利于通过酸溶液稀释进行再生，且 α-ZrP 再生损失很少。

Jiang 等[204]研究发现，非晶形态的 α-ZrP 比晶体形态的 α-ZrP 吸附 Pb^{2+}的效果好，pH 滴定曲线结果显示，非晶形态的 α-ZrP 中的酸性基团解离相对较弱，氢离子释放是一个连续的过程，而晶体形态的 α-ZrP 的氢离子释放出现两个平台。溶液的 pH 对两种形态的 α-ZrP 的吸附都有影响，但是晶体形态的 α-ZrP 在相对较低的 pH 范围增加缓慢，而非晶形态的 α-ZrP 较快，因此高的 pH（＜6.0）对晶体形态的 α-ZrP 吸附更有利。

（2）吸附酚类化合物。

酚类化合物种类繁多，有苯酚、甲酚、氨基酚、硝基酚、萘酚、氯酚等，而以苯酚、甲酚污染最突出。酚类化合物作为一种原型质毒物，能使蛋白质凝固，其水溶液很容易通过皮肤引起全身中毒；其蒸气由呼吸道吸入，对神经系统损害更大；若长期吸入低浓度酚蒸气或酚污染了的水可引起慢性积累性中毒；将含酚浓度高于 100mg/L 的废水直接灌田，会引起农作物枯死和减产。因此，大力开展含酚废水的污染防治研究是保护环境和造福人类的重要任务。

孙美丹等[205]采用直接插入法制备了六氢吡啶（HHP）对 α-ZrP 的超分子插层复合物 α-ZrP-HHP。结果发现，HHP 的插入使层间距增大了 0.59nm，插入的 HHP 在主体层间形成双分子层。α-ZrP 对酚类物质不具有吸附能力，其原因可能是 α-ZrP 本身是一种固体酸，含有 HPO_4^{2-}。苯酚、4-氯苯酚和 2, 4-二氯苯酚的 pK_a 分别为 9.9、8.1 和 7.7，也是弱酸。但是将客体分子 HHP 进入主体 α-ZrP 形成 α-ZrP-HHP 后，改变了 α-ZrP 的固体酸性能，显著提高了对酚类物质的吸附能力。对含酚废水进行吸附，实验发现，吸附量：2, 4-二氯苯酚＞4-氯苯酚＞苯酚，其中 α-ZrP-HHP 对 2, 4-二氯苯酚的吸附量达 0.5232mmol/g。

日本的 Hayashi 等[186]将烷基胺如正丁胺和正辛胺成功插入 α-ZrP 层间，去吸附废水中苯酚、4-氯苯酚及 2, 4-二氯苯酚，结果发现，酚的吸附量取决于插入层中的烷基胺含量，一开始随插入的烷基胺含量增加，吸附酚逐渐增加，当每克 α-ZrP 中插入正丁胺的含量为 4.4mmol 时，吸附量达最大，之后随烷基胺插入量的增加吸附量反而下降；烷基胺插层 α-ZrP 的化合物对疏水性较强的 2, 4-二氯苯酚吸附量最大，这与烷基胺与酚相互之间的疏水作用有关，结果表明，烷基胺的疏水性越强，吸附酚的效果越好。

Algarra 等[206]将混合表面活性剂改性 α-ZrP 用于吸附硝化多环芳烃类物质。结果发现，这种新材料吸附硝化多环芳烃的吸附率接近 100%，用二氯甲烷作为洗脱剂，几乎百分百回收。由于 α-ZrP 无毒，且合成成本低，这使它成为一种较好的吸附材料。

（3）吸附甲醛、羧酸等。

最新研究表明甲醛已经成为第一类致癌物质，它可引起人类的鼻咽癌、鼻腔癌和鼻窦癌，并可引发白血病。室内装饰和家具生产，需大量使用毒性高的甲醛为原料制造的胶黏剂，由于胶黏剂中的甲醛释放期很长，一般长达 15 年，导致甲醛成为室内空气中的主要污染物。

Hayashi 等[207]将二乙烯三胺插入 α-ZrP 层中，通过控制反应时间和温度，获得了两种不同层间距的插层化合物。其中在相 I 中，插入的二乙烯三胺呈弯曲状，层间距小；而相 II 中的二乙烯三胺呈直链形状，层间距较大。结果发现层间距大的吸附气态羧酸能力强，这可能与相 II 中插层的二乙烯三胺的端位质子胺容易接触到羧酸进而增大层内空间有关。Hayashi 等[208]还将 NH_4^+ 及一些多胺类物质如二亚乙基三胺、五亚乙基六胺和三聚氰胺插层 α-ZrP 进而吸附甲醛，发现随层间距增大甲醛吸收速率加快。研究表明，插入的氨基作为碱性催化剂使甲醛在层间发生了自身氧化还原反应，而区域效应加速了该反应的进行。

α-ZrP 不仅被用来吸附甲醛和羧酸，还可以吸附染料分子。以上研究表明，α-ZrP 是一种很好的吸附材料。

（4）光催化降解有机物。

染料是环境污染的重要来源，其中以纺织工业排放的染料为主。据估计，1%～15%的染料在染色过程中被损耗或释放。这些有颜色的污染物，将对整个生态系统带来视觉污染、富营养化污染及干扰水生生物。目前，处理染料的方法主要有物理法（如吸附）、生物法及化学法（如臭氧化）。其中生物法技术要求高、价格贵，并且有报道大部分染料仅仅吸附于污泥上而没降解；物理法吸附不稳定，效率不高，并有可能转化成更难降解的物质。基于这些方法的不足，寻找新的方法迫在眉睫，其中光催化降解染料逐渐兴起。

Das 等[209]将二氧化钛负载于磷酸锆中，用于催化染料中的亚甲蓝，效果理想，并探讨了一些因素，如溶液 pH、二氧化钛负载量、初始亚甲蓝浓度及太阳辐射时间等的影响。Chen 等[210]利用丁胺插层 α-ZrP，扩大 α-ZrP 的层间距，通过与部分水解的钛酸四丁酯溶胶反应，从而插入不同量的钛溶胶，水热反应后得到不同含量的二氧化钛插层 α-ZrP 复合物。分析结果表明，在光催化降解甲基橙反应中，二氧化钛插层 α-ZrP 复合物比溶胶凝胶法制备的锐钛矿型二氧化钛具有更好的光催化活性；当二氧化钛插入量为 2.3%时，催化活性最高，研究结果表明，过多二氧化钛的插入会导致 α-ZrP 层间空间位置狭小，不利于光催化反应。

2）α-ZrP 在催化领域中的应用

α-ZrP 具有良好的热稳定性和机械强度，且层状、多孔 α-ZrP 比表面积比较大，所以在高效催化剂方面有很大的应用前景。通过离子交换可将有催化活性的金属离子如 Rh^{3+}、Pt^{2+}和 Pd^{2+}等插入 α-ZrP 层间。

Soriano 等[211]制备 α-ZrP 的载钒插层化合物，用于催化硫化氢氧化成硫单质。孙颖等[212]通过层间苯环磺化制备了不同组成的磺化苯膦酸-磷酸锆（SZrPP-n），结果发现，苯膦酸-磷酸锆具有典型的层状结构，改变合成条件可以得到层间距不同的晶体，磺化后，SZrPP-n 样品层间距增大，具有丰富的酸性位，热稳定性可以达到 200℃以上，且对甲醛羰基化制乙醇酸甲酯反应具有较高的催化活性和稳定性。Wang 等[213]将丁胺插层 α-ZrP 制得的插层化合物作为前驱物，进而将金属卟啉 MnTMPyP 插入层间，用于催化高香草酸的氧化反应等。α-ZrP 本身是固体酸催化剂，层内空间可作为纳米反应器，但它并不只可做酸性催化剂，在 α-ZrP 层中通过离子交换嵌入 K^{+}，可制备一种有效的碱性催化剂。

3）α-ZrP 在高分子材料领域中的应用

α-ZrP 的插层复合技术可实现聚合物与无机物在纳米尺度上的复合，所得复合材料可将无机物的刚性和热稳定性与聚合物的韧性和可加工性结合起来，因此能够产生许多优异特性，如制备抗菌聚乙烯薄膜及阻燃材料。Yang 等[214]制备了聚乙烯醇/α-ZrP 纳米复合薄膜材料，研究发现，聚乙烯醇负载上 α-ZrP 后，拉伸强度和断裂伸长率分别比纯聚乙烯醇增加了 17.3%和 26.6%；α-ZrP 的最佳负载含量为 0.8%，若 α-ZrP 的负载含量增加，α-ZrP 颗粒将聚集，从而会恶化薄膜性质。

4）α-ZrP 在电磁学领域中的应用

由于 α-ZrP 中的氢质子可以在层内空间自由扩散，因此 α-ZrP 可成为优良的离子交换和质子传导材料，可用于制备许多电化学设备如燃料电池、电化学传感器及聚合物/无机质子传导膜材料等，还可用于制备纳米磁珠。

Al-Othman 等[215]合成了一种充分水合状态的非晶态 α-ZrP，从而避免了随温度升高电导率下降的弊端。将非晶态 α-ZrP 用于直接烃聚合物电解质膜燃料电池的导电材料，结果发现它比纯的直接烃聚合物电解质膜燃料电池使用的最佳温度大大提高。曾琼等[216]将葡萄糖氧化酶固定在 α-ZrP 层间，并将此插层复合物用壳聚糖固定于玻碳电极表面用于检测葡萄糖含量，检测范围是 0.01～20mmol/L，灵敏度是 4.74μA/(mmol/L)。

5）α-ZrP 在其他方面的应用

α-ZrP 除了可用于环保、催化、高分子及电磁学方面外，还可用于分子识别、光化学及生物领域等。α-ZrP 的层状结构可作为生物大分子的载体，在固定生物活性物质方面具有很好的应用前景。通过离子交换使一些重金属离子（如 Ag^+）插层进入磷酸锆中，形成载 Ag 磷酸锆，它可以作为无机抗菌剂的载体。

2.1.3　层状钛酸盐

钛酸盐材料具有特殊的结构，按照其空间结构可以分为一维、二维、三维材料等。其中，三维钛酸盐材料最为常见，如层状钛酸盐，它们可通过高温固相法、聚合络合法、熔融盐法以及溶胶凝胶法等进行材料的制备。对三维层状钛酸盐进行离子交换、柱撑等改性，可以合成我们所需的多种功能性材料。钛酸盐二维材料研究较多的是纳米片，通常二维纳米片是通过对层状钛酸盐材料进行单层剥离，得到具有各向异性很强的二维材料。使用二维材料与一些功能性材料（如金属氧化物粒子或石墨烯等）进行组装，其性能能够得到较大的提升，从而在酸催化有机合成反应、光催化降解有机物以及吸附等领域有广阔的应用空间。一维材料如水热法合成的纳米管、纳米线等。其中钛酸盐纳米管因其大比表面积、特殊的管状结构而成为研究的热点，在催化、吸附以及传感方面有着广泛的应用[103]。

我国的钛资源非常丰富，蕴藏量为世界第一，但是我国对钛酸盐材料的研究与发达国家相比还比较薄弱，因此对钛酸盐材料的研究显得极为重要。

1. 层状钛酸盐的结构

层状钛酸盐化合物的种类较多，其化学通式为 $A_2O[TiO_2]_n$（A=H、Li、Na、K、Cs；n=2，3，4）。层状钛酸盐的基本单元是 TiO_6 八面体，Ti^{4+}位于八面体中心，六个 O^{2-}位于八面体顶点。TiO_6 八面体单元通过以共边或共顶角的方式连接成带负电荷的二维层状骨架。层间为碱金属阳离子，层间阳离子的正电荷与层板的负电荷平衡[103]。

根据 n 值不同，可将层状钛酸盐分类为：二联钛酸盐（如 $Cs_2Ti_2O_5$、$K_2Ti_2O_5$）、三联钛酸盐（如 $Na_2Ti_3O_7$）以及四联钛酸盐（如 $K_2Ti_4O_9$）。四联钛酸盐 $K_2Ti_4O_9$ 的结构如图 2-7 所示，四个 TiO_6 八面体在同一方向上共边构成一个单元。沿 b 轴方向单元与单元之间共边无限延伸形成 Z 形链条；Z 形链条沿 a 轴方向共顶点铺展成褶皱的准平面结构。二维平面沿 c 轴方向堆积形成了 $K_2Ti_4O_9$ 的三维层状结构，碱金属离子 K^+则分布层间，平衡层板所带的负电荷。$K_2Ti_4O_9$ 本身即具有紫外光催化活性，并且在一定条件下可以实现光解水制氢。三联钛酸盐 $Na_2Ti_3O_7$ 属于单斜晶系。$Na_2Ti_3O_7$ 的层状结构使其具备离子交换、柱撑、剥离组装等功能。

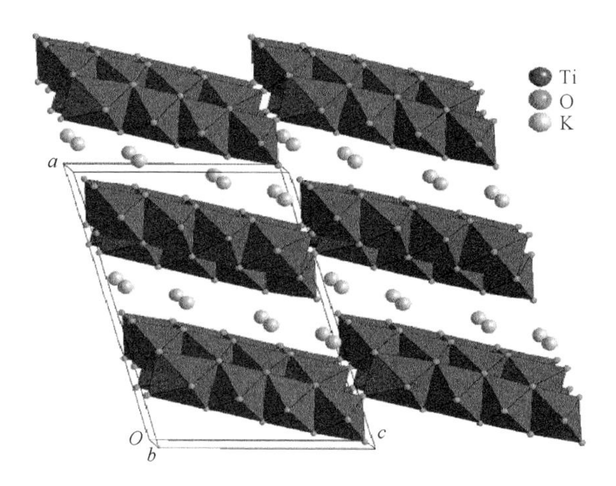

图 2-7　$K_2Ti_4O_9$ 的结构示意图

2. 层状钛酸盐的制备

层状钛酸盐催化材料作为一种极有发展前途的功能材料备受关注，它的制备方法有许多种，主要包括高温固相法、溶胶凝胶法、水热法等。

1）高温固相法

高温固相法是制备层状钛酸盐最为常用的一种方法。该方法是将合成钛酸盐的原料充分混合均匀后，再置于高温炉中煅烧，得到所需钛酸盐产物。在高温下，经过固相界面反应、成核、晶体生长等步骤最终生成层状钛酸盐材料。利用该方法可以合成大量层状钛酸盐材料，如 $K_2Ti_4O_9$、$Na_2Ti_6O_{13}$、$Na_2Ti_3O_7$、$Cs_2Ti_5O_{11}$ 等。

高温固相法除可合成化学计量比的层状钛酸盐之外，也可应用于合成非化学计量比的层状钛酸盐。Hervieu 等[217]在 1981 年采用高温固相法首先合成了纤铁矿型非化学计量比的钛酸盐 $Cs_{4x}Ti_{2-x}O_4$（$0.58 \leqslant 4x \leqslant 0.90$），其结构是 TiO_6 八面体通过共边连接成褶皱形的无限延展的层板结构，不再有“之”字形结构。由于纤铁矿型非化学计量比的钛酸盐层板平整，具有更大的层间距，得到广泛关注。1987 年，Grey 等[218]在此基础上改变固相反应温度，制备出了具有纤铁矿型的层状钛酸盐 $Cs_xTi_{2-x/4}\square_{x/4}O_4$[$x$ 约为 0.7，□：空位(vacancy)，简写为 LCT]。此种钛酸盐不但层板平整，具有更大的层间距，而且层板具有相对较小的电荷密度，这些条件均有利于客体离子的插层和层板的剥离；此外，层板上的 Ti 空位使材料具有较高的光反应活性。

由于高温固相法具有生产成本低、程序简单、制备样品晶型规整以及形貌组成易于控制等优点，因而得到了广泛的应用。

2）溶胶凝胶法

溶胶凝胶法也是制备层状钛酸盐的常用方法之一。该方法通常使用有机金属醇盐作为原料，经过一系列的程序，即水解、聚合、干燥、热处理等过程，首先得到固体前驱物，然后经过煅烧除去有机物从而得到目的产物。该方法制备的目标产物纯度高、粉末颗粒小、材料均匀性好以及易于控制反应过程等特点。同时，与传统的高温固相法相比较，一方面有效地降低了反应温度；另一方面，也是重要的一个因素，该方法提高了材料的比表面积，有效提高了材料的吸附性能。如今，很多催化材料的合成可通过溶胶凝胶法替换高温固相法来实现，如 $BaTiO_3$、$SrTiO_3$ 等。然而，原料成本的问题将困扰该方法的广泛使用，众所周知有机金属醇盐的价格相当昂贵，造成制得最终产物的成本变高。此外低价金属醇化物自身的理化性质，也就是说并不是所有金属醇化物都易溶于醇，找到合适原料的难度将在一定程度上大大限制溶胶凝胶法的应用。

3）水热法

近年来，利用水热法合成高结晶度的固体粉末以及其他独有特点，引起了大量学者越来越多的兴趣与关注。水热法以水溶液或者其他非水溶液如醇作为反应介质，将原料放入密闭的高压反应釜里，在高温高压的反应环境下，首先将不溶解或难溶原料溶解，在过饱和的环境中重结晶，得到具有较好形貌，内部缺陷较少的催化材料。在液相反应介质中，原料有很好的分布和均匀混合，则通过水热法合成的样品具有形貌好、结晶度高、不易团聚、催化性能好等特征。然而，水热法依然有其自身的缺点。其对原料配比和反应条件的敏感，使得水热合成的重复性较差。同时对反应设备和仪器的较高要求将抑制其广泛使用。

3. 层状钛酸盐柱撑复合材料的制备

层状钛酸盐作为一类阳离子型层状化合物，层间离子的可交换性是其重要的特点之一。由于层状钛酸盐层板与层间碱金属离子之间的相互作用力较弱，使得层间的碱金属离子具有较高的反应活性，可以与外界其他带电离子发生交换，在不破坏层板骨架的前提下，实现层状钛酸盐层间距的微调。近年来，依据层间这种优异的反应活性，科学工作者一直致力于层状钛酸盐光催化材料的插入化学，以赋予层状钛酸盐材料较强的可见光响应能力、较高的量子产率和优异的光催化活性。

虽然层状钛酸盐的层间具有一定的膨胀性，但由于层板骨架上的电荷密度比较高，与 MMT 等天然黏土相比，在水中的溶胀性较小，层间距较小，不能将目标客体一步引入层间，因而，层状钛酸盐的插层改性过程要相对复杂，通常需要几步才能完成。目前，层状化合物插层改性方法主要有以下两种。

1）分步离子交换法

分步离子交换法主要包括三个过程：酸交换、预撑和柱撑（图 2-8）。

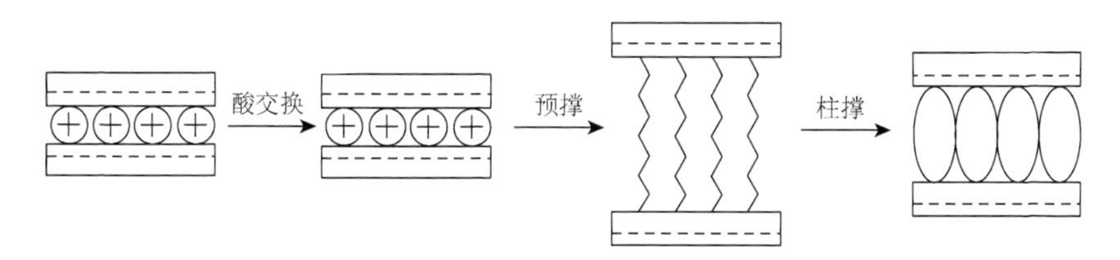

图 2-8　分步离子交换法制备柱撑复合材料过程示意图

首先是酸交换：层状钛酸盐的层间阳离子可以与强酸（盐酸和硝酸）反应而把 H^+或 H_3O^+交换进去，生成钛酸。Sasaki 等[219]将 LCT 置入一定浓度的盐酸溶液中搅拌，H^+和 Cs^+发生离子交换，水分子和水合阳离子进入层间伴随着层间距不断扩大，最终得到纤铁矿型质子化钛酸盐 $H_xTi_{2-x/4}\square_{x/4}O_4$[$x$ 约为 0.7，□：空位(vacancy)，简写为 LPT]，LPT 很好地保持了 LCT 的晶型结构。$K_2Ti_4O_9$ 质子化为 $H_2Ti_4O_9$。在这个过程中，层间的碱金属离子（Na^+、K^+、Cs^+）与 H^+实现了充分的交换，使层板间的静电作用减弱，可有效克服层状钛酸盐自身溶胀性小、直接离子交换反应速度慢的不足，并且交换后得到的质子型产物仍然保持了层状钛酸盐母体良好的光催化活性。

其次是预撑过程：质子型钛酸盐是一种固体酸，具有一定的酸性。在一定条件下，可以和有机碱发生酸碱中和反应，进入层间的有机基团以铵盐的形式（NH_4^+）固定在层间，形成稳固的氢键网络，使其层间距增大，从而在主体材料中引入永久性的孔结构。烷基胺为首选的预撑剂，并且烷基胺的插入能够改变主体晶格的亲水性，进而增加了客体的种类。另外，在预撑过程中，层间距的增量与烷基胺的链长有关，链长越长，层间距越大，越有利于随后柱撑的实现。

最后一步是柱撑过程：利用预撑产物增大的层间距，将目标客体（有机大分子、金属氧化物、金属硫化物等）引入层间的过程，最终得到热稳定性较好的层状钛酸盐柱撑复合材料。

1995 年，Nakato 等[220]用分步离子交换法将多吡啶钌阳离子配合物成功插入钛酸盐层板间；2003 年，Kuroda 等[221]同样用分步离子交换法在浸泡条件下将异花菁染料插入 $H_2Ti_3O_7$ 层间。作为光敏化剂的钌配合物和有机染料可以大大提高钛酸盐的光反应活性。

但这种方法存在一定的局限性，由于空间位阻的存在，只能在层间引入较小的离子和纳米团簇，而且反应较为复杂，整个过程需要的时间较长。

2）剥离-重组法

剥离-重组法主要包括剥离和重组两个过程（图 2-9）。

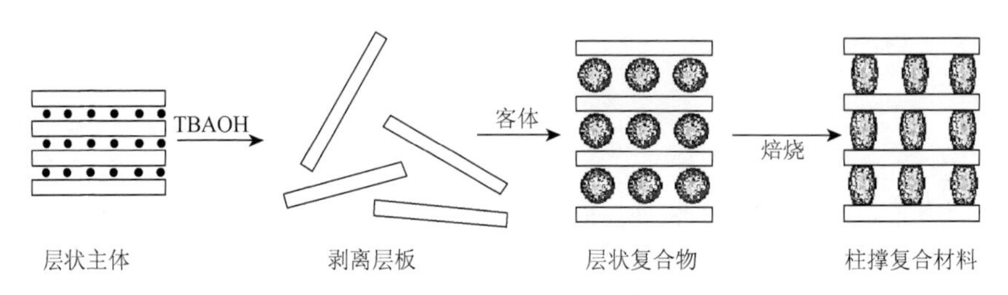

图 2-9　剥离-重组法示意图

首先，质子型钛酸盐与有机大分子四丁基氢氧化铵（TBAOH）溶液进行充分反应。由于有机大分子离子（TBA^{+}）以及水分子和水合氢离子的进入，质子型钛酸盐的膨润过程达到极限，层间的静电作用力逐渐减小，直至完全消失。此时，层状钛酸盐以单晶格层或多晶格层的纳米片层的形式存在。

钛酸盐纳米片（$Ti_{1-\delta}O_2^{4\delta-}$，$\delta$约为 0.09，简写为 TNS）具有典型的二维结构，裸露的 TNS 厚度约为 0.7nm，横向尺寸一般为亚微米或几微米，在水溶液中均匀分散，形成相对稳定的胶体溶液。当 TNS 两个表面存在吸附水分子时，其厚度约为 0.7+0.25×2=1.2（nm）。TNS 来源于层状钛酸盐前体的剥层，因此保持了前体正交晶型结构，以及层板带有负电荷的特征。其晶格常数为：a=0.38nm，c=0.30nm。图 2-10 为 TNS 的结构示意图，纳米片具有褶皱状的层板[222]。

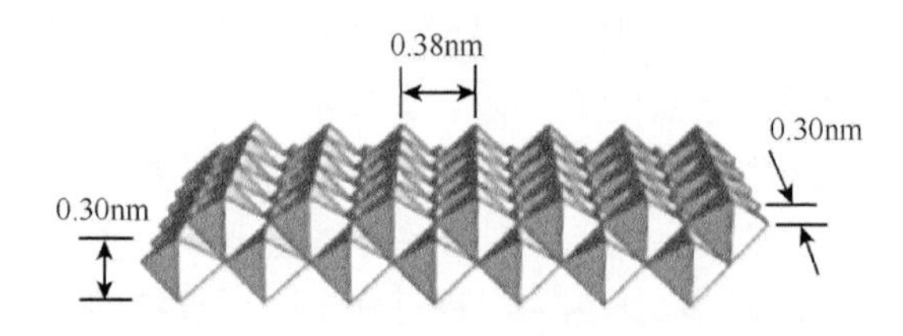

图 2-10　TNS 的二维层板晶型结构示意图

TNS 不但继承了层状钛酸盐前体的物理、化学和光学性能，而且具有独特的物理、化学和光学性能，因此对于其应用的研究报道很多，包括光电转换、磁光效应、高介电常数器件、湿敏传感器、光催化、自清洁、生物传感器等。

由于 TNS 单元的空间位阻被降到最低，具有较高的自由度，能由任意大小带正电荷的粒子进行静电沉积自组装（electrostatic self-assembly deposition，ESD）和静电层层自组装（layer-by-layer assembly deposition，LBL），为将粒径较大的客体引入层间提供了一条可行的途径，因而 TNS 被认为是一种构筑新型功能材料的良好基元材料，具有重要的研究价值。

重组过程中，由于正负电荷间静电作用，随着客体溶液的加入，混合体系立即发生絮凝沉积，从而使得制备出的柱撑钛酸盐复合材料一般具有比较稳定的多孔结构，并且孔径分布比较均匀，比表面积远大于主体材料。

Choy 等[223]采用 ESD 方法将带有负电荷的 TNS 溶胶和带有正电荷的 TiO_2 纳米颗粒溶胶共混，由于电荷相反溶胶发生絮凝沉积，带有相反电荷的两种材料交替组装在一起，制备成 TiO_2 纳米颗粒柱撑层状材料，并使材料的光谱吸收范围发生红移。Sukpirom 等[224]先将 TNS 溶胶冷冻干燥，再与高分子聚合物 PEO、PVP 共混插层，制备有机/无机纳米复合材料。Wang 等[225]报道了 TNS 与血红素由于静电吸引而沉积组装，并通过调节 pH 实现了血红素与 TNS 的可逆组装。

Sasaki 等[226]采用 LBL 技术将 TNS 与聚阳离子聚二烯丙基二甲基氯化铵（PDDA）制备成层状异质结构薄膜并研究其光学性能。Akatsuka 等[227]采用同样方法将 TNS 与锌卟啉进行组装并研究其光电响应性能。

此外更有文献报道了将 TNS 与其他阳离子或带正电荷的材料进行组装，如引入镧系阳离子[228]和铕离子[229]制备的光致发光材料、TNS 和 LDH 纳米片的复合材料[230]等。

与分步离子交换法相比，剥离-重组法有效地解决了钛酸盐主体层板对目标客体插入的阻碍，目标客体与主体层板自组装可形成夹心式结构，从而获得客体粒子分布均匀、主客体排列有序、插层结构稳定的复合材料，对尺寸较大的客体粒子的引入，具有明显的优越性。采用剥离-重组法制备柱撑复合材料的文献报道已有很多，涉及钛酸盐、铌酸盐等比较典型的层状金属含氧酸盐。研究表明，利用剥离-重组法能实现主体层板与另一种半导体的紧密结合，并在交界处形成欧姆式的异质结，有效抑制了光生电子和空穴的复合，提高了材料的光催化活性。若选用窄禁带半导体，如硫化镉等，不仅会赋予柱撑复合材料优良的可见光催化活性，而且由于纳米片层对硫化镉纳米颗粒的包裹，有效地克服了金属硫化物的光腐蚀性。因此，剥离-重组法为制备高太阳能利用率和高量子产率的新型催化剂提供一条可行的途径。

4. 层状钛酸盐的应用

层状钛酸盐复合材料是一类新型的半导体光催化复合材料，在清洁能源领域和环境污染治理领域具有广阔的应用前景。在早期研究中，主要以分步离子交换法为主，将 SiO_2、Al_2O_3、Fe_2O_3、TiO_2、CdS 以及 ZnS 等半导体客体粒子插入层状钛酸盐层间。

1989 年，Cheng 等[231]利用分步离子交换法将 Keggin 离子（Al_{13}^{7+}）引入 $H_2Ti_4O_9$

层间，所得到的柱撑复合材料经高温煅烧后，形成分布均匀的多孔结构，比表面积显著增加。2000 年，Kooli 等[232]首次采用剥离-重组法制得 Al_2O_3 柱撑钛酸盐，经过分析表明，与分步离子交换法制得的 Al_2O_3 柱撑钛酸盐（层间距为 1.70nm）相比，其前驱体层间 Keggin 离子以双层方式排列。这一独特的柱撑结构使其层间距扩大至 2.14nm，并具有较大的比表面积。

1991 年，Landis 等[233]首次报道了 SiO_2 柱撑层状钛酸盐，使用的方法即为分步离子交换法，柱化剂为四乙氧基硅烷。2009 年，Jiang 等[234]利用分步离子交换法制备的 SiO_2 柱撑 $H_2Ti_4O_9$ 复合材料具有较高的比表面积，并且对降解亚甲基蓝染料具有较好的催化活性。

2004 年，Wang 等[235]通过对酸碱调控，实现了生物酶分子和无机层状钛酸盐层板的可逆组装与释放。固定在无机纳米层状载体中的酶分子保持活性并极大提高了热稳定性。固定后的酶分子在有机体系中展示了更高的催化能力，相对于自由酶催化速度提高 1～2 个数量级。

1997 年，Uchida 等[236]以钛络合离子$[Ti(OH)_x(CH_3COO)_y]^{z+}$溶液作为柱化剂，采用分步离子交换法制备了 TiO_2 柱撑 $H_2Ti_4O_9$，在紫外光下可催化制氢，并且产率可达 88μmol/h。2010 年，Yang 等[237]也采用同样方法以 TiO_2 溶胶作为柱化剂，成功地将 TiO_2 插入 $H_2Ti_4O_9$ 层间，与 P25 和锐钛矿相 TiO_2 相比，在紫外光激发下该复合材料可较好地降解亚甲基蓝染料。

Yanagisawa 等[238]以丙胺柱撑 $H_2Ti_4O_9$ 为前驱体，将硫化镉引入 $H_2Ti_4O_9$ 层间，该柱撑材料在可见光下具有制氢效果。Hou 等[239]将四甲基铵插层的四钛酸盐与乙酸铬溶液混合，在加热回流的条件下充分反应，并将产物进行热处理后得到氧化铬柱撑钛酸盐复合材料，其层间距为 1.06nm，比表面积约为主体 $K_2Ti_4O_9$ 的 19 倍。

近年来，随着对层状化合物剥离化学研究的深入，利用剥离-重组法构筑介孔复合材料的相关报道不断出现。目前韩国的 Choy 课题组对这方面做了比较系统而全面的研究。该研究组在 2006 年以钛酸盐（$Cs_{0.68}Ti_{1.83}O_4$），钛溶胶为客体，采用剥离-重组法制备出了具有介孔结构的 TiO_2 柱撑层状钛酸盐，并且复合材料表现出较好的光催化制氢活性[240]。2007 年，他们利用高压反应釜或加热回流的条件实现了 TNS 溶胶和 Zn^{2+}的乙酸溶胶的重新组装，得到了 ZnO 柱撑钛酸盐复合材料[241]。高压反应釜条件下制备的复合材料比表面积达 119～134m²/g，远大于加热回流条件下制备得到的材料（其比表面积为 71m²/g）。2008 年，又利用剥离-重组法，且以简单加热、搅拌的方式成功制备了 Fe_2O_3 柱撑复合材料，这种材料不仅具有介孔结构和较大的比表面积，而且具有较窄的禁带宽度，对亚甲基蓝的降解具有良好的可见光催化活性[242]。他们还利用将金属离子乙酸盐溶液逐滴加入纳米片层溶胶中进行加热、回流的方法制备了 CrO_x[243]和 CuO[244]柱撑钛酸盐复合材料，在可见光的诱导下，两者均能实现对有机污染物的有效降解。

近年来，国内也出现了一些相关的文献报道，通过利用带负电的 TNS 与带正电的金属氧化物、硫化物胶体颗粒的静电相互作用，制备得到 TiO_2、SnO_2、ZnO、CdS 等分别柱撑的钛酸盐复合材料。这些材料均具有多孔性、比表面积大、热稳定性好等优点，其光催化性能也明显高于主体钛酸盐[222]。

从第一例氧化铝柱撑钛酸盐复合材料合成到现在，层状过渡金属氧化物研究已经过了 20 多年的发展，科学工作者对其制备技术、组成、结构和性能也进行了深入的研究。层状钛酸盐及其衍生物作为其中一类重要的催化材料，已在有机物降解、光解水制氢等领域得到了较好的应用。但是，绝大多数光催化剂对可见光的响应能力较弱，量子产率较低，因此，层状钛酸盐柱撑复合材料的光催化研究工作的重心应放在可见光条件下催化反应的实现，开发具有高活性的层板材料和高可见光活性的客体物质构筑新型柱撑材料；另外，要改进合成方法，从分子水平上实现对材料的结构、组成、尺寸和性能的有效控制，并进一步简化制备方法。

2.2　阴离子型层状无机功能材料

阴离子型层状无机功能材料以水滑石类化合物为主。水滑石类化合物包括水滑石（hydrotalcite）和类水滑石（hydrotalcite-like compound），其主体一般由两种金属的氢氧化物构成，因此又称为层状双羟基复合金属氢氧化物（layered double hydroxide，LDH）。LDH 的插层化合物称为插层水滑石。水滑石、类水滑石和插层水滑石统称为水滑石类插层材料（LDH）。早在 1842 年人们就发现了天然 LDH 矿物，然而直到 1942 年，才由 Feitknecht 等首次通过共沉淀方法人工合成出了 LDH，并提出了双层结构模型的设想。20 世纪 90 年代以来，LDH 在催化材料、生物、电子、吸波、环保等领域得到了广泛应用或显示出巨大的应用前景。同时，LDH 的制备研究也得到了迅速发展[245]。

2.2.1　LDH 的基本结构

LDH 是由层间阴离子与带正电荷层板有序组装而形成的化合物，其结构类似于水镁石 $Mg(OH)_2$，由 MO_6 八面体共用棱边而形成主体层板。LDH 的化学组成具有如下通式：$[M^{2+}{}_{1-x}M^{3+}{}_{x}(OH)_2]^{x+}(A^{n-})_{x/n}\cdot mH_2O$，其中 M^{2+}和 M^{3+}分别为二价和三价金属阳离子，位于主体层板上；A^{n-}为层间阴离子；x 为 $M^{3+}/(M^{2+}+M^{3+})$的物质的量比；m 为层间水分子的个数。位于层板上的二价金属阳离子 M^{2+}可以在一定的比例范围内被离子半径相近的三价金属阳离子 M^{3+}同晶取代，从而使得主体层板带部分的正电荷；层间可以交换的客体阴离子 A^{n-}与层板正电荷相平衡，因而使得 LDH 的这种主客体结构呈现电中性。此外，通常情况下在 LDH 层板之间尚存在一些客体水分子。LDH 的结构如图 2-11 所示[245]。

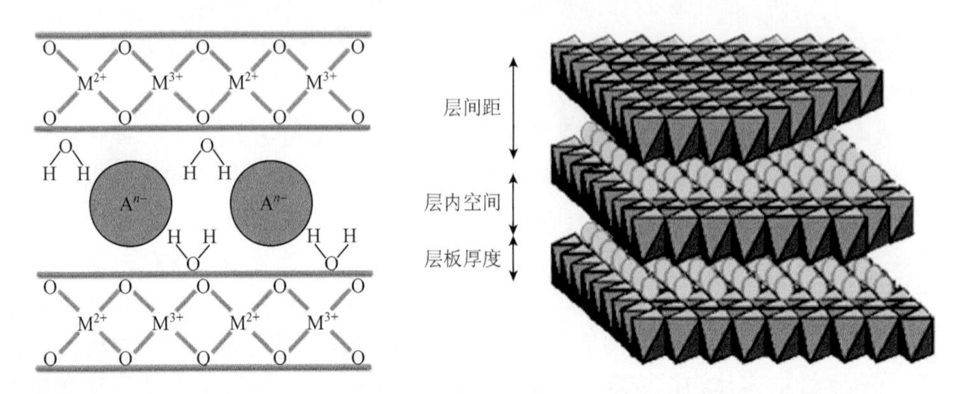

图 2-11　LDH 结构示意图

LDH 具有主体层板金属离子组成可调变性、主体层板电荷密度及其分布可调变性、插层阴离子客体种类及数量可调变性、层内空间可调变性、主客体相互作用可调变性等结构特点。根据 LDH 材料的这些结构特点，下面分别就其主体层板金属离子种类（M^{2+}、M^{3+}）及物质的量比（x），插层客体离子（A^{n-}），水合状态（m）等方面进行详细的介绍。

1. 金属离子种类

早期研究表明，M^{2+}和 M^{3+}金属阳离子只要其离子半径尺寸与 Mg^{2+}（0.65Å）相差不大，就能与羟基发生共价键作用，形成类似氢氧化镁的层状结构从而形成 LDH。Be^{2+}的离子半径太小，而 Ca^{2+}、Ba^{2+}的离子半径则太大，这三种金属离子只能形成其他的结构。从 Mg^{2+}到 Mn^{2+}所有金属离子都能形成 LDH。常见组成 LDH 的二价金属离子有 Mg^{2+}、Zn^{2+}、Ni^{2+}、Mn^{2+}、Cu^{2+}等，三价金属离子有 Al^{3+}、Fe^{3+}、Cr^{3+}等。能够组成 LDH 层板的各种 M^{2+}和 M^{3+}离子半径值见表 2-2[245]。后来，Allmann 报道了天然和人工合成的层板含 Ca^{2+}的 LDH。最近几十年特别是 20 世纪 90 年代以来，随着 LDH 制备技术的进步及其应用领域的拓宽，LDH 的种类急剧增加。常见的含有不同金属离子组成的 LDH 见表 2-3[245]。

表 2-2　金属阳离子半径（Å）

M^{2+}	Be	Mg	Cu	Ni	Co	Zn	Fe	Mn	Cd	Ca
	0.30	0.65	0.69	0.72	0.74	0.74	0.76	0.80	0.97	0.98
M^{3+}	Al	Ga	Ni	Co	Fe	Mn	Cr	V	Ti	In
	0.50	0.62	0.62	0.63	0.64	0.66	0.69	0.74	0.76	0.81

表 2-3　常见 LDH 化合物的组成

M^{2+}（或 M^{+}）	M^{3+}（或 M^{4+}）	层间阴离子
Mg^{2+}	Al^{3+}	CO_3^{2-}、NO_3^-、SO_4^{2-}、Cl^-
Mg^{2+}	Cr^{3+}	CO_3^{2-}
Mg^{2+}	Fe^{3+}	CO_3^{2-}、NO_3^-、Cl^-
Mg^{2+}	V^{3+}	CO_3^{2-}
Mg^{2+}	Ga^{3+}	CO_3^{2-}
Zn^{2+}	Al^{3+}	CO_3^{2-}、NO_3^-、Cl^-
Zn^{2+}	Cr^{3+}	CO_3^{2-}、NO_3^-、SO_4^{2-}、ClO_4^-、Cl^-、HPO_4^{2-}、F^-、Br^-、I^-
Zn^{2+}	Fe^{3+}	CO_3^{2-}
Ni^{2+}	Al^{3+}	CO_3^{2-}、NO_3^-、Cl^-
Ni^{2+}	Fe^{3+}	CO_3^{2-}、SO_4^{2-}
Ni^{2+}	Co^{3+}	CO_3^{2-}
Ni^{2+}	V^{3+}	CO_3^{2-}
Cu^{2+}	Al^{3+}	CO_3^{2-}、NO_3^-
Cu^{2+}	Cr^{3+}	Cl^-
Co^{2+}	Al^{3+}	Cl^-、OH^-
Co^{2+}	Cr^{3+}	CO_3^{2-}
Cd^{2+}	Al^{3+}	CO_3^{2-}、NO_3^-
Ca^{2+}	Al^{3+}	CO_3^{2-}、NO_3^-、OH^-
Li^{+}	Al^{3+}	CO_3^{2-}、NO_3^-、SO_4^{2-}、OH^-、Cl^-、Br^-
Mg^{2+}	Al^{3+}，Fe^{3+}	CO_3^{2-}
Mg^{2+}	Al^{3+}，Rh^{3+}	CO_3^{2-}
Mg^{2+}	Al^{3+}，Ir^{3+}	CO_3^{2-}
Mg^{2+}	Al^{3+}，Ru^{3+}	CO_3^{2-}
Mg^{2+}	Al^{3+}，Zr^{4+}	CO_3^{2-}
Mg^{2+}	Ga^{3+}，Rh^{3+}	CO_3^{2-}
Mg^{2+}	Sc^{3+}，Rh^{3+}	CO_3^{2-}
Mg^{2+}	Cr^{3+}，Rh^{3+}	CO_3^{2-}
Mg^{2+}	Fe^{3+}，Ru^{3+}	CO_3^{2-}
Ni^{2+}	Al^{3+}，Sn^{4+}	CO_3^{2-}
Co^{2+}	Al^{3+}，Sn^{4+}	CO_3^{2-}
Co^{2+}	Al^{3+}，Ru^{3+}	CO_3^{2-}
Co^{2+}	Al^{3+}，La^{3+}	CO_3^{2-}
Mg^{2+}	Al^{3+}，Sn^{4+}	CO_3^{2-}

续表

M^{2+}（或 M^{+}）	M^{3+}（或 M^{4+}）	层间阴离子
Mg^{2+}	Al^{3+}，Ga^{3+}	CO_3^{2-}
Mg^{2+}	Al^{3+}，Fe^{3+}	CO_3^{2-}
Zn^{2+}	Al^{3+}，Ru^{3+}	CO_3^{2-}
Co^{2+}	Al^{3+}，Ru^{3+}	CO_3^{2-}
Co^{2+}	Al^{3+}，Ru^{3+}	CO_3^{2-}
Mg^{2+}	Al^{3+}，Fe^{3+}	CO_3^{2-}
Zn^{2+}	Al^{3+}，Ru^{3+}	CO_3^{2-}
Fe^{2+}	Al^{3+}，Ru^{3+}	CO_3^{2-}
Mn^{2+}	Al^{3+}，Ru^{3+}	CO_3^{2-}
Ni^{2+}，Mg^{2+}	Al^{3+}	CO_3^{2-}、NO_3^-、Cl^-
Ni^{2+}，Ca^{2+}	Al^{3+}	NO_3^-
Co^{2+}，Mg^{2+}	Al^{3+}	NO_3^-
Zn^{2+}，Mg^{2+}	Al^{3+}	CO_3^{2-}
Pd^{2+}，Mg^{2+}	Al^{3+}	CO_3^{2-}
Pd^{2+}，Mg^{2+}	Ga^{3+}	CO_3^{2-}
Pd^{2+}，Mg^{2+}	Sc^{3+}	CO_3^{2-}
Pd^{2+}，Mg^{2+}	Cr^{3+}	CO_3^{2-}
Pd^{2+}，Mg^{2+}	Fe^{3+}	CO_3^{2-}
Pt^{2+}，Mg^{2+}	Al^{3+}	CO_3^{2-}
Cu^{2+}，Ni^{2+}	Al^{3+}	CO_3^{2-}、NO_3^-
Cu^{2+}，Zn^{2+}	Al^{3+}	CO_3^{2-}
Mg^{2+}，Co^{2+}	Co^{3+}	NO_3^-
Mg^{2+}，Mn^{2+}	Mn^{3+}	CO_3^{2-}
Co^{2+}，Cu^{2+}	Fe^{3+}	CO_3^{2-}
Ni^{2+}，Fe^{2+}	Fe^{3+}	SO_4^{2-}
Co^{2+}，Fe^{2+}	Fe^{3+}	SO_4^{2-}
Co^{2+}，Ni^{2+}，Mg^{2+}	Al^{3+}	CO_3^{2-}、NO_3^-
Cu^{2+}，Ni^{2+}，Mg^{2+}	Al^{3+}	CO_3^{2-}

作为独立的二价金属阳离子，Cu^{2+}很难进入 LDH 层板内。在合成实验条件下，只有在与表 2-2 中所列其他一种或两种二价阳离子同时存在时 Cu^{2+}才能进入 LDH 层板。Cu^{2+}不同于其他二价金属阳离子的特殊性在于 Cu^{2+}的 Jahn-Teller 效应，形成扭曲的八面体使得层板不稳定。一般情况下 Cu^{2+}与另外一种二价金属离子的物

质的量比≤1 时才能生成 LDH，此时层板内的 Cu^{2+}分散在正常的没有扭曲的八面体形态层板结构中。当 Cu^{2+}与另外一种二价金属离子的物质的量比大于 1 时，则容易形成扭曲的八面体结构而形成 $Cu(OH)_2$和 CuO 沉淀。Boriotti 等[246]给出了部分 M^{2+}和 M^{3+}金属阳离子的有效组合，它们之间可形成二元、三元甚至四元的 LDH（表 2-4）。

表 2-4　形成 LDH 结构的 M^{2+}和 M^{3+}金属离子的有效组合（阴影区域）

（表中■表示阴影区域）

M^{3+}金属阳离子 \ M^{2+}金属阳离子	Mg	Fe	Co	Ni	Cu	Zn	Ca	Li
Al	■	■	■	■	■	■	■	■
Cr			■	■	■	■	■	
Fe	■	■	■		■	■	■	
Co		■	■	■				
Ni				■				
Ga	■	■	■	■	■	■	■	
Ln				■			■	
Ti			■					

三元 LDH 的研究工作主要集中在 Mg-Al-M 体系（其中 M=Ni^{2+}、Cu^{2+}、Co^{2+}、Mn^{2+}、Fe^{2+}、Mn^{3+}、Fe^{3+}、Cr^{3+}、Rh^{3+}、Ru^{3+}等）。含有四价金属阳离子 Sn^{4+}、Zr^{4+}的三元 LDH 也有文献报道。Velu 等[247]研究认为，当 Mg/Al/Sn（Zr）投料比为 3∶1∶0～3∶0.7∶0.3 之间时，才能够获得单相 Mg-Al-Sn(Zr)LDH。由于 Fe^{2+}、Co^{2+}、Mn^{2+}等容易被氧化为相应的三价金属阳离子，因而通过控制合成条件可以获得含有不同价态金属阳离子的三元 LDH，如 Mg-Co(Ⅱ)-Co(Ⅲ)LDH[248]、Mg-Mn(Ⅱ)-Mn(Ⅲ)LDH[249]和 Mg-Fe(Ⅱ)-Fe(Ⅲ)LDH[250]等。

2. 金属离子物质的量比

LDH 的层板化学组成可根据应用需要进行调整。在一定范围内调变原料比，层板化学组成则发生变化，进而导致层板化学性质和层板电荷密度等相应变化。一般认为 x 值（M^{3+}与 $M^{2+}+M^{3+}$的物质的量比）在 $0.20<x<0.33$ 能得到单相 LDH。在此范围内，随着 x 值增大，层板上三价金属离子含量增加，层板电荷密度增大。当 x 值小于 0.1 或者超出 0.5 时，会得到氢氧化物或其他结构的化合物。在类水镁石层中的 Al^{3+}之间存在一定距离，这是因为正电荷间的排斥作用。不同 M^{2+}/M^{3+}比的金属阳离子层板的原子排布如图 2-12 所示[245]。Mg-Al 组合是目前文献研究最多

的 LDH 主体层板组成。Mg^{2+}/Al^{3+}物质的量比为 2.0～4.0。由于 Al^{3+}离子半径小于 Mg^{2+}离子半径，因此随着 Mg^{2+}/Al^{3+}物质的量比的增加，Mg-Al LDH 的晶胞参数 a 值增大。同时晶胞参数 c 值也增大，这是因为 Mg^{2+}/Al^{3+}物质的量比增加，层板电荷密度降低，主体层板与层间阴离子的静电引力减小。当 Mg^{2+}/Al^{3+}物质的量比超出 2.0～4.0 范围时，伴随着 LDH 的生成将可能出现 $Mg(OH)_2$或者 $Al(OH)_3$杂晶。根据 Brindley 等[251]的研究，当 x 值小于 0.33 时，铝氧八面体之间相互隔离，当 x 值增加时，铝氧八面体的数目增加。当 $x>0.33$ 时合成产物中有 $Al(OH)_3$生成；当 $x<0.1$ 时，镁氧八面体在类水镁石层板中的数目增多，易生成 $Mg(OH)_2$沉淀。

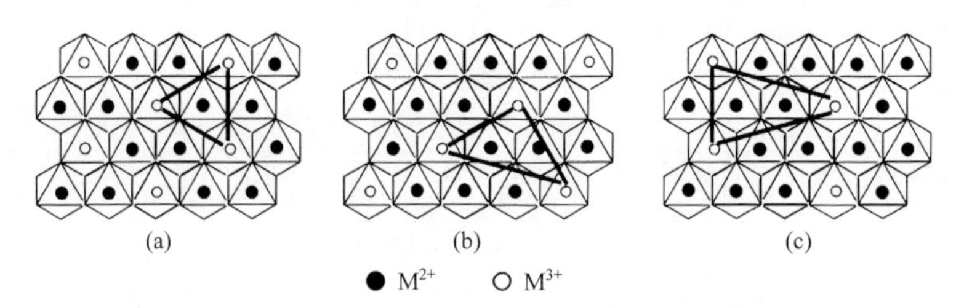

图 2-12　不同 M^{2+}/M^{3+}物质的量比的金属阳离子层板的原子排布

（a）$n(M^{2+})/n(M^{3+})=2.0$；（b）$n(M^{2+})/n(M^{3+})=3.0$；（c）$n(M^{2+})/n(M^{3+})=4.0$

3. 层间阴离子

Al^{3+}同晶取代 LDH 层板 Mg^{2+}的结果是使 LDH 层板带正电荷，因此层间必须有阴离子与层板正电荷相平衡，使得 LDH 结构保持电中性。根据应用需要，利用主体层板的分子识别能力，采用共沉淀或离子交换的方式进行组装，可改变其层间离子种类及数量，进而改变 LDH 的性能。可插入 LDH 层间的阴离子主要有 F^-、Cl^-、Br^-、I^-、ClO_4^-、NO^{3-}、ClO_3^-、IO_3^-、$H_2PO_4^-$、OH^-、CO_3^{2-}、SO_3^{2-}、$S_2O_3^{2-}$、SO_4^{2-}、WO_4^{2-}、CrO_4^{2-}、PO_4^{3-}、$Fe(CN)_6^{3-}$、$Fe(CN)_6^{4-}$、$[SiO(OH)_3]^-$等。

通常，阴离子的体积、数量、价态及阴离子与层板羟基的键合强度决定了 LDH 的层间距大小和层间空间。表 2-5[245]给出了由 d_{003} 晶面 X 射线衍射峰计算得到的 LDH c 轴方向层间距。层间阴离子不同，LDH 的层间距不同。而在 a 轴方向上的晶面间距并不受层间阴离子的影响。LDH 层间区域的厚度是层间距与层板厚度（4.8Å）之间的差值。层间距与插层有机阴离子的碳链长度呈线性增长关系，有机碳链越长，LDH 层间距越大。对于插层卤素阴离子，层间距随着卤离子半径的增大而增大。

表 2-5　含常见无机阴离子的 LDH 的层间距

阴离子	OH^-	CO_3^{2-}	F^-	Cl^-	Br^-	I^-	NO_3^-	SO_4^{2-}	ClO_4^-
层间距/nm	0.755	0.765	0.766	0.786	0.795	0.816	0.879	0.858	0.920

4. 水合状态

在 LDH 层板之间，水分子存在于没有被阴离子占据的位置。通常采用热失重分析来确定 LDH 层间的实际水分子含量。LDH 的最大含水量则可以通过理论计算得到：首先确定 LDH 层间空位的数量，假设所有的氧原子紧密充满占据空位，然后减去被插层阴离子占据的位置就可以得到层间水的最大含量。文献报道，不同研究者采用不同的计算公式。例如，Miyata[252]建议采用 $m=1-N_x/n$（其中，m 为最大水含量；N 为阴离子占据的位置数量；x 为 $M^{3+}/(M^{2+}+M^{3+})$(物质的量比)；n 为阴离子的化合价）。Taylor[253]则认为 $m=1-3x/2+d$（d 为计算常数 0.125）。对于 Mg-Al-OH LDH，Mascolo 等[254]采用 $m=0.81-x$ 来计算层间最大含水量。上述计算方法表明，随着 x 值的增大（M^{3+}物质的量比增大），计算所得的 LDH 的最大含水量减小。

2.2.2 LDH 的制备方法

依据胶体化学和晶体学理论，调变 LDH 成核时的浓度和温度可以控制晶体成核的速度。同时，通过调变 LDH 晶化时间、温度及晶化方法可以控制晶体生长速度。由此可以在较宽的范围内对 LDH 的晶粒尺寸及其分布进行调控。另外，LDH 的制备方法对于控制 LDH 的晶粒形貌也是非常重要的。有关 LDH 制备方法的研究一直是该领域研究的重要内容。

1. 共沉淀法

共沉淀法是制备 LDH 最常用的方法。该方法首先以构成 LDH 层板的金属离子混合溶液和碱溶液通过一定方法混合，使之发生共沉淀，其中在金属离子混合溶液中或碱溶液中含有构成 LDH 的阴离子物种。然后将得到的胶体在一定条件下晶化即可制得目标 LDH 产物。该方法应用范围广，几乎所有适用的 M^{2+}和 M^{3+}都可形成相应的 LDH。另外，采用该方法可制得一系列不同 M^{2+}/M^{3+}比的 LDH。

共沉淀的基本条件是达到过饱和条件。达到过饱和的条件有多种，在 LDH 合成中常采用 pH 调节法，其中最关键的一点是发生沉淀的 pH 必须高于或至少等于最难溶金属氢氧化物沉淀的 pH，表 2-6[245]给出了部分金属离子发生沉淀的最低 pH。

表 2-6　金属离子沉淀的 pH

金属阳离子	pH(1×10^{-2}mol/L)	pH(1×10^{-4}mol/L)	发生沉淀的 pH
Al^{3+}	3.9	8	9～12
Cr^{3+}	5	9.5	12.5
Cu^{2+}	5	6.6	—
Zn^{2+}	6.5	8	14
Ni^{2+}	7	8.5	—
Fe^{2+}	7.5	9	—
Co^{2+}	7.5	9	—
Mn^{2+}	8.5	10	—

根据具体的实施手段不同，共沉淀法又可分为以下几种。

1）恒定 pH 法

恒定 pH 法又称为双滴法或低过饱和度法。成胶过程中将金属盐溶液和碱溶液通过控制滴加速度同时缓慢滴加到搅拌容器中，混合溶液体系的 pH 由控制滴加速度来调节。该方法的特点是在溶液滴加过程中体系 pH 保持恒定，容易得到晶相单一的 LDH 产品。

Corma 等[255]采用该方法制备 CO_3^{2-} 插层 Mg-Al LDH（Mg-Al-CO_3 LDH），Mg^{2+}浓度为 1.0mol/L，OH^-浓度为 3.5mol/L，成胶温度为室温，滴加速度为 1mL/min，溶液滴加过程中控制 pH 为 13.0，滴加完毕后于 200℃晶化 18h，所得产物为六方形片状晶体，晶粒尺寸范围为 250～500nm。Hibino 等[256]采用恒定 pH 法制备 Mg-Al-CO_3 LDH 时，控制混合溶液体系的 pH 恒定为 10.0，滴加时温度保持 70℃，盐溶液滴加速率为 50mL/min，滴加完毕后不再进行高温晶化，所得产物为片状晶体，晶粒尺寸范围为 25～50nm。Yun 等[257]则控制 pH 恒定为 10.0，滴加温度为 40℃，滴加完毕后于 70℃晶化 40h，所得产物为晶形完整的六方形片状晶体，晶粒尺寸范围为 40～120nm。

2）变化 pH 法

变化 pH 法又称单滴法或高过饱和度法。制备过程是首先将含有金属阳离子 M^{2+}和 M^{3+}的混合盐溶液在剧烈搅拌条件下滴加到碱溶液中，然后在一定温度下晶化。该方法特点是在滴加过程中体系 pH 持续变化，但是体系始终处于高过饱和状态，而在高过饱和条件下往往由于搅拌速度远低于沉淀速度，常会伴有氢氧化物或者难溶盐等杂晶相的生成，导致 LDH 产品纯度降低。Reichle 等[258]采用该方法制备了 Mg-Al-CO_3 LDH。Mg^{2+}溶液浓度为 1.1mol/L，OH^-浓度为 3.5mol/L，成胶温度为 35℃，滴加速度为 3.5～4mL/min，滴加完毕后于 65℃晶化 18h。所得产物晶粒尺寸较小，为 30～150nm；当晶化温度控制在 200℃时，所得晶粒的形态较为完整，晶粒尺寸较大，为 150～550nm。Han 等[259]将碱溶液滴加到盐溶液中来制备 Mg-Al-CO_3 LDH，成胶温度为室温，滴加速率控制在 15mL/min，滴加完毕后于室温晶化 5h。所得产物的晶粒尺寸范围为 60～200nm，平均粒径为 100nm。

3）成核晶化隔离法

本方法将金属盐溶液和碱溶液迅速于全返混旋转液膜反应器中混合，剧烈循环搅拌几分钟，然后将浆液在一定温度下晶化。全返混液膜反应器的工作原理如图 2-13 所示[245]。成核晶化隔离法采用该反应器来实现盐液与碱液的共沉淀反应，通过控制反应器转子的线速度可使反应物瞬时充分接触、碰撞，成核反应瞬时完成而形成大量的晶核，然后晶核同步生长，保证了晶化过程中晶体尺寸的均匀性。

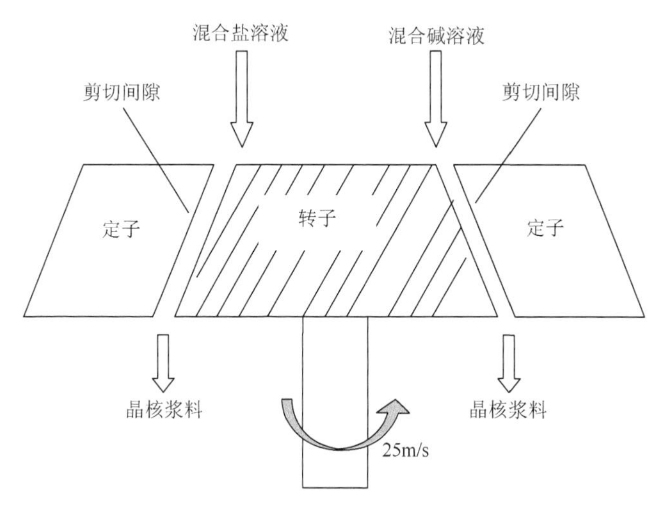

图 2-13　全返混旋转液膜成核反应器快速成核技术示意图

共沉淀反应制备 LDH 大致可以分为两个阶段：第一个阶段是反应阶段，即成核阶段，在这一阶段中通过化学反应形成了 LDH 晶核；第二个阶段是晶核生长的阶段，也称为晶化过程。将这两个阶段分开，可以最大限度地保证 LDH 粒子的生长环境一致，从而使得最终晶体颗粒的尺寸均一。

全返混旋转液膜反应器中的反应区域主要是转子和定子之间的超薄空间，操作过程中物料在此空间处于一个强大的剪切力场，从而达到剧烈返混的目的。其与胶体磨相似，有几个可调参数如槽间隙、转子的旋转速度、进料流速和物料的黏度等，通过对它们的调节可以得到特定工业生产目的最佳操作条件。利用该反应器进行金属盐溶液与碱溶液的共沉淀反应，可使反应物溶液快速混合，在瞬间形成大量晶核，最大限度地减少成核和晶体生长同时发生的可能性，并使成核、晶化隔离进行。该方法可以分别控制晶体成核和生长条件，从而实现 LDH 晶粒尺寸的有效控制，更好地满足各种实际需要。该方法的关键是成核的瞬时性和均匀性，因此探讨成核过程中液膜反应器可调参数对控制 LDH 尺寸具有重要意义。

与恒定 pH 法相比，成核晶化隔离法合成的 LDH 其 XRD 特征衍射峰更强，基线更平稳，表明样品结晶度更高，晶相结构更完整。另外，两种方法合成的样品在粒径大小和分布上差别显著，成核晶化隔离法产物粒子小，为纳米量级，且粒径分布均匀。两种方法导致样品粒径大小和分布差别较大的原因在于：恒定 pH 法在合成 LDH 的过程中，成核与晶化过程同时发生，导致新成核的粒子和已经晶化一定时间的粒子存在尺寸差别。根据晶体化学原理，对于共沉淀反应制备晶体材料，如果能保证晶体的前驱体晶核大小一致，同时保证粒子的生长条件一致，就有可能合成出粒径均匀的晶体材料。成核晶化隔离法将成核与晶化过程分开，使晶化过程不再有新核的生成，达到了产物粒子均匀的目的。

张慧等[260]采用成核晶化隔离法合成了 Mg-Fe LDH。研究发现，合成过程中晶化温度对晶粒尺寸的影响较为显著。晶化时间相同时，随晶化温度升高，晶体结构趋于完整，晶粒尺寸显著增大。恒定晶化温度、改变晶化时间或恒定晶化时间、改变晶化温度得到的 Mg-Fe LDH，其沿 a 轴方向的晶粒尺寸均比沿 c 轴方向的晶粒尺寸大，即[110]晶面的生长速率比[003]晶面的生长速率相对较快。Feng 等[261]用该法合成了四元 CO_3^{2-} 插层 Cu-Ni-Mg-Al LDH，相比恒定 pH 法，该法制备的产物粒径尺寸较小且分布范围较窄。

4）非平衡晶化法

非平衡晶化法的实施可采用两种方式：①保持前期成核条件相同，调变后期溶液中补加的离子浓度；②保持后期溶液中补加的离子浓度相同，调变前期成核离子浓度。表 2-7 和表 2-8 分别列出了上述两种方式合成的 Mg-Al LDH 的粒径分布结果[245]。从表 2-7 中可以看出，在前期成核条件一致时，随后期溶液中离子浓度增大及滴加液的增加，LDH 粒径增大。对于样品 A、B、C，第一步成核条件完全相同，所以各合成体系中晶核的数量基本一样。在相同的晶化条件下，晶化一段时间后，体系中粒子数目相同，且晶体生长几乎达到了平衡。此时通过补加原料改变体系中离子的浓度，促使 LDH 的沉淀溶解平衡向沉淀方向移动，表现为 LDH 粒子长大。

表 2-7　非平衡晶化法 Mg-Al LDH 的制备条件及粒径分布（前期的成核离子浓度相同）

样品	成核离子浓度/（mol/L）		粒径分布/%		
	第一步[Mg^{2+}]	第二步[Mg^{2+}]	＜0.4μm	0.4～1.5μm	1.5μm
A	0.086	0.60	73.8	26.2	0
B	0.086	1.08	61.6	38.4	0
C	0.086	2.00	56.3	40.9	2.8

表 2-8 结果表明，当保持后期溶液中离子浓度相同，即第二步滴加液相同时（样品 A、D、E），随第一步成核离子浓度提高，LDH 粒径减小。因为成核离子浓度越高，随晶核生成的 LDH 晶体数量越多。晶化 2h 后，体系中粒子数目仍较多，等量的离子在较多的 LDH 晶核上沉淀，晶粒尺寸自然小。样品 A 和 D 在第一步中成核离子浓度相差大，所得 LDH 的晶粒尺寸分布却相差不多的原因，可能除了与体系中粒子数目有关外，还与体系的过饱和度及生长速率有关。

表 2-8　非平衡晶化法 LDH 的制备条件及粒径分布（后期补加的离子浓度相同）

样品	成核离子浓度/（mol/L）		粒径分布/%	
	第一步[Mg^{2+}]	第二步[Mg^{2+}]	<0.4μm	0.4～1.5μm
A	0.086	0.60	73.8	26.2
D	0.857	0.60	75.0	25.0
E	1.534	0.60	80.9	19.1

5）尿素法

尿素法制备过程是首先向金属盐溶液中加入一定量的尿素，然后将该反应体系置于自生压力釜中，经过一定时间的高温反应，利用尿素缓慢分解释放出的氨来达到 LDH 合成所需要的碱度，保证 LDH 的成核及生长。该方法特点是体系过饱和度低，产物晶粒尺寸大，晶体生长完整。杨飘萍等[262]向含二价金属（Mg^{2+}、Zn^{2+}或 Ni^{2+}）硝酸盐和三价金属（Al^{3+}）硝酸盐溶液的四口烧瓶中加入一定量的尿素，搅拌下将烧瓶浸入 105℃油浴中晶化反应。观察发现当反应温度超过 90℃时，尿素开始分解，溶液逐渐变浑浊，pH 持续上升。反应约 1h 后，溶液彻底变成浆液。保持晶化温度为 95～105℃动态晶化 10h，然后在 95℃下静态晶化 20h 即可得到高结晶度的 LDH 产品。

尿素是一种弱的布朗斯台德碱（pK_b=13.8），易溶于水[263]。可以通过调节反应温度来控制尿素的热分解速度。尿素的热分解过程包括如下两步：第一步是氰胺的生成，为速率控制步骤；第二步是氰胺快速分解生成碳酸铵：

$$CO(NH_2)_2 \longrightarrow NH_4CON \tag{2-5}$$

$$NH_4CON + 2H_2O \longrightarrow (NH_4)_2CO_3 \tag{2-6}$$

由于尿素溶液在低温下呈中性，可与金属离子形成均一溶液，而当溶液温度超过 90℃时，尿素则开始分解，并有大量氨形成，使得溶液的 pH 均匀逐步地升高。该方法的优点是溶液内部的 pH 始终是一致的。在一定的实验条件下，采用尿素法可以合成出高结晶度的 Mg-Al LDH、Zn-Al LDH 及 Ni-Al LDH，但是难以得到 Co-Al LDH、Mn-Al LDH 或者 Co-Cr LDH，这可能与溶液中不同金属离子发生共沉淀时所需的 pH 不同有关。

2. 焙烧复原法

这种方法是建立在 LDH 的“结构记忆效应”特性基础上的制备方法：在一定温度下将 LDH 的焙烧产物混合金属氧化物（mixed metal oxides，MMO）加入含有某种阴离子的溶液中，则将发生 LDH 的层状结构的重建，阴离子进入层间，形成具有新结构的 LDH。

在采用焙烧复原法制备 LDH 时应该依据母体 LDH 的组成来选择相应的焙烧温度。一般情况下，焙烧温度在 500℃以内重建 LDH 的结构是可行的。以 Mg-Al LDH 为例，焙烧温度在 500℃以内，焙烧产物是 Mg-Al MMO；当焙烧温度高于 500℃时，焙烧产物中有镁铝尖晶石生成，由此导致 LDH 结构的不完全复原。焙烧时采用逐步升温法可提高 MMO 的结晶度，若升温速率过快，CO_2 和 H_2O 的迅速逸出则容易导致层结构的破坏。

3. 模板合成法

利用有机模板来合成具有从介观尺度到宏观尺度复杂形态的无机材料是一个新近崛起的材料化学研究方向。以自组装的有机聚集体或模板通过材料复制而转变为有序化的无机结构，自组装的有机体对无机物的形成起模板作用，使得无机矿物生长成具有一定的形状、尺寸、取向和结构。模板法制备无机矿物一般按照以下步骤进行：先形成有机物的自组装体，无机前驱物在自组装聚集体与溶液相的界面处发生化学反应，在形态可控的自组装体的模板作用下，形成无机-有机复合体，将有机物模板去除后即得到具有一定形状的无机材料。常用作有机物模板的有：由表面活性剂形成的微乳、囊泡、嵌段共聚物，形态可控多肽、聚糖，以及 Langmuir-Blodgett 自组装膜等。

采用模板法制备 LDH 的文献报道还不多。He 等[264]利用 Langmuir-Blodgett 方法定向生长了氯离子插层 Mg-Al LDH 和 Ni-Al LDH 单层膜。他们首先在云母片上线性负载 $K_2[Ru(CN)_4L]$化合物，利用 LDH 粒子与 $K_2[Ru(CN)_4L]$相互作用来生长单层 LDH 薄膜。Adachi-Pagano 等[265]在水/乙二醇混合溶液体系中，通过尿素水解制备 Mg-Al-CO_3 LDH。在水/乙二醇混合溶液体系中制备的 Mg-Al-CO_3 LDH 颗粒尺寸比在水溶液中制备的 Mg-Al-CO_3 LDH 颗粒明显减小，乙二醇所占的比例越大，所制备的 Mg-Al-CO_3 LDH 颗粒越小。He 等[266]在正辛烷-十二烷基磺酸钠-水的乳液中共沉淀反应得到了纤维状形态的 Mg-Al-CO_3 LDH。与常规共沉淀法相比，其比表面积明显增大，由于乳液微水池的限域作用，产物颗粒尺寸分布窄化。

4. 表面原位合成法

表面原位合成技术主要用于制备复合材料。通过化学或物理方法将一种化合物或功能材料负载在另外一种材料基质的表面，使得这种化合物或材料的机械性能、热稳定性、分散性等大大提高，得到同时具有材料本身和载体基质的共同优点的复合材料。复合陶瓷材料的制备方法常采用表面原位合成技术。利用表面原位合成技术，可将单分散的 LDH 颗粒负载在大比表面积、高机械强度的 Al_2O_3 颗粒上，从而增强 LDH 颗粒的机械强度、热稳定性以及回收利用率。

早在 1983 年就有报道使用尿素水解法在 α-Al_2O_3 上负载 Ni-Al LDH[245]。Delacaillerie 等[267]相继报道了采用 γ-Al_2O_3 原粉作为载体，将其浸渍于含有 Co^{2+}、Ni^{2+} 或 Zn^{2+}的溶液中，通入氨气控制溶液 pH 为 7～8.2，在 γ-Al_2O_3 载体表面形成 LDH。

毛纾冰等[268]和张蕊等[269]分别以氨水和尿素为沉淀剂调节 pH，以硝酸镍、硝酸镁为原料，通过“激活” γ-Al_2O_3 载体表面的 Al 源，在 γ-Al_2O_3 孔道内表面原位合成了 Ni-Al LDH/γ-Al_2O_3 和 Mg-Al LDH/γ-Al_2O_3 复合材料。在以 $NH_3 \cdot H_2O$ 为沉淀剂原位合成 CO_3^{2-} 插层 Ni-Al LDH/γ-Al_2O_3 的过程中，反应体系存在着两个平衡，即 $NH_3 \cdot H_2O$ 在溶液中电离生成 NH_4^+ 和 OH^- 以及 $NH_3 \cdot H_2O$ 与 Ni^{2+}作用生成$[Ni(NH_3)_6]^{2+}$配离子，反应体系中各个组分的浓度受到电离平衡和配位平衡的共同制约。反应过程中因为表面 Al 源被激活而不断消耗 OH^-，$NH_3 \cdot H_2O$ 的电离平衡向反应正方向移动。离解平衡移动的结果使 NH_3 浓度下降，促进了溶液中$[Ni(NH_3)_6]^{2+}$的离解，Ni^{2+}被释放，同时使得溶液中的 NH_3 浓度又有一定的升高并继续“激活”表面 Al 源。Ni^{2+}、Al^{3+}、OH^-和 CO_3^{2-} 共同构成了 CO_3^{2-} 型 Ni-Al LDH 的形成条件，并抑制了体相反应的进行，从而在 γ-Al_2O_3 表面形成了 LDH。

5. 气液接触法

Lei 等[270]采用气液接触法，通过控制$(NH_4)_2CO_3$ 的分解，获得了晶形好且粒径分布均匀的 CO_3^{2-} 插层 Mg-Al LDH 和 Zn-Al LDH。首先将 $Mg(NO_3)_2 \cdot 6H_2O$（或 $Zn(NO_3)_2 \cdot 6H_2O$）和 $Al(NO_3)_3 \cdot 9H_2O$ 按 Mg/Al（或者 Zn/Al）物质的量比 2∶1 的比例置于 300mL 烧杯中，加入 200mL 去离子水配制成金属盐溶液，其金属离子的总浓度为 0.06mol/L，然后将烧杯放入干燥器中。在培养皿中加入$(NH_4)_2CO_3$［$(NH_4)_2CO_3/NO_3^-$（物质的量比）=3］，放到干燥器底部。将干燥器密封后放入 60℃的烘箱，反应 24h 后取出。

$(NH_4)_2CO_3$ 分解产生 NH_3 和 CO_2 气体。NH_3 和金属盐溶液最先接触发生水合反应，使得溶液的 pH 升高。CO_2 与水反应则使得溶液的 pH 降低，同时为溶液提供 CO_3^{2-}。二者竞争的结果是，溶液的 pH 升高，CO_3^{2-} 浓度增大。实验条件下，两种金属盐溶液本身的 pH 都约为 3。受 NH_3 和 CO_2 扩散的影响，溶液表面的 pH 和 CO_3^{2-} 浓度最高，最先达到过饱和状态，因此 LDH 最先在溶液表面成核。随着反应的进行，Mg 盐（或者 Zn 盐）和 Al 盐的混合溶液表面、中间部分和底部的 pH 的变化基本上是一致的。实验中检测到溶液自上而下形成了 pH 梯度和 CO_3^{2-} 浓度梯度。采用气液接触法通过控制 $(NH_4)_2CO_3$ 分解制备 LDH 的过程如下所示（其中，M^{2+} 为 Mg^{2+} 或 Zn^{2+}）：

$$(NH_4)_2CO_3 \longrightarrow 2NH_3\uparrow + CO_2\uparrow + H_2O \tag{2-7}$$

$$NH_3 + H_2O \rightleftharpoons NH_4OH \rightleftharpoons NH_4^+ + OH^- \tag{2-8}$$

$$CO_2 + H_2O \rightleftharpoons H_2CO_3 \rightleftharpoons H^+ + HCO_3^- \rightleftharpoons 2H^+ + CO_3^{2-} \tag{2-9}$$

$$\begin{aligned} &2OH^- + (x/2)CO_3^{2-} + (1-x)M^{2+} + xAl^{3+} + yH_2O \\ &\longrightarrow [M_{1-x}Al_x(OH)_2]^{x+}(CO_3)_{x/2}\cdot yH_2O \end{aligned} \tag{2-10}$$

pH 梯度和 CO_3^{2-} 浓度梯度的存在有利于获得粒度均匀的 LDH。在反应过程中，LDH 优先在金属盐溶液表面成核。LDH 晶核受重力作用，逐渐向反应容器底部沉降，并在适宜的过饱和条件下逐渐生长。由于溶液中存在 pH 梯度和 CO_3^{2-} 浓度梯度，LDH 沉降到一定位置时，过饱和状态消失，LDH 的生长停止。这样，沉降到反应容器下部的 LDH 晶核由于不再生长而具有均匀的粒径。整个反应过程中，金属盐的浓度是不断降低的。反应到一定阶段，金属盐的消耗使得过饱和状态消失，体系达到平衡。这时，$(NH_4)_2CO_3$ 的分解维持溶液表面层的 pH 不变，而扩散作用使得溶液本体的 pH 升高。尽管 LDH 晶核不是同时形成的，但是粒径均匀的 LDH 同时进入老化阶段，使得最后获得的 LDH 产物也将具有均匀的粒径。反应溶液的 pH 和 pH 的变化速度可以很容易地通过调节 $(NH_4)_2CO_3$ 的用量或者通过控制 $(NH_4)_2CO_3$ 的分解温度来进行控制。实验中发现，在较高温度、较低的金属盐浓度和较高的 $(NH_4)_2CO_3$ 用量条件下，所得到的 LDH 粉体的粒径分布要窄。

6. 其他方法

1）微波技术

近年来，微波因其具有独特的性质已经引起人们的广泛关注，微波辐射技术扩展到了化学领域并逐渐形成了一门新的交叉学科——微波化学。微波对于化学物质的作用，一是使分子运动加剧、温度升高，从而加速反应，即所谓的热效应；二是微波场对离子和极性分子的洛伦兹力作用使这些离子或分子之间的相对运动具有特殊性，使物理甚至化学过程加速，即所谓非热效应。利用微波技术制备 LDH 以及插层产物是一种新的尝试，它快捷方便，而且得到了一些意想不到的效果。杜以波等[271]以微波晶化法制备了 Mg-Al-CO_3 LDH，与水热晶化法对比，微波处理 8min 得到的 LDH 产物的晶化程度和 65℃下水热晶化 24h 得到的产物晶化程度相似。

2）盐-氧化物法

盐-氧化物法是由 Boehm 等于 1977 年制备氯离子型 Zn-Cr LDH 时提出的。其制备过程是将 ZnO 浆液与过量的 $CrCl_3$ 水溶液在室温下反应数天，得到组成为 $ZnCr(OH)_6Cl·2H_2O$ 的产物。而制备 Mg-Al LDH 则采用加热 $MgCO_3$ 或者 $Mg(OH)_2$ 使之脱除 H_2O，生成活性 MgO，然后再将新生成的活性 MgO 与 $NaAlO_2$、$NaCO_3$ 及 NaOH 混合反应形成 LDH。

在 Kosin 等提出的一项用于作为塑料阻燃剂的 LDH 制备技术中，首先将 $Mg(OH)_2$ 浆液与 $NaAlO_2$、$NaHCO_3$ 混合，在温度 150～200℃时反应 1～3h，然后将所得到的产物过滤并在高温下干燥。LDH 产品平均粒径大约为 1μm，具有片晶状的形貌。将该片晶状 LDH 用磷酸处理，用 PO_4^{3-} 置换出 LDH 层间的阴离子 CO_3^{2-}，就得到了 PO_4^{3-} 插层的 LDH[245]。

3）双粉末合成法

采用双粉末合成法制备 LDH，首先是用天然或者合成的含镁的固体粉末与含铝的固体粉末在水浆液中反应，形成羟镁铝石中间体，然后将生成的中间体用二氧化碳或者其他阴离子（草酸、琥珀酸盐、对苯二酸盐等）处理，转化成 LDH。

此方法最早是由 Roy 等[272]提出的，研究中通过机械混合 MgO 和 Al_2O_3 而得到了 Mg-Al-CO_3 LDH。Martin 等在他们的一系列专利文献中报告了 LDH 的双粉末合成法[245]。其典型的方法是首先将 70g MgO 固体粉末和 45.6g $Al(OH)_3$ 固体粉末混合，置于 1200mL 蒸馏水的圆底烧瓶形成浆液。然后，通入氮气保护并搅拌加热浆液直至沸腾。经过 16h 的加热反应生成了羟镁铝石。将浆液冷却到 40℃，然后用 CO_2 气体处理将羟镁铝石转变为 LDH。Pausch 等以 MgO 和 Al_2O_3 的机械混合物为原料制备层间阴离子分别为 CO_3^{2-}、OH^-的 Mg-Al LDH，反应温度为 100～350℃，反应时间为 7～42d。水热处理温度、压力、投料比等对 LDH 的制备具有较大的影响。采用该方法可制得高铝含量（Mg/Al 物质的量比为 1.3）的 LDH。

双粉末法采用天然的含镁和含铝矿物，可以降低合成 LDH 的成本。另外，由于不用氢氧化钠或者碳酸钠等碱性物质，可以大大降低钠离子的污染。

2.2.3　LDH 的应用

1. 功能性助剂

随着科学的不断进步，传统材料的应用受到越来越多的限制，单一功能的材料已经不能满足人们的需要，而同时具有多种功能的材料越来越受到青睐。改善材料局限性的一种最重要最方便的方法就是向材料中添加功能性助剂材料。经过改性，能使原来材料的某些功能得以改善，或者增加某些特定的功能。这些材料广泛用于人们的衣食住行。功能性助剂材料已经成为材料领域的一个重要组成部分。

但是，即使是功能性助剂材料依然有自身的缺点，如红外吸收材料，虽然其具有红外吸收性能，但是对于特定的物质，吸收波长是一定的，不能进行调变，但是与含有不同金属元素的层状无机材料复合以后，可得到不同吸收波长的选择性红外吸收材料；紫外吸收材料的热稳定性一般较低，这限制了它的应用范围，经过无机材料的改性后，光热稳定性可明显提高。层状及插层结构功能性助剂材料是经插层组装后得到的复合材料，它在原有功能的基础上，增加了其他一系列新的特点，其应用领域越来越广。本节主要讨论具有层状及插层结构的红外吸收材料、紫外阻隔材料、阻燃剂、热稳定剂、染料及颜料等功能性助剂材料。

1）红外吸收材料

红外吸收材料是指能够吸收特定波长的红外线从而实现一定功能的一类材料。在日常生活中，红外吸收材料广泛应用于农用薄膜中以达到保温的作用。目前我国应用于 PE 农用棚膜的红外吸收材料主要有：碳酸钙、高岭土、石灰石、滑石粉、白炭黑、叶蜡石、云母粉、硅藻土、绢云母、氢氧化铝、氢氧化镁、碳酸镁、硅酸镁、玻璃微珠等。然而，以上这些致力于提高农膜红外吸收性能的工作并没有取得令人满意的效果，往往会因为红外吸收范围窄、无机填料在树脂中分散度低、可见光透过性差等缺陷而导致难以推广。因此研制集多种作用于一体的新型多功能助剂，是农膜发展的必然趋势。

对于选择性红外吸收材料，达到保温效果的最佳红外吸收范围是 7～14μm，其中 9μm 附近是散热红外最强的辐射区域。而 LDH 层状材料具有优异的选择性红外吸收能力和较宽的红外吸收范围，并且其红外吸收范围还可以通过调变其组成加以改变。通过一系列的调整，可以合成得到具有优异红外吸收性能的 LDH，然后采用先进的复合技术，可以在不影响农膜原有性能的条件下，显著提高农膜的保温性能。LDH 新型层状材料的结构特性决定了它不仅具有提高农膜保温性能的能力，而且还赋予复合材料许多新的性能。

段雪等[245]考察了将 Mg-Al-CO_3 LDH 粉体加入 PE 膜中的红外吸收性能并与添加常用保温剂-滑石粉的 PE 膜进行了比较。结果表明，PE/LDH 膜的红外吸收性能明显优于 PE/滑石粉膜；而固体粉体在薄膜中的分散性能、薄膜可见光的透过性能、热稳定性及力学性能等均未受到明显影响。PE/LDH 膜在不同波长范围的红外吸收率均高于 PE/滑石粉膜，表明其红外吸收性能更优（表 2-9）。

表 2-9　PE/LDH 与 PE/滑石粉的红外吸收性能

薄膜	2.5～20μm	4～20μm	5～13μm
PE/LDH	74.2%	70.5%	72.6%
PE/滑石粉	65.8%	66.8%	69.65%

表 2-10 为分别加入 LDH 和滑石粉的 PE 薄膜光学性能测试分析结果。不同透光性能表征结果均表明，PE/LDH 薄膜的透明性和透光性明显优于 PE/滑石粉薄膜。这主要得益于 LDH 自身粒径小且与 PE 有较好的相容性、LDH 结构的规整性及完整性，从而可有效降低对光的散射率。

表 2-10　薄膜光学性能指标

薄膜	光密度	积分光密度（$\times10^6$）	透光率/%	雾度/%
PE/LDH	0.402 5	0.458 1	89.2	32.8
PE/滑石粉	0.421 6	0.479 9	87.7	52.3

从两种薄膜的力学性能比较结果可以看出，PE/LDH 膜与 PE/滑石粉膜均具有较好的力学性能，两者无明显差别。可以预计，若使 LDH 以纳米量级的层板尺寸更加均匀地在膜中分散，理想的界面效应将有助于改善力学性能（表 2-11）。

表 2-11　薄膜的主要力学性能比较

薄膜	方向	伸长率/%	屈服强度/MPa	断裂强度/MPa	撕裂强度/（kN/m）
PE/LDH	纵向	684	11.78	27.25	124.1
	横向	727	11.61	28.06	119.4
PE/滑石粉	纵向	707	11.78	28.39	113.5
	横向	732	11.64	28.98	120.7

由于含单一层间阴离子的 LDH 受到组成的限制，其选择性红外吸收存在缺陷。考虑到 LDH 层间阴离子的可交换性，矫庆泽等[273]根据散热红外波长，通过离子交换得到了在散热波长范围内具有选择性红外吸收性能的新型结构 LDH。散热红外是以辐射方式将热能释放，其波长在 4～25μm（相当于 400～2500cm^{-1}）范围内，峰值在 9μm 波长附近，即 1100cm^{-1} 附近，而 Mg-Al-CO_3 LDH 恰恰在 1050～1200cm^{-1} 范围内没有红外吸收。因此 Mg-Al-CO_3 LDH 作为散热范围内选择性红外吸收材料存在明显缺陷，由此限制了 LDH 的广泛应用。根据 LDH 的红外吸收能力主要来自层间阴离子以及 LDH 的层间阴离子可交换的特点，充分考虑阴离子的结构、性质、几何尺寸等影响，将在 1100cm^{-1} 附近有极强红外吸收能力

的SO_4^{2-}部分交换至 Mg-Al-CO_3 LDH 层间得到了具有广泛选择性红外吸收性能的新型结构 Mg-Al-CO_3-SO_4 LDH。

2）紫外阻隔材料

紫外阻隔材料是一类能够吸收或反射紫外线的物质，广泛应用于塑料、橡胶、涂料、化妆品中，起着隔离紫外线、抑制光老化的作用。发自太阳的电磁波谱是非常宽的，波长范围从 200nm 以下，一直延续到 10 000nm 以上。但在通过空间和高空大气层（特别是臭氧层）时，290nm 以下和 3000nm 以上的射线几乎全被滤除，实际到达地面的太阳波谱为 290～3000nm，其中大部分为可见光（约 40%，波长范围为 400～800nm）和红外线（约 55%，波长范围为 800～3000nm），290～400nm 的紫外线仅占 5%左右。紫外线波长范围为 200～400nm，分为长波段 UVA（320～400nm）、中波段 UVB（286～320nm）和短波段 UVC（200～286nm）。适量的紫外线照射有助于人体健康，但过量的紫外线则会伤害人体、加速皮肤老化并导致各种皮肤问题甚至引发皮肤癌。此外，太阳光对塑料和橡胶等高分子材料的老化作用也因紫外线所致。大气层中臭氧层日渐稀薄，使到达地面的紫外线的强度有增加的趋势，因此对紫外线的阻隔和防护显得非常重要。

LDH 作为层状材料，层间可以插入不同的阴离子，得到不同的插层结构材料。如果将有机紫外吸收剂插入层间，将会使此类材料同时具有对紫外线进行物理屏蔽和紫外吸收的双重作用。

有良好的紫外线吸收能力的有机物质常用作防晒油中的遮光剂，但是当它们的浓度高时会渗入皮肤被人体吸收，对人体健康造成危害。解决这一问题的其中方法之一就是将有机物质插入层状无机物的纳米级空间中，以避免有机物质和皮肤的直接接触。LDH 层间含有可交换阴离子，当带负电的有机紫外线吸收剂插入层间，不仅避免了它们与皮肤的直接接触，而且由于阳离子层板与层间阴离子的静电力相互作用、氢键力以及客体阴离子间 π-π 相互作用而增加了结构的稳定性。

邢颖等[274]采用成核晶化隔离法合成了CO_3^{2-}插层 Zn-Al LDH 前驱体，然后以乙二醇为分散剂，用离子交换法组装得到了具有完整晶相结构的水杨酸根插层 Zn-Al LDH。随着水杨酸根取代CO_3^{2-}进入 Zn-Al LDH 层间，使插层产物在原来对紫外线屏蔽的基础上又具有了紫外吸收功能，并且这种吸收作用因主体-客体、客体-客体相互作用而宽化，对 UVA 的吸收得到了加强。

He 等[275]研究了将如下 6 种有机紫外线吸收剂：4-羟基-3-甲氧基苯甲酸、2-羟基-4-甲氧基-5-磺酸基二苯甲酮、4-羟基-3-甲氧基苯乙烯酸、4, 4'-二氨基-2, 2'-二苯磺酸基二苯乙烯、对氨基苯甲酸和咪唑丙烯酸阴离子通过离子交换法或共沉淀法插入 Zn-Al LDH 层间。实验表明，所有有机吸收剂分子的插层产物都有很好的紫外阻隔性能和透明性。

3）阻燃剂

近年来，火灾造成的损失日益严重，各国都在采取多种措施，以减少火灾危险。现在人们已认识到合理地对材料阻燃是减少火灾的战略措施之一。阻燃剂和阻燃技术正成为全球研究的热点。阻燃剂是用来提高材料的抗燃性、降低材料被引燃的概率及抑制火焰进一步传播的助剂。阻燃剂主要用于合成和天然高分子材料（如塑料、橡胶、纤维、木材、纸张、涂料等）中，已发展成为一种主要的精细化学品功能添加剂。

无机阻燃剂无卤、低烟，不产生腐蚀性气体，不产生二次污染，且具有阻燃和填料双重功能，是一种很有前途的阻燃剂。Mg-Al-CO_3 LDH 受热分解时吸收大量的热，能降低燃烧体系的温度。其层间具有丰富的阻燃物种 CO_3^{2-} 和结构 H_2O，在受热时，阻燃性气体 CO_2 和 H_2O 释放起到隔绝氧气和降低材料表面温度的作用；同时，LDH 在表面形成凝聚相，阻止燃烧面扩展。LDH 受热分解后，借助纳米尺寸在材料内部形成高分散的大比表面固体碱，对燃烧氧化产生的酸性气体具有极强的吸附作用，从而起到优异的抑烟作用。

尤为重要的是，由于 LDH 具有独特的层状结构，其层间阴离子的可交换性和层板组成的可调控性为将其他具有阻燃效果的物种插入层间提供了可能，由此形成客体在 LDH 层间高度有序排列的具有插层结构的化合物，在保持良好抑烟性能的同时极大地强化其阻燃性能。

黄宝晟等[276]将 LDH 作为阻燃剂加到 PVC 中，考察其对塑料材料的阻燃效果，结果发现其较小的添加量（20 份）就可在不降低材料氧指数的同时，使抑烟效果显著提高。表 2-12 列出了 LDH 的加入对 PVC 氧指数的影响结果，可看到 20 份及 40 份 LDH 与 PVC 复合可使氧指数达到 28.7 及 28.8。表中同时列出了常用无机阻燃剂氢氧化铝和氢氧化镁氧指数的文献值，通过对比可见，LDH 的阻燃抑烟性能优于后两者。表 2-13 列出了 LDH/PVC 复合材料的烟密度实验测试结果，不论无焰还是有焰条件下 LDH 在添加范围内对软 PVC 均有良好的抑烟效果。其中 40 份 LDH/PVC 试样在无焰条件下综合抑烟性能最好；20 份的试样在有焰条件下综合抑烟性能最好。

表 2-12　不同阻燃剂/PVC 复合材料的氧指数测试结果

样品	阻燃剂用量/份	氧指数 LOI/%
LDH/软 PVC	20	28.7
	40	28.8
	60	28.4
氢氧化铝/软 PVC	45	26.0
氢氧化镁/软 PVC	45	26.0

表 2-13　LDH/PVC 复合材料的烟密度测试结果

LDH 添加量/份		0	20	40	60
无焰燃烧	产烟速率/%	67.4	63.9	38.7	43.8
	最大烟密度 D_m	479.9	455.0	275.6	312.2
	烟雾遮光指数 SOI/%	571	—	183	155
有焰燃烧	产烟速率/%	88.0	54.3	56.8	59.0
	最大烟密度 D_m	626.1	386.6	404.7	419.9
	烟雾遮光指数 SOI/%	2200	911	727	782

赵芸等[277]将纳米尺寸 Mg-Al LDH 加入环氧树脂中制备成复合材料，测试了复合材料的氧指数及无焰燃烧条件下的烟密度。结果表明，在每克树脂中 Mg-Al LDH 的添加量在 0.20%～0.60%范围内，就可显示出显著的抑烟效果，并可使环氧树脂的氧指数略有提高。研究认为，Mg-Al LDH 的阻燃作用遵从气相阻燃和凝聚相阻燃机理。

史翎等[278]以 Zn 化合物具有促进碳化膜形成及较好抑烟效果为依据，提出将 Zn^{2+}作为结构基元引入阻燃剂 Mg-Al-CO_3 LDH 中，采用成核/晶化隔离法制备了 Zn-Mg-Al-CO_3 LDH。分别将 Mg-Al-CO_3 LDH 和 Zn-Mg-Al-CO_3 LDH 样品与乙烯-乙酸乙烯共聚物树脂（EVA-28）按 1.5∶1 的比例共混，然后压片制得复合材料样片，测定的阻燃和抑烟性能列于表 2-14。结果表明，纯 EVA-28 的氧指数为 21.4，基本不具备阻燃性能。EVA 的热分解分两个过程：①在 300～365℃期间，乙酸乙烯酯基团分解放出乙酸；②在 365～500℃期间，为乙烯链的降解。从表 2-14 可以看出，Mg-Al-CO_3 LDH/EVA-28 与未加任何阻燃剂的纯 EVA-28 样品相比，氧指数由 21.4 提高到 34.1，具有良好的阻燃效果。在 230℃左右 Mg-Al-CO_3 LDH 脱除层间水，同时产生了大量水蒸气，其吸热效应抑制了乙酸乙烯酯基团的热分解，增强了复合材料的热稳定性；对于 EVA 第二个热分解过程，Mg-Al-CO_3 LDH 在 340℃左右脱除层板羟基和层间 CO_3^{2-}，同时形成碱性双金属复合氧化物，对在复合材料表面形成碳化膜有促进作用，另有微弱的吸热降温效应，以及产生的水蒸气和 CO_2 导致的气相阻隔作用。Zn-Mg-Al-CO_3 LDH 较 Mg-Al-CO_3 LDH 有更为优异的阻燃性能，氧指数由纯 EVA-28 的 21.4 提高到 40.2。Zn-Mg-Al-CO_3 LDH 在 223℃附近的脱层间水的过程抑制了乙酸乙烯酯基团的热分解，从 230℃左右开始的快速脱除层板羟基和层间 CO_3^{2-} 的过程对 EVA 的第二热分解阶段有很好的抑制作用。另外，Zn-Mg-Al-CO_3 LDH 分解后所形成的复合金属氧化物含有 ZnO，对材料受热形成表面碳化膜有促进作用，因此在高温区 Zn-Mg-Al-CO_3 LDH 有更好的阻燃效果。由表 2-14 还可看出，Zn-Mg-Al-CO_3 LDH/EVA-28 比 Mg-Al-CO_3 LDH/EVA-28 和 EVA-28 的烟密度分别下降 34.9%和 59.1%，抑烟效果非常显著。

EVA 受热产生的烟雾主要是热解产物烯烃残片环化聚合所形成的炭粒和燃烧释放的酸性气体以及水蒸气等，LDH 高温分解形成的复合金属氧化物具有高的比表面积，可有效吸附材料释放的酸性烟雾。另外，Zn-Mg-Al-CO_3 LDH 脱羟基和 CO_3^{2-} 的温度较低，可更快形成含 ZnO 的复合金属氧化物，其抑烟作用在材料受热初期即可显现，故表现出较 Mg-Al-CO_3 LDH 更为优异的抑烟效果。

表 2-14　Mg-Al-CO_3 LDH/EVA-28 和 Zn-Mg-Al-CO_3 LDH/EVA-28 的氧指数和烟密度

样品	氧指数（LOI）/%	烟密度（D_m）
EVA-28	21.4	185
Mg-Al-CO_3 LDH/EVA-28	34.1	123
Zn-Mg-Al-CO_3 LDH/EVA-28	40.2	75.6

4）热稳定剂

广义地说，凡以改善聚合物热稳定性为目的而添加的助剂均可称为热稳定剂。热稳定剂除少量用于橡胶及其他树脂加工外，主要用于热稳定性问题非常突出的 PVC 加工。因此，通常所言的热稳定剂专指 PVC 及 VC 共聚物使用的热稳定剂。

LDH 是一类阴离子型层状材料，层间具有可交换的阴离子 CO_3^{2-}。LDH 的特殊结构和化学组成使其成为高效的热稳定剂，具有广泛的应用前景。

赵芸等[279]将 Mg-Al LDH 作为热稳定剂均匀分散到聚甲基丙烯酸甲酯（PMMA）中时，研究了 Mg-Al LDH/PMMA 复合材料的热稳定性。在制备 PMMA 的过程中，加入一定量钛酸酯偶联剂改性和未改性的纳米 Mg-Al LDH，得到 PMMA/LDH 复合材料。研究发现纯 PMMA 的起始分解温度为 266℃，当未改性 Mg-Al LDH 的添加质量分数分别为 0.5%、1%和 3%时，PMMA/LDH 复合材料的起始分解温度分别为 279℃、285℃和 291℃，即未改性 Mg-Al LDH 的加入提高了复合材料的热稳定性，且随未改性 Mg-Al LDH 添加量的增大。PMMA/LDH 复合材料的起始分解温度升高幅度越大，表明材料热稳定性提高越多；而当改性 Mg-Al LDH 添加质量分数分别为 0.5%、1%和 3%时，PMMA/LDH 复合材料的起始分解温度分别为 250℃、252℃和 269℃，即少量改性 Mg-Al LDH 的加入降低了复合材料的热稳定性，只有 3%的改性 Mg-Al LDH 添加量使复合材料的热稳定性稍有提高。说明未改性 Mg-Al LDH 对 PMMA 热稳定性提高的效果比改性 Mg-Al LDH 的大，这一结果与 Mg-Al LDH 在 PMMA 基体中的分散状态有关。研究表明，未改性 Mg-Al LDH 与 PMMA 相容性好。未改性 Mg-Al LDH 的表面羟基易于同 PMMA 分子链上的酯基作用，有利于其在 PMMA 中的分散。Mg-Al LDH 在 PMMA 中分散越均匀，则易发挥其热稳定剂功能，材料热稳定性也越高；团聚的 Mg-Al LDH 不利于热稳定功能的发挥。依据 PMMA 的热分解机理推测，Mg-Al

LDH 可能有吸收游离基的作用，抑制了脱除单体的链式反应，从而提高了 PMMA 的热稳定性。在 Mg-Al LDH 分散不均匀的情况下，Mg-Al LDH 的这种作用不能有效发挥，且成为复合材料的缺陷，在一定程度上导致了材料热稳定性的降低。

Lin 等[280]研究了不同 Mg/Al 物质的量比的 Mg-Al-CO_3 LDH 对 PVC 的热稳定效果。随着 Mg/Al 物质的量比的增加，PVC 热稳定性逐渐变差。这是因为电负性较小的 Mg 含量增加，会降低层板羟基和 HCl 的反应活性，同时层板电荷密度的降低，会减弱 Cl^-进入层间进行离子交换的驱动力，均不利于层板对 HCl 的吸收和阻止 PVC 的自催化分解。将添加 2 份不同 Mg/Al 物质的量比的 LDH/PVC 纳米复合材料剪成小于 2mm 的颗粒，在 180℃±1℃条件下进行刚果红法测试，结果如表 2-15 所示。从表 2-15 可以看出，随着 Mg/Al 物质的量比的增大热稳定时间显著缩短，和热老化实验箱结果规律一致。

表 2-15　不同 Mg/Al 物质的量比 Mg-Al-CO_3 LDH 对 PVC 热稳定作用（刚果红法）

n(Mg)/n(Al)	PVC 复合材料稳定时间/min
2.0	227
2.5	173
3.0	157
3.5	151

不同 Mg/Al 物质的量比的 Mg-Al-CO_3 LDH 层板和层间对 HCl 理论吸收容纳能力如表 2-16 所示。假设每分子的 CO_3^{2-} 和 OH^-分别可以与 2 分子或 1 分子的 HCl 反应。从表 2-16 可以看出，不同 Mg/Al 物质的量比的 LDH 其层板 OH^-含量不同，其数值随 Mg/Al 物质的量的增大而增大。当 $n(Mg)/n(Al) = 2$ 时层板 OH^-含量和对 HCl 的总理论吸收量均最小，此时 PVC 的初期着色性和长期稳定性最好。这是因为随着电负性较大的 Mg 含量增加，层板 OH^-和 HCl 的反应活性降低，减弱了对 PVC 热分解释放出的 HCl 的有效吸收，同时由于层板电荷密度的降低，也不利于 Cl^-进入层间，降低了 PVC 的热稳定性。

表 2-16　不同 Mg/Al 物质的量比 Mg-Al-CO_3 LDH 对 HCl 的吸收容纳能力

n(Mg)/n(Al)	CO_3^{2-} 含量（质量分数）/%	OH^-含量（质量分数）/%	HCl 理论吸附容量/（mol HCl/g LDH）
2.0	12.32	41.88	0.0287
2.5	11.00	43.63	0.0293
3.0	9.94	45.05	0.0298
3.5	9.06	46.22	0.0302

5）高性能染料和颜料

层状黏土物质是一种重要的无机物，它有很独特的性能，如离子交换性能、大的比表面积、低活性等使其成为理想的有机-无机复合材料的主体。黏土的纳米级层状有序性决定了复合材料的纳米级结构单元，当有机物插入层间以后，由于主体层板的限域作用而使客体在层间规则排列。大多数染料分子含有芳环，插层以后芳环的二维 π 电子系统与层间空间相匹配，主客体之间的相互作用改变了化学键的状态，从而使层状黏土-染料复合物产生一系列光学性能，这种光学特性可以用来制造各种微型光学仪器。例如，利用染料分子的非线性光学性能，可以制造新型固体染料激光器，从而大大缩小了传统激光器的体积。层状化合物和染料或颜料复合以后会产生很多奇异的特性，具有广阔的应用前景，可用于非线性光学、光化学反应、染料激光器及高性能颜料等领域。

螺吡喃（spiropyran，SP）及其衍生物是一类研究最为广泛深入的有机光致变色化合物。光致变色机理是无色的 SP 在紫外线照射下开环成颜色鲜明的部花菁（merocyanine，MC），MC 在受热或可见光照射下闭环重新生成 SP 而退色，这一呈色与退色反应可重复进行。SP 光致变色的光敏性高，但这类分子变色后生成的 MC 热稳定性不高，只有改善 MC 的热稳定性及耐光疲劳度，才有可能进一步开发应用。研究发现，在有些情况下，SP 光致变色后的 MC 分子会自身团聚，分子团聚体具有良好的热稳定性，其 J-聚体的退色速率比 MC 单体的退色速率慢 104 倍。

Tagaya 等[281]将 SP 和 MC 插入 Mg-Al LDH 和 Li-Al LDH 等层间并研究了这些插层产物的光致变色特性。SP 和 MC 在不同波长的紫外线照下通过开环闭环的断键反应进行可逆转换，但作为有机分子这两种化合物在其光致变色的可逆转化过程中有局限性：SP 在非极性溶液中稳定存在，而 MC 在极性溶液中稳定，因此要使两种分子间进行有效的转换，须构筑双亲性的化学环境。

LDH 层间通道上下充斥层板羟基基团，为极性环境，因此须再构筑亲油环境。Tagaya 等[281]选取对甲基苯磺酸阴离子插入层间，由于静电作用，对甲基苯磺酸的磺酸基团靠近带正电的层板并成双层排列，因此甲基基团在层间形成了非极性环境。这样 SP 和 MC 均可以在预插层的 LDH 层间稳定存在。

Kuwahar 等[282]发现 SP 插层 Li-Al LDH 能实现光致变色反应，而 SP 插层 Mg-Al LDH 则不能。在 Li-Al LDH 中，当有双亲性分子存在时，SP 的吸收强度较高。

Guo 等[283]将颜料永固红 F5R 插到 NO_3^- 插层 Mg-Al LDH 层间，得到了光热稳定性都有明显提高的插层产物。由于永固红 F5R 不溶于水，因此研究中采用己二醇作为溶剂，插层后 LDH 的层间距从 0.86nm 增加到 1.72nm，产物经过热重分析，证明其热分解温度从 385℃增加到 461℃。紫外分析结果显示永固红 F5R 在 200℃烘箱中烘烤 30min 后紫外吸光度开始发生变化，而永固红 F5R 插层 LDH 产物在 300℃时才开始变化，进一步说明了永固红 F5R 在插层进入 LDH 层间后热稳定性有了大幅提高。永固红 F5R 颜料及其插层产物在经过紫外线照射后进行了色差表征，结果显示插层产物的光稳定性优于单纯的颜料。

2. 生物医药材料

生物医药功能材料是一类人工或天然材料，可单独或与药物一起制成部件、器件用于组织或器官的治疗增强或替代，并在有效使用期内不会对宿主引起急性或慢性危害。生物医药功能材料研究的最终目的是用其能够代替或修复人体器官和组织，并实现其生理机能。生物材料的分类方法很多，按照医用材料的性质可以分为高分子材料、金属材料、无机非金属材料、天然生物材料等类型。

LDH 的一个重要性质是层间阴离子具有可交换性。LDH 层板内存在强共价键作用，层间则存在一种弱相互作用力，即层间客体阴离子与主体层板之间以静电引力、氢键或范德华力等弱化学键连接，且主、客体都以有序的方式排列。将各类阴离子，如有机和无机阴离子、同多和杂多阴离子以及金属配合物阴离子，通过离子交换引入层间，可得到相应的插层结构 LDH，从而使 LDH 成为具有不同应用性能的插层结构材料。文献中报道 LDH 层间阴离子易于被交换的次序为 $NO_3^- > B(OH)_4^- > Cl^- > F^- > HPO_4^{2-} > SO_4^{2-} > CO_3^{2-}$。$CO_3^{2-}$ 等阴离子与有机阴离子插层的 LDH 反应，可缓慢进入 LDH 层间代替原来的有机阴离子，从而达到有机阴离子缓慢释放的效果。

1）药物缓蚀剂

药物的缓释是将药物活性分子与载体结合（或复合、包囊）后，投放到生物活性体内通过扩散、渗透等控制方式，药物活性分子再以适当的浓度和持续时间释放出来，从而达到充分发挥药物疗效的目的。药物缓释的特点是通过对药物医疗剂量的有效控制，能够降低药物的毒副作用，减少抗药性，提高药物的稳定性和有效利用率。还可以实现药物的靶向输送，减少服药次数，减轻患者的痛苦，并能节省人力、物力和财力等。

应用缓释技术来获得长作用的药物剂型的研究和实践已有 40 多年，由于其具有给药次数少，峰谷血药浓度波动小，胃肠道刺激轻，疗效持久、安全等优点越来越受到临床的重视。药物缓释剂按照给药系统可分为口服、透皮、眼科、直肠、皮下植入等；按缓释方式分为物理、化学、反馈和控制等；根据缓释机理分类为扩散、溶解、渗透等；按缓释剂状态分为液态和固态两类；按常规剂型可分为丸、片、胶囊、膜、栓、植入剂等。

LDH 作为治疗胃病，如胃炎、胃溃疡、十二指肠溃疡等常见疾病的特效药，正在迅速取代第一代氢氧化铝类传统抗酸药。研究证明，通过改进 LDH 的阴离子组成，得到一些含磷酸盐阴离子的 LDH，它们作为抗酸药，继承了传统抗酸药的优点，并且可以避免导致软骨病和缺磷综合征等副作用的发生。

最近的研究工作集中于利用 LDH 的可插层性，将药物分子引入层间形成药物分子或离子插层产物，此类产物既是新型的药物——无机分子复合材料，又是新型药物缓释剂。该剂型相对于传统药物剂型减少了药物用量并降低了药剂使用后可能带来的毒害。心血管病及关节炎等病症的治疗药物尤其适用于此剂型。Khan 等[284]研究了布洛芬、萘普生等药物在 LDH 中的可逆插层行为，证明该过程及插层组装产物可作为新型药物控制释放体系。Ambrogi 等[285]组装了布洛芬插层 Mg-Al LDH，并在磷酸缓冲溶液体系中初步验证了其缓释能力。

2）农药缓蚀剂

农药的广泛应用为农业发展提供了强有力的支撑，但因淋失、沥取、光降解、挥发或不正确使用等原因，易使其药效降低，并造成水体及土壤污染。因此，研制安全、高效的绿色农药，创制农药新剂型，实现农药释放数量、释放时间和释放空间可控，已成为近年来农药研究的重要方向。现有农药控制释放剂型按主客体相互作用可分为物理型和化学型缓释剂。化学型缓释剂利用农药有效组分与母体以化学键结合，形成在自然条件下可逐步释放的缓释型农药，它克服了物理型缓释剂仅利用吸附等较弱的相互作用力使农药有效组分与母体结合的缺点，因而其结构稳定，对外界条件的选择性增强，且改善了原农药本身的水溶性、稳定性、毒性和抗药性等方面的不足，实现了分子水平的控制释放，使农药用量迅速降低，减少了环境污染。

近年来有机物插层阴离子层状材料得到迅猛发展，由此出现了 LDH 与农药之间相互作用的研究。这方面的研究主要集中于吸附、脱附过程。LDH 及 LDO 仅对极性或阴离子型农药具有良好的吸附能力，难于吸附疏水性杀虫剂，而有机物插层 LDH 对于疏水性杀虫剂却具有良好的吸附能力。其原因是有机物客体的引入可使有机物插层 LDH 内表面性质由亲水性向疏水性转化，因而用有机物插层 LDH 处理造成污染的疏水性农药或将其作为疏水性农药控制释放载体，可较大地填补 LDH 或其他材料在此方面应用的不足。有机物插层 LDH 对农药的吸附能力与主体交换量、表面亲水/疏水性、插层客体性质、空间位阻及层间排列等有关。常用插层客体为十二烷基磺酸、十二烷基苯磺酸等。

孟锦宏等[286]以阴离子层状材料 Mg-Al LDH 为主体，以国内外使用量最大的除草剂草甘膦 $HOOCCH_2NHCH_2PO(OH)_2$ 为客体，采用共沉淀法一步组装得到农药缓释剂草甘膦阴离子插层 Mg-Al LDH。草甘膦阴离子插层 Mg-Al LDH 的主体层板内存在强的共价键作用，主体层板与客体草甘膦阴离子仅通过静电引力和氢键等弱化学作用相链接。主体层板对 CO_3^{2-} 具有较强的识别能力。

3）杀菌防霉材料

近年来，杀菌防霉材料广泛应用于日常生活、工业、农业、环保、医学及军事等领域。主要分为有机杀菌防霉剂和无机杀菌防霉剂。有机杀菌防霉剂包括天然有机杀菌防霉剂和合成有机杀菌防霉剂。无机杀菌防霉剂分为液态、气态和固态三种。无机液态和气态杀菌防霉剂不易保存，而且具有毒性和腐蚀性，在使用上受到了极大的限制。而无机固态杀菌防霉剂以其优良的稳定性和低毒性，受到了广泛关注。目前常见的无机固态杀菌防霉剂分为银系（含 Ag^+、Cu^{2+}、Zn^{2+}等金属离子）和钛系（具有光催化作用的 TiO_2 等）杀菌防霉剂。银系无机杀菌材料对细菌具有较强杀灭能力，但是银的光敏效应很强，遇光照或长期保存时极易变色，而且成本较高；钛系无机杀菌材料杀菌能力较差，且必须具备紫外线照射和氧气两个条件，故上述两类无机固态杀菌防霉剂的应用均具有局限性。

将杀菌防霉剂添加到基体材料中，便可制得杀菌防霉材料。近年来，杀菌防霉剂广泛应用于纤维、塑料、建材、涂料、医药、化妆品等领域，其中应用最多的是纤维和塑料。到 20 世纪 90 年代后，日本的抗菌塑料几乎覆盖 PP、ABS 等所有主要塑料品种。同时以无机化合物为载体的银系抗菌材料也开始广泛应用于制备抗菌陶瓷、涂料、塑料、纺织品、钢铁和日用品等领域。如果把目前日本杀菌防霉材料的使用量看作 100%，我国的相应数值仅为 0.5%。由此可以看到杀菌防霉材料在我国具有非常大的发展空间。

据预测，中国杀菌防霉材料的市场将会出现一个高峰。杀菌防霉剂在纤维、塑料等方面的应用技术将会更加成熟，杀菌防霉材料也将在家电、厨房用品、日用品化学建材、公共设施等领域都会得到广泛的应用。作为一种新型的功能材料，杀菌防霉材料对改善人类生活环境、减少疾病、提高全民生活质量具有十分重要的意义。

LDH 是一类具有层状结构的阴离子型黏土，它具有独特的层状结构、层板元素的可调变性和层间阴离子的可交换性。其焙烧产物 LDO 中的金属元素相互呈现高度分散状态。它们作为催化剂或催化剂前驱体在催化领域具有广泛的应用前景。Huang 等[287]研究了 Mg-Al LDO 的杀菌性能。采用成核晶化隔离法和非平衡晶化法，通过控制反应温度、反应过程溶液的过饱和度等，制备出$[Mg^{2+}]/[Al^{3+}]$分别为 2、3 和 4 的具有不同粒径的 Mg-Al LDH 样品。经过焙烧，可控制备出不同粒径的 Mg-Al MMO。称取上述 Mg-Al MMO 样品 0.50g，分别与金黄色葡萄球菌（*Staphylococcus aureus*，*S. aureus*）和枯草杆菌黑色变种芽孢（*Bacillus subtilis var. niger*，*B. niger*）在 37℃下接触 24h 后，按国标方法继续培养 48h 后进行活菌计数，计算杀灭率。由表 2-17 可知，Mg-Al MMO 对于 *S. aureus* 的杀菌效果显著，杀灭率均大于 99%；当$[Mg^{2+}]/[Al^{3+}]$相同时，Mg-Al MMO 对 *B. niger* 的杀灭率随其粒径的增大而有所差异。因 Mg-Al MMO 中的 Al_2O_3 不具备杀菌能力，而其中的 MgO 极易与水化合，使得粉体的表面覆盖着一层 $Mg(OH)_2$，致使溶解在溶液中的氧，通过单电子还原反应生成 O_2^-，而活泼氧的存在是 MgO 杀菌的一个基本前提。Mg-Al MMO 粒径减小时，单位体积内 MgO 数量增多，产生O_2^-的浓度也相应增加。O_2^-很有可能进攻细菌细胞壁蛋白质，这样就使细菌细胞壁的结构遭到破坏，从而起到杀灭细菌的作用。可见，Mg-Al MMO 的杀菌能力随其粒径减小而增大。

表 2-17　Mg-Al MMO 的灭菌活性

样品	$n(Mg^{2+})/n(Al^{3+})$	*a* 轴方向晶体粒径/nm	*c* 轴方向晶体粒径/nm	杀灭率（对 *S. aureus*）/%	杀灭率（对 *B. niger*）/%
2-A	2	16.58	12.87	99.99	90.76
2-B	2	26.33	27.25	99.99	89.57
2-C	2	31.30	27.84	99.93	73.80
2-D	2	30.20	29.62	99.99	68.60
3-A	3	—	—	99.99	91.12
3-B	3	—	—	99.99	89.30
3-C	3	—	—	99.99	88.45
3-D	3	—	—	99.93	68.00
4-A	4	—	—	99.99	96.35
4-B	4	—	—	99.93	94.87
4-C	4	—	—	99.99	89.77
4-D	4	—	—	99.99	86.48

由于 LDH 的特殊结构和性能，使其在生物医药领域得到越来越广泛的应用。插层结构药物缓释剂是利用 LDH 层间客体的可交换性，实现了药物的控制释放，从而减少药物用量，提高药物有效利用率。通过引入磁性等方法可以进一步提高药物的靶向性，将药物直接定位于靶区，提高药效。插层结构农药缓释剂克服了物理型缓释剂农药有效成分与母体结合弱的缺点，实现了农药在分子水平的控制释放。通过调变插层结构 LDH 的结构，可以实现对农药缓释行为的调控。

Mg-Al LDH 焙烧产物中含有高度分散的 MgO 从而具有较强的杀菌性能，其杀菌能力随粒径减小而增大。将锌基 LDH 和杀菌剂进行插层组装可以起到协同杀菌作用，提高杀菌防霉效果，解决了银系杀菌防霉材料容易变色的难题。

3. 光电磁材料

广义地说，材料的功能主要包括物理、化学和生物等方面的功能。通常所讲的功能材料则是狭义的，是指具有光、电、热、磁等物理功能的那类材料，由此形成了一类在高新技术中十分重要的光电磁功能材料。

1）电化学储能材料

电化学储能材料是指能通过电化学反应将化学能转变为电能加以储存，并可以通过可逆反应将储存的化学能转变为电能释放利用的材料。近年来，由于电子学的发展，便携式电器不断向小型、轻质量方向转变，能量密度高、寿命长的新型储能材料备受关注。世界各国都投入了大量的财力、物力和人力，开展对新型能量转换和储能器件的开发及其基础问题的研究。这些新型器件归根到底是基于各种高性能的新型能源材料的研究与开发。

Li 等[288]采用共沉淀法制备出 Ni-Fe^{2+}-Fe^{3+}LDH，其中 Ni/Fe^{2+}/Fe^{3+}物质的量比为 3∶5∶2，使得 Ni^{2+}/（Fe^{2+}+Fe^{3+}）物质的量比与尖晶石中二、三价离子的化学计量比 0.5 接近，利用 Fe^{2+}易被氧化的特点，通过在空气中高温焙烧 LDH 前驱体来降低最终产物中二、三价金属离子的物质的量比，从而由 LDH 前驱体制备出晶相单一的 $NiFe_2O_4$尖晶石材料。在 LDH 晶体结构中，由于受晶格能最低效应及其晶格定位效应的影响，使得金属离子在层板上以一定的方式均匀分布，即每一个微小的结构单元中化学组成不变。正是由于其结构上的这一特点，使其在焙烧后能够得到成分均匀、结构均匀的尖晶石相，这是传统干法制备尖晶石所无法比拟的。将该 $NiFe_2O_4$尖晶石材料应用于锂离子电池负极材料。重点考察了不同焙烧条件对尖晶石产物电化学性能的影响。XRD 谱图显示，从 700℃开始可以得到晶型比较完整且晶相单一的 $NiFe_2O_4$材料，随着焙烧温度的提高，产物的晶型进一步变好。表 2-18 为不同焙烧温度下产物在 0.01～2.5V（vs Li^+/Li），电流密度为 0.2mA/cm^2 条件下电化学性能的初步比较。由表 2-17 可以看出，在 700℃下焙烧得到的 $NiFe_2O_4$其首次放电容量及首次可逆容量均最高，具有最好的电化学性能。样品经过 20 周循环后，可逆容量保持在 470mAh/g，该性能优于高温固相法制备的 $NiFe_2O_4$材料的电化学性能。采用同样的方法分别以 Co-Fe^{2+}-Fe^{3+} LDH 和 Ni_x-Zn_{1-x}-Fe^{2+}-Fe^{3+} LDH（$0<x<1$）为前驱体，成功制备出晶相单一的 $CoFe_2O_4$和 Ni_xZn_{1-x}-Fe_2O_4（$0<x<1$）尖晶石材料，将其用于锂离子电池负极材料，均表现出较高的电化学活性。

表 2-18 焙烧产物的电化学性能

焙烧条件	首次放电容量/（mAh/g）	首次充电容量/（mAh/g）	第二周放电容量/（mAh/g）
500℃，3h	1 060	450	442
700℃，3h	1 239	701	700
900℃，3h	1 082	460	451
1100℃，3h	1 100	443	420

Wang 等[289]采用成核晶化隔离法可控合成不同 Co^{2+}/Al^{3+}物质的量比的 Co-Al

LDH，然后在不同温度下进行焙烧得到 MMO。研究表明，焙烧温度和层板元素组成对 Co-Al LDH 的电化学性能有重要的影响（图 2-14 和图 2-15）。160℃焙烧处理的 $n(Co^{2+})/n(Al^{3+})=2$ 的 Co-Al LDH 具有最好的电化学性能，其单电极比电容达到了 684F/g，并且具有良好的大电流工作能力。这是因为随着焙烧温度的升高，到 160℃时 Co 的活性位得到了充分的暴露，同时层状结构得到保持，在 160℃焙烧处理的 $n(Co^{2+})/n(Al^{3+})=2$ 的 Co-Al LDH 中发现了 CoO 物相的存在，这可以提高钴铝 LDH 的工作电位窗口，从而提高比电容。$n(Co^{2+})/n(Al^{3+})=3$ 和 4 的 Co-Al LDH 在此温度下层状结构已经被破坏，同时 CoO 被氧化到 Co_3O_4，电化学性能随之下降。继续提高热处理温度，随着 $CoAl_2O_4$ 的生成，超电容性能迅速降低。研究表明，通过对层

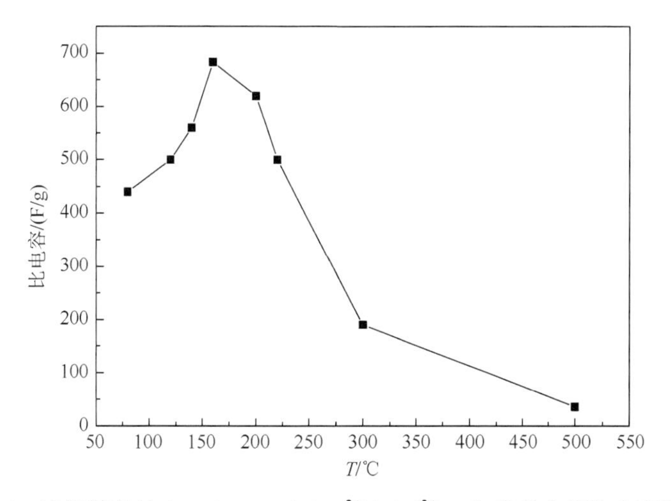

图 2-14　焙烧温度对 Co-Al LDH（$n(Co^{2+})/n(Al^{3+})=2$）的单电极比电容的影响

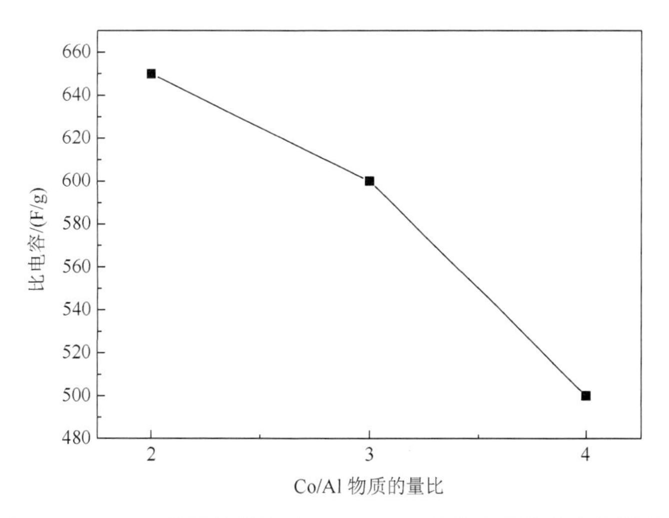

图 2-15　Co/Al 物质的量比对 Co-Al LDH 的单电极比电容的影响

板元素组成和热处理温度的调控可以对 Co-Al LDH 超电容性能进行调控，Co-Al LDH 是一种潜在的超级电容器电极材料。

2）磁性材料

磁性材料是指具有可利用的磁学性质的材料。磁性材料具有能量转换、存储或改变能量状态的功能，是重要的功能材料。人类最早认识的磁性材料是天然磁石，其主要成分为 Fe_3O_4，属于一种尖晶石结构的铁氧体，其显著特点是具有吸铁的能力，称为永磁材料，也称为硬磁或恒磁材料。随着现代科学技术和工业的发展，磁性材料的应用越来越广泛。特别是电子技术的发展，对磁性材料提出了新的要求。因此，研究材料的磁学性能，发现新型磁性材料，是材料科学的一个重要方向。

铁氧体是一大类磁性材料，它无论在高频或低频领域都占有独特的地位，日益受到世界各国的重视。典型的铁氧体均是通过焙烧各种金属的氧化物、氢氧化物或其他沉淀混合物后得到的，焙烧原料的活性、混合均匀度和细度不高，因此生产工艺存在反应物活性较差和反应不易完全的缺陷，最终影响到铁氧体的磁性能。由于 LDH 的化学组成和结构在微观上具有可调控性和整体均匀性，本身又是二维纳米材料，这种特殊结构和组成的材料是合成良好磁特性铁氧体的前驱体材料，因此通过设计可以向其层板引入潜在的磁性物种，制备得到一定层板组成的 LDH，然后以其为前驱体经高温焙烧后得到尖晶石铁氧体。由于 LDH 焙烧后能够得到在微观上组成和结构均匀的尖晶石铁氧体，从而使得此磁性产物中的磁畴结构单一，大大提高了其磁学性能。

由于尖晶石型铁氧体中二、三价离子的化学计量比为 1∶2，远小于二元 LDH 中二、三价离子的化学计量比，直接焙烧产物中会有非磁性的 M(Ⅱ)的氧化物生成，从而最终影响产物的磁学性能。据此，Liu 等[290]提出先将 Fe^{2+}引入 LDH 层板，制备得到 Mg-Fe^{2+}-Fe^{3+} LDH，再利用 Fe^{2+}易被氧化的特点，通过高温焙烧最终降低焙烧产物中的 M^{2+}/M^{3+}物质的量比，实现由层状前驱体制备晶相单一的尖晶石铁氧体的构想。当 $Mg^{2+}/Fe^{2+}/Fe^{3+}$投料物质的量比为 1∶2∶1 时，所合成的层状前驱体的焙烧产物中除有尖晶石相外，还有一定量的 Fe_2O_3 生成；而当投料物质的量比为 4∶5∶3 时，所得的产物为尖晶石与 MgO 的混合物；当 $Mg^{2+}/Fe^{2+}/Fe^{3+}$ 投料物质的量比为 2∶1∶1 时，产物为晶相单一的尖晶石铁氧体。由等离子电感耦合光谱测得 Mg^{2+}/（Fe^{2+}+Fe^{3+}）物质的量比为 0.505，非常接近于尖晶石的化学计量比。这样层状前驱体在焙烧后，完全转化为尖晶石型铁氧体。其比饱和磁化强度 σ_s 为 $34.63Am^2/kg$，优于目前干法结果（σ_s=$26.4Am^2/kg$）。这是由于在 CO_3^{2-} 插层 Mg-Fe^{2+}-Fe^{3+} LDH 层状前驱体中，金属离子由于受到晶格能最低效应及晶格定位效应的影响，使其在层板上按一定方式排布。当高温焙烧后，能够得到成分和结构均匀的尖晶石铁氧体，正是由于其结构的均匀性，使得产物中所形成的磁畴结构单一，磁学性能得到了提高。

Li 等[291]将这种由层状前驱体制备晶相单一尖晶石铁氧体的合成工艺推广应用于制备 $CoFe_2O_4$ 和 $NiFe_2O_4$ 尖晶石型铁氧体。研究表明，与传统机械法和湿化学法相比，新路线制得的铁氧体样品具有更高的比饱和磁化强度（表 2-19）。

表 2-19 不同方法制备的 $MgFe_2O_4$、$CoFe_2O_4$ 和 $NiFe_2O_4$ 样品的 σ_s

制备方法	σ_s/（Am^2/kg）		
	$MgFe_2O_4$	$CoFe_2O_4$	$NiFe_2O_4$
LDH 层状前驱体法	35.0	86.1	50.6
传统机械法	26.4	73.4	39.7
湿化学法	26.6	73.1	40.6

3）光学功能材料

光学功能材料是指能够对光能进行传输、吸收、储存、转换的一类材料[9]。对材料光学性能的要求与其用途有关，对有些材料光学性能的要求是透光性；对有些材料的光学性能则要求颜色、光泽、半透明度等各种各样的表面效果。另外，光学玻璃等透光材料，折射率和色散这两个光学参数，是其应用的基本性能。因此材料的光学性能涉及光在透明介质中的折射、散射、反射和吸收，以及诸如光泽、发光等光学性能。

稀土发光材料的优点是吸收能力强、转换率高，可以发射从紫外到红外的光谱，且物理化学性质稳定。利用 LDH 的插层组装、层板可控和层板结构定位效应，将稀土配合物离子插入 LDH 的层间来制备得到稀土均匀分散的无机功能材料。Li 等[245]以 NO_3^- 插层 Mg-Al LDH 为前驱体，采用离子交换法制得了 $EuEDTA^-$配合物离子插层 LDH。研究表明，$EuEDTA^-$配合物离子插层 LDH 在 1100℃焙烧产物中除了 $MgAl_2O_4$ 尖晶石和 MgO 以外，还有 $Al_2Eu_4O_9$ 复合氧化物，说明组装样品中稀土 Eu 非常均匀地分散在 Mg、Al 氧化物基质中。荧光分析表明，$EuEDTA^-$配合物离子插层进入 LDH 层间后其发光性能依然保持。

利用 LDH 独特的二维层板结构及其结构组成的可调变性和层间阴离子的可交换性，将层间或层板引入某些在红外探测窗口具有不同发射率的无机离子或有机基团，通过选择层间阴离子及控制层间阴离子密度，可使层状材料的红外辐射能力得以精确控制，得到红外辐射能力呈规律性变化或具有明显差异的材料，创制出超高、低红外辐射率的 LDH 材料。

手性是自然界普遍存在的特征。手性药物是指含有手性因素的化学药物的立体异构体（包括对映体和非对映体异构体）。在生物体内，生物大分子均处于高度复杂的手性环境之中，对映体药物进入生物体内会在药理活性、代谢过程和代谢产物、引起的毒副作用等方面产生显著的差异。在通常情况下，只有一个对映体具有药理作用，而另一个对映体则无作用，甚至还会产生很强的毒性或副作用。近20年来，世界上对手性药物的研究发展很快，目前在临床上使用的药物中，约有50%以上的药物为手性药物的外消旋体，即为两种光学异构体的等量混合物。美国食品与药物管理局在1992年就明确规定：对含有手性因素的药物倾向于开发单一的对映体产品。近年来，我国食品药品监督管理局也对手性药物的研究和开发做出了相应的规定。单一对映体给药已成为生物医药发展的必然趋势。但是，相当部分的手性药物由于其光学稳定性很低，在通常存储条件下很容易发生外消旋反应，单一对映体给药是困难的甚至是不可能的。这是单一对映体给药受到限制的一个重要方面。为了提高手性药物的光学稳定性，Yuan 等[292]将手性氨基酸及手性药物插层组装到LDH的层间，详细研究了其作为“分子容器”在手性物质存储方面的潜在应用。研究发现L-天冬氨酸及L-萘普生插层后，其热稳定性得到显著提高。L-酪氨酸经插层组装后，其在日光照射、紫外光照射及热处理条件下外消旋反应受到明显抑制，光学稳定性显著提高。证明了LDH独特的层间纳米限域空间能够有效抑制手性物质的热分解反应及外消旋转化。研究工作揭示了LDH对插层客体的“分子容器”特性的科学本质，建立主客体之间的作用机理模型，为该类材料用于手性药物及生物分子的储运提供新的研究思路。

利用LDH在离子交换中的选择性，选择适宜的前驱体进行交换可对有机异构体进行有效的分离，目前普遍使用Cl^-插层Li-Al LDH和NO_3^-插层Ca-Al LDH为交换前驱体的LDH。Fogg 等[293]在此方面做了大量的工作，并通过 in-situ EDXRD 对反应过程进行了详细研究，对各种异构体的拆分效率达到了95%以上。

2.3 中性层状无机功能材料

中性层状无机功能材料即主体结构是电中性的。这类化合物研究较多的是石墨、过渡金属二硫族化物等。石墨剥离后得到的石墨烯材料是最近发展起来的一类新型纳米碳材料，因其具有独特的物理化学性质，一经发现，便引起了人们的广泛关注，相关研究得到迅猛发展。过渡金属二硫族化物也是一类重要的中性层状无机功能材料，在催化和能量转换领域也得到了广泛的应用。本节将主要论述石墨烯和过渡金属二硫族化物最新的研究进展。

2.3.1 石墨烯

1. 石墨烯概述

2004年曼彻斯特大学的 Novoselov 等[294]通过机械分离法首次成功制备了名为

石墨烯（graphene）的以 sp^2 轨道杂化方式连接的 C 单原子按正六边形紧密排列成的蜂窝状的二维原子晶体结构。他们的成果打破了 20 世纪 30 年代 Peiers 和 Landau 认为的由于热力学不稳定性而不可能存在这种二维晶体的传统理论[295]。二维的石墨稀被认为是其他石墨材料的基本结构单元，它可以翘曲成零维（0D）的富勒稀，卷成一维（1D）的碳纳米管或者堆垛成三维（3D）的石墨。

石墨烯独特的二维结构使得它具备了许多特性，石墨烯的理论比表面积高达 $2.6\times10^3m^2/g$[296]，优异的导热性能 $3\times10^3W/(m\cdot K)$，力学性能 1.06×10^3GPa，杨氏模量为 1.0TPa[295]。在已知的材料中，石墨烯具有最高的强度 130GPa，是钢的 100 多倍[297]。石墨烯具有稳定的正六边形晶格结构使其具有优良的导电性，室温下的电子迁移率高达 $1.5\times10^4cm^2/(V\cdot s)$[298]，比目前使用的半导体材料锑化铟的最大迁移率高 2 倍，比商用硅片的最大迁移率高 10 倍。此外，石墨烯还具有很高的光透射率（可达 97.7%[299]）、室温量子隧道效应[300]、反常量子霍尔效应[301]。因此自石墨烯第一次被成功制备以来，就成为了各国科学前沿领域中的研究热点。

2. 氧化石墨烯概述

由于石墨稀具有许多优良的性质，人们也对石墨稀的衍生物给予了很大程度的关注，如氧化石墨烯（graphene oxide，GO）[302]。GO 因为其特殊的性质和结构，成为制备石墨烯和石墨稀复合物最理想的前驱体。

GO 是由氧化石墨剥离形成的单片层，而氧化石墨是由鳞片石墨氧化得到的。GO 在结构上和石墨稀保持一致，虽然石墨稀的片层结构得到了保留，但是每一层上都有大量的氧基官能团，从而使得 GO 的结构变得非常复杂，现有的测试手段如 SEM、TEM、X 射线光子能谱（XPS）、FT-IR 和 Raman 等都无法对其结构进行精确分析，目前被研究人员普遍接受的一种结构模型是 Klinowski 模型，即 GO 片层的表面上随机分布着羟基和环氧基，而在边缘则有少量的羧基和羰基[303]，如图 2-16 所示。

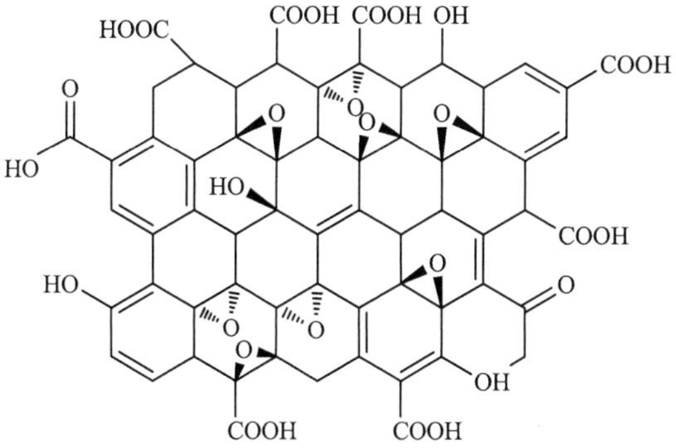

图 2-16　GO 的结构示意图

由于 GO 表面存在大量的含氧基团，使得原先比较惰性的石墨烯表面异常活泼，从而可以在表面引入许多其他物质（如生物分子、高分子、无机粒子等）获得性质多样的石墨烯基复合材料。与结构完整的石墨烯相比，GO 因为含有羟基羧基等含氧基团，显示出较强的亲水性，也易溶于有机溶剂。GO 的亲水性一方面可以使其在分散液中形成稳定的悬浮液，另一方面由于含氧基团一般都带负电荷，可以吸附一些金属阳离子，形成金属/GO 复合材料，拓展了石墨烯的应用范围。

3. 石墨烯的制备方法

1）机械剥离法

机械剥离法是最早制备石墨烯的一种方法。Novoselov 等[294]在首次发现石墨烯时就是使用的该方法。在实验中，首先将石墨片剥离出石墨，继而将石墨片的两面粘在一种特殊的胶带上，在撕开胶带的同时将石墨片分开。不断进行这样的机械力剥离操作，得到的石墨片越来越薄，最终得到的就是仅由一层碳原子构成的石墨烯，石墨烯层的尺寸为厚度≥3nm，长约 100μm，并且肉眼可见。机械剥离法的方法易于操作，但是制备得到的石墨烯尺寸有限，并且无法控制石墨烯的层数，且产量不高。

2）外延生长法

Berger 等[304]通过高温加热大面积的单晶 SiC 使石墨烯生长于其上，在超真空或常压下脱除 Si 留下 C，继而得到与原 SiC 差不多面积的石墨烯薄层。在研究外延生长制备石墨烯的过程中发现，可用作石墨烯衬底的材料种类很多，分为非金属类衬底（包括 SiC、SiO_2、GaAs 等）和金属类衬底（包括 Cu、Ni、Co、Ru、Au、Ag 等）[295]。Sprinkle 等[305]和 de Heer 等[306]采用在超高真空下加热至 1000℃去除表面氧化物，再在 SiC 表面通过加热来促使石墨烯的生长。Emtsev 等[307]使用常压下 SiC 表面生长石墨烯，得到的石墨烯在 T=27K 的电子迁移率可达 $2000cm^2/(V\cdot s)$，室温下可达 $2700cm^2/(V\cdot s)$。但是外延生长法制得的石墨烯仍然无法达到均一厚度，并且使用的衬底材料不同也会对石墨烯的生长有不同的影响，促使石墨烯不易从衬底材料上分离开来。因此，此制备方法仍然需要进一步实验与研究。

3）金属催化法

金属催化法是指固态或气态碳源在一定的温度、压强及催化剂的作用下在基底上直接生成石墨烯的方法，常用的有化学气相沉积（CVD）法和金属催化法两种方法。

Gao 等[308]采用贵金属 Pt 生长基体，以低浓度甲烷和高浓度氢气通过常压 CVD 法，成功制备出了毫米级六边形单晶石墨烯及其构成的石墨烯薄膜。通过该研究组发明的电化学气体插层鼓泡法，可将 Pt 上生长的石墨烯薄膜无损转移到任意基体上。转移得到的石墨烯具有很高的质量，将其转移到 Si/SiO_2 基体上制成场效应晶体管，测量显示该单晶石墨烯室温下的载流子迁移率可达 7100cm^2/（V·s）。该方法操作简单、速度快、无污染，并适于于钌、铱等贵金属以及铜、镍等常用金属上生长的石墨烯的转移，金属基体可重复使用，可作为一种低成本、快速转移高质量石墨烯的普适方法。为石墨烯在高性能纳电子器件、透明导电薄膜等领域的实际应用奠定了材料基础。

通过 CVD 法可以制备大面积高质量的石墨烯，但此方法仍然存在一些问题有待解决：碳在催化金属中的溶解度、保温时间和冷却速度等，且由于 CVD 法采用的是气体碳源，碳源不可控，所以制备的石墨烯的层数无法精确控制。

以固体碳源为主的金属催化法通过碳源的可控来达到精确控制石墨烯在制备过程中的层数要求。目前采用的固态碳源主要包括非晶碳、富勒烯及类石墨碳等。Somani 等[309]用 CVD 法，以樟脑为碳源，在 850℃的高温条件下，在镍箔上沉积碳原子，由镍箔在炉腔中自然冷却制备出石墨烯，该方法获得的石墨烯较厚，约有 35 层。

现在已有科学家对于外延生长法及金属催化法中石墨烯与各类衬底之间的作用机理进行研究，包括衬底界面与石墨烯生长之间原子成键的相互作用及机理、晶格匹配、电子交换与转移；对于不同形貌的界面结构与石墨烯原子之间的作用等对于石墨烯生长的影响；衬底材料为金属时的活泼性对石墨烯生长的影响；衬底结构、形貌等对石墨烯的结构与带隙的影响等问题。

4）淬火法

淬火法制备石墨烯的原理是通过在快速冷却过程中造成内外温度差产生的应力，使得物体出现表面脱落或裂痕，继而使得石墨烯从石墨上剥落下来。Tang 等[310]以高定向热解石墨为原料，以碳酸氢铵溶液为媒介，采用淬火技术成功地制备了单层和多层石墨烯。与机械剥离法相比可以在短时间内获得较多石墨烯。但是制备所需的高定向热解石墨也同时增加了制备所需的成本。

Jiang 等[311]采用膨胀石墨作为一种价格低廉的替代品并使用淬火法成功制备了高质量的石墨烯。膨胀石墨由于层间含有插层的无机离子，膨胀石墨层间距较大，层间作用力较弱，更容易剥离。为了使膨胀石墨有效剥离，他们使用了氨水和肼为淬火介质。导电原子力表征指出该方法制备的石墨具有优异的导电性，大约为氧化石墨还原法制备的石墨烯的几十倍。通过反复的淬火处理，80%的膨胀石墨可转化为石墨烯和多层石墨烯。

5）制备石墨烯的其他方法

除以上列举的制备方法以外，制备石墨烯的方法还有直接燃烧法、电化学法、原位自生模板法等方法。

Chakrabarti 等[312]将金属镁至于放有干冰的容器内进行燃烧，制备得到高产量的少层石墨烯薄片。相比于其他方法，直接燃烧法方法操作简单，具有较大的潜力，但此方法使用的二氧化碳是造成温室效应的主要原因，且仍然未能解决石墨烯层数可控制备、量化生产的目的。

电化学方法对于环境友好，所制备的石墨烯的形状可以随着模板形状的改变而改变。原位自生模板法，具有操作简单、反应条件温和可控、产量高等优点。超声分散法能够制得质量较好的石墨烯，但不易提纯。电弧法可用来大量生产富勒烯和碳纳米管，但制得的石墨烯中含有其他碳材通过借鉴电弧法制备可控碳纳米管与化学气相沉积法制备可控石墨烯的成功经验，利用催化电弧法实现了克量级石墨烯的生长。超薄切片法是对聚丙烯腈基碳纤维进行超薄切片来制备石墨烯的方法。除以上几种制备方法之外，近几年有大量使用激光制备石墨烯的研究，以不同功率的激光器代替诱发石墨烯剥离的诱因，如激光诱发化学气相沉积、外延生长、氧化还原及激光与碳纳米管的相互作用的方法来制备石墨烯，但是仍然无法解决精确控制石墨烯的晶体结构以及尺寸等问题[295]。

通过以上对于石墨烯制备方法的综述可知，石墨烯不但引起了全球科学家的研究热潮，基于先前研究人员对于石墨烯的经典制备方法，近期研究人员已结合自身的实际研究条件和成果要求，石墨烯的制备方法不断推陈出新，其制备方法更不断地将向石墨烯尺寸、层数可控、降低制备成本、提高石墨烯产量高以及绿色节能环境友好的方向推进。

4. 石墨烯的应用

1）石墨烯在超级电容器中的应用

超级电容器分为双层电容器、赝电容器和非对称电容器，它是一种新型储能装置。石墨烯材料一般应用于双层电容器中，比表面积、导电性和孔径大小及分布是作为双电层电容器存储电量材料的几个至关重要的因素。

Zhou 等[313]对于混合材料和活性炭组装的一种非对称超级电容器进行了试验。此种电容器是由水性 PANI 纳米纤维包裹 GO 组装而成的，其中 GO 带负电荷，水性 PANI 纳米纤维带正电荷。在此项研究中实现了长期循环寿命的重大突破。测得的混合初始比电容为 236F/g，在经过 1000 次循环，仍然高达 173.3F/g，仅减少了 26.3%，远远优于纯 PANI 纳米纤维。成功制备了基于这种混合材料和活性炭组装的非对称超级电容。

Liu 等[314]使用水热法合成 MnO_2/石墨烯混合物。电化学测量表明 MnO_2/石墨烯电极相比于石墨烯单独电极和 MnO_2 单独电极，表现出高得多的比电容（在电流密度为 0.2A/g 时为 315F/g）和更好的速率能力（在 6A/g 甚至达到了 193F/g）。此外，在充电速率为 3A/g 的 2000 次循环后，MnO_2/石墨烯电极的电容仍然是 87%。

混合电极的优异性能表现归功于其独特的结构，这样独特的结构提供了良好的电子导电性、快速的电子离子输运能力及对于混合物中 MnO_2 的高利用率。

2）石墨烯在电极材料中的应用

Secor 等[315]在制备石墨烯黑色粉末的新方法上取得了突破性进展。在室温中使用乙醇作为溶剂和乙基纤维素作为稳定的表面活性剂，在得到的石墨烯黑色粉末中，石墨烯薄片的尺寸约为 50nm×50nm，厚度约为 2nm。乙基纤维素聚合物具有高稳定性，从而大大减少薄片之间的电阻。项目组还将石墨烯黑色粉末分散到溶剂中创建液体墨汁，对于此油墨进行了机械性能评估，得到的结果是，即使基板发生很大弯曲，甚至开始出现裂痕，但其导电性仍维持不变。

这项研究成果将具有高导电性、化学性稳定的石墨烯应用于柔性电子产品、折叠式电子设备。由于喷墨打印可以低成本、大面积地打印出柔性基底，此项研究利用这种石墨烯制备的新方法可以生产大量石墨烯，再使用石墨烯油墨打印出高导电柔性电极，因此得到的石墨烯更适合应用于打印电极的制备。使用含有微小石墨烯薄片油墨后，以喷墨打印模式，打印出导电性能提高 250 倍、折叠时电导率仅有轻微下降的柔性电极，未来有可能应用于生产低廉、大幅、可折叠且精美细致的电子设备。

3）石墨烯在电池材料中的应用

碳基载体一般在燃料电池中作为承载贵金属催化材料的载体，在现今市场上的催化剂中贵金属催化与碳基材料之间的相互作用弱，在使用过程中贵金属粒子容易迁移、团聚和中毒，从而导致活性快速衰减。

使用石墨烯作为燃料电池中贵金属的碳载体与贵金属催化剂能够有效结合的复合体，所使用的制备方法有同步还原和分步还原制备贵金属/石墨烯复合体、原位自生模板法制备的石墨烯/贵金属复合体等方法。同步与分步还原法使用的是氧化石墨还原成为石墨烯，采用这两种方法都能够成功制备石墨烯/贵金属（Pt、Pd）复合体。Zhao 等[316]使用牺牲模板法得到了石墨烯载体的尺寸均一且分散性好的 Pd 催化颗粒，研究结果指出石墨烯在燃料电池阳极催化中的研究目标应向着能够使得 Pt、Pd 等催化颗粒均匀分散地生长在石墨烯表面以及在不改变催化活性的基础上进一步降低贵金属的用量这两个方面深入，以此来拓宽石墨烯作为低温燃料电池阳极催化领域中的应用前景。

石墨烯还可作为锂电池负极材料运用于电动自行车、电动汽车、电动工具等便携式电子设备和动力电源中。在锂电池负极材料中，石墨烯与金属或氧化物粒子组成复合材料要比单独使用石墨烯作为锂离子负极材料的优势更明显。由于石墨烯具有非常高的锂离子扩散率，在应用于电池负极材料时，首次可逆比容量较高，但在几次循环以后，容量就大幅度缩减，且充放电曲线滞后严重，因此很难单独作为电极材料使用。石墨烯可以与金属基、金属氧化物（氧化铁、氧化钴、氧化砷）结合成为复合材料，应用于锂离子负极材料中，可提高锂电池的循环性能、存储比容量等性能[295]。

4）石墨烯在纳米电子器件领域的应用

现在使用的计算机一般使用的芯片都是硅基，在进行运算的过程中存在发热的现象，因此硅基在室温条件下每秒钟只能执行一定数量的操作，而石墨烯具有良好的导热性和电子迁移率。电子在其中的运动是几乎不受任何阻力的，比使用硅器件的计算机运行速度要快得多。结合硅基及石墨烯两者的特点及优势，如良好的导热性、电子迁移率、导电性和巨大的比表面积等，对于硅原子掺杂石墨烯纳米带进行研究，能拓宽石墨烯纳米带在纳米电子器件领域的进一步应用[295]。

5）石墨烯在其他方面的应用

Xu 等[317]对 GO/TiO_2 复合材料进行了研究，使用 GO/TiO_2 复合材料作为过滤膜可以进行水净化。在制备复合材料过滤膜时使用两步方式，首先制得可以在水中稳定分散的 GO/TiO_2 复合层，其次通过组装得到 GO/TiO_2 薄膜。在使用此薄膜作为过滤膜从水中分离染料分子甲基橙和罗丹明 B 时，试验结果表明排除染料分子自身的吸附能力之外，这些 GO/TiO_2 薄膜仍然可以捕捉到额外的大量染料分子，证实了 GO 复合材料在净化水领域中的应用。

Zeng 等[318]对一种以 DNA 为基础的电化学生物传感器的简便接口进行了研究，此接口使用石墨烯和 CdS 组成的纳米复合材料。并对这种接口在苯乙双胍（降糖灵，降血糖用药）方面的应用进行了研究。得到的石墨烯/CdS 纳米复合材料具有卓越的轻便电子转移性能。该项研究所提出的石墨烯纳米复合材料的生物传感器接口已成功地应用于实际样品测定降糖灵。

Guo 等[319]使用直流电弧放电方法制备得到石墨薄片并研究了其在电化学储氢方面的应用和机制。实验中采用在氢气气氛下直流电弧放电的方法制备石墨烯片层，纯净石墨棒作为实验电极。研究了氢气压力对于产物和其电化学性质对于储氢的影响，得到的石墨层小于 10 层，尺寸为 200～500nm，在所有石墨层试样中，电化学储氢的最高容量为 147.8mAh/g。

Chu 等[320]对于具有一定层间距的基态含杂质石墨烯吸附多氢分子进行了研究。经过第一原理计算预测，Ti 原子嵌入双空位石墨烯（Ti@DV），最多可容纳 8 个 H_2 的单位。整个结构是一个稳定的充电放电过程。对于石墨烯储氢性能的研究可以为电池、氢能源汽车等进一步研究提供参考。

2.3.2 过渡金属二硫族化物

过渡金属二硫族化物是一个可以用分子式 MX_2 表示的材料家族，其中 M 为过渡金属，包括元素周期表中的Ⅳ族（Ti、Zr、Hf 等）、Ⅴ族（V、Nb 和 Ta）和

Ⅵ族（Mo、W 等），而 X 代表的是硫族元素（S、Se、Te 等）。这些材料都具有由 X—M—X 结构的单元层组成的层状结构，其单元层由上下两层硫族原子夹着中间一层过渡金属原子组成，其结构如图 2-17 所示。相邻层间由弱的范德华力相互作用堆叠形成不同类型的体相晶体，其主要区别在于三明治结构内部的 M 原子相对于 X 原子的位置有所区别。最常见的过渡金属硫族化合物材料的晶格结构主要有 2H 和 1T，还有少数材料的晶格结构为 3R。在 2H 结构相中，M 原子与 X 原子呈三棱柱配位，具有 D_{6h} 空间点群结构，我们将此类化合物定义为 2H-MX_2。而 1T 结构相中，M 原子与 X 原子呈八面体配位，具有 D_{3d} 点群结构，我们将此类层状化合物定义为 1T-MX_2[321]。

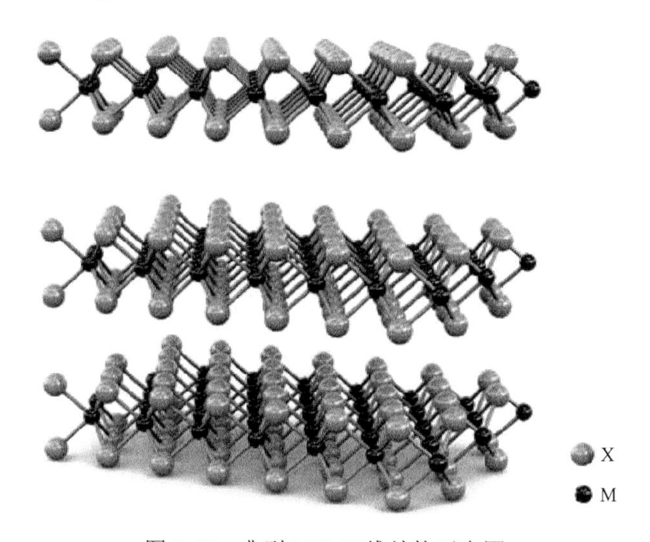

图 2-17　典型 MX_2 三维结构示意图

在这个材料家族中，体相材料的性能有很大的差别。例如，HfS_2 为绝缘体，MoS_2 和 WS_2 为半导体，WTe_2 和 $TiSe_2$ 为半金属体，而 NbS_2 和 VSe_2 具有金属性。有一些体相材料，如 $NbSe_2$ 和 TaS_2，还具有低温特性，包括超导、电荷密度波（晶格的周期性失真）和莫特转变（金属向非金属过渡）[322]。当将这些体相材料剥离为单层或少层的超薄二维片层材料后，这些片层材料保留了体相材料的大部分性能，同时由于量子效应的影响，还会导致这些超薄的二维材料产生出一些新的特性。在过渡金属二硫族化物中，MoS_2 由于具有独特的物理化学特性，被广泛应用于多种领域，尤其在航空航天工业中有很大的应用价值。

1. MoS_2 的结构

MoS_2 的晶体结构有 1T-MoS_2（八面体）、2H-MoS_2（三棱柱）与 3R-MoS_2（斜

方六面体）三种[323]，结构示意图如图 2-18 所示[321]。其中 1T 与 3R 构型是 MoS_2 的亚稳结构，通常 2H 构型是 MoS_2 的稳定构型。1T-MoS_2 是金属，而 2H-MoS_2 是半导体。

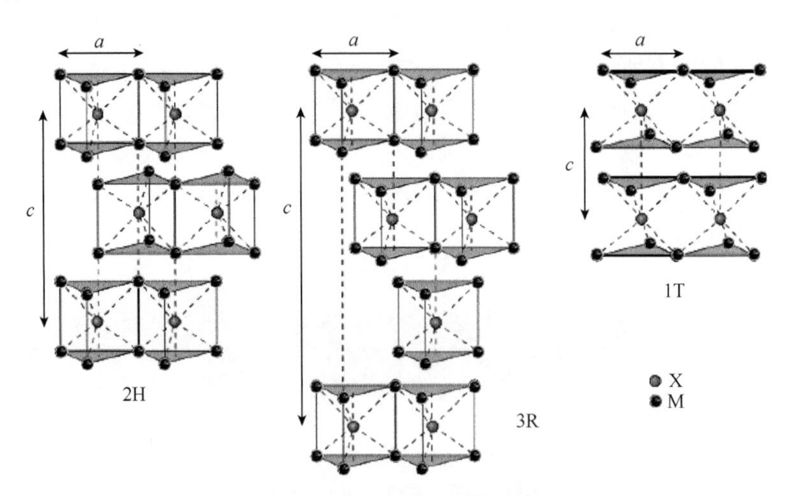

图 2-18　MoS_2 的三种晶体结构示意图

图 2-19 是 2H-MoS_2 的晶体结构示意图，从图中可以明显看出，每一个 MoS_2 基本层结构由紧密结合的夹心三明治式 S—Mo—S 三个原子层构成，中间的原子层为金属 Mo 原子，而两个 S 原子处于两端，在每个原子层的层内原子都按平面六角阵列方式排列。Mo—S 的键长为 2.4Å，晶格常数为 3.2Å，相邻两个上下基本层结构的 S 原子距离（层间距）为 3.1Å。

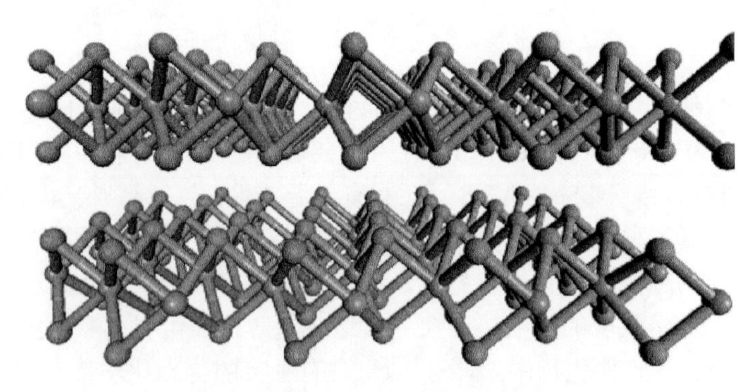

图 2-19　2H-MoS_2 的晶体结构示意图

2. MoS_2 的制备方法

MoS_2 结构类似于石墨烯，具有特殊的层状结构，近年来引起了人们的极大关注，因此国内外出现了许多制备纳米 MoS_2 材料的方法，主要包括热分解法、水热法、溶剂热法、CVD 法、表面活性剂促助法、电化学液相沉积法、单层二硫化钼重堆积法等。并且成功合成出了不同形貌的 MoS_2 材料，如纳米片、纳米管、纳米花、纳米多面体、纳米线、纳米复合材料、无机富勒烯球、纳米棒、纳米球等。

1）热分解法

此方法一般是将钼酸盐类加热到高温使其热分解，或者是利用其他高能物理方法进行分解。Liu 等[324]在还原性气体氢气和保护气体氩气的气氛中，通过两次热处理，使$(NH_4)_2MoS_4$ 热分解制备出了高结晶度的 MoS_2 薄膜。第一次热处理是在氩气和氢气的气氛中加热到 500℃，第二次热处理是在氩气或者氩气和硫的气氛中加热到 1000℃，通过对比实验研究发现，只有在硫的气氛中才能生成结晶度高的纯相 MoS_2。

2）CVD 法

Lee 等[325]用 MoO_3 作为钼源，硫粉作为硫源，在 N_2 的保护下，在 SiO_2/Si 的衬底上直接制备出大面积 MoS_2。实验中，衬底的处理尤为重要，研究发现衬底经过 GO 处理后，能直接在硅衬底上生成大面积的单层、双层或者多层的纳米 MoS_2 结构。而 Shi 等[326]也采用低压 CVD 法，利用$(NH_4)_2MoS_4$ 作为前驱物，在覆盖有石墨烯的 Cu 的金属箔片上成功制备出 MoS_2/GO 的杂化异质结构，表现出良好的电学性质和机械性能，在光电子器件方面有很大的应用潜力。

3）水热法和溶剂法

水热法与溶剂热合成法通常是指在高压下，反应温度一般超过 100℃，在水溶液中或者其他有机溶剂中，钼酸盐与硫化剂发生一系列化学反应制备出 MoS_2 的方法。此方法通常需要在具有加温加压装置的高压反应釜之类的设备中进行，并且可以通过改变反应时间、反应温度、反应压强及混合物的 pH 等因素制备出不同形貌的纳米 MoS_2。在高温高压下合成的 MoS_2 通常具有好的结晶质量，但在低温低压下合成的 MoS_2 结晶质量较差，因此需要通过进一步退火来提高产品的结晶质量。由于该方法合成的 MoS_2 具有结晶度高、分散性好且形貌尺寸具有可控性等特点，成为人们研究的热点。

Li 等[327]利用水热法在 180℃下反应制得绒毛状和囊泡状的 MoS_2，以钼酸钠为钼源，用硫脲、硫代乙酰胺、硫化钠等不同的硫源在水热条件下，然后通过在 800℃氢气气氛中煅烧可得富勒烯状中空 MoS_2 纳米粒子。在电化学性能测试中，发现与块材 MoS_2 相比，煅烧后的 MoS_2 纳米粒子显示出更好的可逆嵌/脱镁离子性能。Ma 等[328]在 220℃的水热条件下，利用钼酸钠作为钼源，硫代乙酰胺作为硫源和还原剂，在硅酸钠的辅助作用下制备出了 MoS_2 纳米花结构，研究发现只有在添加硅酸钠的条件下才能生成二硫化钼纳米花结构，这是由于钼酸钠与硅酸钠在酸性的条件下容易反应生成化合物 $H_4SiMo_{12}O_{40}$[329]，而硫代乙酰胺在水热条件下容易分解生成还原性气体 H_2S，最终化合物 $H_4SiMo_{12}O_{40}$ 被还原生成 MoS_2。Tian 等[330]在 180℃下，通过水热反应成功合成出 MoS_2 纳米管和纳米杆。水热反应过程中以 MoO_3 作为钼源，KSCN 既作为硫化剂也作为还原剂。研究发现反应温度对 MoS_2 纳米管和纳米杆的形成具有重要的影响，当温度低于 160℃时纳米 MoS_2 结晶程度差且不存在层状结构；当温度高于 200℃时 MoS_2 尺寸变大变厚，导致层状结构难以发生卷曲从而形成纳米管或纳米杆结构。

4）表面活性剂促助法

表面活性剂促助法是在化学还原法和水热与溶剂热合成法基础上，通过添加表面活性剂来调控形貌、控制粒径和改善结构性能，从而制备出综合性能良好的 MoS_2 的一种制备方法。表面活性剂辅助法在改善产物形貌以及结构性能方面具有很大的优势，因此在大规模生产中具有较为广泛的应用前景。但是，用该法合成的 MoS_2 结晶质量较差，需要经过进一步退火处理，然而产物的特殊形貌及结构在进一步的退火处理中会发生很大的变化，最终影响产物的性能。

5）电化学液相沉积法

通过适当的装置与电解质溶液构成反应池，在外加电压的作用下发生氧化还原反应。反应生成的沉淀在电极表面大量沉积，若选择适当的电极材料，则可以制备出薄膜结构。Mastai 等[331]利用超声波电化学技术，在室温下采用浓度为 50mmol/L 的$(NH_4)_2MoS_4$和 1mol/L 的 Na_2SO_4（pH=6.0）电解质溶液，通过控制脉冲电流大小、时间及其同超声波频率和相位之间的关系，合成了 MoS_2 纳米颗粒，尺寸为数十纳米同时还伴生少量直径为 30～40nm 的 MoS_2 纳米管。Sano 等[332]在去离子水中，以片状微米级 MoS_2 粉末作阳极，石墨作阴极，采用电弧在局部高压氮气气氛下在两极放电溅射固体硫化钼靶，合成了笼状结构的类富勒烯 MoS_2 纳米颗粒。

6）单层 MoS_2 重堆积法

MoS_2 是典型 S—Mo—S 的层状结构，层间是通过范德华力相结合，很容易被破坏，因此可在 MoS_2 层间插入其他的物质而形成 MoS_2 插层化合物（简称 MoS_2-IC）。然而随着客体物质的插入，使得 MoS_2 各方面的物理性能都发生很大的改变，从而激发出 MoS_2 材料在光学、电磁、催化以及润滑等方面奇特的新功能，因而 MoS_2-IC 是新型功能材料，具有很广的应用前景。目前，单层 MoS_2 重堆积法是制备 MoS_2-IC 的有效方法。MoS_2-IC 的合成可分为三个步骤：插层—剥层—重堆积（新的插层）。通常插入的物质是碱金属 Li，反应可生成 Li_xMoS_2。具体化学反应如下

A. 正丁基锂还原 MoS_2：

$$xC_4H_9Li+MoS_2 \longrightarrow Li_xMoS_2+x/2C_8H_{18} \quad (2\text{-}11)$$

B. Li_xMoS_2 在水中发生离层：

$$Li_xMoS_2+H_2O \longrightarrow [MoS_2]^{x-}+xLi^+ \quad (2\text{-}12)$$

Li_xMoS_2 在水中容易发生剥层，从而得到单层 MoS_2，可以通过改变工艺条件，在单层 MoS_2 的重堆积过程中插入我们所需要的客体物质，得到不同的 MoS_2-IC。由于单层 MoS_2 自身带负电，考虑到静电作用，选择客体物质时主要以离子及亲电基团为主，如邻二氮杂[333]、PANI[334]、聚吡咯[335]等有机分子或 R_4N^+、Fe^{3+}与 Fe^{2+}等阳离子[336]。

此方法能合成出具有某些特异功能的复合材料，引起了人们的高度重视，但存在制作成本较高等缺点，如插层试剂正丁基锂价格昂贵并且不宜储存与运输，此外，所需要的插层反应时间也相对较长（40h 左右），因而不具备工业化大规模生产的可行性。

3. MoS_2 的应用

1）固态润滑剂和添加剂

MoS_2 是一种广泛使用的固体润滑剂，其优良的润滑性与它本身的结构特征以及其化学惰性是紧密相关的，MoS_2 的层与层之间是通过较弱的范德华力结合的，因此极容易滑离，呈现出较低的摩擦系数。而且 MoS_2 中的 S 原子与金属原子有着极强的亲和力，使得 MoS_2 能够很好地黏附在金属表面，始终起到润滑的作用。同时，2H-MoS_2 中的每个 Mo 原子被六个 S 原子包围，形成呈三角棱柱状的围系，相当多的 Mo—S 棱面有利于降低 MoS_2 的摩擦系数。另外，对于 2H-MoS_2，S—Mo—S 夹心层的下层 S 原子的孤对电子正好延伸到下一个相邻夹心层的上层 S 原子组成的带负电空穴区，由于同种电荷的静电排斥，使之容易发生剪切作用。MoS_2 的摩擦系数低（0.1～2N 的压力承载对应摩擦系数＜0.1）且热稳定性优异（氧化环境在 350℃仍稳定），尤其是在高载荷、高真空及高温等无法使用液体润滑时，MoS_2 直接作为固体润滑剂仍表现出优良的润滑性能。MoS_2 还可作为润滑油脂的添加剂材料，MoS_2 的高承载能力、强吸附性与低摩擦系数，可以显著地提高润滑油脂的抗磨与减摩性能。目前，MoS_2 在超高真空、空间科技、自动传输摩擦学等领域有广泛的应用。

2）催化剂

MoS_2 的高催化活性与它的结构密切相关。与传统催化剂相比，MoS_2 不仅具有很高的催化效率，同时它还能够有效避免 Pt 等贵金属在催化过程中经常出现的硫化氢中毒现象；另外，早在 20 世纪 80 年代就有证据表明 MoS_2 的催化活性中心主要位于边缘位置暴露的缺硫的三价 Mo 离子，因此提高边缘面积可以有效地提高催化效率。

加氢处理是石油工业中的一个重要工艺环节，它能够有效地降低有毒的硫氧化物和氮氧化物的产生。过渡金属硫化物是应用非常广泛的催化剂材料，其中 MoS_2 是最终被研制成功的催化剂材料。在加氢处理过程中，催化剂涉及催化加氢、加氢脱氧以及加氢脱硫等多种反应。在加氢和脱硫反应方面，MoS_2 作为催化剂具有极高的反应活性；同时，它还具有很强的硫化氢抗毒性，与在少量硫环境即能失去催化活性的贵金属催化剂相比，具有明显的优势。MoS_2 作为析氢材料也受到广泛的关注，研究者设计并制备出了多种基于 MoS_2 的结构体系，如各种形貌的 MoS_2 纳米结构、MoS_2/金属氧化物复合结构、MoS_2/金属硫化物复合结构以及 MoS_2/碳复合结构等。

3）储能

MoS_2 层间弱的范德华力和大的层间距，使其作为电化学储氢和储锂等储能领域有着广泛的应用。在锂离子电池方面，由于 MoS_2 的层状结构与石墨的结构非常类似。而石墨作为锂离子电池负极材料中目前商品化程度最好，也是应用最早和研究最多的一种负极材料，它的层状结构非常有利于锂离子的脱嵌。因此，MoS_2 作为锂离子电池负极材料也备受关注。

4）光电转换材料

由于 MoS_2 具有半导体性质，其带隙约为 1.97eV，能有效地吸收太阳光中的可见光部分，克服了 TiO_2 对可见光区吸收率小的缺陷，因而被广泛应用于光催化及析氢等领域。Min 等[337]通过水热反应成功制备了 MoS_2/石墨烯纳米复合材料，能直接利用太阳光降解敏化染料伊红而析氢，这在环境污染治理及新能源等领域有很大的应用潜力。MoS_2/石墨烯纳米复合材料具有很高的催化活性，在太阳光的照射下，染料伊红 EY 吸收光子形成单重激发态 $EY1^*$，随后通过系统间的交叉转换，形成一个能量更低的三重激发态 $EY3^*$，在三乙醇胺的作用下，$EY3^*$ 被还原成 EY^-，EY^- 在 MoS_2/石墨烯纳米复合材料的作用下发生电子转移，在电子的作用下产生 H_2。

Xiang 等[338]通过两步水热合成法，制备了 TiO_2/MoS_2/石墨烯复合材料，第一步以 Na_2MO_4、H_2CSNH_2 和 GO 为前驱物水热合成出了 MoS_2/石墨烯复合材料，第二步用制备的 MoS_2/石墨烯复合材料与 TiO_2 水热反应制备出 TiO_2/MoS_2/石墨烯复合材料，结果表明对于 TiO_2/MoS_2/石墨烯复合材料，TiO_2 协同了 MoS_2 与石墨烯的光催化性能，大大提高了 TiO_2 的光催化性能。

第 3 章　层状无机功能材料型纳米容器在海洋防腐防污领域的应用

3.1　智能防腐涂层

近年来，人们越来越关注金属腐蚀造成的经济损失、人身安全以及生态问题。涂层是防止金属腐蚀的有效方法之一。防腐涂层因具有施工方便、防腐效果良好的优点而被广泛应用。但是，涂层在使用过程中会出现涂层缺陷的问题，从而影响涂层的使用寿命，而且还可以使缺陷处的金属出现腐蚀加速的现象。近年来，智能防腐涂层的开发成为金属制品防腐蚀的研究热点之一。

智能防腐涂层能够对环境变化快速做出响应，如对 pH、光等环境变化，有选择性地做出最佳反应，阻止金属进一步腐蚀的涂层系统。智能防腐涂层的研究开发涉及多方面的学科，具有智能的功能，一旦涂层发生涂层缺陷时，在不借助外力的条件下可以进一步阻止金属制品的腐蚀；能够对环境的变化快速做出响应；能够稳定地存在于自身周围环境中；厚度一般在几纳米到几毫米之间[339]。

随着国家对海洋开发规模不断扩大的需求，智能防腐涂层在海洋开发领域的应用前景更为广阔。特别是在海洋环境中的管线、船体、储油罐和油气平台等海洋钢结构物上的应用更为迫切。

3.1.1　智能防腐涂层的防腐机理

智能防腐涂料主要包括防腐层、直观显示层和自修复层，从而实现智能防腐涂料的自修复、自诊断功能。智能防腐涂料的自诊断机理是将荧光填料、变色填料、色素添加到涂料中，当涂层缺陷处的金属发生腐蚀时，会发生金属被氧化成金属离子以及局部的 pH 变化，这些填料会与金属离子结合发出荧光或者受 pH 变化的影响使填料的结构发生变化而发出荧光（在紫外灯的照射下），或者在 pH 变化下填料变色[340]。智能防腐涂料的自修复机理主要是将自修复试剂包覆到微胶囊中，然后再分散到涂层中，在涂层发生破裂时，修复试剂释放出来修补涂层缺陷，或者将缓蚀剂加入微胶囊中或者直接添加到涂料中，在涂层缺陷处金属发生腐蚀时，缓蚀剂在腐蚀处发生反应，形成保护膜，从而阻止金属进一步发生腐蚀。智能防腐涂料的自修复自诊断功能就是将具有颜色指示和缓蚀性能的填料加入涂层中，在涂层缺陷处发生腐蚀时，能够指示涂层缺陷并进一步阻止金属腐蚀。

3.1.2 智能防腐涂层研究现状

1. 活性组分与普通涂料直接混合

在普通防腐涂料中直接添加活性物质，当涂层发生缺陷时，致使金属基体外露发生腐蚀，涂层中的活性物质迅速向金属腐蚀处移动，指示或者修复涂层缺陷，从而阻止金属基体进一步腐蚀。这是制备智能防腐涂料的最简便方法。然而，这种方法存在的不足之处是：将活性物质和涂料直接混合，不仅涂料中的某些成分会对活性物质的性能有一定的影响，而且活性物质也会影响涂层的稳定性。目前在这方面的研究主要大多集中在活性物质与普通涂料的匹配性研究上。

1）自诊断体系

由于环氧树脂具有好的化学稳定性、力学强度和成膜性，Augustyniak 等[341]成功地把一种罗丹明 B 衍生物 FD1 放入环氧树脂涂料中作为铝早期腐蚀的探测器，结果表明不具有荧光的 FD1 在酸性条件下水解成罗丹明 B 酰肼（RBH），然后 RBH 与氢质子结合形成开环结构，发出荧光，同时表明 FD1 不与固化剂及涂料中的其他组分反应。他们[342]也利用 FD1 与 Fe^{3+}的螯合而产生的荧光增强效应，把 FD1 放入环氧树脂涂料中作为钢铁早期腐蚀的探测器。目前，他们开始研究利用 RBH 与网状聚合物通过共价键结合而又不会影响它对 pH 的敏感度的潜在优势，把 RBH 作为一种早期腐蚀的探测器。但是他们没有研究 FD1 与 Fe^{3+}通过螯合作用在金属表面形成一层保护膜的防腐性能。

2）自修复体系

将缓蚀剂与环氧涂料混合可以制备具有自修复的智能防腐涂层。Kalendova 等[343]通过化学氧化法合成 PANI，研究了 PANI 与其他抗腐蚀颜料在环氧涂层的抗腐蚀性能，发现在含有 SO_2 和盐雾的环境中，$PANI_{PVC=10\%}+Zn_3(PO_4)_2\cdot 2H_2O$（PVC/CPVC=0.45）的涂层体系具有良好的抗盐雾能力，$PANI_{PVC=5\%}$+Zn-dust（PVC/CPVC=0.65）的涂层体系也表现出好的抗 SO_2 性能。Arefinia 等[344]通过反相乳液法合成掺杂十二烷基苯磺酸的球型纳米 PANI，对 *n*-PANI（DBSA）/EPE 涂层与金属的接触面进行 XPS 分析，结果表明接触面除了有稳定的氧化层出现外，还有十二烷基苯磺酸离子，进一步证明该涂层体系在金属发生腐蚀时释放掺杂离子，进而形成第二层保护膜阻止金属进一步腐蚀。

2. 微胶囊技术

微胶囊技术是近几十年发展起来的一门新技术，它是采用成膜物质将芯材包覆形成微小颗粒，然后再均匀地分布到涂层中。微胶囊技术在智能防腐涂层中的应用主要是通过微胶囊包覆活性物质，再将微胶囊均匀地分散在涂层中，当涂层发生缺陷时，微胶囊释放活性物质，从而使涂层缺陷得到修复。

用微胶囊包覆活性物质，可以避免活性物质与涂膜直接接触；制备微胶囊的方法多而简单，可以实现批量生产。由于微胶囊具有优异的特性，已在医药、染料及食品等众多领域具有广泛的应用。

但是，微胶囊在智能防腐涂层中应用的条件是非常严格的。首先要求囊壁必须稳定，不能被涂料中的某种组分溶解；其次必须能够均匀地分布在涂料中，否则不仅会影响涂层的黏着力，而且影响涂层的性能；同时微胶囊的大小不能对涂层的厚度有太大影响。

微胶囊缓释性能、强度以及包埋率等性能还没统一的检测标准。微胶囊应用于智能防腐涂层中，首先应该具有好的包埋率，在金属发生腐蚀时能够迅速回应，并具有良好的缓释性能。微胶囊技术是目前研究智能防腐涂层的最常用和最有效方法之一，主要包括反应型体系和抑制型体系。

1）反应型修复剂体系

反应型修复剂体系的智能防腐涂层是在涂层破裂时，微胶囊随之破裂，成膜物流出，并与涂层中填埋的催化剂相遇发生固化，从而在缺陷处形成新的屏蔽膜层。

White 等[345]首先通过原位聚合法制备了脲醛树脂包覆环戊二烯二聚体的微胶囊，再将微胶囊与 Grubbs 催化剂一起分散在环氧树脂基体中，当材料产生裂纹时，引发微胶囊破裂，然后包覆在微胶囊中的环戊二烯二聚体渗入裂纹处，与此处 Grubbs 催化剂相遇，发生聚合反应，实现环氧树脂裂纹的自动修复，进而隔绝水等腐蚀介质。鄢瑛等[346]和朱孟花等[347]也通过原位聚合法制备了脲醛树脂包覆双环戊二烯的微胶囊。这种微胶囊虽然合成方法简单，自修复效果良好且合成机理研究透彻，但是脲甲醛包覆的环戊二烯二聚体的凝固点较高，因此，在室温或者更低温度下的应用受到限制。

Yuan 等[348]以原位乳液聚合方法制备了聚脲甲醛分别包覆环氧树脂和固化剂的微胶囊。童晓梅等[349]通过原位聚合法制备了聚脲甲醛包覆环氧树脂微胶囊。虽然环氧树脂和固化剂在室温下能够迅速固化，但是在包覆环氧树脂的微胶囊发生破裂时，环氧树脂在室温下的流动性比较差，在 40℃以上才表现出良好的流动性。

Cho 等[350]采用原位乳液聚合法制备了聚氨酯包覆溶解在氯苯的有机锡催化剂的微胶囊，将其植入环氧乙烯基酯基体中，然后将修复剂端羟基聚二甲基硅氧烷以及聚二乙氧基硅氧烷分散在基体材料中。由于室温下有机锡催化剂的活性较低，同时分散在基体中的修复剂容易与基体反应，因此，该体系的自修复效率不太理想。

2）抑制型缓蚀剂体系

抑制型缓蚀剂体系智能防腐涂层是在涂层发生缺陷时，填埋在涂层中的微胶囊能够响应金属腐蚀所产生的环境变化，释放缓蚀剂，从而在金属表面形成一层致密的保护膜。

Sun 等[351]采用一步水热法合成纳米 α-Mn_2O_3 中空微米球（NHMM），并将苯并三氮唑（benzotriazole，BTA）负载到 NHMM 中（NHMM-BTA），然后分散在环氧树脂中（epoxy-NHMM-BTA）。研究表明 Cu-epoxy-NHMM-BTA 的防腐机理可能是 α-Mn_2O_3 作为催化剂，加速了 BTA 与 Cu 的反应，在铜基体表面形成保护膜，进而阻止腐蚀的进一步发生，同时 BTA 与 Cu 的反应速率加快也可以增加涂层缺陷处的修复频率，这种良好的防腐性能也被归因于 α-Mn_2O_3 的氧还原催化活性和肖特基接触。

武婷婷等[352]采用水热法合成了氧化锌中空微米球（ZHM），以浸渍法将 BTA 负载到氧化锌中空微米球中，得到负载 BTA 的氧化锌中空微米球（ZHM-BTA），然后将 ZHM-BTA 分散在环氧树脂涂料中，实验表明：ZHM-BTA 的环氧涂层可以阻止涂层缺陷引起的腐蚀,即 ZHM-BTA 环氧涂层对涂层缺陷具有一定的愈合作用。

上述两种微胶囊体系的合成方法非常简单，但是从环保方面来考虑，BTA 具有一定的毒性。

Chen 等[353]利用电喷射沉积方法成功地在压铸镁合金材料上制备了负载 BTA 的聚乳酸聚乙醇酸多空粒子，随后再喷射一层环氧树脂。该微胶囊的囊壁具有良好的溶解性，即具有良好的释放率，能够迅速在金属基体表面形成一层保护膜。与传统的制备方法相比，这个涂层系统最大的优点就是采用两步法制备了智能防腐涂层。

Vimalanandan 等[354]采用反相乳液法合成包覆 3-硝基水杨酸的 PANI 胶囊，再在胶囊表面覆盖一层纳米金粒子。该微胶囊体系具有良好的释放能力，改善了 PANI 与金属基体的黏合力，但是该体系的成本较高，不易产业化。

3. 有机涂层改性技术

利用功能性聚合物作为智能防腐涂料的材料也是现阶段的研究热点，尤其是具有导电功能的 PANI，它是当今最有代表性的功能性材料。PANI 在结构上具有原料容易得到、合成手段多而简单、较高的电导率、可逆的氧化还原特性、独特的掺杂机理以及特殊防腐机制，使得 PANI 在智能防腐涂料方面的应用具有美好的前景。但是，PANI 材料的主要缺点是：难溶以及成膜性差，与金属的黏着力不理想。目前主要是利用对 PANI 进行掺杂改性以及与其他成膜性好的材料结合制备复合涂膜。

Kendig 等[355]研究了用阴离子缓蚀剂作为 PANI 的掺杂剂，通过比较有机阴离子缓蚀剂 A、B、三价铈以及六价铬的缓释性能，并提出一种掺杂 PANI 的防腐机理：借助金属腐蚀引起的阴阳两极电势差促使涂层释放掺杂抑制剂，从而在金属表面形成氧化膜，抑制金属的进一步腐蚀。

刘洋等[356]制备了均匀致密的 PANI/ZnO 复合膜，通过测试开路电位、极化曲线以及电化学阻抗谱分析 PANI/ZnO 复合膜的在 3.5% NaCl 溶液中的防腐蚀性能，结果表明该体系具有良好的耐蚀性，且与金属基体具有较高的黏合力。

4. 聚电解质体系

聚电解质是利用不同的聚电解质与活性物质进行复合，通过链相互作用而形成网络结构，当金属基体发生腐蚀时，网络结构的链发生移动，使其既具有防腐的性能又具有自修复的功能。Andreeva 等[357]利用 LBL 方法制备了聚乙烯亚胺（PEI）及聚磺化苯乙烯（PSS）复合涂膜，用层叠方式以纳米级厚度反复沉积带正电的 PEI 及带负电的 PSS 并在每两层 PSS 之间存储缓蚀剂 8-羟基喹啉。扫描振动电极测试表明聚电解质/抑制剂防腐涂层具有良好的防腐性能，其防腐机理为多层聚电解质在腐蚀开始后释放缓蚀剂，在机械刮痕处形成保护膜。这种结构的智能防腐涂层不仅能够提高自修复效率，而且能够增强涂层与金属之间的黏合力。但是该方法制备的涂层具有较大的厚度，从而限制了该体系的应用范围。

Shchukin 等[358]也利用 LBL 方法把带负电的 SiO_2 纳米粒子吸附带正电的 PEI 及带负电的 PSS，形成纳米储存器，吸附抑制剂苯并三唑，并形成（SiO_2/PEI/PSS/苯并三唑/PSS/苯并三唑）纳米结构，再将此纳米结构与纳米 ZrO_2 及有机硅溶胶混合沉积在铝合金表面，实验研究表明该体系具有良好的自修复性能。

3.1.3　存在的问题

目前，智能涂层的研究主要集中在微胶囊技术，微胶囊技术的开发侧重于涂层的自修复方面，在自诊断方面的研究报道较少。微胶囊技术主要存在以下几个问题：①活性物质的包覆量受微胶囊的负载容量限制；②涂层中加入太多的微胶囊会影响涂层的完整性；③微胶囊的体积大小会对涂层的厚度有一定影响，从而影响智能防腐涂层在某些方面的应用；④微胶囊的修复次数以及对环境的反应敏感度也需要进一步研究；⑤微胶囊包覆的活性物质大多有较大的毒性，开发环境友好的活性物质也是该领域研究的重要课题。

此外，国内外对智能防腐涂层的研究主要集中在单一的自修复方面或者单一的自诊断功能方面，对同时具有自修复、自诊断以及其他功能的智能防腐涂层鲜有报道，在对有机涂层改性的研究也少有报道。

智能防腐涂层极具研究和开发应用前景，可以满足航海、航空及国防等领域对防腐蚀涂料可靠性和长寿命的要求。目前，智能防腐涂料的理论研究还有待深化，同时其产业化的相关报道比较少，急需进一步加强对智能防腐涂料的开发研究，使得智能防腐涂料展现出其强大的功能和应用前景。

3.2 纳米容器

3.2.1 纳米容器概述

纳米容器（nanocontainers）就是指具有纳米尺度的能储存/释放所需分子的材料。纳米容器一般具有壳核或双层状结构。纳米容器一般分为有机纳米容器和无机纳米容器。由于具有尺寸小、比表面积高、容易修饰等优点，纳米容器在很多领域的应用得到了空前的发展：①作为负载药物的载体，纳米容器能够穿过细胞膜，使得药物的靶向释放成为一种可能；②作为特定的模板可以制备规则的纳米材料体；③作为负载催化剂的载体，能够增加有效催化的比表面积，从而促进催化效果，尺寸的限制对反应底物分子更具选择性；④制备含有纳米容器的薄膜，利用容器的开关作用，实现薄膜的选择性渗透，尤其是在气体分离和离子分离方面；⑤包含纳米容器的表面涂层，通过缓蚀剂分子的可控释放，促进对材料表面的长期有效保护[359]。

聚合物纳米容器的制备技术主要有以下几种方法：以双层微囊为模板制备憎水性聚合物纳米容器，聚电解质的层层自组装，两嵌段共聚物的自组装，三嵌段共聚物的自组装，多步接枝反应形成树状纳米容器，种子沉淀聚合，pH 敏感型聚合物纳米容器，离子敏感型聚合物纳米容器，温敏型聚合物纳米容器以及其他智能型纳米容器[359]。

由上可知，有机纳米容器的制备过程比较复杂，而且聚电解质纳米容器用于涂层中有两个重大的缺陷：①它们不得不与涂层兼容，防止涂层扭曲变形；②它们不得不具有纳米级的均匀结构，装填了缓蚀剂，均匀分散在涂层中。

近年来，主客体层状无机功能材料由于其层间离子可调整这一特点，被作为无机纳米容器，如 LDH、高岭土等以及一些核壳结构的材料。

3.2.2 典型纳米容器体系

1. 微胶囊

微胶囊化就是将功能分子包埋到微小、具有半透性或封闭的胶囊内，使功能分子在特定条件下以适当的速率释放到外界的技术。这一微小封闭的胶囊即微胶囊。微胶囊纳米容器的大小通常在 10～1000nm。微胶囊的形状以球形为主，也有米粒状、块状、针状或不规则状。其结构大致可分为芯材和壁材。所谓芯材即被包埋的功能分子，也称为核、芯或内包物。壁材即用于包埋的物质，也称为壁膜、壳或保护膜，最常用的是植物胶、海藻酸钠、卡拉胶、琼脂等，其次是淀粉及其衍生物、明胶、蛋白质、多种纤维素衍生物、脂质体、蜡等。微胶囊的壁材应无毒、性能稳定、不与芯材发生反应，并具有一定的强度，耐摩擦、耐挤压、耐热，其可以有效地控制芯材释放速度，防止某些不稳定的功能分子挥发、氧化、变质，改变功能分子形态，使不相溶的成分均匀地混合。微胶囊的生产方法有多种，如喷雾干燥法、喷雾冷却法、喷雾冷冻法、挤压法、锐孔法、空气悬浮成膜法、凝聚法、分子包埋法等。

2. 微乳

微乳是由水相、油相、表面活性剂与助表面活性剂在适当比例下自发形成的一种透明或半透明、低黏度、各向同性、热力学稳定的油水混合体系。由表面活性剂和助表面活性剂共同起到稳定的作用。助表面活性剂通常为短链醇、氨或其他较弱的两性化合物。微乳的粒径一般介于 10～100nm 之间，其结构类型分为油包水型、水包油型和双连续型。

3. 脂质体

脂质体是一种人工合成的细微脂质泡囊，它们是磷脂、聚甘油醚、神经酰胺等物质悬浮在水溶液中自发形成的。在水溶液中，这些物质的分子分两层排列，两层分子的疏水尾端相对，油溶性物质可夹留在尾端相对的区域。脂质体可能是单层的（单层膜）或多层的（多层膜），最小囊尺寸在 100nm 左右。脂质体的渗透性、稳定性、亲和性、表面活性取决于泡囊大小和脂类组成。脂质体的包埋率与脂的浓度有直接关系，脂浓度越大，包埋率越高。

4. 多孔聚合物纳米粒

该体系的外围是与外界环境相通的多孔膜状结构，膜上的孔口可以让物质进、出移动。两种最常见的多孔聚合物体系为网状体系和多孔球体系。设计制造这两种体系首先要选择具有适当交联功能的单体，然后制成交联链包缠成的多束或微球。这两种体系都是采用悬浮聚合法制造的，产物为内表面积极大（200～500m^2/g）

的多孔结构。此体系因微球粒子孔的限制，载药量有一定的局限。

5. 分子包合技术

分子包合技术指一种分子被包嵌于另一种分子的空穴结构内，形成包合物的技术。这种包合物由主分子和客分子两种组分加合组成，主分子具有较大的空穴结构，足以将客分子容纳在内形成分子囊。包合物的结构可以分为以下几种。

（1）多分子包合物：若干主分子由氢键连接，按一定的方向松散地排列形成晶格空洞，客分子嵌入空洞中，形成多分子包合物。

（2）单分子包合物：由单一的主体分子与单一客体分子包合而成，单个分子的一个空洞包合一个客分子。

（3）大分子包合物：天然或人工大分子化合物可形成多孔的结构，能容纳一定大小的分子。

当药物作为客体分子被包合后，溶解度增大，稳定性提高，液体药物可粉末化，可防止挥发性成分挥发，掩盖药物的不良气味或味道，调节释药速率，提高药物的生物利用度，降低药物的刺激性与毒副作用等。

6. 层状无机功能材料

常见的药物缓/控释体系多是以有机物为骨架材料，可能会存在机械强度较低、易老化、热稳定性较差、有机溶剂二次污染、成本较高等缺点。因此基于层状无机功能材料的药物缓/控释体系得到了人们的广泛关注。

基于层状无机功能材料的药物缓/控释体系又可分为吸附体系和插层体系。吸附体系是以层状化合物或表面活性剂插层的层状化合物为基体，吸附一定量的药物，由此形成具有一定缓释能力的剂型。插层体系则是利用层状化合物的可插层性及其超分子结构特征，将有缓释需求的生物/药物活性物质引入层间形成生物/药物-无机纳米复合材料。

3.2.3　层状无机功能材料型纳米容器可控释放机理

1. 可控释放过程的一般特征

层状无机功能材料型纳米容器的释放过程是一个离子交换过程。符合逐渐趋近拓扑机理，层间客体离子被释放介质中的无机离子有序地、逐步地交换出来，而在此过程中层状无机功能材料层板的结构和组成均保持不变。

以 LDH 为例，LDH 型纳米容器层间客体阴离子的释放可能会经历以下四个步骤[245]：①客体阴离子在 LDH 层间通道内扩散；②客体阴离子在与释放介质中的阴离子发生离子交换反应；③客体阴离子在 LDH 颗粒与释放介质之间的固液相边界发生液膜扩散；④客体阴离子在释放介质中发生浓度梯度扩散。

结合文献报道可知，层状无机功能材料型纳米容器缓释行为最有可能的机理为粒内扩散机理[360]或者溶解机理[285]，或者二者兼有之。涉及的动力学方程包括 Bhaskar 方程[360]、Higuchi 方程[360]、一级动力学方程[285]和 Peppas 方程[285]。

考虑到层状无机功能材料型纳米容器的离子交换机理和超分子结构特征，通过调控层状无机功能材料型纳米容器的粒径大小，有望实现可控释放。

2. 数学模型

1）Bhaskar 方程

Bhaskar 方程用于描述粒内扩散机理[360]。早在 1947 年，Boyd 等[361]提出了基本的描述菲克扩散的微分方程，基于以下假设：①药物以分子状态均匀地分散在载体中；②载体中药物的载药量低于药物的饱和浓度；③初始时刻药物完全以液相存在于载体中；④扩散阻力是影响释放的唯一因素；⑤载体在释放介质中混合良好，药物在载体表面边界层的质量传递阻力相对于药物在载体内的扩散阻力可以忽略；⑥释放介质中药物的浓度远远小于载体中药物的浓度。假设扩散系数为一常数，根据载体的释放通量对时间积分，得到 t 时刻微球的累积释放百分数：

$$F = 1 - \frac{6}{\pi^2}\sum_{n=1}^{\infty}\frac{1}{n^2}\exp\left(-\frac{4Dn^2\pi^2 t}{l^2}\right) \tag{3-1}$$

式中，F 为药物在 t 时刻的释放百分数（$F<0.85$）；l 为载体的平均直径，在层状无机功能材料型纳米容器中，如 LDH 型，l 为其（110）晶面方向的微晶尺寸（D_{110}）。该模型的扩散系数 D 受到诸多因素的影响，如载体的结构和形貌、药物的物理化学性质、药物和载体的相互作用等因素的影响。所以，通过拟合体外释放数据得到的扩散系数也可以用来反映不同微观结构对扩散速率的影响。

Bhaskar 等[362]利用单调变化求解式（3-1），得到了简化的方程：

$$1 - F = \exp\left[-16.33\left(\frac{Dt}{l^2}\right)^{0.65}\right] \tag{3-2}$$

此方程可以进一步变化为

$$-\lg(1-F) = Bt^{0.65} \tag{3-3}$$

式中，B 代表释放常数。因此可以利用$-\lg(1-F)$和 $t^{0.65}$ 的线性关系来判断结果，利用截距即可计算出扩散系数 D：

$$D = l^2\left(\frac{B}{7.09}\right)^{\frac{1}{0.65}} \tag{3-4}$$

利用 Arrhenius 方程可以进一步计算出粒内扩散活化能 E：

$$D = D_0\exp\left(-\frac{E}{RT_k}\right) \tag{3-5}$$

式中，D_0 为温度 T_k 的指前因子；E 为粒内扩散活化能，R=8.314J/（mol·K），为摩尔气体常量。式（3-5）可以进一步改写为

$$\ln D = \ln D_0 - \frac{E}{RT_k} \tag{3-6}$$

因此，可以通过对 ln$D$ 和 1/T_k 的线性关系求解扩散活化能。

2）Higuchi 方程

Higuchi[363, 364]提出了药物的释放速率与时间的关系方程，即著名的时间平方根方程，用于描述药物在多孔载体内的菲克扩散或药物在释放介质中的浓度梯度扩散：

$$F = k_1 t^{0.5} \tag{3-7}$$

式中，F 为药物在 t 时刻的释放百分数（F＜0.60）；k_1 为动力学常数。

3）一级动力学方程

一级动力学方程广泛应用于描述溶解行为[361]：

$$1 - F = \exp(-k_2) \tag{3-8}$$

式中，F 为药物在 t 时刻的释放百分数（F＜0.85）；k_2 为动力学常数。式（3-8）可以改写为

$$-\lg(1 - F) = \frac{k_2}{2.303}t \tag{3-9}$$

4）Peppas 方程

Ritger-Peppas 方程用于描述非溶胀型聚合物体系的菲克扩散和非菲克扩散[365]：

$$F = k_3 t^n \tag{3-10}$$

式中，F 为药物在 t 时刻的释放百分数（F＜0.60）；k_3 为动力学常数；n 为扩散指数，其大小与释放机理相关。对于层状材料，当 n=0.5，释放机理为菲克扩散；当 0.5＜n＜1.0，释放机理为非菲克扩散；当 n=1.0 时为零级释放。式（3-10）可以改写为

$$\lg F = \lg k_3 + n\lg t \tag{3-11}$$

5）吸附动力学研究用方程

采用 Lagergren 一级吸附速率方程式（3-12）和二级吸附速率方程式（3-13）对吸附过程进行线性拟合[366]。

Lagergren 一级速率方程：

$$-\ln\left(1-\frac{q_t}{q_e}\right)=k_1 t \tag{3-12}$$

二级速率方程：

$$\frac{t}{q_t}=\frac{1}{k_2 q_e^2}+\frac{t}{q_e} \tag{3-13}$$

式中，q_t 为 t 时间的被吸附容量（mg/g）；q_e 为平衡吸附量（mg/g）；t 为吸附时间（h）；k_1、k_2 为吸附速率常数。

3.3　层状无机功能材料型纳米容器在智能防腐领域的应用

3.3.1　LDH 型纳米容器在智能防腐领域的应用

1. 概述

LDH 型纳米容器作为一种无机层状材料，具有廉价、负载缓蚀剂能力强、制备简单等优点。LDH 作为纳米容器储存功能离子已经有很多的报道，如储存缓蚀剂、防污剂、药物分子、磁性基质以及 Eu^{3+}、Tb^{3+}等发光性的材料。把 LDH 作为储存缓蚀性阴离子的纳米容器，当溶液渗透通过涂层时，LDH 释放出的缓蚀剂随着溶液渗透到基底，以达到主动防腐的目的。

2. 钼酸盐缓蚀剂体系

钼酸盐是一种阳极钝化型缓蚀剂，由于其具有低毒、无害、高效、稳定性好、与多种物质有协同效应等优点，已被广泛应用于钢铁、钛合金、铝合金和镁合金等金属材料的防腐，在许多体系中已逐渐取代了铬酸盐和亚硝酸盐。1951 年，Robertson[367]论述了钼酸盐在中性溶液中对碳钢腐蚀的抑制机理。总体上讲，钼酸盐的缓蚀作用是由于在金属表面形成钼的氧化物膜，而钼的化合价的稳定性取决于金属基材。而在不同的腐蚀体系中，钼酸盐的缓蚀机理存在差异。一种认为，MoO_4^{2-} 和 Cl^-在金属表面钝化膜缺陷处发生竞争吸附，由于 MoO_4^{2-} 的存在，削弱了 Cl^-的吸附，因而增强了钝化膜抗点蚀的能力，在一定程度上抑制了腐蚀的发生；另一种则认为，MoO_4^{2-} 在金属表面钝化膜上发生了诱导吸附，即由于 Cl^-的作用破坏了金属表面的钝化膜，增强了 MoO_4^{2-} 在钝化膜破坏处新鲜表面上的吸附，从而一定程度上抑制了点蚀[368]。

钼酸盐在中性或碱性环境下缓蚀性能优越，而在酸性环境下则性能差得多。这是因为在酸性环境下钼酸根会转化为多钼酸根，而后者的缓蚀性能不好。这就决定了钼酸盐缓蚀剂通常不在酸性环境下使用。钼酸盐的优点是不分解、无毒，但是单独使用量大，利用 LDH 作为纳米容器装载缓蚀剂钼酸根，在腐蚀环境下可以与腐蚀性阴离子交换实现缓蚀剂的缓控释放。

于湘等[369]采用直接共沉淀法制备了 MoO_4^{2-} 插层 Mg-Al LDH（Mg-Al-MoO_4 LDH），XRD 分析结果表明产物具有完整的层状结构，层间距为 0.762nm。按 LDH 层板厚度 0.48nm 计算，所制备 Mg-Al-MoO_4 LDH 层间通道高度约为 0.282nm。对经过 NaCl 溶液浸泡后的样品与原始样品进行 EDS 分析发现浸泡前样品中是没有氯元素；浸泡后的样品含有氯元素，说明 Cl^-被 LDH 吸附。动力学分析结果表明（表 3-1），无论是温度还是 Cl^-初始浓度改变，Mg-Al-MoO_4 LDH 对于 Cl^-的吸附均不适合一级动力学方程，相关系数 R^2 较低；而对于二级动力学方程线性拟合情况较好，其相关系数 R^2 均大于 0.95。动力学分析结果表明 Mg-Al-MoO_4 LDH 对于 Cl^-的吸附的整个过程符合二级吸附速率方程。二级速率常数（k_2）随温度升高而下降；随 Cl^-的初始浓度升高而降低。缓控释放出的 MoO_4^{2-} 以不溶盐的形式沉积在镁合金表面，修复和阻止镁合金基体的进一步腐蚀。同时 Mg-Al-MoO_4 LDH 对于 Cl^-的吸附防止了镁合金的快速腐蚀。

表 3-1　两个动力学方程的拟合参数

Cl^-浓度/（mol/L）	温度/℃	一级动力学方程		二级动力学方程	
		k_1/（1/h）	R^2	k_2/[g/(mg·h)]	R^2
0.01	35	0.021 0	0.884 8	0.250 0	0.962 2
	50	0.027 8	0.227 7	0.101 8	0.987 2
0.1	35	0.022 2	0.774 9	0.007 1	0.971 8
	50	0.023 4	0.715 1	0.006 7	0.980 2

制备的 Mg-Al-MoO_4 LDH 粉末经 100℃烘干 5h，按质量分数 20%添加到环氧树脂中，经稀释剂稀释，高速分散，刷涂经前处理的镁合金板上，充分固化，室温放置 7 天后用于镁合金防腐性能测试，涂层平均厚度 55μm±10μm。测试结果表明质量 20%的 Mg-Al-MoO_4 LDH/环氧涂层体系耐盐雾实验 187h 以上；耐酸性测试 72h 无起泡、有轻微锈斑；吸水饱和量为 0.8%。

3. 钒酸盐缓蚀剂体系

+5 价的钒酸盐是一种氧化性缓蚀剂，能使金属活化—钝化而防止其腐蚀。

Buchheit 等[370]最早采用共沉淀法制备了缓蚀性钒酸盐阴离子$[V_{10}O_{28}]^{6-}$插层 Zn-Al LDH（Zn-Al-$V_{10}O_{28}$ LDH）。插入的$[V_{10}O_{28}]^{6-}$和水分子位于 LDH 层间的开放性通道中，当 LDH 与含有 Cl^-的侵蚀性电解质接触后，带负电荷的 Cl^-将快速吸附到带正电荷的 LDH 颗粒表面，并扩散到 LDH 层间通道中与$[V_{10}O_{28}]^{6-}$发生离子交换反应，同时实现缓蚀型阴离子$[V_{10}O_{28}]^{6-}$的可控释放和腐蚀性阴离子 Cl^-的吸附固定。将制备的 Zn-Al-$V_{10}O_{28}$ LDH 作为缓蚀性填料加入聚乙烯醇或环氧树脂中，用于 2024-T3 铝合金的缓蚀型防护涂层。研究发现，涂层中的 Zn-Al-$V_{10}O_{28}$ LDH 在与含 NaCl 的侵蚀性介质接触后可以释放$[V_{10}O_{28}]^{6-}$，并可通过离子交换吸附介质中的 Cl^-。盐雾试验证明，释放出来的混合型缓蚀型阴离子对涂层缺陷处铝合金基体的腐蚀具有很好的抑制作用。研究认为，当涂层中添加的 Zn-Al-$V_{10}O_{28}$ LDH 与含 NaCl 溶液接触后可发生阴阳两种类型的离子交换反应释放出$[V_{10}O_{28}]^{6-}$和 Zn^{2+}，在中性和碱性环境下释放出的 Zn^{2+}和$[V_{10}O_{28}]^{6-}$对阴极区氧的还原去极化过程具有一定的抑制作用，同时$[V_{10}O_{28}]^{6-}$还是很好的阳极型缓蚀剂，两种类型缓蚀剂离子的协同作用大大提高了填料的缓蚀效率。

有研究[371]报道了含不同聚集态钒酸盐离子和单钒酸盐离子的 Zn-Al LDH 填料在含 NaCl 溶液中的离子释放行为及其缓蚀性能，释放出的$[V_{10}O_{28}]^{6-}$等多聚钒酸盐离子的缓蚀效果要好于含单钒酸根离子 VO_3^-，在环氧涂层中添加含 Zn-Al-$V_{10}O_{28}$ LDH 填料后具有类似铬酸锶的自修复效应，1000h 盐雾试验后画叉缺陷处未见明显的腐蚀和起泡现象。

于湘等[369]也合成了 Zn-Al-$V_{10}O_{28}$ LDH，并将该类 LDH 加入环氧树脂涂层中用于镁合金的防护。实验结果表明，该类离子交换型 LDH 材料对镁合金具有良好的防腐蚀性能，在环氧涂层中添加 20%左右的 Zn-Al-$V_{10}O_{28}$ LDH 填料可达到最佳的防腐蚀效果，3.5% NaCl 溶液静态浸泡时间可达 1655h 以上。添加 Zn-Al-$V_{10}O_{28}$ LDH 后防腐蚀机理是通过离子交换吸附减少 Cl^-渗透到达涂层/基底金属界面的数量，以及交换出来的缓蚀型阴离子$[V_{10}O_{28}]^{6-}$吸附在镁合金表面共同作用的结果。动力学分析结果表明 Zn-Al-$V_{10}O_{28}$ LDH 对低浓度和高浓度 Cl^-的吸附均符合 Lagergren 二级吸附动力学模型（表 3-2）。

表 3-2　两个动力学方程的拟合参数

Cl^-浓度/（mol/L）	一级动力学方程		二级动力学方程	
	k_1/（1/h）	R^2	k_2/[g/(mg·h)]	R^2
0.01	0.024 3	0.978 1	0.085 6	0.996 8
0.5	0.026 9	0.796 1	0.005 4	0.975 9

于湘等[369]对比 Mg-Al-MoO_4 LDH、Zn-Al-MoO_4 LDH 和 Zn-Al-$V_{10}O_{28}$ LDH

三者对 Cl^-的吸附容量和去除率为 Zn-Al-MoO_4 LDH＞Mg-Al-MoO_4 LDH＞Zn-Al-$V_{10}O_{28}$ LDH；三类缓蚀型阴离子插层 LDH 粒径大小依次为：Mg-Al-MoO_4 LDH＞Zn-Al-MoO_4 LDH＞Zn-Al-$V_{10}O_{28}$ LDH；BET 比表面积由大到小依次为 Zn-Al-$V_{10}O_{28}$ LDH＞Mg-Al-MoO_4 LDH＞Zn-Al-MoO_4 LDH；三类复合涂层体系对镁合金的防腐蚀保护效果为：Zn-Al-MoO_4 LDH 与 Zn-Al-$V_{10}O_{28}$ LDH 基本相当，Mg-Al-MoO_4 LDH 次之。

Chico 等[372]将钒酸根阴离子插层 Zn-Al LDH 和阳离子交换型 Ca/Si 氧化物加入醇酸树脂涂层中，通过自然暴露和湿热、盐雾试验、EIS 测试等实验研究得出，添加两种不同离子交换型缓蚀填料对涂层膜下碳钢基材腐蚀均具有明显的抑制作用。具有阴离子交换性能的钒酸根阴离子插层 Zn-Al LDH 由于可通过离子交换吸附侵蚀性介质中的 Cl^-，因此添加该填料的涂层在含氯环境中表现出了更好的防腐蚀性能。而 Ca/Si 氧化物可以通过 Ca^{2+}与环境介质中的 H^+进行离子交换反应，因此其在酸性或中性环境中的防护性能优于前者。但对比研究发现，对低碳钢涂装醇酸树脂涂层体系而言，两种离子交换型填料的防腐蚀效果都达不到传统 $ZnCrO_4$ 颜料的效果。

溶胶凝胶法制备的有机-无机杂化涂层与基材金属表面具有很好的结合强度，比其他纯无机氧化物涂层具有更好的柔韧性，且其表面的有机功能化链段有利于提高外防护有机涂层与基体金属的附着力，因此被认为是铝合金表面代替传统铬酸盐转化膜的理想涂层。但由于在制备过程中因溶剂挥发产生的收缩应力易导致杂化涂层形成渗透性孔洞，且当受到外力作用产生破坏性缺陷，该类涂层的防腐蚀性能并不理想。Álvarez 等[373]研究了离子交换型 Mg-Al LDH 填料加入溶胶凝胶杂化涂层后对 AA2024-T3 铝合金防腐蚀性能的影响。经过 168h 盐雾试验后，未添加 Mg-Al LDH 杂化涂层试样表面发生了严重的点蚀，而添加 10%的 Mg-Al LDH 试样表面未发现明显的点蚀现象。且 EIS 测试也证明，LDH 填料的添加对低频区时间常数具有较大的影响，反映了其对基体铝合金腐蚀过程具有明显的抑制作用。研究认为，LDH 填料对杂化涂层孔洞缺陷内渗透性介质 Cl^-的交换吸附作用是抑制基材腐蚀的主要原因。

4. 有机缓蚀剂阴离子体系

除缓蚀型无机阴离子外，各类缓蚀型有机阴离子也被广泛应用于金属材料的腐蚀防护中，并且展现出良好的腐蚀防护效果。我们研究组选择 Zn-Al LDH 作为纳米容器，固载缓蚀型有机阴离子苯甲酸根阴离子（BZ^-），以延长其释放时间。并首次用动力学拟合的方法研究了其释放机理。采用极化曲线和 EIS 表征了复合材料在 3.5% NaCl 溶液中对 Q235 碳钢的缓蚀作用。从本质上揭示缓蚀型有机阴离子插层 LDH 体系缓释机制，为提升腐蚀防护性能提供科学依据。

1）BZ^-插层 Zn-Al LDH（记为 Zn-Al-BZ）合成

采用直接共沉淀法合成 Zn-Al-BZ。称取一定量的 $Zn(NO_3)_2·6H_2O$ 和 $Al(NO_3)_3·9H_2O$ 溶于 100mL 脱 CO_2 去离子水配成盐溶液（$[Zn^{2+}]+[Al^{3+}]=1.0mol/L$，$[Zn^{2+}]/[Al^{3+}]=2.0$）。称取 0.10mol NaOH 溶于 100mL 脱 CO_2 去离子水配成浓度为 1mol/L 的碱溶液。称取一定量的苯甲酸钠（BZ^-物质的量浓度为混合盐溶液中 NO_3^- 物质的量浓度的 2 倍）溶于 150mL 去离子水倒入锥形瓶中，用 NaOH 碱溶液滴定苯甲酸钠溶液至 pH=10 后开始滴加盐溶液，同时调节 NaOH 溶液的滴加速度控制反应体系 pH 为 10 左右。盐溶液滴加完毕后浆液 50℃晶化 24h，过滤，用脱 CO_2 的去离子水洗涤至滤液呈中性（pH＜8），将滤饼在 80℃干燥 24h，得到 Zn-Al-BZ。整个制备过程通氮气保护。

2）Zn-Al-BZ 超分子插层结构

图 3-1 为 Zn-Al-BZ 的 XRD 谱图（D/MAX 2500 型 X 射线衍射仪，日本理学公司）。如图所示，图中位于低 2θ角的三个衍射峰分别为 LDH 的（003）、（006）和（009）晶面特征衍射峰，在高 2θ角的衍射峰为（110）和（113）晶面特征衍射峰。Zn-Al-BZ 的 d_{003}、d_{006} 和 d_{009} 值分别为 1.593nm、0.796nm 和 0.531nm，具有良好的倍数关系（$d_{003}=2d_{006}=3d_{009}$），说明合成样品具有规整的层状结构，是晶相规整、晶相单一的 LDH 化合物，其层间距 $l=(1/3)(d_{003}+2d_{006}+3d_{009})$，为 1.592nm。减去 LDH 层板厚度（0.210nm）和层间氢键区厚度（0.270nm），相应的层间通道高度为 1.112nm，对比 BZ^-长轴方向的分子尺寸（0.601nm），可知层间 BZ^-为双层垂直排布。此外，层间 BZ^-间通过苯环的π-π共轭及疏水作用形成准客体离子对，以准客体离子对的形式在 LDH 层间垂直排列，其两端带负电荷的羧基通过静电和氢键作用与上下层板同时连接，其超分子结构式如图 3-2 所示。

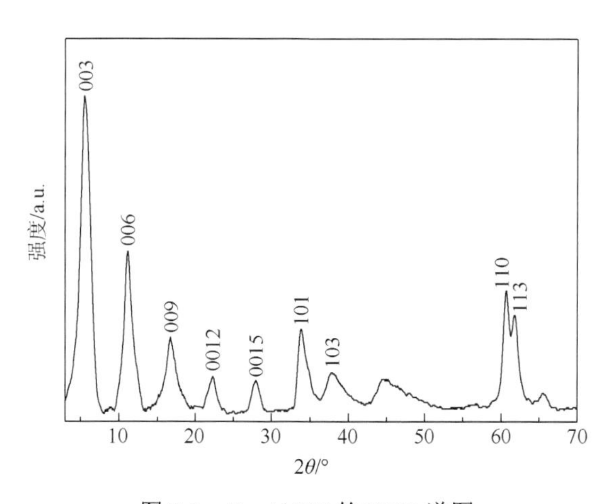

图 3-1　Zn-Al-BZ 的 XRD 谱图

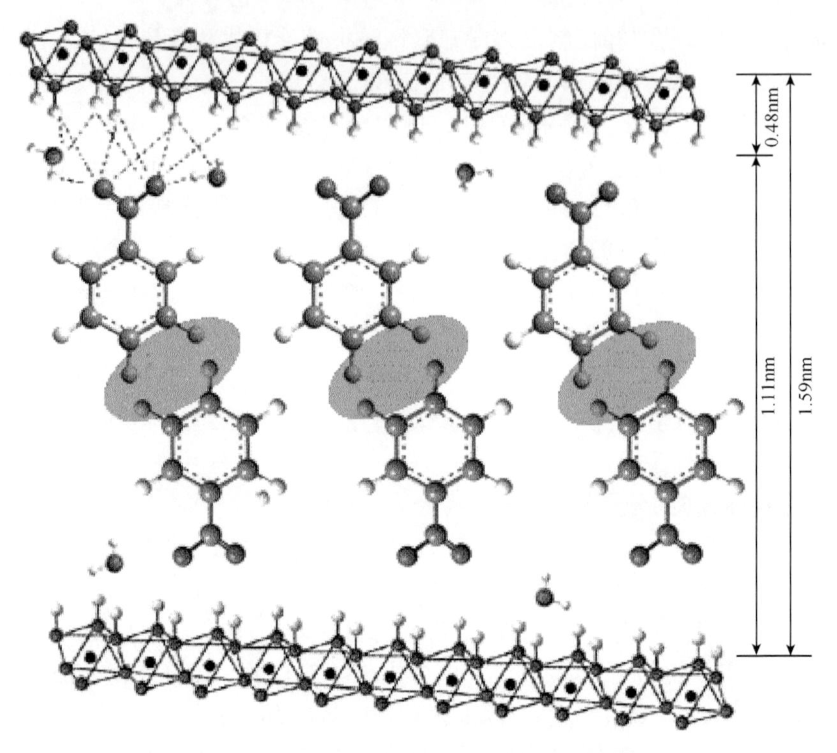

图 3-2　Zn-Al-BZ 的超分子结构模型示意图

Zn-Al-BZ 的 FT-IR 谱图（Nicolet iS10 傅里叶变换红外光谱仪，美国热电公司）如图 3-3 所示。图中的 1398cm^{-1} 和 1541cm^{-1} 的吸收峰可归于层间 BZ^{-}的 COO^{-}基团的反对称与对称伸缩振动峰。716cm^{-1} 和 1596cm^{-1} 的吸收峰可归于单取代芳香环的特征吸收峰。3450cm^{-1} 宽吸收谱带归为层板羟基和层间水分子的伸缩振动吸

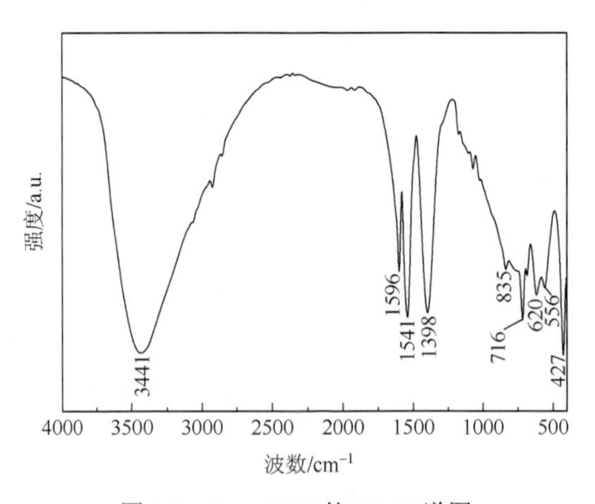

图 3-3　Zn-Al-BZ 的 FT-IR 谱图

收峰。此外，在 1384cm^{-1} 和 1360cm^{-1} 处未发现分别表征 NO_3^- 和 CO_3^{2-} 的特征吸收峰，说明 BZ^-为层间唯一的客体阴离子。元素分析结果表明 Zn-Al-BZ 中 BZ^-的负载量（质量分数）为 26.2%。

Zn-Al-BZ 的 SEM 照片（SUPRA55 场发射扫描电子显微镜，德国 Zeiss）如图 3-4 所示，制备的 Zn-Al-BZ 为片状，粒径大小为 50～100nm，分布较窄，具有典型的纳米容器特征。

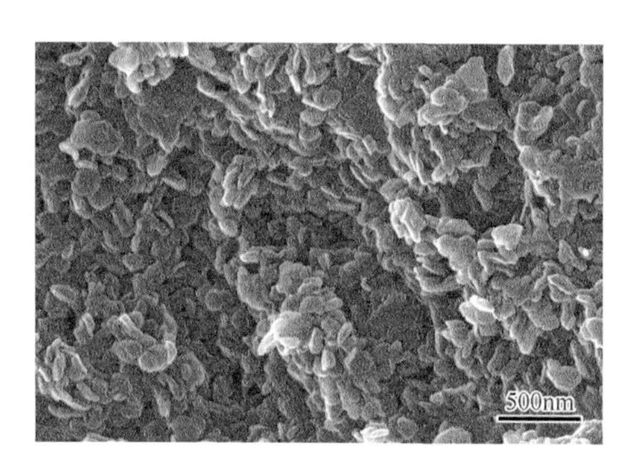

图 3-4　Zn-Al-BZ 的 SEM 照片

3）Zn-Al-BZ 缓控释放机理研究

采用 3.5% NaCl 溶液作为缓控释放介质。室温下，取 2g Zn-Al-BZ 分散到 40mL 3.5% NaCl 溶液中，磁力搅拌，按一定时间间隔取 1mL 上清液，并补充等量的 3.5% NaCl 溶液，所取清液在高速离心机 10 000rpm 离心 2min，取离心所得的清液 1mL。用 UV-vis 方法定量分析 BZ^-的累积释放量。

Zn-Al-BZ 在 3.5% NaCl 溶液中的释放曲线如图 3-5 所示，随着释放时间的延长，样品累积释放量逐渐增大直至达到平衡。释放初期释放速率较快，随后释放速率逐渐变慢，这归因于位于 LDH 层板边缘的 BZ^-的扩散阻力较小，而位于 LDH 层板中心位置的 BZ^-的扩散阻力较大。基于释放曲线，可以发现 BZ^-累积释放量未达到 100%，这是由离子交换反应的特点决定的。

采用 Bhaskar 方程［式（3-3）］对 Zn-Al-BZ 在 3.5% NaCl 溶液中的释放曲线进行拟合，拟合结果如图 3-6 所示，拟合曲线的线性相关系数为 0.997，表明样品的释放行为符合 Bhaskar 方程，为粒内扩散机理，释放过程速控步骤为 BZ^-在 LDH 层间的粒内扩散过程。

为了进一步研究缓控释放机制，对释放 5h 后样品进行回收，采用 XRD 和 FT-IR 分析回收样品晶体结构和组成，结果见图 3-7 和图 3-8。如图 3-7 所示，回收样品主要呈现出 Cl^-插层 LDH 的结构特征，层间距为 0.759nm，表明在释放过程中主要发生了 3.5% NaCl 溶液中的 Cl^-和储存在 LDH 型纳米容器中的 BZ^-间的

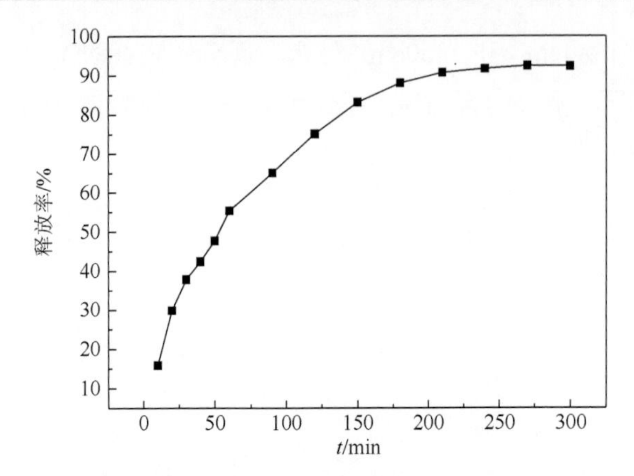

图 3-5　BZ^-在 3.5% NaCl 溶液中的释放曲线

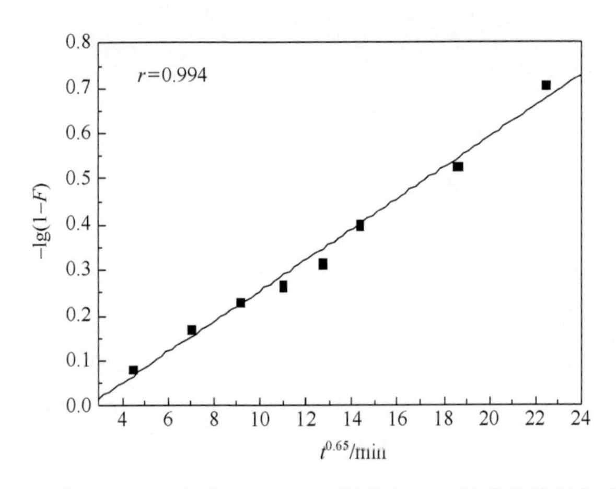

图 3-6　根据 Bhaskar 方程 Zn-Al-BZ 样品中 BZ^-释放曲线的拟合曲线

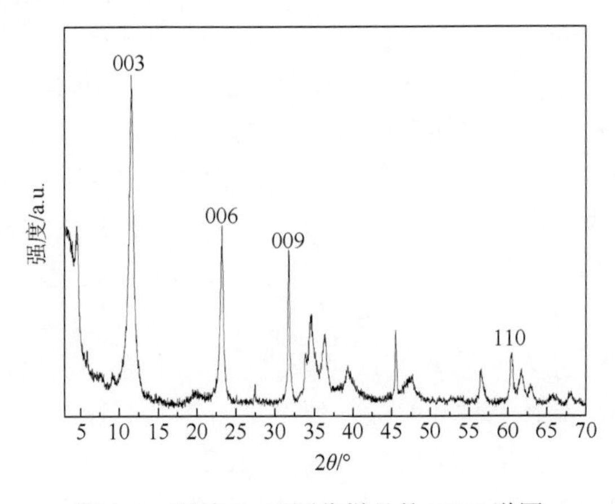

图 3-7　释放 5h 后回收样品的 XRD 谱图

离子交换反应。图 3-8 的 FT-IR 谱图中仍可以看到层间 BZ^-的特征红外吸收峰，表明层间仍有一定量的 BZ^-存在，表明离子交换反应未达到 100%完全交换，这与图 3-5 中的释放曲线分析结果一致。

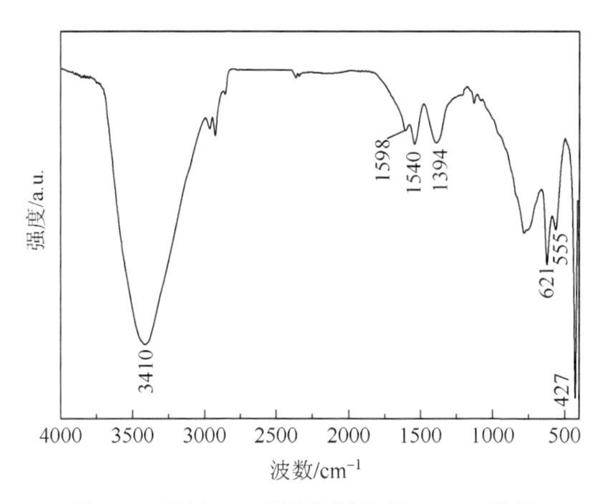

图 3-8　释放 5h 后回收样品的 FT-IR 谱图

以上研究结果表明 LDH 作为储存缓蚀型有机阴离子的纳米容器，具有缓控释放缓蚀型有机阴离子和捕获介质中的腐蚀性阴离子的双重功效。

4）Zn-Al-BZ 缓释防腐性能研究

实验采用三电极体系，电解质为含有 50g/L Zn-Al-BZ 的 3.5% NaCl 溶液。工作电极为直径 5mm 用环氧树脂固定的 Q235 碳钢电极（电极工作面积 $0.196cm^2$），成分为（wt%）：0.1C，0.4Mn，0.12Si，0.02S，0.05P，其余为 Fe。工作电极使用前依次使用 400#、600#、800#和 1000#砂纸进行打磨，最后用超纯水超声清洗，空气中干燥备用。对电极为铂丝电极。Ag/AgCl（3mol/L KCl）电极为参比电极。本书中所有电极电位均相对于该电极。测试前先将测试电极置于测试介质 30min 后，待开路电位（E_{oc}）稳定后采用 CHI760C 电化学工作站（上海晨华）进行极化曲线测试。极化曲线扫描速度为 0.5mV/s，扫描范围为−300～+300mV（vs. E_{oc}）。EIS 测试在 E_{oc}下进行，频率范围为 10^{-1}～10^5Hz，振幅为 5mV。所有测试在室温下进行。

图 3-9 是在 3.5% NaCl 溶液中加入 Zn-Al-BZ 在释放不同时间的极化曲线，相应的腐蚀参数计算结果见表 3-3。结果表明，从 LDH 型纳米容器中释放出的 BZ^-对 Q235 碳钢在 3.5% NaCl 溶液中的腐蚀具有缓蚀保护作用。在释放初始阶段，腐蚀速率下降很快，在 5h 后基本不变，说明 5h 后储存在 LDH 型纳米容器中的 BZ^-已经释放完全，这与释放曲线研究结果是一致的。缓蚀率（η_{pc}）可由下式计算：

$$\eta_{pc}=\frac{i_{corr}-i'_{corr}}{i_{corr}}\times 100\% \tag{3-14}$$

式中，i_{corr} 和 i'_{corr} 分别代表添加缓蚀剂前后 Q235 碳钢的腐蚀电流密度。η_{pc} 随释放时间变化曲线如图 3-10 所示，在释放初始阶段，BZ^-释放速率快，累积释放量变化快，η_{pc} 变化大；随着释放时间的延续，BZ^-释放速率慢，累积释放量变化减慢，η_{pc} 变化逐渐变小，并且在 5h 后基本不再变化。以上测试结果表明 LDH 型纳米容器可以固载 BZ^-并延长和控制其释放率，以达到保护 Q235 碳钢的作用。

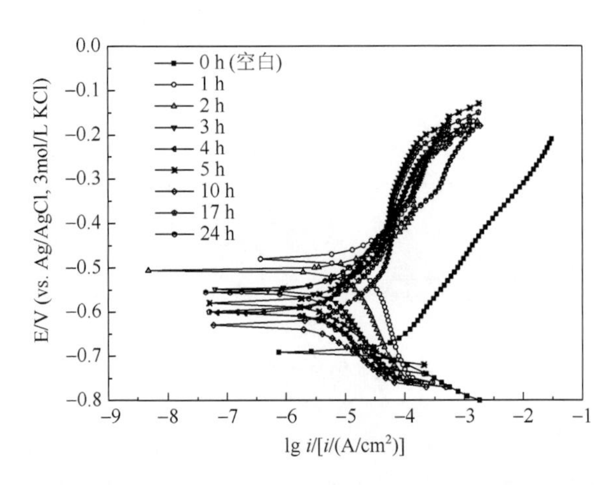

图 3-9　Q235 碳钢在含有 50g/L Zn-Al-BZ 的 3.5% NaCl 溶液在不同释放时间的极化曲线

表 3-3　Q235 碳钢在含有 50g/L Zn-Al-BZ 的 3.5% NaCl 溶液在不同释放时间的 Tafel 参数

释放时间/h	E_{corr}/mV	i_{corr}/（μA/cm²）	R/（kΩ·cm²）
0	691	68.7	8.38
1	479	27.2	42.26
2	506	18.5	54.03
3	548	13.8	94.18
4	602	8.1	117.70
5	580	4.7	146.58
10	570	4.8	147.86
17	585	4.7	151.51
24	555	4.9	156.68

图 3-11 是在 3.5% NaCl 溶液中加入 Zn-Al-BZ 在释放不同时间的 EIS 谱图。采用如图 3-12 所示的等效电路对 EIS 谱图进行拟合，其中 R_s 为溶液电阻，R_{ct} 为电荷转移电阻，Q 为常相角原件，拟合结果见表 3-4。BZ^-的存在明显增大了 R_{ct} 值而减小了 Q 值。Q 值的减小归因于 BZ^-在碳钢表面吸附形成一层吸附膜，减小了双电层厚度。R_{ct} 值的增大归因于吸附在碳钢表面的 BZ^-对水分子的取代作用。

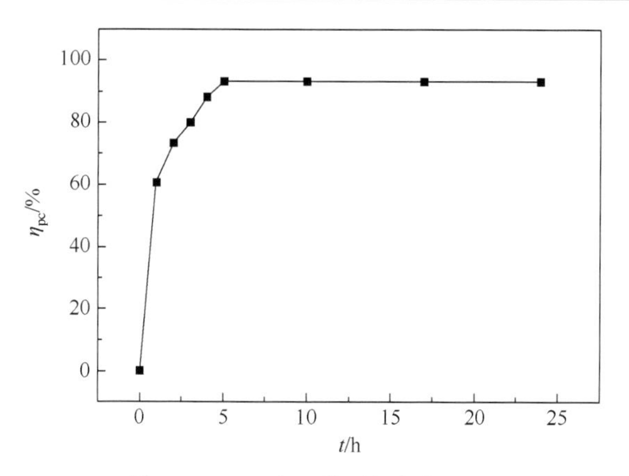

图 3-10　η_{pc} 随释放时间变化曲线

R_{ct} 值也是在释放初始阶段增大，5h 后维持在一个稳定值。根据 EIS 测试结果，可以采用下式计算缓蚀率（η_{EIS}）：

$$\eta_{EIS} = \left(1 - \frac{R_{ct0}}{R_{ct}}\right) \times 100\% \tag{3-15}$$

式中，R_{ct0} 和 R_{ct} 分别为不存在和存在 BZ^- 时由 EIS 求得的极化电阻。由式（3-15）求得的 η_{EIS} 如图 3-13 所示。非常明显的是 η_{EIS} 随释放时间的变化趋势与 η_{pc} 是一致的。

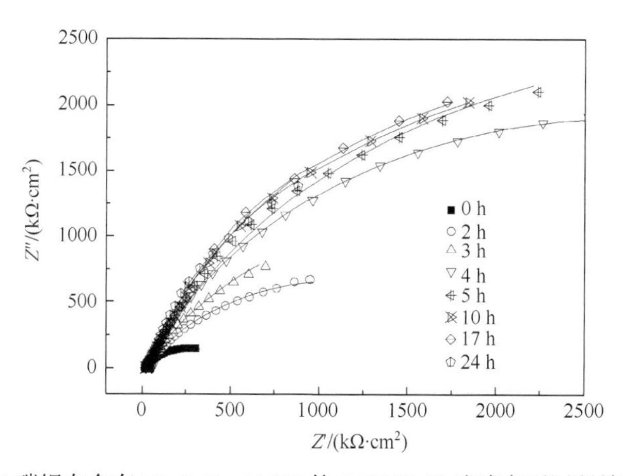

图 3-11　Q235 碳钢在含有 50g/L Zn-Al-BZ 的 3.5% NaCl 溶液在不同释放时间的 EIS 图

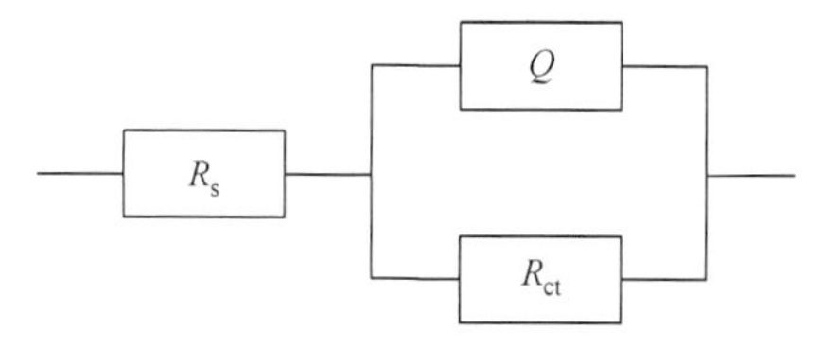

图 3-12　等效电路图

表 3-4　Q235 碳钢在含有 50g/L Zn-Al-BZ 的 3.5% NaCl 溶液在不同释放时间的 EIS 拟合结果

释放时间/h	R_s/（kΩ·cm²）	Q/（μF/cm²）	n	R_{ct}/（kΩ·cm²）
0	0.10	1.74×10^4	0.694	2.55
2	0.12	6.22×10^2	0.695	11.22
3	0.11	5.05×10^2	0.721	19.61
4	0.12	3.74×10^2	0.782	27.51
5	0.13	8.52×10^2	0.777	34.43
10	0.14	9.14×10^2	0.792	33.21
17	0.15	9.98×10^2	0.786	32.54
24	0.17	1.16×10^3	0.839	31.44

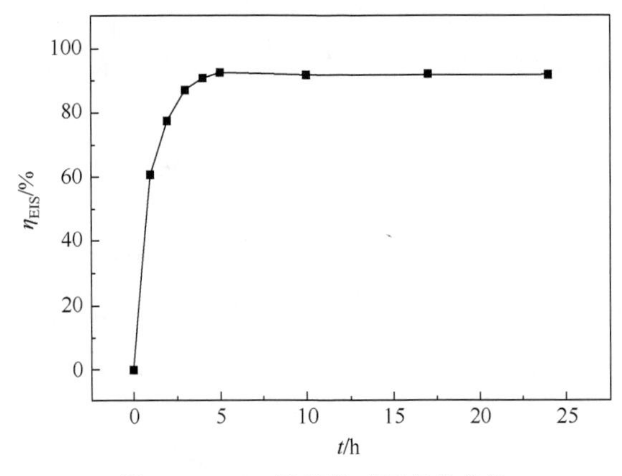

图 3-13　η_{EIS} 随释放时间变化曲线

综上所述，极化曲线和 EIS 测试结果均表明 Zn-Al-BZ 的加入可以抑制 Q235 碳钢在 3.5% NaCl 溶液中的腐蚀。除 BZ^-，LDH 型纳米容器已被应用于储存多种缓蚀型有机阴离子，这表明该类材料在智能防腐涂层领域有潜在的应用价值。

3.3.2　MMT 型纳米容器在智能防腐领域的应用

MMT 具有很大的比表面积，因而吸附能力和阳离子交换能力很强。MMT 经过离子交换改性将具有缓蚀性的阳离子（如 Ce^{3+}、Zn^{2+}等）引入层间结构，可制成具有可交换性的缓蚀型无机填料。与含 NaCl 等侵蚀性介质接触后，通过离子交换释放出缓蚀性阳离子，同时将侵蚀性介质中的 Na^+或其他阳离子吸附固定。该类改性 MMT 离子交换型填料受到了广泛的关注[374]。

稀土元素 Ce^{3+}对镀锌钢、锌、铜、铝合金和镁合金等具有很好的缓蚀效果，且由于其无毒害作用，被认为是替代 Cr^{6+}的理想缓蚀剂。但由于 Ce^{3+}盐的水溶性较高，直接将其用于有机防腐涂层会造成缓蚀剂浸出流失并引起涂层起泡，其作为环保颜填料替代铬酸盐的应用受到了很大限制。近年来人们发现，将 Ce^{3+}通过离子交换引入 MMT 等制成的颜填料，与侵蚀性介质接触后，会通过离子交换反应释放出 Ce^{3+}，可以很好地控制其溶出速度。

Bohm 等[375]最早报道了关于改性 MMT 作为缓蚀颜填料在镀锌钢涂覆聚树脂底漆中的应用。通过天然 MMT 与含 $CeCl_3$ 和 $CaCl_2$ 的水溶液进行多次离子交换分别制得含 31 500mg/L Ce^{3+}和 13 500mg/L Ca^{2+}的改性 MMT。将体积分数为 19%的改性 MMT 作为缓蚀颜填料加入聚酯树脂底漆中涂覆在镀锌钢板表面，并在底漆上刷涂商用聚酯面漆。通过对切边试样 1000h 盐雾试验对比研究发现，添加 Ca^{2+}交换改性 MMT 涂层的抗腐蚀剥离性能与铬酸锶填料相当，优于商用 Ca^{2+}改性氧化硅填料（Shieldex™）；而 Ce^{3+}交换改性 MMT 在抗腐蚀剥离方面优于铬酸锶填料。分析认为当腐蚀介质渗透进入涂层后，与改性 MMT 接触并诱发 Ce^{3+}和 Ca^{2+}与溶液中 Na^+发生离子交换反应，释放出的 Ce^{3+}和 Ca^{2+}在阴极区沉积，起到抑制氧还原反应的作用，并减缓了涂层的剥离过程。

Loveridge 等[376]研究发现，加入经 Ce^{3+}、Y^{3+}、La^{3+}和 Ca^{2+}改性 MMT 制备涂层试样的边缘腐蚀剥离距离与铬酸锶填料基本相当，优于商用 Shieldex™ 填料和 TiO_2 填料。该类稀土改性 MMT 是镀锌钢防腐蚀涂层体系的理想缓蚀填料，有望替代传统的有害铬酸盐填料。

Williams 等[377]研究了碱土金属离子 Mg^{2+}、Ca^{2+}、Sr^{2+}、Ba^{2+}和 Zn^{2+}改性 MMT 对镀锌钢涂层阴极剥离行为的影响，研究发现，碱土金属离子交换改性的 MMT 具有一定的缓蚀性能，与不添加填料的涂层相比，阴极剥离速度减小了 60%～70%。其腐蚀剥离的抑制作用主要是由于涂层膜下电解液膜层中的 Na^+与 MMT 交换释放出碱土金属离子，在涂层膜下局域碱性环境中发生水解或部分水解，进而导致膜下电解质电导降低，侵蚀性离子传输受到限制，使得腐蚀电化学反应受到抑制。相比而言，Zn^{2+}交换改性 MMT 对涂层体系的阴极剥离具有更好的抑制作用，24h 原位扫描开尔文探针测试未发现明显的涂层剥离现象，膜下电解质中交换出来的 Zn^{2+}在局部碱性环境下发生水解，并沉积在阴极剥离区前沿，加强了镀锌层表面锌氧化物的屏蔽性能，阻碍表面电荷迁移，抑制了膜下金属阴极区氧的去极化反应。

近年来通过稀土元素改性处理铝合金表面是无铬钝化工艺研究的热点。同时，稀土元素 Ce^{3+}改性 MMT 填料在铝合金表面防腐蚀有机涂层中得到了广泛的关注。Chrisanti 等研究了在双酚环氧树脂底漆中添加 Ce^{3+}交换改性 MMT 对铝合金基材的防腐蚀作用。EIS 研究表明，含有 Ce^{3+}改性 MMT 的涂层对铝的缓蚀作用主要来自于 Ce^{3+}在阴极区的沉积，导致总阻抗和孔隙电阻值较高。由于 Ce^{3+}为阴极型缓蚀剂，只有当阴极区介质局部 pH 较高时才可以形成较完整的沉积膜层，且由于其只对半电池阴极去极化反应有一定的抑制作用，单独使用难以达到铬酸锶填料的缓蚀性能。如果将 Ce^{3+}缓蚀剂与其他阳极型缓蚀剂配合使用，将达到更好的缓蚀效果。进一步研究发现，将含 Ce^{3+}和 Zn^{2+}的 MMT 和含 PO_4^{3-} 的 Li-Al LDH 联合使用加入环氧涂层中比单独使用两种离子交换型填料具有更好的缓蚀效果，3000h 盐雾试验后，添加两种类型填料对涂层画叉缺陷处的缓蚀效果基本与铬酸锶相当。Ce^{3+}和 Zn^{2+}属于阴极型缓蚀剂，主要在阴极区形成 Ce 和 Zn 的氢氧化物沉积层进而阻碍氧的去极化反应，而 PO_4^{3-} 是一种阳极型缓蚀剂，在介质中溶解氧的作用下可以在金属表面形成致密的不溶性膜层阻止阳极反应的发生，当涂层中添加两种类型缓蚀剂填料后，通过阴阳极反应的协同抑制作用大大减缓腐蚀反应的速率。另外，在含 PO_4^{3-} 的 Li-Al LDH 存在的情况下，导致涂层膜下局部区域内介质 pH 升高，有利于促进 Ce^{3+}和 Zn^{2+}在阴极区的沉积[374]。

含有—NH_2、—POOH、—COOH 等基团的有机缓蚀剂在溶液体系中对碳钢具有很好的缓蚀效果。但由于这些有机基团易与聚合树脂发生化学反应，不但影响涂层成膜质量，而且受化学作用力的束缚，有机缓蚀剂分子无法扩散到涂层/金属界面形成有效保护膜层，使应用受到了很大的限制。为此，人们尝试将有机缓蚀剂分子预先装载到无机化合物中制成有机缓蚀剂修饰的无机填料，可以避免缓蚀剂分子与成膜树脂的化学反应，并充分发挥有机缓蚀剂的缓蚀性能。Truc 等[378]通过阳离子交换反应将吲哚-3-丁酸和氨基三亚甲基膦酸引入 MMT 中，并将制得的有机缓蚀剂改性 MMT 填料加入环氧有机涂层用于碳钢的表面防护。EIS 测试发现，添加 MMT 填料可以大幅提高涂层的屏障性能，这主要是由于 MMT 具有层片状结构，且硅酸盐层与环氧树脂间强烈的静电相互作用导致涂层抗渗透性能得到提高。

通过离子交换反应或其他手段将 Zn^{2+}、Ce^{3+}、Ca^{2+}等缓蚀性阳离子装载到 MMT 等阳离子型层状无机功能材料中制成离子交换性缓蚀填料，可以避免直接加入可溶性化合物填料带来的涂层起泡、缓蚀效率低等问题。采用该类填料制备的防腐蚀涂层体系，只有当侵蚀性介质渗透进入涂层中后，离子交换型填料才会与进入涂层中的侵蚀性阳离子发生离子交换反应并定量释放出缓蚀性离子，具有“智能”和“可控”释放的特点。但由于 Zn^{2+}、Ce^{3+}、Ca^{2+}等缓蚀性阳离子大多为阴极型缓蚀剂，只能对涂层/基体金属界面的阴极反应产生一定的抑制作用，单独使用该类阳离子交换型无机填料还难以达到铬酸盐的缓蚀效果。如果将该类阳离子交换填料与其他具有不同缓蚀机理的化合物混合使用，缓蚀效果将明显提高。因此，如果能将具有不同特性阳离子或阴离子甚至有机缓蚀剂混合使用，借助多种离子间的协同缓蚀作用，完全有希望取得与传统铬酸盐类似甚至更优的缓蚀效率。可以预见，该类离子交换型缓蚀填料在替代传统重金属化合物方面具有十分广阔的应用前景。

3.4　层状无机功能材料型纳米容器在海洋防污领域的应用

3.4.1　概述

在物体表面涂覆防污涂料是目前应用最广泛的防污方式，其作用本质就是提供一个在规定有效期内无生物附着的涂层表面。传统防污技术，如有机锡自抛光防污涂料因其严重危害海洋生态安全，破坏海洋环境，而相继遭受到禁用或限用。例如，IMO 明确规定自 2008 年 1 月 1 日起全面禁止在防污涂料中使用有机锡[IMO Resolution A. 895（21），25/11/1999]。针对这种情况，近十年来，西方发达国家投入大量人力、物力、财力，开发无毒防污剂和环境友好型防污技术。

防污涂料的功能主要是通过防污剂来实现的。目前无毒防污剂主要分为天然生物防污剂和人工合成防污剂两种。NPA 是指从海洋生物中提取的具有防污活性的天然产物，包括有机酸、无机酸、内酯、萜类、酚类、甾醇类和吲哚类等天然化合物。近年来，各国在天然生物活性物质的提取方面做了大量研究工作，并获得了一系列具有防污活性的 NPA。这些 NPA 来源于自然界，对人体及其他有机体无害、无污染，可生物降解，是设计环境友好型防污材料的先导化合物，其研究具有深远意义。但是，目前关于 NPA 的研究还处在基础理论研究阶段，据商业化应用还有相当距离。其主要问题有两个：一是 NPA 在海洋环境中释放速率快，使用寿命短，难以达到长效防污；二是 NPA 在制成防污涂料后活性难以保持。

近年来，纳米容器技术的发展为我们提供了新的研究思路。在众多纳米容器中，LDH 近年来得到了人们的广泛关注。目前，很多功能性有机阴离子已被引入 LDH 层间，如杀虫剂、抗菌剂、药物分子等，从而制备出具有特殊性质功用的有机-无机复合材料。相对于传统的基于有机物的纳米容器，LDH 型纳米容器具有以下特点：良好的生物相容性；释放曲线稳定、安全性高；使液态分子固化便于保存和应用；从分子级别上提供保护，显著提高光、热稳定性；制备工艺简单；成本低廉。我们研究组充分利用 LDH 可作为纳米容器的结构优点，依据分子设计思想，采用插层组装技术将 NPA 分子引入 LDH 层间，创制具有超分子插层结构的新型 NPA 阴离子插层 LDH（NPA-LDH）缓释防微生物污损材料。该类材料具有如下优点：①将 NPA 分子组装储存在 LDH 纳米容器中，可有效解决 NPA 分子光热稳定性差、制成涂料后易失活的问题，大幅提高其使用寿命；②利用 LDH 层间客体阴离子的可交换性，组装在层间的 NPA 分子在海洋环境中可缓慢释放，达到缓释防污的目的，提高防污涂层使用寿命；③LDH 本身具有良好的可加工性，易于作为无机纳米添加剂制备成防污涂料，该类 NPA-LDH 缓释防污材料有望代替目前采用的 Cu_2O 类无机杀毒剂使用。

3.4.2　NPA-LDH 制备及缓释防污性能

1. NPA-LDH 制备、表征及超分子结构模型建立

采用直接共沉淀法制备了四种不同层板元素组成（Mg 和 Al 的物质的量比为 2 和 3，Zn 和 Al 的物质的量比为 2 和 3）NO_3^- 插层 LDH 前体（NO_3-LDH，分别记为 2Mg-Al-NO_3、3Mg-Al-NO_3、2Zn-Al-NO_3 和 3Zn-Al-NO_3），随后采用离子交换法，选用两种 NPA 苯甲酸（BZ^-）和丁二酸（SU^{2-}）以及两种合成抗生素青霉素（BP^-）和替卡西林（TC^{2-}）阴离子作为插层客体组装到 LDH 层间，最终制备出系列 NPA-LDH 材料。所制备样品的 XRD 谱图如图 3-14～图 3-17 所示。由图可见，各个样品各级衍射峰型尖锐、基线平稳，(003) 和 (006) 晶面特征衍射峰

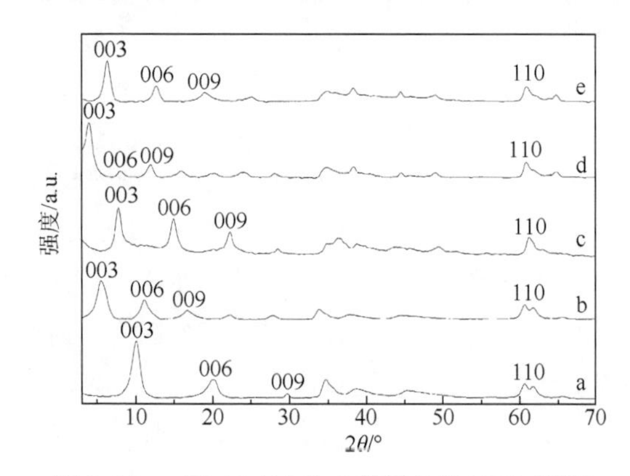

图 3-14　n(Mg)/n(Al)为 2 的样品的 XRD 谱图

a. 2Mg-Al-NO_3；b. 2Mg-Al-BZ；c. 2Mg-Al-SU；d. 2Mg-Al-BP；e. 2Mg-Al-TC

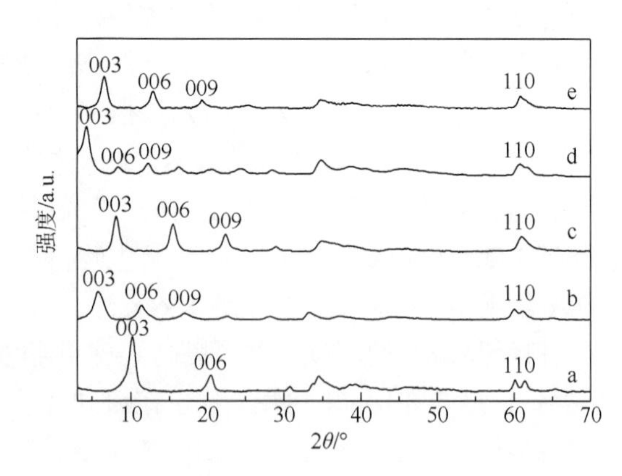

图 3-15　n(Mg)/n(Al)为 3 的样品的 XRD 谱图

a. 3Mg-Al-NO_3；b. 3Mg-Al-BZ；c. 3Mg-Al-SU；d. 3Mg-Al-BP；e. 3Mg-Al-TC

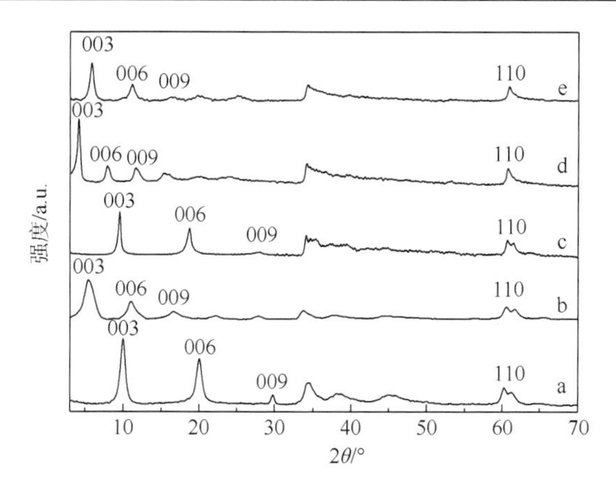

图 3-16 $n(\mathrm{Zn})/n(\mathrm{Al})$为 2 的样品的 XRD 谱图

a. 2Zn-Al-NO_3；b. 2Zn-Al-BZ；c. 2Zn-Al-SU；d. 2Zn-Al-BP；e. 2Zn-Al-TC

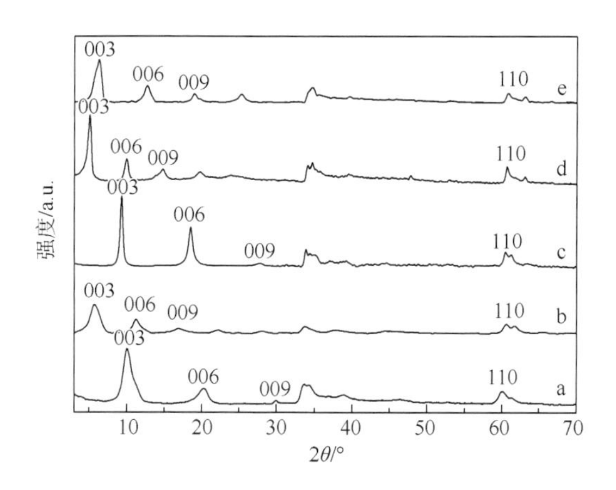

图 3-17 $n(\mathrm{Zn})/n(\mathrm{Al})$为 3 的样品的 XRD 谱图

a. 3Zn-Al-NO_3；b. 3Zn-Al-BZ；c. 3Zn-Al-SU；d. 3Zn-Al-BP；e. 3Zn-Al-TC

对称性良好，层间距具有良好倍数关系，（110）晶面特征衍射峰清晰可见，说明其为晶型规整、晶相单一的 LDH 化合物。对比插层前后样品的 XRD 谱图，插层产物的（003）、（006）和（009）晶面特征衍射峰均向低 2θ 角移动，表明有较大尺寸客体阴离子进入层间。

图 3-18 是所制备 NO_3-LDH 前体的 FT-IR 谱图。如图 3-18 所示，NO_3-LDH 前体均出现系列近似吸收带：约 3550cm^{-1} 处的宽吸收谱带归结为羟基的 O—H 伸缩振动吸收峰；1628cm^{-1} 处吸收谱带为层间水面外变形振动吸收峰；1384cm^{-1} 处吸收谱带为 NO_3^- 反对称伸缩振动吸收峰；826cm^{-1} 处为层板 M—O 的吸收峰；427cm^{-1} 处为 M—O—H 变形振动吸收峰。

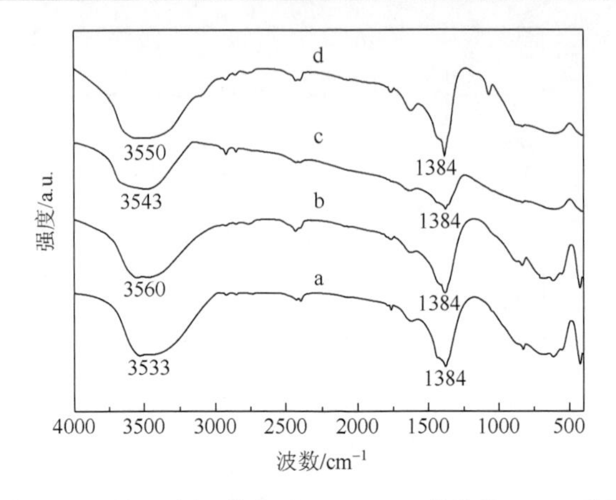

图 3-18 不同层板元素组成 NO_3-LDH 前体的 FT-IR 谱图

a. 2Mg-Al-NO_3；b. 3Mg-Al-NO_3；c. 2Zn-Al-NO_3；d. 3Zn-Al-NO_3

不同层板元素组成的 BZ^-插层 LDH 和 BZ 原料的 FT-IR 谱图示于图 3-19。如图所示，对于 BZ 原料（图中曲线 e），$RCOO^-$对称和反对称伸缩振动峰位于 $1559cm^{-1}$ 和 $1420cm^{-1}$；$1605cm^{-1}$ 为苯环 C＝C 伸缩振动；$709cm^{-1}$ 处出现的吸收峰表明苯环是单取代的。插层后，前体位于 $1384cm^{-1}$ 处的 NO_3^- 特征吸收峰消失，出现 BZ^- 的系列特征吸收峰，但相对强度较 BZ 原料显著减弱。$RCOO^-$的反对称伸缩振动峰向低波数移动至约 $1390cm^{-1}$ 处，归结为 BZ^-中带负电荷的 $RCOO^-$与带正电荷的 LDH 层板间的静电吸引及与层板羟基和层间水分子氢键相互作用。

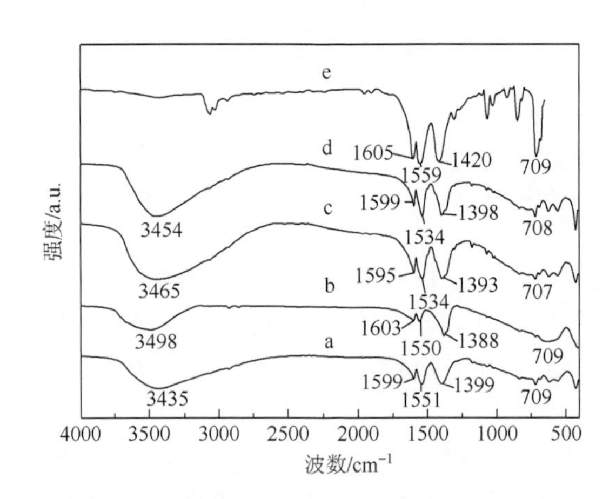

图 3-19 不同层板元素组成的 BZ^-插层 LDH 和 BZ 原料的 FT-IR 谱图

a. 2Mg-Al-BZ；b. 3Mg-Al-BZ；c. 2Zn-Al-BZ；d. 3Zn-Al-BZ；e. BZ 原料

不同层板元素组成的 SU^{2-}插层 LDH 和 SU 原料的 FT-IR 谱图示于图 3-20。

如图所示，对于SU原料（图中曲线e），谱峰主要位于4个区域：800～1100cm^{-1}的C—C骨架伸缩振动；1150～1600cm^{-1}的羧基C—O伸缩振动和C—H剪式振动；2900～3000cm^{-1}烷基链C—H伸缩振动；中心位置在3300cm^{-1}处水的O—H伸缩振动。RCOO$^-$对称和反对称伸缩振动峰位于1593cm^{-1}和1435cm^{-1}。插层后，前体位于1384cm^{-1}处NO_3^-特征吸收峰消失，出现SU^{2-}的系列特征吸收峰，但相对强度较SU原料显著减弱。RCOO$^-$反对称伸缩振动峰向低波数移动至约1390cm^{-1}处，归结为SU^{2-}中带负电荷的RCOO$^-$与带正电荷的LDH层板间的静电吸引及与层板羟基和层间水分子氢键相互作用。

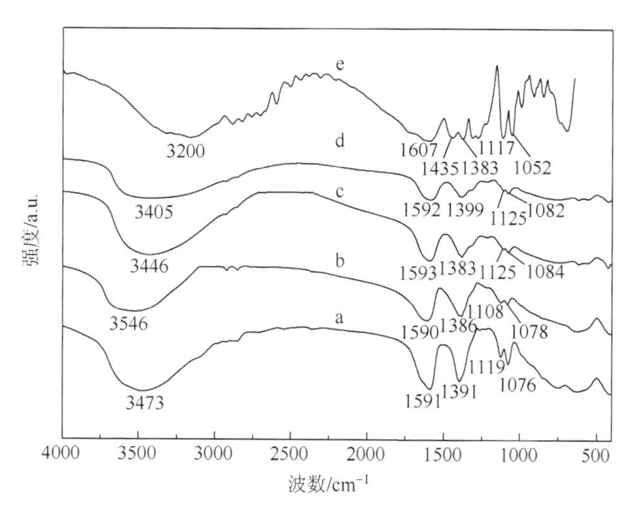

图3-20 不同层板元素组成的SU^{2-}插层LDH和SU原料的FT-IR谱图

a. 2Mg-Al-SU；b. 3Mg-Al-SU；c. 2Zn-Al-SU；d. 3Zn-Al-SU；e. SU原料

不同层板元素组成的BP$^-$插层LDH和BP原料的FT-IR谱图示于图3-21。如图所示，对于BP原料（图中曲线e），3200～2770cm^{-1}区间有强、宽的吸收谱带，为氨基和缔合羧酸的羟基伸缩振动吸收，2974～2895cm^{-1}处有中强的饱和C—H伸缩振动吸收谱带，其特征吸收峰是1781cm^{-1}处的内酰胺上羰基伸缩振动吸收，而1669cm^{-1}处吸收峰为羧酸基的羰基吸收峰；在1609cm^{-1}和1393cm^{-1}处出现强吸收峰，其归属于RCOO$^-$的对称和反对称伸缩振动峰。插层后，前体位于1384cm^{-1}处NO_3^-特征吸收峰消失，出现BP$^-$的系列特征吸收峰，但相对强度较BP原料显著减弱。RCOO$^-$的反对称伸缩振动峰向低波数移动至约1380cm^{-1}处，同样归结为BP$^-$中带负电荷的RCOO$^-$与带正电荷的LDH层板间的静电吸引及与层板羟基和层间水分子氢键相互作用。

不同层板元素组成的TC^{2-}插层LDH和TC原料的FT-IR谱图示于图3-22。如图所示，对于TC原料（图中曲线e），3200～2770cm^{-1}区间有强、宽的吸收谱带，为氨基和缔合羧酸的羟基伸缩振动吸收，2974～2895cm^{-1} 处有中强的饱和 C—H 伸缩振动吸收谱带，其特征吸收峰是 1773cm^{-1} 处内酰胺上羰基伸缩振动吸收；在 1602cm^{-1} 和 1395cm^{-1} 处出现强吸收峰，其归属于 $RCOO^-$的对称和反对称伸缩振动峰。插层后，前体位于 1384cm^{-1} 处 NO_3^- 特征吸收峰消失，出现 TC^{2-}的系列特征吸收峰，但相对强度较 TC 原料显著减弱。$RCOO^-$的反对称伸缩振动峰向低波数移动至约 1380cm^{-1} 处，同样归结为 TC^-中带负电荷的 $RCOO^-$与带正电荷的 LDH 层板间的静电吸引及与层板羟基和层间水分子氢键相互作用。

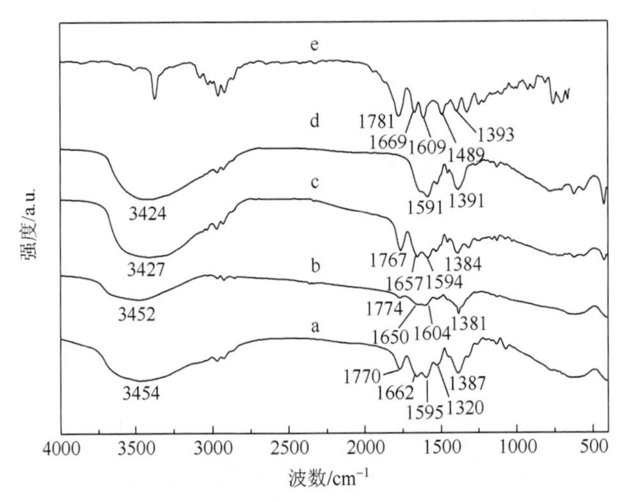

图 3-21　不同层板元素组成的 BP^-插层 LDH 和 BP 原料的 FT-IR 谱图

a. 2Mg-Al-BP；b. 3Mg-Al-BP；c. 2Zn-Al-BP；d. 3Zn-Al-BP；e. BP 原料

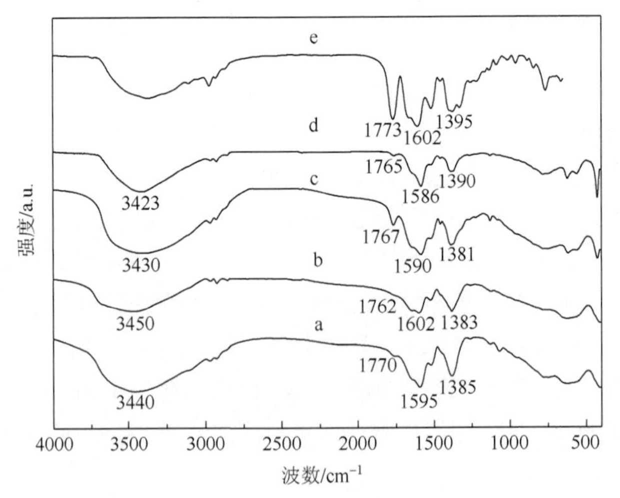

图 3-22　不同层板元素组成的 TC^{2-}插层 LDH 和 TC 原料的 FT-IR 谱图

a. 2Mg-Al-TC；b. 3Mg-Al-TC；c. 2Zn-Al-TC；d. 3Zn-Al-TC；e. TC 原料

元素分析给出所制备样品的分子式（表 3-5）。XRD 分析可以得到 LDH 层间距 l，其值为 1/3（$d_{003}+2d_{006}+3d_{009}$），晶胞参数 c 等于 $3d_{003}$。晶胞参数 a 等于 $2d_{110}$，指层板上两相邻金属原子间的平均距离，其大小受层板元素组成影响。层板电荷密度 x 等于 M^{3+}/（$M^{2+}+M^{3+}$）。以上计算结果见表 3-6。从表 3-5 中可以看出，层板元素组成对 NPA 插层量有较大影响。对于四种 NPA-LDH 材料，插层量均是在 Mg 和 Al 的物质的量比为 2 时达到最大值。对于同一组装方法得到的不同层板电荷密度的插层产物，随层板电荷密度降低，用于平衡层板正电荷的层间客体阴离子需求量减少，插层量降低，同时层间距减小（表 3-6）。随着层板电荷密度提高，需要更多层间客体阴离子来平衡 LDH 层板上增加的正电荷，静电作用导致插层量增加。同时，LDH 层板上每一个正电荷可享有的面积随层板电荷密度增大而减少。层间空间限域效应和静电作用的协同作用导致层间距增加。从表 3-5 可以看出，离子交换产物与相应 LDH 前体层板电荷密度几乎一样。这表明离子交换前后 LDH 前体层状结构始终保持完好，意味着离子交换过程是通过拓扑方式逐步有序进行，而不是由 LDH 前体崩解后重构的方式。假设在离子交换反应前后，LDH 前体上正电荷的位置保持不变，通过离子交换反应，插层客体阴离子将占据原本硝酸根离子在层间所处位置，此时由于层间空间限制，客体阴离子也将趋近于采用硝酸根离子原本单层紧邻的方式排布，离子交换反应得以逐步有序进行，所以在客体阴离子插层后可以保持 LDH 前体较好的晶型和化学组成，该过程可用逐渐趋近拓扑机理来描述。

表 3-5 NPA-LDH 材料的化学组成

样品	化学组成	NPA 含量（质量分数）/wt%	分子量
2Mg-Al-BZ	$[Mg_{0.686}Al_{0.314}(OH)_2](C_7H_5O_2^-)_{0.269}(NO_3^-)_{0.045}\cdot 0.80H_2O$	29.9	102
3Mg-Al-BZ	$[Mg_{0.746}Al_{0.254}(OH)_2](C_7H_5O_2^-)_{0.187}(NO_3^-)_{0.067}\cdot 0.26H_2O$	25.1	90
2Zn-Al-BZ	$[Zn_{0.681}Al_{0.319}(OH)_2](C_7H_5O_2^-)_{0.273}(NO_3^-)_{0.046}\cdot 0.85H_2O$	23.9	138
3Zn-Al-BZ	$[Zn_{0.738}Al_{0.262}(OH)_2](C_7H_5O_2^-)_{0.192}(NO_3^-)_{0.070}\cdot 0.30H_2O$	19.0	122
2Mg-Al-SU	$[Mg_{0.678}Al_{0.322}(OH)_2](C_4H_4O_4^{2-})_{0.143}(NO_3^-)_{0.036}\cdot 0.70H_2O$	18.4	90
3Mg-Al-SU	$[Mg_{0.748}Al_{0.252}(OH)_2](C_4H_4O_4^{2-})_{0.094}(NO_3^-)_{0.062}\cdot 0.28H_2O$	13.9	79
2Zn-Al-SU	$[Zn_{0.676}Al_{0.324}(OH)_2](C_4H_4O_4^{2-})_{0.135}(NO_3^-)_{0.054}\cdot 0.90H_2O$	12.8	122
3Zn-Al-SU	$[Zn_{0.744}Al_{0.256}(OH)_2](C_4H_4O_4^{2-})_{0.097}(NO_3^-)_{0.062}\cdot 0.35H_2O$	10.2	110
2Mg-Al-BP	$[Mg_{0.676}Al_{0.324}(OH)_2](C_{16}H_{17}N_2O_4S^-)_{0.288}(NO_3^-)_{0.036}\cdot 0.67H_2O$	56.7	169
3Mg-Al-BP	$[Mg_{0.742}Al_{0.258}(OH)_2](C_{16}H_{17}N_2O_4S^-)_{0.194}(NO_3^-)_{0.064}\cdot 0.31H_2O$	48.6	133
2Zn-Al-BP	$[Zn_{0.672}Al_{0.328}(OH)_2](C_{16}H_{17}N_2O_4S^-)_{0.272}(NO_3^-)_{0.056}\cdot 0.82H_2O$	46.4	195
3Zn-Al-BP	$[Zn_{0.740}Al_{0.260}(OH)_2](C_{16}H_{17}N_2O_4S^-)_{0.195}(NO_3^-)_{0.065}\cdot 0.36H_2O$	37.6	173
2Mg-Al-TC	$[Mg_{0.668}Al_{0.332}(OH)_2](C_{15}H_{14}N_2O_6S_2^{2-})_{0.143}(NO_3^-)_{0.046}\cdot 0.68H_2O$	42.4	129
3Mg-Al-TC	$[Mg_{0.742}Al_{0.258}(OH)_2](C_{15}H_{14}N_2O_6S_2^{2-})_{0.095}(NO_3^-)_{0.068}\cdot 0.32H_2O$	34.5	105
2Zn-Al-TC	$[Zn_{0.680}Al_{0.320}(OH)_2](C_{15}H_{14}N_2O_6S_2^{2-})_{0.136}(NO_3^-)_{0.048}\cdot 0.85H_2O$	33.1	157
3Zn-Al-TC	$[Zn_{0.732}Al_{0.268}(OH)_2](C_{15}H_{14}N_2O_6S_2^{2-})_{0.104}(NO_3^-)_{0.060}\cdot 0.32H_2O$	28.8	138

从表 3-6 可以看出，对于 NO_3^- 插层 Mg-Al LDH 前体，随着层板电荷密度从 0.32 减少到 0.26，其层间距也相应地从 0.885nm 减至 0.874nm。当层板电荷密度较小时，所需 NO_3^- 较少，层间空间较大，NO_3^- 可采取水平方式排布，晶面间距较小；随层板电荷密度增大，层板上 Al^{3+} 数目增加，需要更多 NO_3^- 来平衡层板正电荷，此外，随着离子半径较小的 Al^{3+} 增加，导致 LDH 层间空间减小，空间限域作用迫使层间 NO_3^- 只能采取倾斜方式排布，导致 LDH 晶面间距增大。对于 NO_3^- 插层 Zn-Al LDH 前体，随着层板电荷密度从 0.33 减小到 0.25，其层间距也相应地从 0.889nm 减小到 0.883nm。对于层板元素组成不同的其他四种 NPA-LDH 产物来说，其层间距随层板电荷密度变化的规律是一致的，均是随层板电荷密度减小而减小。

表 3-6　NPA-LDH 材料的 XRD 结构参数和元素分析结果

样品	l/nm	d_{110}/nm	a/nm	M^{2+}/M^{3+}物质的量比	X^a	S^b/（nm^2/charge）
2Mg-Al-NO_3	0.885	0.153	0.306	2.20	0.32	0.25
3Mg-Al-NO_3	0.874	0.154	0.308	3.01	0.26	0.32
2Zn-Al-NO_3	0.889	0.154	0.308	2.24	0.33	0.25
3Zn-Al-NO_3	0.883	0.154	0.308	2.98	0.25	0.33
2Mg-Al-BZ	1.607	0.153	0.306	2.18	0.31	0.26
3Mg-Al-BZ	1.576	0.154	0.308	2.94	0.25	0.33
2Zn-Al-BZ	1.624	0.153	0.306	2.13	0.32	0.25
3Zn-Al-BZ	1.577	0.153	0.306	2.82	0.26	0.31
2Mg-Al-SU	1.171	0.151	0.302	2.11	0.32	0.25
3Mg-Al-SU	1.141	0.152	0.304	2.97	0.25	0.32
2Zn-Al-SU	0.959	0.153	0.306	2.09	0.32	0.25
3Mg-Al-SU	0.944	0.153	0.306	2.91	0.26	0.31
2Mg-Al-BP	2.224	0.152	0.304	2.09	0.32	0.25
3Mg-Al-BP	2.122	0.152	0.304	2.88	0.26	0.31
2Zn-Al-BP	2.227	0.153	0.306	2.05	0.33	0.25
3Zn-Al-BP	2.176	0.153	0.306	2.85	0.26	0.31
2Mg-Al-TC	1.395	0.152	0.304	2.01	0.33	0.24
3Mg-Al-TC	1.362	0.152	0.304	2.88	0.26	0.31
2Zn-Al-TC	1.576	0.152	0.304	2.13	0.32	0.25
3Zn-Al-TC	1.404	0.152	0.304	2.73	0.27	0.30

a. $x=M^{2+}/（M^{2+}+M^{3+}）（M^{2+}=Mg^{2+}、Zn^{2+}，M^{3+}=Al^{3+}）$。

b. $S=a^2\sin60°/x$。

根据所得层间距数据，减去 LDH 层板厚度 0.480nm，可得到四种 NPA-LDH 材料的层间通道高度分别为 1.10nm、0.69nm、1.74nm 和 0.92nm，对比四种客体分子在长轴方向分子尺寸可知其在 LDH 层间有以下不同排布方式（图 3-23）：BZ^-通过苯环的π-π共轭及疏水作用形成准客体离子对，以准客体离子对的形式在 LDH 层间垂直排列，其两端带负电荷的 $RCOO^-$基团通过静电和氢键作用与上下层板同时连接；SU^{2-}进入层间后，其将趋向于通过两端的 $RCOO^-$基团连接到层板上相邻的正电荷位上形成紧密相邻且与层板垂直的单层排列；BP^-在层间以交错双层排布方式存在；TC^{2-}在 LDH 层间以垂直单层方式排布。

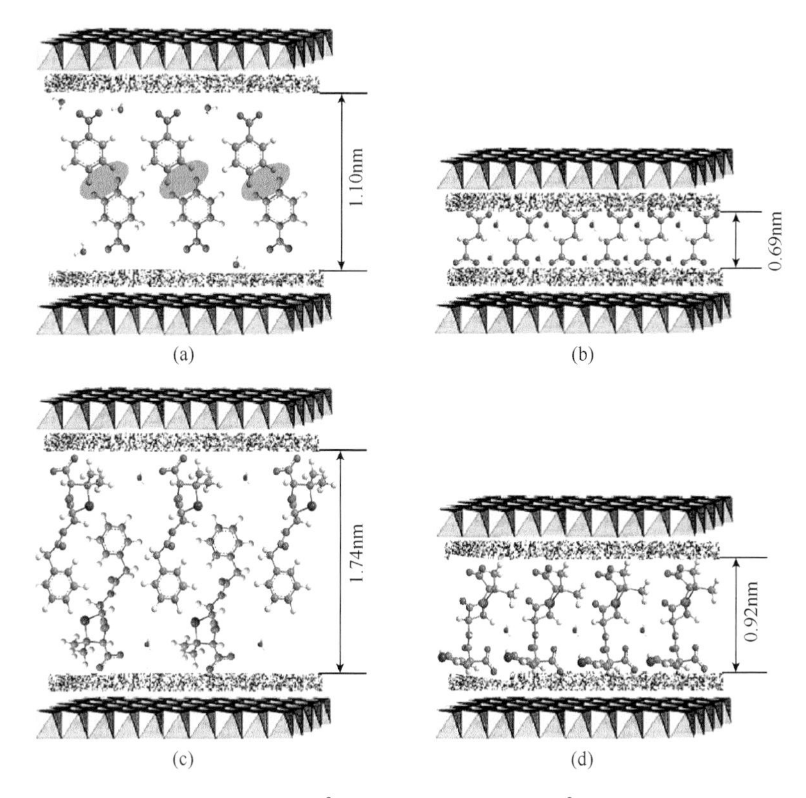

图 3-23　所制备的 BZ^-（a）、SU^{2-}（b）、BP^-（c）和 TC^{2-}（d）插层 2Mg-Al LDH 的超分子结构示意图

图（a）中灰色圆圈代表准客体离子对中苯环间π-π共轭作用的区域

图 3-24～图 3-28 是所制备样品的 SEM 图。从图 3-24 中可以看到，NO_3-LDH 前体颗粒为六边形片状，且沿垂直于层片方向紧密堆积，前体二次粒径分布为 50～100nm，且分布较均匀。对比离子交换反应前后 SEM 照片可见插层后样品形貌与前体相比变化不大，均为六边形片状，进一步证明离子交换过程符合逐渐拓扑机理。同时从图中可以看到，所制备样品粒径尺寸在纳米级，具备纳米容器特征。

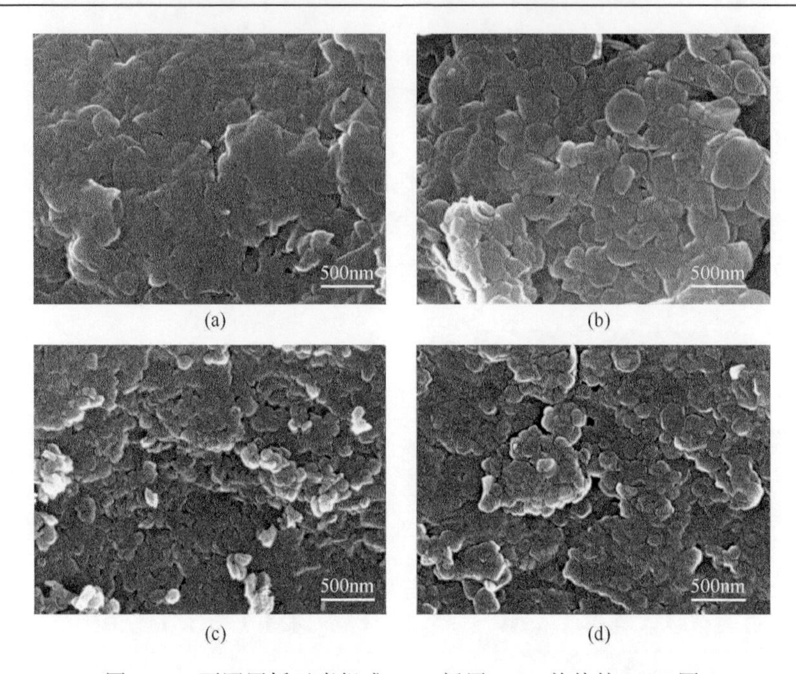

图 3-24　不同层板元素组成 NO_3^- 插层 LDH 前体的 SEM 图

（a）2Mg-Al-NO_3；（b）3Mg-Al-NO_3；（c）2Zn-Al-NO_3；（d）3Zn-Al-NO_3

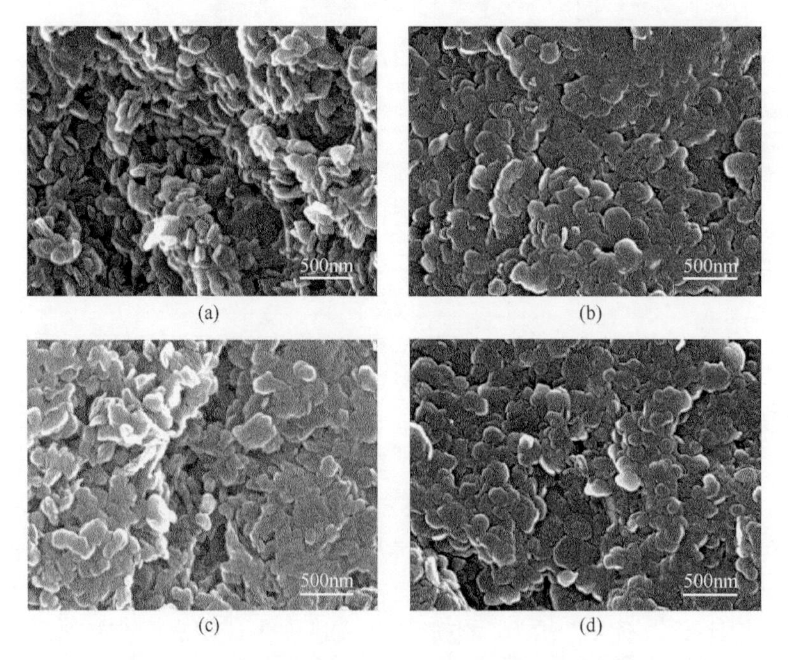

图 3-25　不同层板元素组成的 BZ^-插层 LDH 的 SEM 图

（a）2Mg-Al-BZ；（b）3Mg-Al-BZ；（c）2Zn-Al-BZ；（d）3Zn-Al-BZ

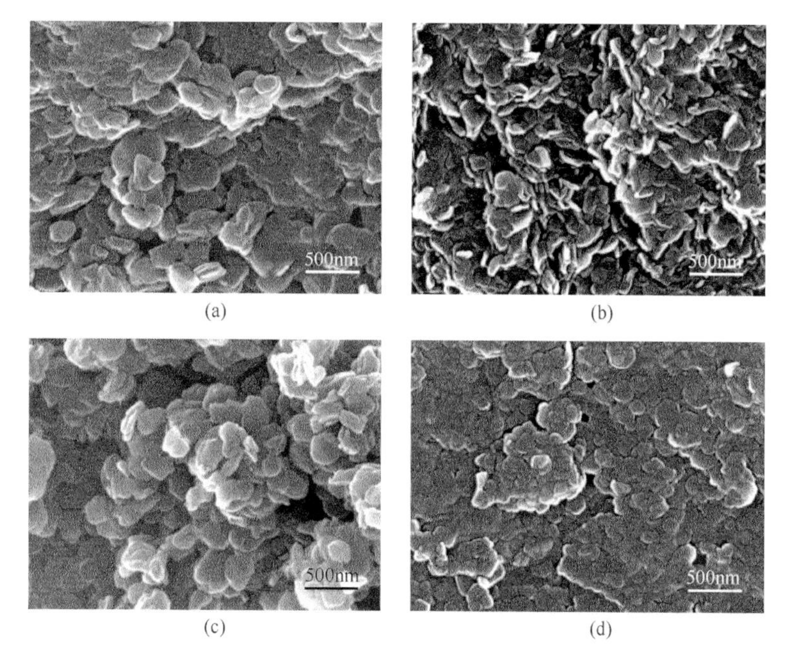

图 3-26　不同层板元素组成的 SU^{2-} 插层 LDH 的 SEM 图

(a) 2Mg-Al-SU；(b) 3Mg-Al-SU；(c) 2Zn-Al-SU；(d) 3Zn-Al-SU

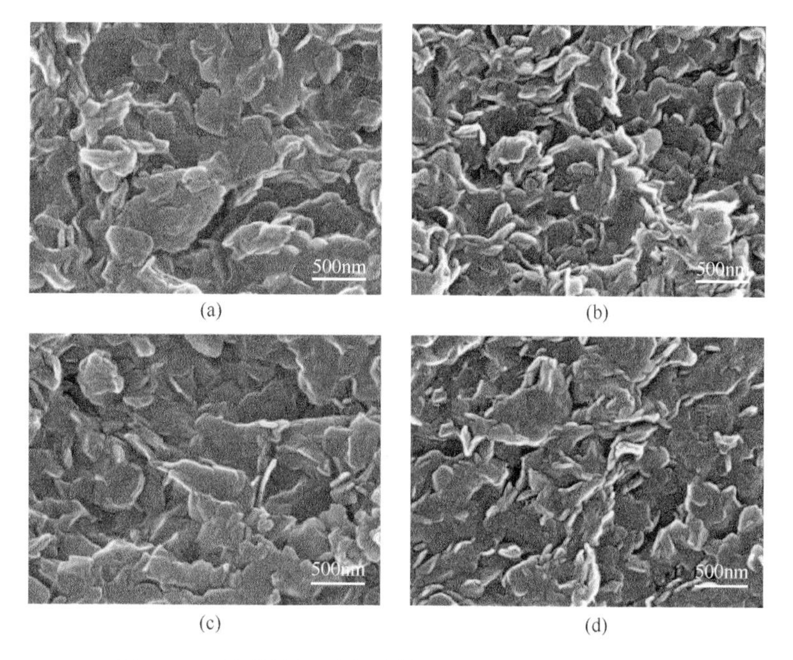

图 3-27　不同层板元素组成的 BP^{-} 插层 LDH 的 SEM 图

(a) 2Mg-Al-BP；(b) 3Mg-Al-BP；(c) 2Zn-Al-BP；(d) 3Zn-Al-BP

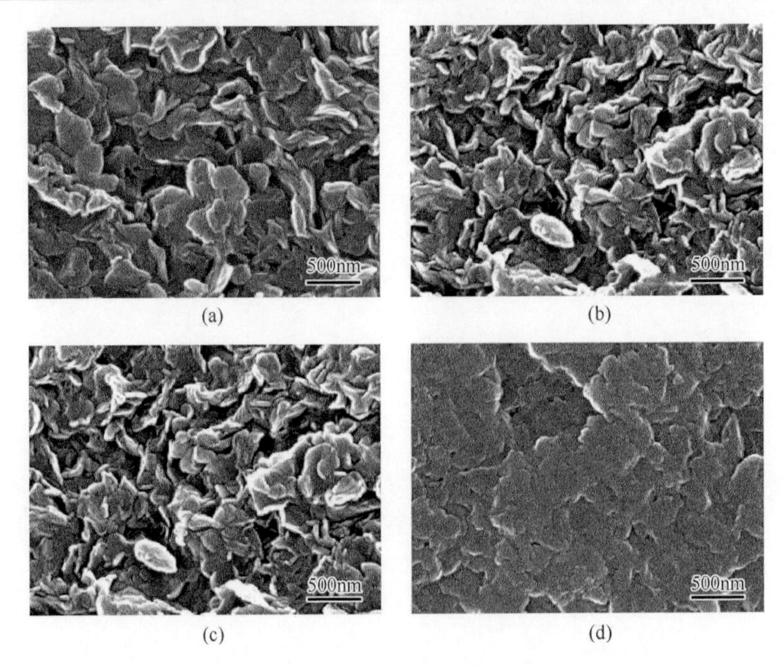

图 3-28　不同层板元素组成的 TC^{2-}插层 LDH 的 SEM 图

（a）2Mg-Al-TC；（b）3Mg-Al-TC；（c）2Zn-Al-TC；（d）3Zn-Al-TC

2. NPA-LDH 缓释机理研究

LDH 型纳米容器的释放过程是一个离子交换过程，符合逐渐趋近拓扑机理，层间客体阴离子被释放介质中的无机阴离子有序地、逐步地交换出来，而在此过程

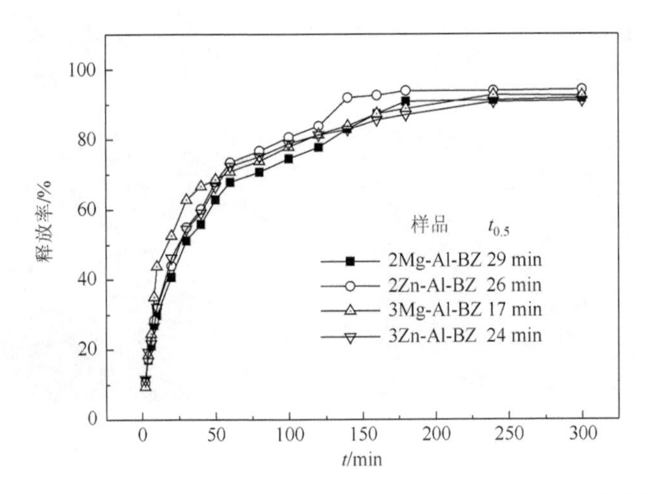

图 3-29　不同层板元素组成 BZ^{-}插层 LDH 在 3.5% NaCl 溶液中的释放曲线

中层板结构和组成均保持不变。结合文献报道可知，LDH 型纳米容器缓释行为最有可能的机理为粒内扩散机理或者溶解机理，或者二者兼有。涉及的动力学方程包括 Bhaskar 方程、Higuchi 方程、一级动力学方程和 Peppas 方程。不同层板元素组成 BZ^-插层 LDH 在 3.5% NaCl 溶液中、室温条件下的释放曲线如图 3-29 所示，随着释放时间的延长，样品累积释放量逐渐增加直至达到平衡。释放初期释放速率相对较快，随后释放速率逐渐变慢，这是因为位于 LDH 层板边缘的 BZ^-扩散阻力较小，而位于 LDH 层板中心位置的 BZ^-扩散阻力较大。值得注意的是，BZ^-插层 LDH 的释放半寿期 $t_{0.5}$（累积释放量达 50%的时间）随层板元素组成变化而变化。对于 BZ^-插层 Mg-Al LDH，$t_{0.5}$ 随层板电荷密度减小从 29min 减少到 17min，说明高电荷密度有利于延长释放时间。

分别采用 Bhaskar、Higuchi、一级动力学和 Peppas 方程对系列样品在 3.5% NaCl 溶液中的释放数据进行拟合，拟合结果见表 3-7。动力学拟合结果表明，所有样品的释放行为均符合 Bhaskar 方程，为粒内扩散机理。释放过程的速控步骤为 BZ^-在 LDH 层间的粒内扩散过程。

表 3-7　不同层板元素组成 BZ^-插层 LDH 的释放曲线的四种动力学方程拟合结果（相关系数 r）

样品	Bhaskar	First Order	Higuchi	Peppas
2Mg-Al-BZ	0.995	0.980	0.975	0.989
3Mg-Al-BZ	0.998	0.979	0.962	0.971
2Zn-Al-BZ	0.996	0.976	0.979	0.987
3Zn-Al-BZ	0.992	0.963	0.965	0.982

不同层板元素组成 SU^{2-}插层 LDH 在 3.5% NaCl 溶液中、室温条件下的释放曲线如图 3-30 所示，与不同层板元素组成 BZ^-插层 LDH 在 3.5% NaCl 溶液中的释放行为类似，也是随着释放时间的延长，样品累积释放量逐渐增大直到平衡。释放初期释放速率相对较快，随后释放速率逐渐变慢，这同样是因为位于 LDH 层板边缘的 SU^{2-}扩散阻力较小，而位于 LDH 层板中心位置的 SU^{2-}扩散阻力较大。值得注意的是，SU^{2-}插层 LDH 的 $t_{0.5}$ 也随着层板元素组成变化而变化。对于 SU^{2-}插层 Mg-Al LDH，$t_{0.5}$ 随层板电荷密度减小从 28min 减少到 19min，说明高电荷密度有利于延长 SU^{2-}释放时间。

同样分别采用 Bhaskar、Higuchi、一级动力学和 Peppas 方程对系列样品在 3.5% NaCl 溶液中的释放数据进行拟合，拟合结果见表 3-8。拟合结果表明所有样品释放行为均符合 Bhaskar 方程，为粒内扩散机理。释放过程速控步骤为 SU^{2-}在 LDH 层间粒内扩散过程。

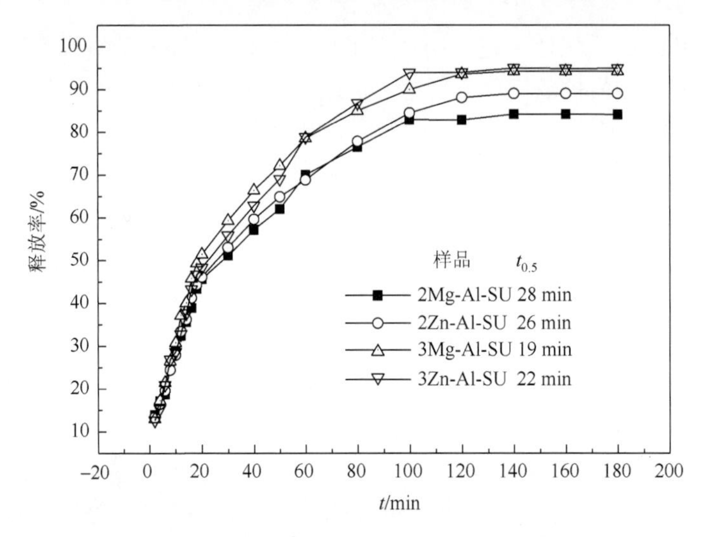

图 3-30　不同层板元素组成 SU^{2-}插层 LDH 在 3.5% NaCl 溶液中的释放曲线

表 3-8　不同层板元素组成不同 SU^{2-}插层 LDH 的释放曲线的四种动力学方程拟合结果（相关系数 r）

样品	Bhaskar	First Order	Higuchi	Peppas
2Mg-Al-SU	0.996	0.993	0.986	0.981
3Mg-Al-SU	0.995	0.993	0.987	0.983
2Zn-Al-SU	0.997	0.992	0.989	0.975
3Zn-Al-SU	0.997	0.986	0.988	0.980

不同层板元素组成 BP^-插层 LDH 在 3.5% NaCl 溶液中、室温条件下的释放曲线如图 3-31 所示，与不同层板元素组成 BZ^-和 SU^{2-}插层 LDH 在 3.5% NaCl 溶液中的释放行为类似，也是随着释放时间延长，样品累积释放量逐渐增加直至达到平衡。释放初期释放速率相对较快，随后释放速率逐渐变慢，这同样归因于位于 LDH 层板边缘的 BP^-扩散阻力较小，而位于 LDH 层板中心位置的 BP^-扩散阻力较大。值得注意的是，不同层板元素组成 BP^-插层 LDH 的 $t_{0.5}$ 也随着层板元素组成变化而变化。对于 BP^-插层 Mg-Al LDH，$t_{0.5}$ 随层板电荷密度的减小从 30min 减少到 20min，说明高电荷密度有利于延长 BP^-释放时间。

同样分别采用 Bhaskar、Higuchi、一级动力学和 Peppas 方程对系列样品在 3.5% NaCl 溶液中的释放数据进行拟合，拟合结果见表 3-9。拟合结果表明所有样品的释放行为均符合 Bhaskar 方程，为粒内扩散机理。释放过程速控步骤为 BP^-在 LDH 层间的粒内扩散过程。

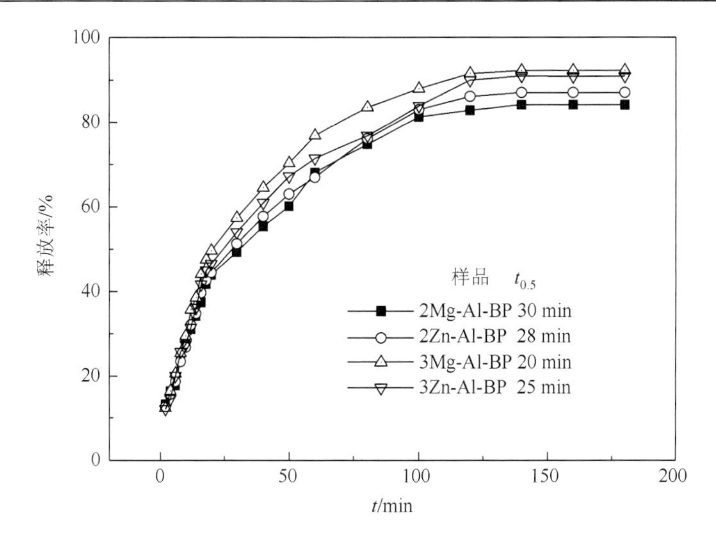

图 3-31　不同层板元素组成 BP^-插层 LDH 在 3.5% NaCl 溶液中的释放曲线

表 3-9　不同层板元素组成不同 BP^-插层 LDH 的释放曲线的四种动力学方程拟合结果（相关系数 r）

样品	Bhaskar	First Order	Higuchi	Peppas
2Mg-Al-BP	0.997	0.990	0.986	0.984
3Mg-Al-BP	0.997	0.992	0.989	0.976
2Zn-Al-BP	0.995	0.993	0.988	0.983
3Zn-Al-BP	0.998	0.988	0.988	0.980

不同层板元素组成 TC^{2-}插层 LDH 在 3.5% NaCl 溶液中、室温条件下释放曲线如图 3-32 所示，与其他三种 NPA-LDH 在 3.5% NaCl 溶液中的释放行为类似，也是随着释放时间增加，样品的累积释放量逐渐增加直至达到平衡。释放初期释放速率相对较快，随后释放速率逐渐变慢，这同样归因于位于 LDH 层板边缘的 TC^{2-}的扩散阻力较小，而位于 LDH 层板中心位置 TC^{2-}的扩散阻力较大。值得注意的是，TC^{2-}插层 LDH 的 $t_{0.5}$ 也随着层板元素组成变化而变化。对于 TC^{2-}插层 Mg-Al LDH，$t_{0.5}$ 随层板电荷密度减小从 31min 减少到 25min，说明高电荷密度有利于延长 SU^{2-}释放时间。

同样分别采用 Bhaskar、Higuchi、一级动力学和 Peppas 方程对系列样品在 3.5% NaCl 溶液中的释放数据进行拟合，拟合结果见表 3-10。拟合结果表明所有样品的释放行为均符合 Bhaskar 方程，为粒内扩散机理。释放过程速控步骤为 TC^{2-}在 LDH 层间的粒内扩散过程。

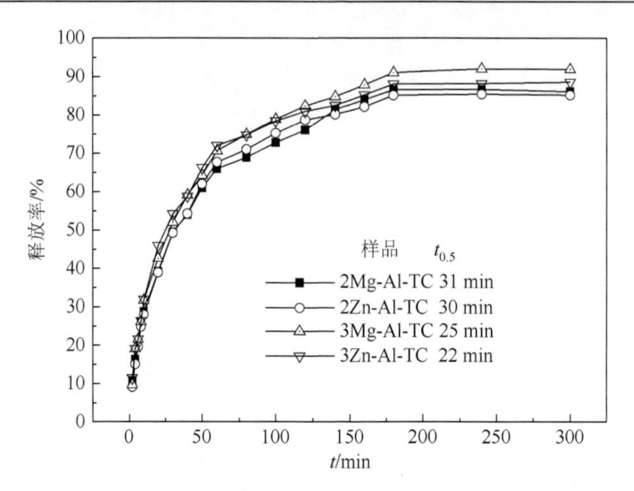

图 3-32　不同层板元素组成 TC^{2-}插层 LDH 在 3.5% NaCl 溶液中的释放曲线

表 3-10　不同层板元素组成不同 TC^{2-}插层 LDH 的释放曲线的四种动力学方程拟合结果（相关系数 r）

样品	Bhaskar	First Order	Higuchi	Peppas
2Mg-Al-TC	0.997	0.995	0.990	0.989
3Mg-Al-TC	0.998	0.994	0.986	0.984
2Zn-Al-TC	0.994	0.992	0.987	0.984
3Zn-Al-TC	0.996	0.991	0.984	0.985

3. NPA-LDH 缓释防微生物污损性能

以溶壁微球菌（*micrococcus lysodeikticus*，*M. Lys*）和 SRB 为模式污损微生物，考察所制备系列 NPA-LDH 材料在 3.5% NaCl 溶液（模拟海洋环境）中的缓控释放杀菌性能（图 3-33 和图 3-34）。研究结果表明在相同释放时间，对于同种 NPA-LDH

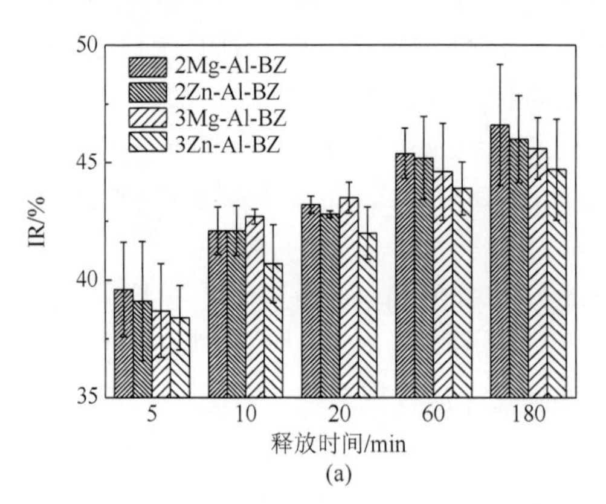

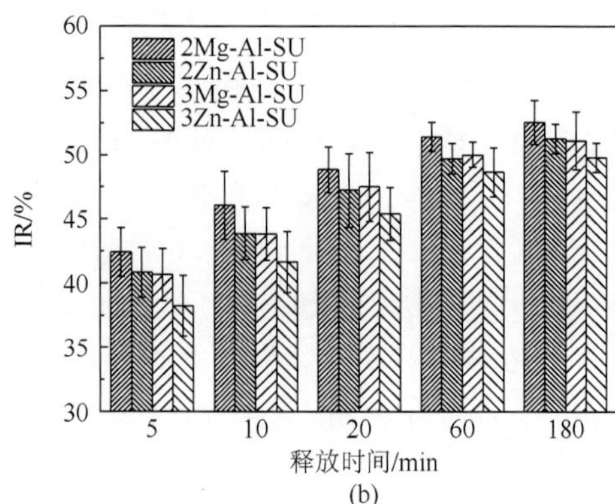

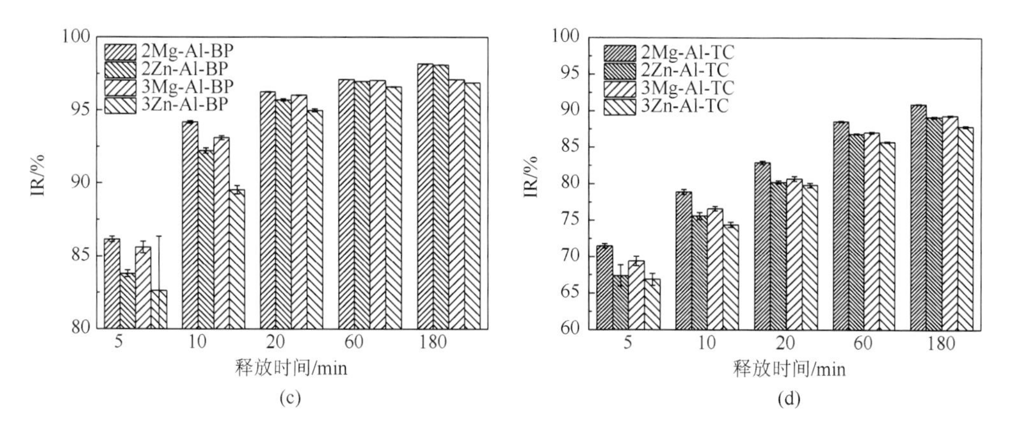

图 3-33　400mg/L BZ^-（a）、SU^{2-}（b）、BP^-（c）和 TC^{2-}（d）插层 LDH 在 3.5% NaCl 溶液中不同释放时间和抑菌率（对 *M. Lys*）关系曲线

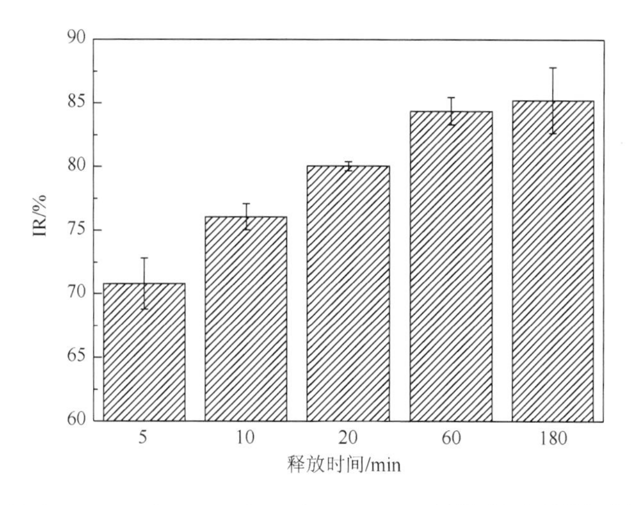

图 3-34　800mg/L 2Mg-Al-BP 在 3.5% NaCl 溶液中不同释放时间和抑菌率（对 SRB）关系曲线

材料其抑菌性能均为层板元素为 Mg 和 Al 的物质的量比为 2 时最佳，分析原因是因为该条件下 LDH 型纳米容器载药量最大，在相同时间内释放出的活性杀菌组分分量最大。同时该研究结果还表明所制备系列 NPA-LDH 材料的缓控释放杀菌性能随客体 NPA 的变化而变化，抑菌率由大至小依次为 BP^-、TC^{2-}、SU^{2-}和 BZ^-，其差异是因为四种 NPA 在海洋环境中抑菌能力存在差异。

以上研究结果表明 LDH 型纳米容器在 NPA 缓/控释、改善 NPA 储存稳定性、保护 NPA 活性基团等方面具有潜在应用前景。该类材料在智能抗菌涂层和海洋防污领域具有广阔的应用前景。

4. 层板尺寸对 NPA-LDH 缓释防污性能调控机制

先前的论述表明粒径尺寸在纳米级的NPA-LDH材料在3.5% NaCl溶液中的缓控释放行为受粒内扩散控制，因此 LDH 层板二维尺寸大小成为 LDH 型纳米容器在海洋环境中缓控释放行为调控的重要控制因素。为了进一步研究二者之间的交互作用机制，笔者采用均匀沉淀法制备了层板二维尺寸在 0.6～12.5μm 之间的 CO_3^{2-} 插层 Mg 和 Al 的物质的量比为 2 的 LDH 前体（2Mg-Al-CO_3），采用酸盐离子交换技术将一种 NPA，肉桂酸根阴离子（CM^-），成功插入 LDH 层间（2Mg-Al-CM）。所制备不同粒径 2Mg-Al-CO_3 前体的 SEM 照片如图 3-35 所示，所制备样品具有均一的粒径分布和发育良好的六方片结构，其粒径分布为 0.6μm、1.6μm、3.3μm 和 12.5μm。

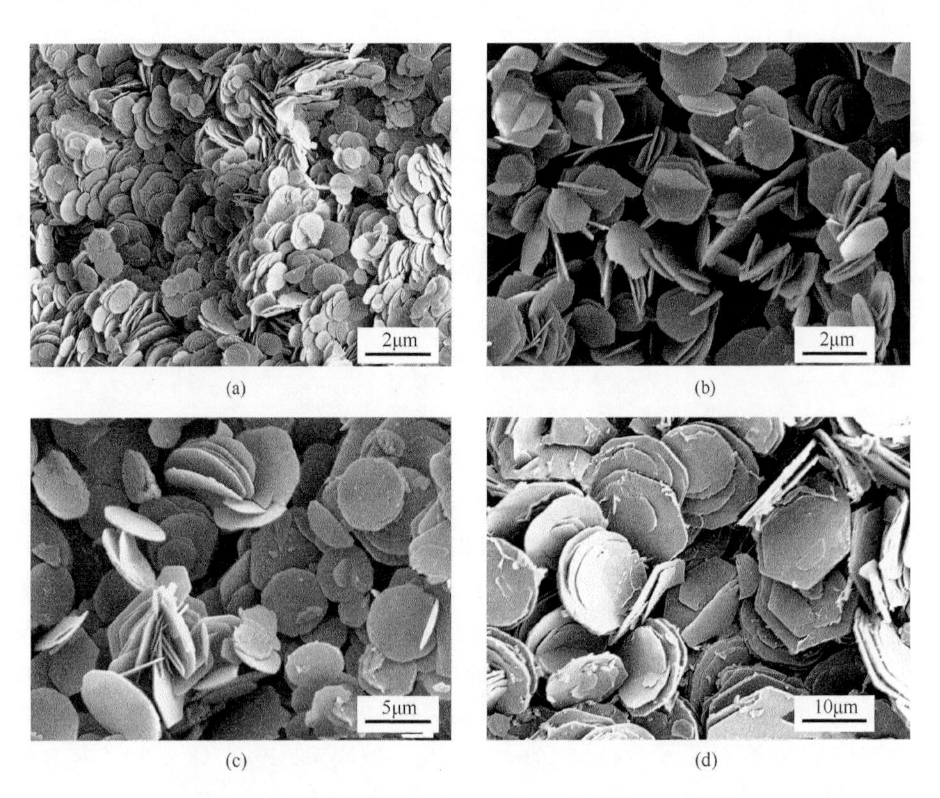

图 3-35 不同粒径分布 2Mg-Al-CO_3 前体的 SEM 照片

（a）0.6μm；（b）1.6μm；（c）3.3μm；（d）12.5μm

所制备不同粒径 2Mg-Al-CO_3 前体的 XRD 谱图和 FT-IR 谱图分别见图 3-36

和图 3-37。如图 3-36 所示，所有样品均出现了六方相 LDH 的特征衍射峰。此外，

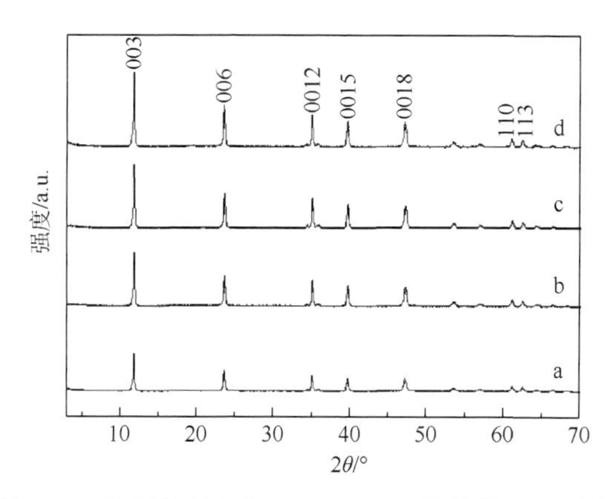

图 3-36　不同粒径分布 $2Mg\text{-}Al\text{-}CO_3$ 前体的 XRD 谱图

a. 0.6μm；b. 1.6μm；c. 3.3μm；d. 12.5μm

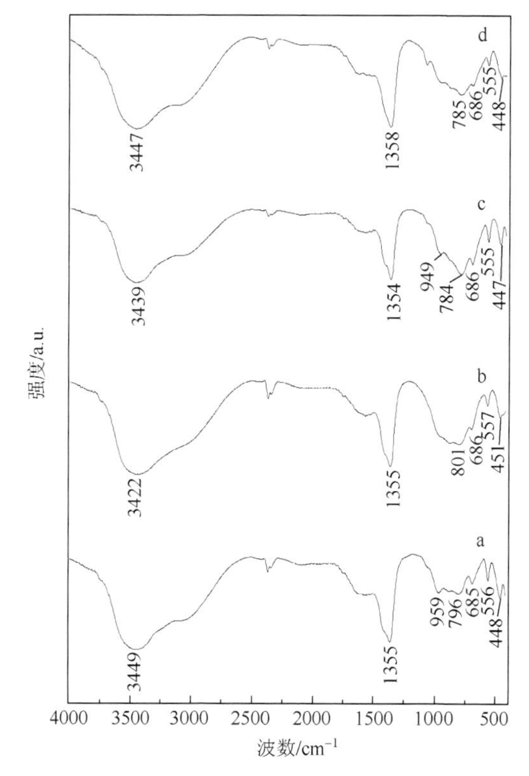

图 3-37　不同粒径分布 $2Mg\text{-}Al\text{-}CO_3$ 前体的 FT-IR 谱图

a. 0.6μm；b. 1.6μm；c. 3.3μm；d. 12.5μm

没有杂峰出现，说明样品纯度高。较强的衍射强度说明样品结晶度高。此外，从图 3-36 中还可以看到 XRD 谱图中（003）衍射峰强度随着样品粒径增大而增强。如图 3-37 所示，3700～3100cm^{-1} 宽的吸收谱带归结为 LDH 层间水分子的 O—H 振动峰和层板羟基的振动峰。1357cm^{-1} 处吸收谱带为层间 CO_3^{2-} 的伸缩振动吸收峰。在低波数（700～400cm^{-1}）处出现了 LDH 层板上 M—OH、M—O—M 和 O—M—O 键的特征振动吸收峰，进一步证明 LDH 结构的形成，此结果与 XRD 结果一致。

为了控制粒径，避免晶体溶解，酸盐离子交换法被应用于制备 2Mg-Al-CM。所制备不同粒径 2Mg-Al-CM 的 XRD 谱图如图 3-38 所示，对比相应的 2Mg-Al-CO_3 前体，2Mg-Al-CM 的（003）、（006）和（009）晶面特征衍射峰均向低 2θ 角移动，说明有尺寸较大的阴离子进入层间。计算所得层间距由 0.750nm 扩张到 1.930nm。2003 年，Greenwell 等通过理论计算表明 CM$^-$插层 Mg-Al LDH 的层间距随样品 Mg 和 Al 的物质的量比和含水量发生变化。对于 Mg 和 Al 的物质的量比为 2 的样品，随含水量从 30%降低到 20%，层间距从 2.440nm 减小到 2.110nm，这表明含水量降低，层间距减小。在本研究中，所制备样品的化学组成见表 3-11，含水量约为 10%，因此 1.930nm 的层间距与理论计算值基本吻合。考虑到 LDH 层板厚度 0.480nm，得到层间通道高度为 1.450nm，此值大于 1 倍 CM$^-$长度（1.061nm），表明层间客体 CM$^-$在层间以垂直于层板方向交错双层排列。

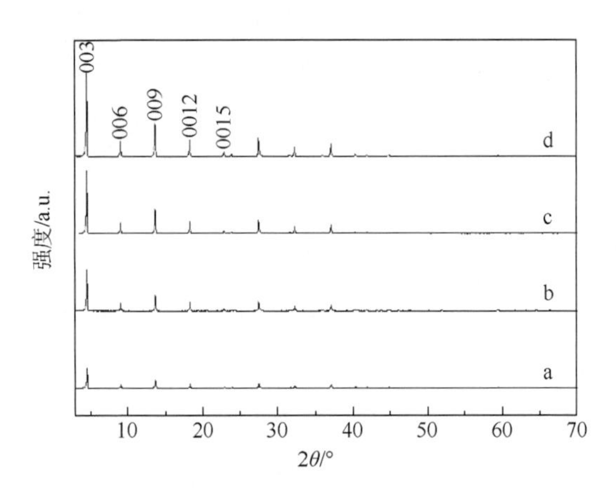

图 3-38　不同粒径分布 2Mg-Al-CM 的 XRD 谱图

a. 0.6μm；b. 1.6μm；c. 3.3μm；d. 12.5μm

表 3-11　不同粒径分布 2Mg-Al-CM 的化学组成和 CM$^-$负载量

粒径/μm	化学组成	载量/wt%
0.6	$[Mg_{0.687}Al_{0.313}(OH)_2](C_9H_7O_2^-)_{0.290}(NO_3^-)_{0.025}\cdot 0.76H_2O$	36.45
1.6	$[Mg_{0.686}Al_{0.314}(OH)_2](C_9H_7O_2^-)_{0.279}(NO_3^-)_{0.035}\cdot 0.68H_2O$	35.82

续表

粒径/μm	化学组成	载量/wt%
3.3	$[Mg_{0.678}Al_{0.322}(OH)_2](C_9H_7O_2^-)_{0.286}(NO_3^-)_{0.036}\cdot0.66H_2O$	36.47
12.5	$[Mg_{0.676}Al_{0.324}(OH)_2](C_9H_7O_2^-)_{0.288}(NO_3^-)_{0.036}\cdot0.67H_2O$	36.57

可以用 FT-IR 进一步证实 CM^-的成功插层。如图 3-39 所示，2Mg-Al-CM 的 FT-IR 谱图出现了 CM^-和 LDH 的特征峰。1360cm^{-1}处吸收峰的消失说明样品中的CO_3^{2-}已经交换完全。插层组装后，纯肉桂酸钾位于 1558cm^{-1}和 1409cm^{-1}的 ν_{as}（COO^-）和 ν_s（COO^-）分别移动到 1535cm^{-1}和 1398cm^{-1}。红移表明插层客体和主体层板发生主客体相互作用，插层客体以羧基与层板相连接。所制备不同粒径 2Mg-Al-CM 前体的 SEM 照片如图 3-40 所示，所制备样品具有均一的粒径分布和发育良好的六方片结构，插层前后期粒径没有发生明显变化。

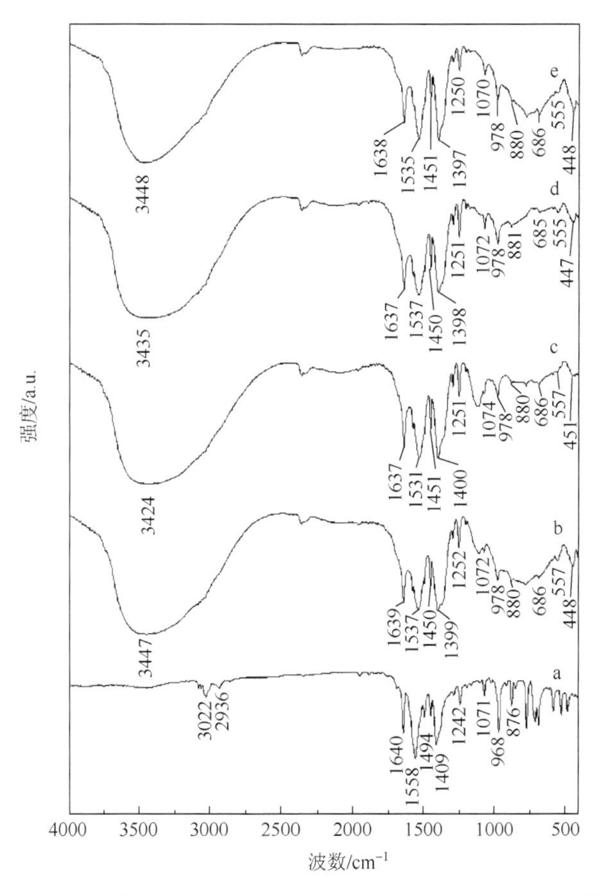

图 3-39　纯肉桂酸钾和不同粒径分布 2Mg-Al-CM 的 FT-IR 谱图

a 为纯肉桂酸钾；b～e 为不同粒径分布（b 为 0.6μm；c 为 1.6μm；d 为 3.3μm；e 为 12.5μm）

图 3-40　不同粒径分布 CM-LDH 的 SEM 照片

（a）0.6μm；（b）1.6μm；（c）3.3μm；（d）12.5μm

以上研究结果表明，采用本工作方法可成功制备出粒径均一可控的 2Mg-Al-CM。2Mg-Al-CM 在模拟海洋环境 3.5% NaCl 溶液中的释放曲线如图 3-41 所示。不同粒径

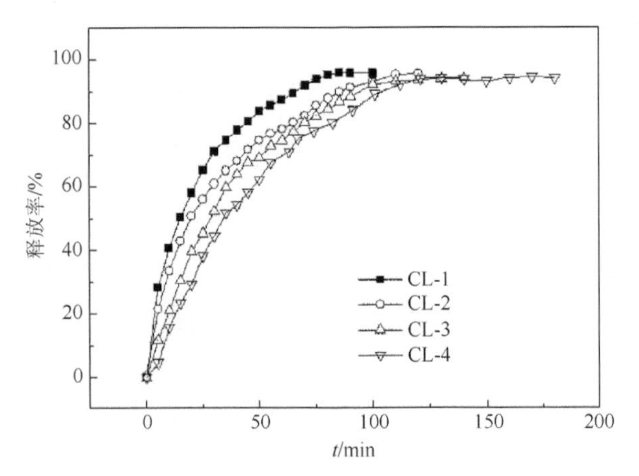

图 3-41　不同粒径分布 2Mg-Al-CM 在 3.5% NaCl 溶液中的释放曲线

CL-1：0.6μm；CL-2：1.6μm；CL-3：3.3μm；CL-4：12.5μm

分布样品呈现出相似的释放行为：释放初期速率较快，随后变慢，经过一定时间达到平衡。从图中可以看到，释放速率随样品粒径分布增大而变慢，表明控制粒径分布可以调控释放行为。此外，基于释放曲线，其平衡释放率未达到 100%，这是由离子交换特点决定的。

分别采用 Bhaskar、Higuchi、一级动力学和 Peppas 方程对 CM-LDH 在 3.5% NaCl 溶液中的释放数据进行拟合，拟合结果见表 3-12。CL-1 和 CL-2 样品（粒径分布小于 2μm）的释放行为均符合 Bhaskar 方程，为粒内扩散机理。释放过程的速控步骤为 CM^-在 LDH 层间的粒内扩散过程。对于 CL-3 和 CL-4 样品（粒径分布大于 3μm），释放行为均符合一级动力学方程，类似于溶解行为。以上结果表明控制粒径分布可以调控释放机制。

表 3-12 不同粒径分布 CM-LDH 的释放曲线的四种动力学方程拟合结果（相关系数 r）

粒径/μm	Bhaskar	First Order	Higuchi	Peppas
0.6	0.996 5	0.994 0	0.994 3	0.994 8
1.6	0.997 0	0.992 6	0.992 8	0.989 9
3.3	0.989 6	0.997 9	0.990 9	0.987 1
12.5	0.981 9	0.998 9	0.990 9	0.970 9

3.4.3 GO/NPA-LDH 复合薄膜制备及防污性能研究

纳米复合材料由于其优良的综合性能，特别是其功能可设计性而被广泛应用于医疗、国防、交通等诸多领域。其在防污领域，也有一定的应用。采用适当制备方法可在物体表面涂覆具有良好防污性能的纳米复合薄膜，其可在一定时间内抵御生物污损。GO 是近年来发展起来的一类新型纳米碳材料，其具有理想的单原子层状结构。GO 表面带有大量亲水性酸性官能团，带有负电荷，具有良好的润湿性能和表面活性，从而使其能够在纯水中分散而形成稳定的胶状悬浮液，可作为二维构建模块与其他纳米材料复合制备纳米复合薄膜。已有文献报道 GO 具有一定抗菌性能的同时对哺乳动物细胞产生的毒性很小，因此 GO 基纳米复合薄膜在防污领域也有潜在应用价值。LDH 作为一种无机纳米粉体材料，虽可通过溶剂蒸发技术制备大片连续无机薄膜，但是其存在韧性差的缺点，限制了其应用。因此，借助于 GO 表面带有负电荷和 LDH 纳米颗粒表面带有正电荷的特性，利用静电组装技术可将具有良好成膜性的 GO 与 NPA-LDH 材料复合制备具有稳定结构的高强度纳米复合薄膜，该类复合薄膜既可抑制生物污损，又可解决 NPA 在涂层中的活性保持问题，达到缓释防污效果。最终制备不同 GO/2Mg-Al-BP 质量比的复合薄膜记为 GLF-1、GLF-2、

GLF-3 和 GLF-4。元素分析结果表明 2Mg-Al-BP 的含量分别为 0.00%、21.81%、32.43%和 52.52%。

前体 2Mg-Al-NO_3、2Mg-Al-BP、氧化石墨前体、GO 和 GO/2Mg-Al-BP 复合薄膜（GLF-4）的 XRD 谱图如图 3-42 所示，两个 LDH 样品（图 3-42 中曲线 a 和曲线 b）均具有 LDH 的典型特征结构，即反映层状结构的出现在低 2θ 角的（003）、（006）和（009）晶面特征衍射峰和高 2θ 角的（110）晶面特征衍射峰。采用公式 $l=(1/3)(d_{003}+2d_{006}+3d_{009})$ 可计算出 2Mg-Al-NO_3 和 2Mg-Al-BP 的层间距分别为 0.888nm 和 2.220nm。与前体相比，插层后层间距明显增大，说明有较大尺寸 BP^-插入层间，形成 BP^-插层 LDH 并保持了层状结构。减去层板厚度（0.480nm），可计算出插层后层间通道高度为 1.740nm，远大于 1 倍 BP^-分子尺寸（1.177nm）而小于 2 倍 BP^-分子尺寸（2.354nm）。由此可知层间 BP^-的长轴方向与层板呈一定角度双层倾斜交替排列。此外，采用公式 $D_{110}=0.89\lambda/(\beta\cos\theta)$ 可以计算所制备 LDH 样品沿 a 轴方向的晶粒尺寸，计算结果表明对于 2Mg-Al-NO_3 前体和 2Mg-Al-BP，其 D_{110} 值分别为 18.4nm 和 18.6nm。因此，在插层组装前后，LDH 样品沿 a 轴方向的晶粒尺寸没有发生明显变化，说明层状结构在离子交换过程中得以完整保持。从氧化石墨前体（图 3-42 中曲线 c）的 XRD 谱图可以看出，氧化石墨前体具有典型的层状结构，其层间距为 0.79nm。超声剥层后，表征层状结构的衍射峰消失（图 3-42 中曲线 d），表示经过超声处理，氧化石墨前体的层状结构消失，完全剥离成 GO 纳米片。从复合薄膜（GLF-4）的 XRD 谱图（图 3-42 中曲线 e）中只看到 2Mg-Al-BP 的特征衍射峰，并且峰位置与粉体相比没有显著偏移，只是峰强度略有减小。

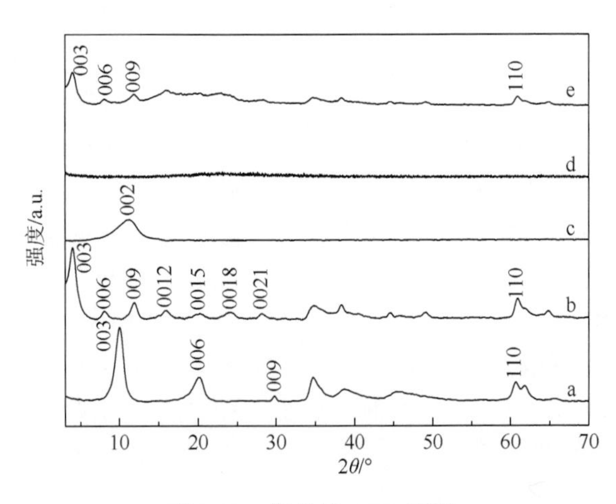

图 3-42 样品的 XRD 谱图

a. 2Mg-Al-NO_3；b. 2Mg-Al-BP；c. 氧化石墨；d. GO；e. GLF-4

所制备样品的元素分析数据见表3-13。从表中可以看到，2Mg-Al-BP的化学组成为$[Mg_{0.676}Al_{0.324}(OH)_2](C_{16}H_{17}N_2O_4S^-)_{0.288}(NO_3^-)_{0.036}\cdot 0.67H_2O$。该分析结果表明$BP^-$已经成功组装到LDH层间。此外，从表3-13中可见插层前后层板Mg和Al的物质的量比几乎没有变化，说明在离子交换过程中层板结构没有被破坏。同时从化学组成式可以看出对于2Mg-Al-BP，除BP^-外，还有少量的共插层的NO_3^-，这是由于平衡层板正电荷的需要。对于所制备的GLF-2、GLF-3和GLF-4复合薄膜样品其BP^-含量分别为20.95%、31.15%和50.43%。

表3-13 NO_3-LDH、BP-LDH和GO的元素分析结果

样品	2Mg-Al-NO_3		2Mg-Al-BP		GO	
组成	wt%	atom%	wt%	atom%	wt%	atom%
Mg	17.42	7.52	9.69	3.62	0.00	0.00
Al	8.81	3.43	5.16	1.74	0.00	0.00
C	0.00	0.00	32.64	24.68	58.36	47.52
H	4.13	42.93	4.91	44.10	2.98	28.85
O	65.07	42.70	37.09	21.05	38.66	23.63
N	4.57	3.42	5.06	3.28	0.00	0.00
S	0.00	0.00	5.45	1.53	0.00	0.00
总量	100	100	100	100	100	100

注：atom%为原子的百分数。

2Mg-Al-NO_3前体、BP原药、2Mg-Al-BP、GO和GO/BP-LDH复合薄膜（GLF-4）的FT-IR谱图如图3-43所示。对于2Mg-Al-NO_3前体（图3-43中曲线a），约$3550cm^{-1}$处的宽吸收谱带归结为羟基的O—H伸缩振动吸收峰；$1628cm^{-1}$处吸收谱带为层间水的面外变形振动吸收峰；$1384cm^{-1}$处吸收谱带为NO_3^-反对称伸缩振动吸收峰；$826cm^{-1}$处为层板M—O的吸收峰；$427cm^{-1}$处为M—O—H变形振动吸收峰。对于BP原药（图3-43中曲线b），3200～$2770cm^{-1}$区间有强、宽的吸收谱带，为氨基和缔合羧酸的羟基伸缩振动吸收，2974～$2895cm^{-1}$处有中强的饱和C—H伸缩振动吸收谱带，其最特征吸收峰是$1781cm^{-1}$处的内酰胺上羰基的伸缩振动吸收，而$1669cm^{-1}$处吸收峰为羧酸基的羰基吸收峰；在$1609cm^{-1}$和$1393cm^{-1}$处出现强吸收峰，其归属于$RCOO^-$的对称和反对称伸缩振动峰。插层后2Mg-Al-NO_3前体位于$1384cm^{-1}$处归属于NO_3^-的特征吸收峰消失，出现BP^-的系列特征吸收峰，但相对强度较BP原药显著减弱（图3-43中曲线c）。$RCOO^-$的反对称伸缩振动峰向低波数移动至约$1380cm^{-1}$处，同样归结为BP^-中带负电荷的$RCOO^-$与带正电荷的LDH层板间的静电吸引及与层板羟基和层间水分子氢键相互作用。虽然元素分析结果表明对于2Mg-Al-BP，层间有共插层的NO_3^-，但是由于其含量较低，在FT-IR谱图的$1384cm^{-1}$并没有发现NO_3^-的特征吸收峰。图3-44给出BP原药和2Mg-Al-BP

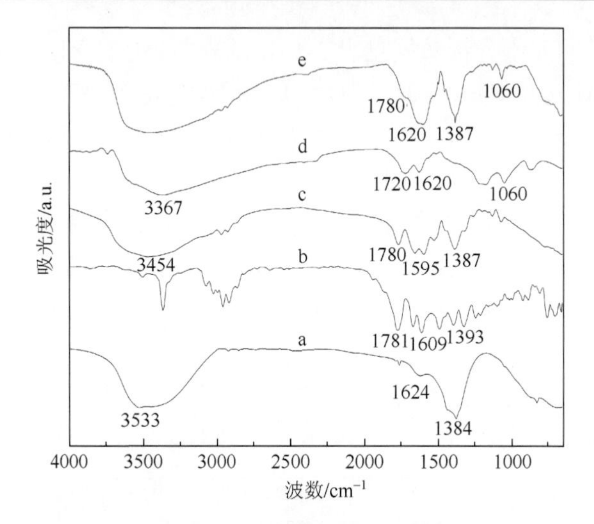

图 3-43　样品的 FT-IR 谱图

a. NO_3-LDH；b. BP 原药；c. BP-LDH；d. GO；e. GLF-4

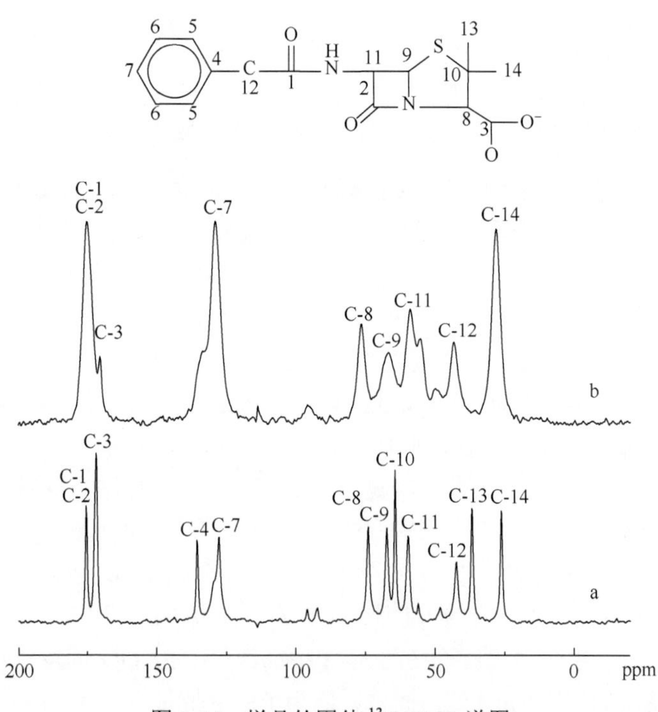

图 3-44　样品的固体 ^{13}C NMR 谱图

a. BP 原药；b. BP-LDH；ppm：10^{-6}

的固体 ^{13}C 核磁共振谱。通过比较 BP 原药和组装在 LDH 层间的 BP^-的核磁共振谱可以看到在离子交换过程中，BP 的内酰胺结构并没有发生水解反应，说明该制备过程对 BP 药性没有显著影响。对于纯 GO 样品（图 3-43 中曲线 d），位于 $1720cm^{-1}$ 处的强吸收振动峰可归属于 C═O 的剪切振动峰；位于 $1620cm^{-1}$ 处强吸收峰为 H—O—H 的面外变形振动吸收峰；位于 $1060cm^{-1}$ 处强吸收峰为 C—O 的面外变形振动吸收峰。复合后，复合薄膜（图 3-43 中曲线 e）的 FT-IR 谱图出现了 BP-LDH 和 GO 的特征吸收峰，表明两种纳米材料已经成功复合。

图 3-45（a）为所制备 GO 的 TEM 照片。如图所示，GO 具有大面积片层结构，具有二维纳米构件特征，同时有一定褶皱。图 3-45（b）和（c）分别为 2Mg-Al-NO_3 前体和 2Mg-Al-BP 的 SEM 照片。由图可见，插层前后样品形貌没有太大变化，均为近圆片状，粒径分布均一，在 50～100nm 之间。图 3-45（d）为 GO/2Mg-Al-BP 纳米复合材料的 TEM 照片。由图可见，带正电荷的 2Mg-Al-BP 纳米颗粒和带负电的 GO 由于静电吸附作用形成稳定的纳米复合结构。但是从图中可以看到，组装在 GO 表面的 2Mg-Al-BP 纳米颗粒粒径要小于前体的，分析可能的原因是在复合材料制备过程中采用的超声分散处理对 2Mg-Al-BP 纳米颗

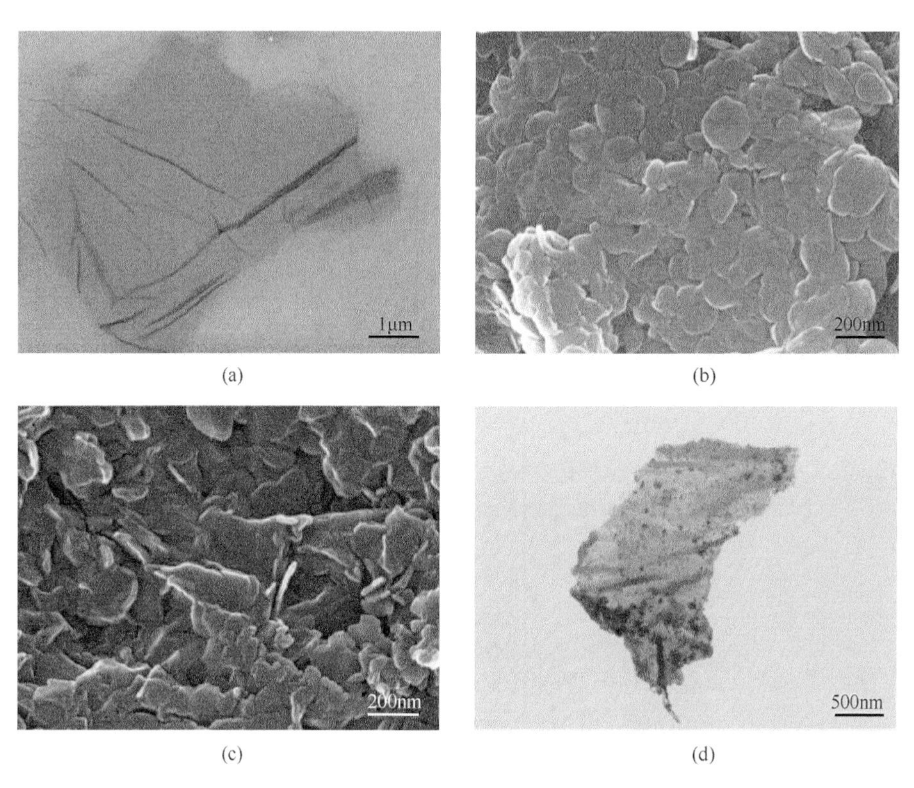

(a)　(b)　(c)　(d)

图 3-45　（a）GO 的 TEM 照片；（b）2Mg-Al-NO_3 的 SEM 照片；（c）2Mg-Al-BP 的 SEM 照片；（d）GO/2Mg-Al-BP 的 TEM 照片

粒有一定的破碎作用。此外，无论是搅拌或者超声，都不能破坏复合材料的结构，表明 2Mg-Al-BP 纳米颗粒与 GO 之间有较强的结合力。基于以上讨论，可以给出复合材料的形成机理。分散在水中的 LDH 纳米颗粒的 Zeta 电位值为 9.47mV，表明 LDH 纳米颗粒表面带有正电荷，这是由于层板三价金属离子同晶取代二价金属离子造成的。已有研究表明，GO 由于表面丰富的含氧官能团而带有负电荷。当两种带相反电荷的纳米材料混合后，由于二者之间存在较强的静电吸引作用而组装成稳定的复合体系。

采用溶剂蒸发技术可制备大片连续的 GO/2Mg-Al-BP 纳米复合薄膜，所制备不同 GO/2Mg-Al-BP 质量比的纳米复合薄膜的 SEM 照片如图 3-46 所示，所制备纳米复合薄膜均具有光滑连续的表面结构，这是由于相邻 GO 纳米片之间存在较强的边边相互作用。同时，切面的高分辨率 SEM 照片表明 GO/2Mg-Al-BP 的质量比是影响纳米复合薄膜结构的关键因素。GLF-4 薄膜具有致密的结构，与此相对的是，随着 GO/2Mg-Al-BP 质量比的增大，薄膜结构变得更为疏松。这表明组装在 GO 表面的 LDH 纳米颗粒有助于降低相邻 GO 纳米片之间的斥力，通过面面相互作用形成稳定致密的结构。此外，在研究中我们还发现继续减小 GO/2Mg-Al-BP

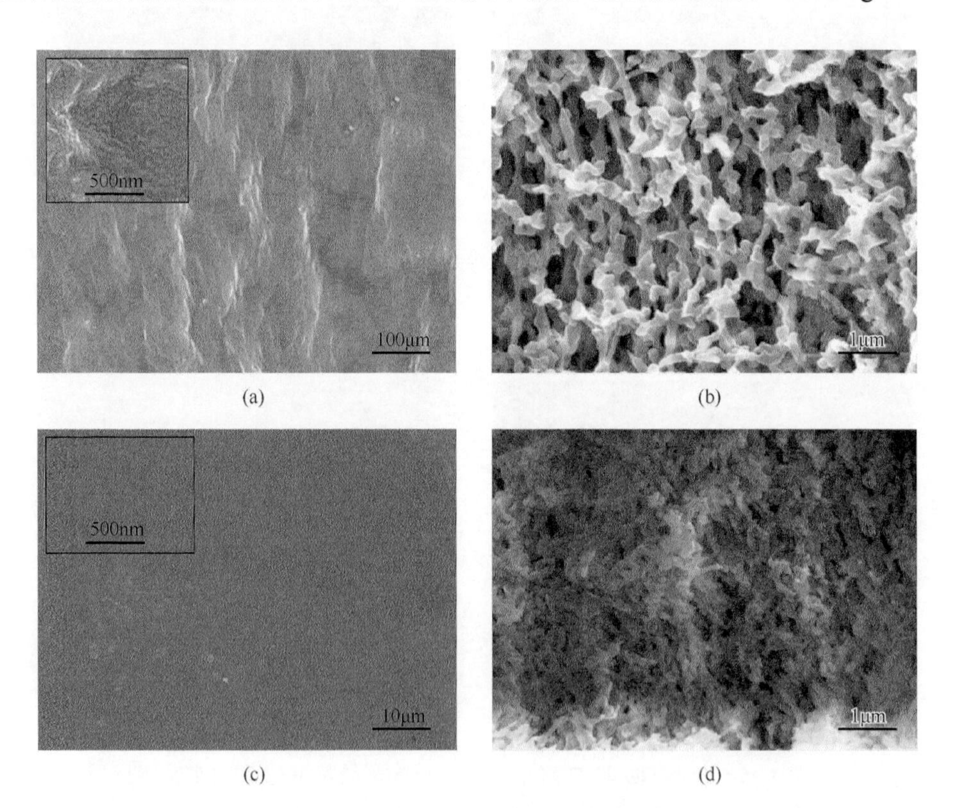

(a)　(b)　(c)　(d)

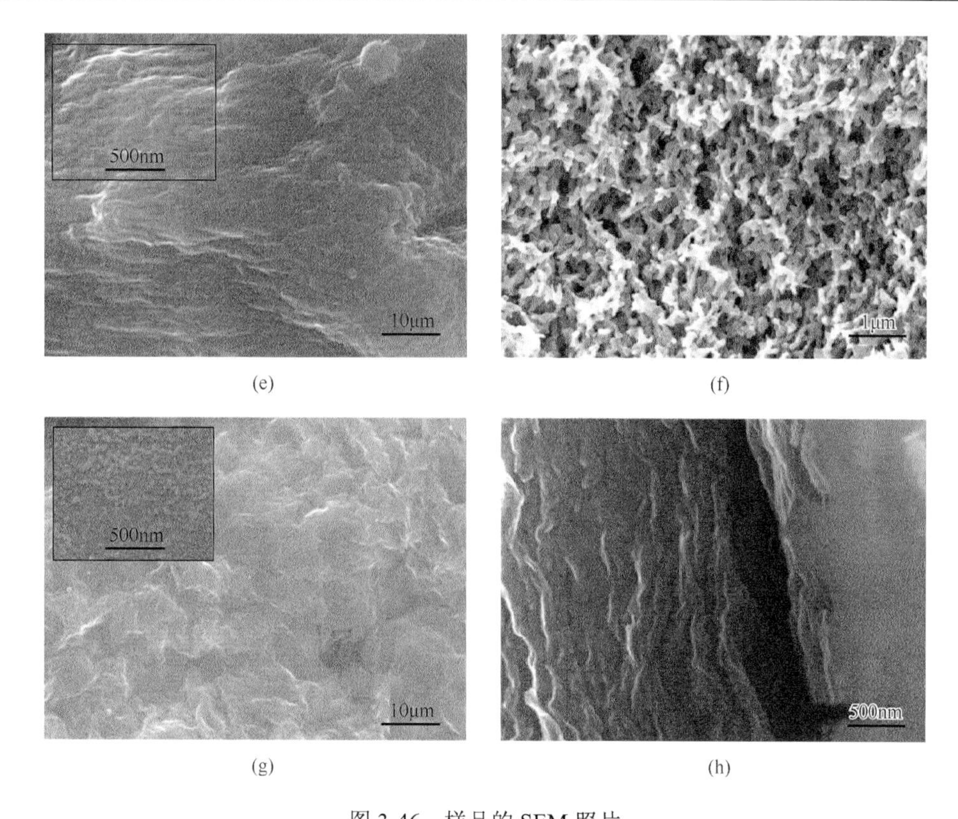

(e)　(f)　(g)　(h)

图 3-46　样品的 SEM 照片

(a) 和 (b): GLF-1; (c) 和 (d): GLF-2; (e) 和 (f): GLF-3; (g) 和 (h): GLF-4;
(a)、(c)、(e) 和 (g): 表面; (b)、(d)、(f) 和 (h): 切面

的质量比（＜50∶50）不能形成连续稳定的薄膜结构。推测可能的原因为在这个条件下，不能形成稳定的复合胶体溶液，从而不能形成稳定的薄膜结构。

图 3-47 给出了不同 GO/2Mg-Al-BP 质量比的复合薄膜在 3.5% NaCl 溶液中的释放曲线，为了对比，同时给出 2Mg-Al-BP 纳米粉体在同样介质中的释放曲线。图中误差棒代表三组平行实验的标准偏差。如图所示，纳米颗粒和复合薄膜具有相似的释放行为：在释放初期，释放速率较快；随着释放时间的延长，释放速率逐渐变慢；释放一定时间后达到释放平衡。基于释放曲线，可以发现其累积释放量未达到 100%，这是由离子交换反应的特点决定的。但是，同时从图中可以看出，与 GO 形成复合结构后 BP^-的释放速率明显变慢，并且释放时间随 GO/2Mg-Al-BP 质量比的减小而延长，这是因为复合薄膜具有致密的层状结构，BP^-的释放阻力大，扩散路径变长。以上研究表明 GO 与 2Mg-Al-BP 的复合有助于延长释放时间，并且可通过对组成的控制调控释放速率。

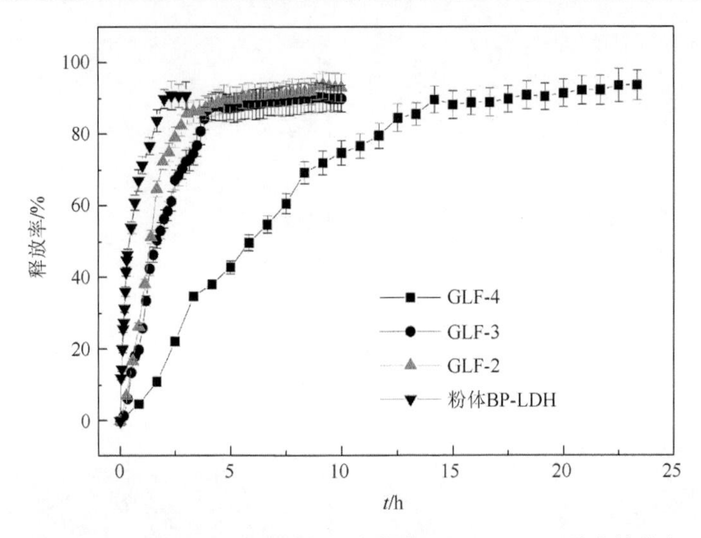

图 3-47 GO/2Mg-Al-BP 纳米复合薄膜和 2Mg-Al-BP 纳米粉体在 3.5% NaCl 溶液中的释放曲线

为了解 BP^-的释放规律，需要采用合适的模型进行动力学拟合。BP^-从复合薄膜中的释放可能会受到以下几个步骤的控制：①溶液环境中的 Cl^-向膜内扩散；②组装在层间的 BP^-与扩散到层间的 Cl^-的离子交换反应；③BP^-由膜内向外部环境扩散。这类新型复合结构的释放机制相对复杂，要想完全解释是十分困难的。但是，根据文献报道，可以采用 Bhaskar、一级动力学、Higuchi 和 Peppas 方程对释放数据进行动力学拟合。基于以上四种模型，计算得到的 r 值列于表 3-14。由表可见，对于纳米粉体，其释放行为符合 Bhaskar 方程，为粒内扩散机理，释放过程速控步骤为 BP^-在 LDH 层间的扩散过程。而对于复合薄膜，高 BP^-含量的复合薄膜（GLF-3 和 GLF-4），其释放行为符合一级动力学方程，释放过程类似于溶解过程。虽然对于 GLF-2 薄膜，其对于一级动力学模型的相关系数小于其他两种复合薄膜，但是拟合度仍然要优于其他三种模型，表明 BP^-在 GLF-2 薄膜中的释放仍然符合一级动力学模型。

表 3-14 四种缓释模型动力学拟合结果

样品	Bhaskar	First-order	Higuchi	Peppas
粉体 BP-LDH	0.994 8	0.979 3	0.974 6	0.988 7
GLF-2	0.967 1	0.990 2	0.975 8	0.987 2
GLF-3	0.984 2	0.996 7	0.988 3	0.980 8
GLF-4	0.985 6	0.995 7	0.993 8	0.986 9

图 3-48（a）和（b）分别是不同 GO/2Mg-Al-BP 质量比 GO/2Mg-Al-BP 复合薄膜对 *M. lys* 和 SRB 的抑菌率。从图中可以明显地看到 GO/2Mg-Al-BP 的抑菌性能随着 GO/2Mg-Al-BP 质量比的减小而提高。与其他三个样品相比，GLF-4 样品表现出最强的抗菌活性。图 3-48 也同时给出了未复合 BP-LDH 的单独 GO 薄膜的抗菌性能，可以看到其虽然有一定抑菌能力，但是抑菌率很低。为了进一步研究复合薄膜的抑菌性能，将剪切好的复合薄膜置于含有细菌的培养基中培养一定时间后取出后用 SEM 观察表面细菌附着情况，研究结果如图 3-49 所示，细菌大量吸附在 GO 薄膜表面，而与之相对的是在复合薄膜表面，细菌的附着量很小，表明复合薄膜有更好的抗污损活性。以上研究结果应归因于 GO 和从复合薄膜中释放出的 BP^-的协同抑菌效用，说明复合薄膜有良好的缓释抗菌性能，是一类潜在的海洋防污材料。

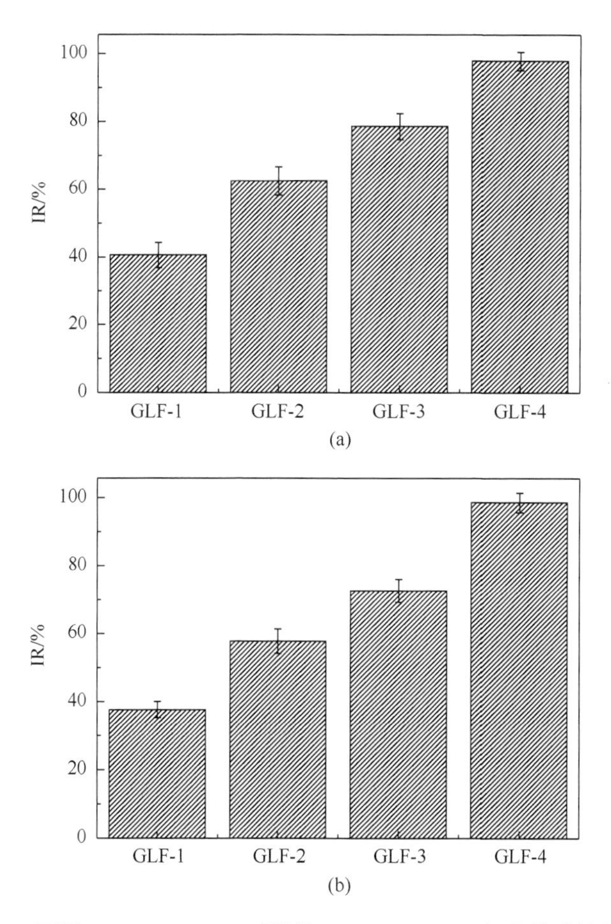

图 3-48　不同 GO/2Mg-Al-BP 质量比 GO/2Mg-Al-BP 复合薄膜的抑菌率

（a）对 *M. lys*；（b）对 SRB

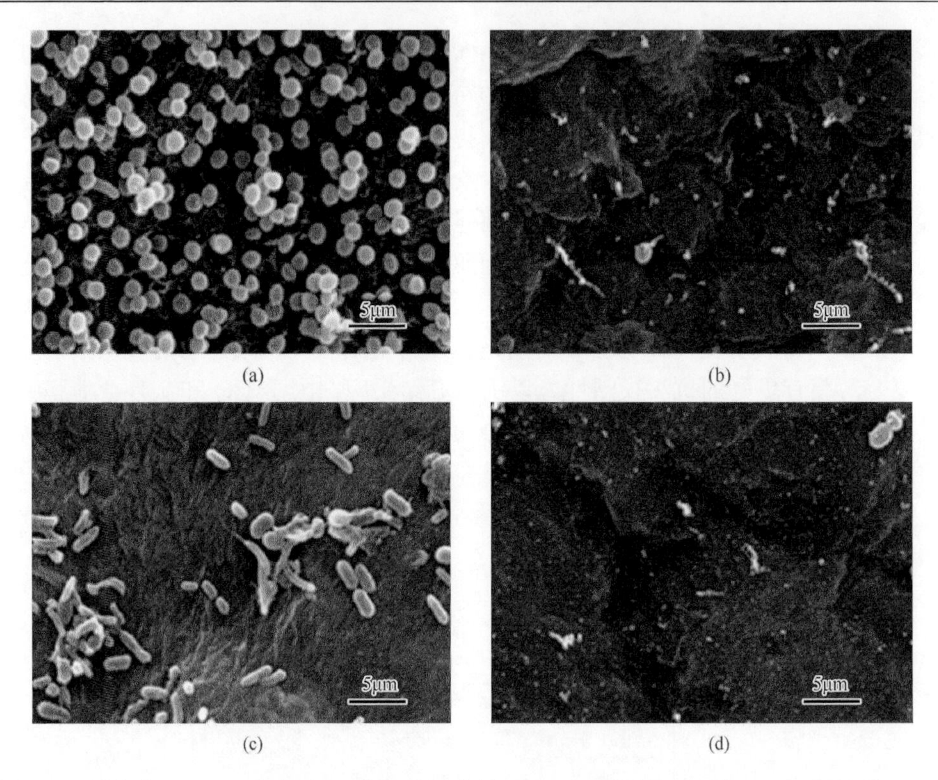

图 3-49　浸泡在 *M. lys*（a）和 SRB 菌液（b）中的 GLF-1[（a）和（c）]和 GLF-4[（b）和（d）]纳米复合薄膜的 SEM 照片

采用溶剂蒸发法可制备 GO/2Mg-Al-BP 纳米复合薄膜。TEM 和 SEM 研究结果表明 GO 和 LDH 由于静电吸附作用可形成稳定的复合结构，所制备薄膜具有致密的层状结构，并且结构越致密，有效释放时间越长，其释放速率可通过对 GO/2Mg-Al-BP 质量比的控制加以调控。采用四种动力学模型对释放曲线进行拟合结果表明 BP^{-}的释放过程受一级动力学控制，类似于溶解过程。抗菌实验结果表明由于 GO 和释放的 BP^{-}的协同抗菌作用，复合薄膜对 *M. lys* 和 SRB 有很好的抑制作用，在海洋防污领域具有潜在的应用价值。

第 4 章　层状无机功能材料基薄膜在海洋防腐防污领域的应用

4.1　金属材料腐蚀防护方法

4.1.1　概述

金属材料铝、镁和铜等在化学工业、石油化工、海事、航空和原子能等工业中广泛使用，这些材料都有着很好的物理性能和化学性能，如高硬度、高强度、好的机械加工性能、导电性、耐腐蚀性、可焊接性等。但是在腐蚀性环境中同样容易发生腐蚀。随着金属材料的广泛使用，金属材料腐蚀和防护的研究也应运而生。金属材料腐蚀不仅造成了巨大的经济损失，而且致使金属材料性能下降，影响设备安全有效运行。所以，采用适当的方法来抑制金属材料的腐蚀，已经成为目前研究的当务之急。

金属表面处理是最常用的金属材料防腐方法。目前国内广泛应用的金属表面处理工艺是阳极氧化法和化学氧化法，这两种方法都要使用大量的电解质，如硫酸盐、铬酸盐、磷酸盐等，对环境造成了严重的污染，尤其 Cr^{6+}对人体有很严重的危害性。虽然近几年来相继开发了低铬化处理、封闭系统化等工艺，但还是不能根本解决表面处理对环境所造成的严重污染，因此研究和开发无毒无害的金属材料防腐蚀工艺具有重大的意义。

LDH 作为一种重要的层状无机功能材料，在金属防腐领域也具有广阔的应用前景。由于 LDH 特殊的层状结构和组成，将其作为耐腐蚀材料的研究已有不少报道。Williams 等[379，380]将不同阴离子插层 LDH 粉体掺入 PVB 中，研究其对铝合金的保护作用，提出了 LDH 通过中和丝状腐蚀区电解质溶液的 pH 及通过离子交换将溶液中的 Cl^-交换到层间来抑制进一步的腐蚀，层间阴离子的交换能力越好，LDH 的耐腐蚀性能越好。当 LDH 薄膜与含 Cl^-的溶液接触时，层间原有的阴离子就会与溶液中的 Cl^-发生交换反应，将腐蚀性离子容纳到层间，抑制了金属与腐蚀性离子的接触，从而达到抑制腐蚀的目的。

Buchheit 等[381]报道了 Ce^{4+}修饰的 LDH 对铝具有很好的腐蚀防护性能，并提出了 Ce^{4+}的自修复能力。另外，Zhang 等[382]采用化学氧化浴的方法在铝合金的表面制备了不同阴离子插层的 Li-Al LDH 薄膜，提出薄膜通过抑制氧气的还原反应而起到防护作用，氧化浴溶液的氧化能力越强，薄膜的耐腐蚀性能越好。

Kendig 等[383]也对 LDH 的耐腐蚀能力进行了研究，利用层间阴离子可以有效地抑制丝状腐蚀区氧气的还原反应，因而达到保护 Cu 基板的目的。

LDH 制备工艺简单、无毒、能量消耗少、经济，其独特的结构特性、元素组成在宽范围内的可调变性、层间阴离子的可调变性以及优良的耐腐蚀性能奠定了这类材料有可能成为替代铬转化膜而具有潜在的应用前景。

4.1.2 铝及铝合金常用防护方法

1. 铝及铝合金的性能特点

铝及铝合金越来越成为工业主要结构用材，其发展应用与工业的发展息息相关，铝及铝合金具有密度小、耐蚀性和成型性好等一系列优点，在航天、航空、船舶、核工业及兵器工业等有着广泛的应用前景及不可替代的地位，因而铝和铝合金的研制技术被列为国防科技关键技术及重点发展的基础技术。

与其他金属材料相比，铝及铝合金具有很多自身的性能优点，主要有以下几个方面。

（1）密度小，熔点低，导电性和导热性好。纯铝的相对密度（水为 1）为 2.7，仅为铁的 1/3，是应用最广泛的轻金属。纯铝导电性仅次于铜、金、银。铝合金密度也很小，熔点更低，但导电、导热性不如纯铝。铝及铝合金的磁化率极低，属于非铁磁材料。

（2）抗大气腐蚀性能好。铝和氧的化学亲和力大，在大气中，铝和铝合金表面会很快形成一层致密的氧化膜，防止内部继续氧化。但在碱和盐的水溶液中，氧化膜易破坏。

（3）加工性能好，比强度高，纯铝为面心立方晶格，无同素异构转变，具有较高的塑性，易于压力加工成型，并有良好的低温性能，纯铝的强度低，虽经冷变形强化，强度可提高到 150～250MPa，相当于低合金钢的强度，比强度高，成为飞机的主要结构材料。

由于具有上述一系列优良的物理、化学、力学和加工性能，如密度低、塑性高、易强化、导电好、易回收、易表面处理等，铝及铝合金广泛应用于国防工业、航天航空工业、汽车制造业、电子、仪器仪表及日用制品等领域，而且应用范围还在不断扩大。

2. 铝及铝合金的腐蚀类型

铝是电位非常负的金属，其标准电极电位为–1.67V。虽然如此，由于铝的钝化能力很强，因此，它在水中，在大部分的中性和许多弱酸性溶液中，以及在大气中都有足够高的稳定性。空气中的氧或者溶入水中的氧，就是水本身对铝来讲也是钝化剂。因此在所有水溶液中，无论是中性的以及弱酸性的，不仅在有氧或氧化剂时，即使在没有它们的情况下，铝通常也处于钝态（有自钝化能力）。此时，铝的电极电位较其标准平衡电位正 1V。例如，在 29.3g/L 的 NaCl 溶液中，铝的电位等于–0.57V。由此可见，铝的耐蚀性基本上取决于在给定环境中铝表面所形成的保护膜的稳定性。氯化物与其他卤素化合物能破坏铝表面的保护膜，因此在含氯化物的溶液中，铝的稳定性有些降低。

通常情况下，铝及其合金发生腐蚀类型主要有两种：化学腐蚀和电化学腐蚀。由于铝是两性活泼金属，遇到酸性和碱性化学物质都会发生化学反应，从而发生化学腐蚀。电化学腐蚀是金属内的电子流同介质中离子流联系在一起，金属失去电子，同时介质中的离子（或原子）即氧化剂组分得到电子。金属表面杂质、不均匀相的电极电位较高构成阴极，铝基体构成阳极，组成微小局部电池，点蚀首先在这些区域形成。随着腐蚀的深入，腐蚀区的电极电位一直处于非平衡状态，腐蚀就会逐渐向金属内部扩展，逐渐形成蚀坑。如果得不到有效处理，最终就会引起金属穿孔。铝表面的电化学反应过程：一方面铝失去电子，转变成 Al^{3+} 溶入水膜；另一方面，水中吸附的 H^+ 与电子结合产生 H_2。

正常情况下铝在水溶液中形成离子电流电阻很大的 AlOOH（即为 $Al_2O_3 \cdot H_2O$）氧化膜[384]：

$$Al + H_2O \longrightarrow AlOH + H^+ + e^- \tag{4-1}$$

$$AlOH + H_2O \longrightarrow Al(OH)_2 + H^+ + e^- \tag{4-2}$$

$$Al(OH)_2 \longrightarrow AlOOH + H^+ + e^- \tag{4-3}$$

总的电极反应为

$$Al + 2H_2O \longrightarrow AlOOH + 3H^+ + 3e^- \tag{4-4}$$

在氯化物溶液中，由于 Cl^- 的存在，在活性较高的局部位置（如晶界等处），反应式（4-1）之后进行的不是成膜反应而是阳极溶解反应：

$$AlOH + Cl^- \longrightarrow AlOHCl + e^- \tag{4-5}$$

$$AlOHCl + Cl^- \longrightarrow AlOHCl_2 + e^- \tag{4-6}$$

当阳极极化电位很低时，反应式（4-5）和反应式（4-6）的速度很慢，铝电极上主要进行的是成膜反应，此时电极表面钝化膜完整。当阳极极化电位升高，由 Cl^- 引起的电极表面局部区域的阳极溶解反应式（4-5）和反应式（4-6）的速率增大，钝化膜开始局部破坏。

海水中含有大量的氯化钠，水解形成的 Cl^- 是吸附力很强的活性离子，Cl^- 的半径小，穿透力强，极易穿透溶液破坏铝合金表面的氧化膜，直接与金属发生反应，生成可溶性化合物，加速基体金属的溶解。又由于 Cl^- 具有很强的易被金属吸附的能力，它能优先被金属吸附，并从金属表面把氧排挤掉，从而导致被蚀金属表面供氧不足，保护膜不能及时得到修复，这样腐蚀就会一直发展下去。铝合金含有多种金属元素，基体金属与其他金属元素或杂质间存有电位差，还有铝合金的晶体内部的晶粒和晶界之间，存在杂质、成分不均匀、应力状态不同等，也会有电位差而产生电流，形成腐蚀微电池。铝合金在海水蒸气和海水中，氧化膜最初受到破坏的地方，呈活化状态为阳极，未受破坏的地方保持钝态为阴极，组成活化-钝化电池，起初很小的破坏点就形成小阳极大阴极，很快产生较深的点蚀。点蚀产物膨胀又极容易使经挤压成型、晶粒扁平的铝合金因腐蚀产物的“楔入效应”而形成晶界腐蚀。含 Cl^- 的腐蚀介质，还是铝合金应力腐蚀的主要成因。

3. 铝及铝合金的防腐方法

铝的化学活泼性决定了其耐蚀性不会太理想，限制了铝及铝合金在工业中的应用，因此从研究铝及铝合金开始，其耐蚀性材料的研究一直是铝及铝合金研究的一个重要课题。近些年来，各种加强铝及铝合金耐蚀性的生产工艺、表面处理工艺不断涌现。

化学转化膜和电化学氧化以及金属表面涂覆等工艺是提高金属耐蚀性能最常用、最有效的方法。通过表面处理后可在金属表面形成一层致密的保护膜或涂层，以达到增强金属的耐蚀性。

1）铝及铝合金的阳极氧化

铝及铝合金的阳极氧化是指将铝及铝合金浸在特定的电解液（如硫酸、铬酸、乙二酸等）中作为阳极，用铅、碳或不锈钢作阴极，通入直流电后，在铝及铝合金的表面生成氧化层。阳极氧化的溶液体系必须具备以下因素：在一定的电流密度下，氧化膜的生成速度高于溶解速度；形成阳极氧化膜具有良好的结合力、强度、耐蚀性；符合环保要求。由于电流的参与，形成的薄膜比较厚，强度比较高，但是由于薄膜的多孔性，在使用前必须做闭孔处理，以提高其耐蚀性。

2）化学转化膜

化学转化膜是金属（包括涂层金属）表层原子，通过化学或电化学反应，与介质中的阴离子或原子结合，在金属表面生成的与基材附着良好的有防腐蚀能力的薄膜。其保护的机理是，表面薄膜由具有耐腐蚀性能的金属盐和基体金属的胶状物共同组成，阻挡基体受到进一步的腐蚀。目前，铬转化膜具有很好的耐腐蚀性能，应用比较广泛。

金属铝表面涂层保护方法很多，在一定程度上都可以提供长期或短期的保护作用。这些方法虽然对铝合金表面产生了一定的防护作用，但都存在一定的弊端。

例如，①阳极氧化会影响基体的机械性能；②铬酸盐是一种致癌的毒性化合物；③有机涂层会改变零件的尺寸而影响零件的精密度。

这些方法中，铬酸盐的耐腐蚀效果很好，工艺比较稳定，常用于铝及其合金的防腐以及有机涂层的底层。但铬酸盐处理工艺中含有六价的铬离子，具有毒性，污染环境，且废液的处理成本高，对与涂制工艺相关的毒害材料的控制、处理及管理带来严重危害和不必要的麻烦，从 1982 年起世界环境保护组织就提出限制使用铬酸盐和其他含铬酸盐化合物。近年来已经有大量新的环境友好的表面涂层的研究，如自组装单分子膜[385]和沸石膜[386]等，研制无铬、有效、价格低、环境友好的铬酸盐及缓蚀剂替代品和环境友好的转变层处理工艺是航空涂料工业界所迫切需要解决的问题，也是科技工作者面临的新课题。

4.1.3　镁及镁合金常用防护方法

1. 镁及镁合金的性能特点

高纯镁拥有良好的物理性能。但是由于其力学性能较差，且生产高纯镁的成本较高，在工业生产和结构使用中受到了限制。因此人们在纯镁中添加合金化元素，如铝、锰、锌、锆等，生产出物理、化学和力学性能都得到显著改善的镁合金，到 20 世纪 70 年代已经形成了 Mg-Al、Mg-Al-Zn、Mg-Zn-Zr、Mg-Re-Zr 等几个比较成熟的镁合金系列。

与其他金属材料相比，镁及镁合金具有很多自身的性能优点，主要包括以下几个方面：①最轻的结构金属材料；②比强度和比刚度高，优于铝合金和一些高强钢；③电磁屏蔽性能好，既是优良的导体，又具有非磁性和良好的屏蔽电磁干扰的能力；④良好的切削加工性能和热成型性能，产品具有良好的外观和强烈的金属质感；⑤优良的导热性能，作为电子设备的外壳使用时可较好地解决电子元件散热的问题；⑥具有优良的吸振性能和阻尼性能，能承受较大的冲击、振动载荷，有利于减震降噪；⑦产品回收率高，且无毒，无污染，符合现阶段的环保要求；⑧尺寸稳定性高，收缩率小，在−190～95℃温度区间内具有良好的力学性能，可用于制作低温工作的零件；⑨优良耐压痕性能，其产品出现碰撞时产生的印痕比铝和钢小；⑩具有超导性和储氢性能，是开发新一代高科技材料的理想基体。

更为重要的是，镁是自然界中分布最广的元素之一，约占地壳质量的 2.35%，列第八位（仅次于氧、硅、铝、铁、钙、钠、钾）。由于镁本征化学性质活泼，在自然界中主要以化合物的形式存在，在陆地上的含量为 1.93%，海水中的含量为 0.42%。

由于镁合金具有的独特性能特点，在工业领域，如汽车、电子、航空航天、国防军工、冶金、化学化工、交通等领域具有重要的应用价值和广阔的应用前景。

随着镁的生产加工技术的发展和不断完善，镁合金材料已经成为继钢铁、铝合金之后的第三大金属结构工程材料，在全世界范围内得到迅猛的发展。

2. 镁合金的腐蚀

之所以导致镁合金的应用远不及铝合金广泛，其原因主要有：镁合金的密排六方晶格特征，导致其塑性变形能力差，制成板、棒、带形材较困难，加工成型问题比较突出；由于镁合金的化学性质很活泼，标准电极电位非常低，以至于镁合金极容易受到腐蚀，耐腐蚀问题亟待解决。

在水溶液中镁的腐蚀过程是靠电化学反应进行的，镁与水反应生成氢氧化镁的同时释放出 H_2，虽然氧是一个重要的因素，但是镁腐蚀对氧浓度变化不敏感。在水溶液中腐蚀反应通常涉及由阴极和阳极构成的微电池腐蚀，其反应式为[387]

$$Mg + 2H_2O \longrightarrow Mg(OH)_2 + H_2 \tag{4-7}$$

该反应式可以分解为

$$Mg \longrightarrow Mg^{2+} + 2e^- (\text{阳极反应}) \tag{4-8}$$

$$2H_2O + 2e^- \longrightarrow H_2 + 2OH^- (\text{阴极反应}) \tag{4-9}$$

$$Mg^{2+} + 2OH^- \longrightarrow Mg(OH)_2 (\text{反应产物}) \tag{4-10}$$

氢离子的还原反应和阴极相的析氢过电位对镁的腐蚀起重要作用。阴极低氢过电位促氢气的析出，造成对基体的腐蚀。

当电解液中有腐蚀性介质 Cl^-存在时，阳极反应生成的 Mg^{2+}会与 Cl^-反应，反应方程如下[388]

$$Mg^{2+} + 2Cl^- \longrightarrow MgCl_2 \tag{4-11}$$

由镁合金的腐蚀机理可以看出，腐蚀的发生主要是由于与水、腐蚀性介质的接触造成的。那么，为了增强镁合金的耐腐蚀性，降低金属基体与外部环境的接触是非常必要的。所以，对于镁合金的腐蚀保护大多是在合金表面形成保护层。

3. 镁合金腐蚀防护

镁合金极易腐蚀是因为镁合金性质比较活泼，但是铝与钛也都十分活泼，却非常耐蚀，其原因是它们的表面能自发地形成一层具有保护性的氧化膜，使它们钝化。因此，镁合金的表面无法自发地形成具有保护性的表面膜，是镁合金低耐蚀性的根本原因。最简单有效的方法就是在镁合金基体上覆盖一层保护层，防止基体与环境的接触。所以，为了对镁合金提供足够的腐蚀保护，构筑具有规整的、良好结合力、无孔的薄膜成为研究的重点。薄膜能给金属基体与腐蚀环境之间提供物理阻隔，抑制腐蚀的发生。

镁合金的腐蚀保护方法较多，在本文中简单介绍以下几种途径。

1）金属层

通过各种不同的方法在镁合金表面上形成一层其他的金属层以达到防腐蚀与装饰的目的。其他的金属在耐腐蚀性方面要比镁强，所以，在镁合金表面镀层以后能达到对镁合金腐蚀保护的目的。常见的金属层有镀镍、镀锌、镀锡、镀钛、镀铝以及一些复合镀层，如 TiO_2、SiC、ZrO_2 等[389]。

2）表面转化

表面转化，就是通过一些化学与电化学的手段，使镁合金表面与一定的介质发生化学反应而转变成非金属表面，如氧化膜或氢氧化膜等。这样，镁合金的表面就失去了活性并与腐蚀介质隔绝，从而使腐蚀速度降低。这样的转化膜本身一般不太致密，耐蚀能力并不太强，仅可用于短期的大气腐蚀的防护。但重要的是，它们可为后续漆层打底，以增强镁合金基底与后续涂层间的结合力。表面转化技术分为化学转化和阳极氧化等。常见的化学转化处理技术有铬酸盐处理、磷化、锡酸盐、氟酸盐、高锰酸盐、单宁酸、植酸以及镧和铈稀土转化膜。

3）有机涂层

在镁合金表面涂覆一层高分子聚合体，从而将镁合金与环境的腐蚀介质隔绝开来，以达到降低镁合金腐蚀的目的。有机涂层有腐蚀保护和表面修饰的功能。常见的有机涂层有粉末涂层、溶胶凝胶膜、电化学聚合膜和高温涂层等。

4）其他

近几年来，常用的还有阳极氧化、微弧氧化、表面改性、自组装单分子膜等技术。这些技术都在一定程度上提高了镁合金的耐蚀性能。

4.1.4　铜的腐蚀与防护

1. 铜的性能特点

铜具有美丽的金属光泽，是人类生活不可缺少的金属，同时也是其他生物生存的前提之一，人类的生存离不开铜，它作为应用性的材料用途分布于各领域，有色金属的生产中，铜的产量仅次于铝，居第二位。铜和铜合金是我们的日常生活、工农业、国防安全、科学技术不可缺少的材料，铜还是确保国家经济发展的重要基础。在中国，铜已是仅次于石油的第二大战略原料。但铜属于活泼金属，化学性质不稳定，在空气或水中及存在腐蚀介质的环境中非常容易发生腐蚀。铜由于有良好的强度、可加工性、导电性、可焊性和耐腐蚀等特点，广泛应用于生活的各方各面，包括工业、军事、电力等。

铜在大气环境中有一定的防腐蚀能力，然而，在腐蚀性的介质中容易受到腐蚀。例如，在含有 Cl^-等腐蚀性离子的环境中，铜会发生严重的腐蚀。关于铜在含有腐蚀性 Cl^-的溶液中的电溶解已经有很多研究，表明铜的阳极溶解受腐蚀性离子 Cl^-的影响很严重，并且使用有机缓蚀剂不能有效地降低铜的腐蚀。

正是由于铜在各行各业中得到了广泛的应用，铜暴露在环境中遭受腐蚀破坏的机会越来越多，由于铜的腐蚀而导致的设备失效事故也越来越多。研究铜的腐蚀和铜的保护，对延长金属铜的使用寿命，减少因金属铜腐蚀造成的经济损失，特别是减少因腐蚀造成的人为灾难事故有重要的意义。

2. 铜的腐蚀

在海洋环境中，由于腐蚀性离子 Cl^-的存在，铜的腐蚀产物主要为氯化物。主要发生以下的反应：

$$4Cu^{2+} + 2Cl^- + 6H_2O \longrightarrow CuCl_2 \cdot 3Cu(OH)_2 + 6H^+ \tag{4-12}$$

Cl^-对金属的腐蚀影响很大，它的影响是随着气候的变化发生改变的。随着湿度的增加，Cl^-的浓度会增大，会加速铜表面的腐蚀，腐蚀开始生成 Cu_2O 膜，然后 Cu_2O 膜在液膜中溶解产生 Cl^-。铜会与 Cl^-作用生成 $CuCl_2$，$CuCl_2$ 随后溶解，吸收海洋环境中的水分后生成 $Cu_2Cl(OH)_3$，所以海洋环境对铜的腐蚀有促进作用。

3. 铜腐蚀控制方法

长期以来，人们针对铜在不同条件下的腐蚀特点，采用了多种方法来控制铜的腐蚀，主要分为无机钝化技术、有机缓蚀技术和自组装技术等。

1）无机钝化技术

工业上对铜及其合金的钝化普遍采用铬酸和重铬酸盐两种钝化剂，钝化后在铜材表面形成一层铬酸铜盐和氧化物的混合膜，从而提高其耐蚀性及抗变色性能，还可以通过改变钝化液成分在金属表面上形成彩虹色、银白色或金黄色等多种铬酸盐钝化膜。这种无机钝化膜不仅表面光亮美观，而且与基体有较好的结合力、抗氧化性好，一直被广泛应用。但是在处理过程中钝化膜需要的铬酸是微乎其微的，所投入的铬酸大部分都被排放到周围的环境中，一些铬化物是致癌物质，而且有研究表明铬化物有致突变作用和细胞遗传毒性。因此近年来世界各国对铬酸盐的使用和废水排放做出严格的限定，这致使该技术势必被取代。

2）有机缓蚀技术

有机缓蚀技术是利用有机吸附型缓蚀剂对铜表面的良好吸附性，在铜表面形成一层防腐蚀的沉淀膜，赋予金属表面优异的抗氧化性、耐热性、绝缘性等性能。目前较为常见的有机铜缓蚀剂主要包括：含 N 化合物（胺类、吡啶类及氮唑类缓蚀剂），含 N 和 S 的化合物（噻唑类缓蚀剂），含 O 和 N 的化合物（烷氨基醇类、胺醛缩合物类、羟基喹啉类缓蚀剂），含 P 和 O 的化合物（有机膦酸类缓蚀剂）[390]。

3）自组装技术

自组装膜近年来在多个领域中广泛应用，如光学、电子学、生物传感学和机械工程学等，金属表面处理和保护是其重要的工业应用方向之一。但是，由于影响膜形成的因素较多，其工艺主要为沉积方法和依赖黏附力形成的膜，在膜表面很容易形成表面缺陷，且基体之间弱的结合力降低了其耐腐蚀性能。

4.2 LDH 薄膜制备技术

4.2.1 物理混合法

Williams 等[379, 380]通过离子交换法制备出不同阴离子插层的 LDH 粉体，然后将其掺入 PVB 中制备了 LDH/PVB 复合薄膜，并研究了其对铝合金的缓蚀作用。研究发现，丝状腐蚀区电解质的 pH 被金属表面的 LDH 薄膜所中和。另外 LDH 薄膜可以通过离子交换将溶液中的 Cl^-交换到层间来抑制铝的腐蚀，且 LDH 薄膜的耐腐蚀性随着层间阴离子的交换能力增强而增强。

于湘[369]采用离子交换法制备合成了 MoO_4^{2-} 、$[V_{10}O_{28}]^{6-}$等不同阴离子柱撑的 LDH 粉体，然后将其与环氧树脂有机涂层混合用于镁合金的防腐。经研究结果表明，LDH 不仅可以吸附腐蚀介质，还可以作为储存缓蚀性阴离子的纳米容器。在腐蚀性介质穿过涂层时，LDH 在吸附腐蚀介质的同时释放出具有缓蚀性能的阴离子，使金属基底得到了双重的腐蚀保护。

Mahajanarn 等[391]将层间插层离子为$[V_{10}O_{28}]^{6-}$的 Zn-Al LDH 粉体与苯二酚类化合物混合涂覆在基板表面。实验结果表明，LDH 在溶液中释放出来的 VO_3^- 和 Zn^{2+}可以分别抑制腐蚀反应的阳极反应和阴极反应。

4.2.2 化学浴氧化法

化学浴氧化法通过特殊的含有氧化剂的化学浴处理，在金属或合金表面直接生成 LDH 薄膜。Zhang 等[382]采用化学氧化浴法制备了不同阴离子插层的 Li-Al LDH 薄膜，并研究了其对铝合金的缓蚀性能。研究发现薄膜是通过抑制氧气的还原反应来达到对铝合金基底的缓蚀，薄膜的耐腐蚀性能与氧化浴溶液的氧化能力密切相关。但此种方法制得的 LDH 薄膜结构疏松多孔，机械性能不高，仍有待进一步完善。

4.2.3　旋转涂膜法

此法首先将一定量的溶液滴在平整清洁的载片中央，然后慢慢转动载片使其表面上的溶液均匀分布，最后高速转动载片除去其表面多余的溶液形成 LDH 薄膜。旋转涂膜法简单快速、操作方便易行，可以用于制备连续性高的大面积薄膜。且通过变化旋涂次数可以在任何平板载片上沉积不同厚度的多孔薄膜。

Zhang 等[392]采用旋转涂膜法在镁合金基底上沉积剥层处理的 LDH 胶体纳米粒子，成功在其表面制备了均匀致密的 Mg-Al LDH 薄膜，单次旋涂膜厚度约为 1.1μm。在 3.5% NaCl 溶液中测试中，LDH 薄膜能较大程度降低腐蚀电流密度，提高镁合金的耐腐蚀性能。

4.2.4　胶体沉积法

胶体沉积法经常被用于制备各类无机薄膜，近年来，越来越多的研究者采用此法制备 LDH 薄膜。此方法是以已制备好的 LDH 粉体为前驱体，然后采用某种方法将其制成胶体溶液，最后把需要制备薄膜的基底浸泡在胶体溶液中，使 LDH 胶态粒子沉积于基体表面最终形成所需的 LDH 薄膜，此法简便易行，在要求不高的情况下，可以满足一定的耐腐蚀需求，但由于所制涂层的结合力不高，机械性能较差，很难满足较苛刻的应用条件。

全贞兰等[393]采用离子交换法合成了天冬氨酸阴离子插层 Zn-Al LDH（Zn-Al-Asp LDH），然后采用胶体沉积法将 Zn-Al-Asp LDH 沉积到铜基底上。测试结果发现，Zn-Al-Asp LDH 薄膜的阻抗明显增大，腐蚀电流明显变小，显示出对铜具有良好的缓蚀作用。

张昕等[394]首先制备在表面修饰了半胱氨酸的 LDH 粉体，然后采用胶体沉积法在铜表面制备半胱氨酸修饰的 LDH 薄膜。结果表明，与表面未修饰半胱氨酸的 LDH 薄膜相比，表面修饰了半胱氨酸的 LDH 薄膜获得了更好的缓蚀效果，缓蚀效率最大为 91.4%。

4.2.5　原位生长法

原位生长法是指选取一种进行了特殊表面处理的基底，使 LDH 在这种基底上生长成膜，或者处理后的基板直接参加反应，参与构成 LDH 层板，最终在其表面制备得到一层 LDH 薄膜。与常用几种薄膜制备方法相比，原位生长法最大的优点在于制备的 LDH 薄膜与基体结合力强，不易脱落。另外，采用原位生长法制备的

LDH 薄膜中粒子的尺寸和疏密程度可以通过调节反应温度、pH、时间等条件来进行控制[395]。

4.2.6 电化学沉积法

电化学沉积法可在导电基板上直接生成目标 LDH 薄膜，而且耗时非常短。通过控制电沉积反应时间，可以制备不同厚度的 LDH 薄膜，在电化学生物传感器、催化等方面有着广泛的应用前景。

4.3 层状无机功能材料基防腐薄膜

LDH 层间阴离子的种类在较宽范围内可调变，环境中的腐蚀性阴离子能与层间阴离子交换而被截留在 LDH 层间，避免了与基体直接接触，从而起到减缓腐蚀的效果，加上其表面的疏水性等特性使其在腐蚀领域具有潜在的应用前景。另外，原位生长法制备的膜层与基体间存在化学键，膜/基结合良好，可以通过在金属表面原位生长 LDH 膜的方法来改善金属的耐蚀性。

4.3.1 铝及铝合金表面

Zhang 等[396]采用原位生长法在经过阳极氧化处理的铝片（PAO/Al）上制得 Zn-Al LDH 薄膜。然后以此为前驱体，将月桂酸根阴离子（La^-）插入 LDH 层间，制得具有超疏水性能的 La^-插层 Zn-Al LDH（Zn-Al-La）薄膜并研究其耐腐蚀性能。薄膜制备过程分为以下两个步骤。

1）铝片的阳极氧化

将铝片（纯度≥99.5%，厚度为 0.1mm）剪切成 10cm×10cm 的片，经过乙醇脱油除脂、水洗、碱洗除去自然氧化层处理后，以 1mol/L 的 H_2SO_4 溶液作电解液阳极氧化，氧化电流密度 $2A/dm^2$，氧化时间 50min，表面阳极氧化后的铝片干燥后表面呈白色。样品用大量去离子水清洗干净，干燥后备用。

2）Zn-Al LDH 薄膜的制备

称取 $Zn(NO_3)_2·6H_2O$ 和 NH_4NO_3，以 Zn^{2+}∶NH_4^+ 物质的量比为 1∶6 的比例配成混合溶液，其中$[Zn^{2+}]$=0.1mol/L，再用浓度 1%的氨水调节反应合成液的 pH 至 6.5。将 PAO/Al 基片垂直悬吊在上述反应合成液中，45℃反应 36h。反应结束后将样品取出后，用乙醇冲洗后，于室温下干燥，得到 Zn-Al LDH 薄膜。

3）Zn-Al-La 薄膜的制备

配制 0.05mol/L 月桂酸钠溶液，然后将 Zn-Al LDH 薄膜垂直悬挂在此溶液中，

50℃放置 7h 后得到 Zn-Al-La 薄膜，取出样品后用乙醇清洗，室温下干燥。

La^-插入 LDH 层间得到表面分散着微突起的 Zn-Al-La 薄膜，具有很好的超疏水性能[接触角（CA）=163°]。采用极化曲线、浸泡实验、EIS 等测试手段测试 Zn-Al-La 薄膜在 3.5% NaCl 溶液中的耐腐蚀性能，结果表明具有超疏水性能的 Zn-Al-La 薄膜与基体的结合力比较好，i_{corr} 低至 $10^{-9}A/cm^2$，经过长时间的浸泡该薄膜晶体结构没有发生变化，没有出现腐蚀现象，具有优越的耐腐蚀性能。初步推断，Zn-Al-La 薄膜的超疏水性能、LDH 层状结构的溶解—重结晶所致的自修复功能是其良好耐蚀性的重要因素。该薄膜制备工艺简单、环境友好、原料简单易得、能耗少等优点，在金属的防护领域具有潜在的应用前景。

采用同样的原位生长技术可进一步在阳极氧化的铝合金 AA2024 表面制备具有超疏水性能的 Zn-Al-La 薄膜（CA=150°±1°），该超疏水薄膜表面也存在着乳突结构，极化曲线测试表明超疏水处理薄膜的耐蚀性明显提高，i_{corr} 较低，约为 $10^{-8}A/cm^2$，有望成为铝合金的良好耐腐蚀材料。

在阳极氧化的铝及铝合金表面原位制备的 Zn-Al-La 薄膜的纳米/微米结构导致薄膜具有超疏水的特性，是其具有优越的耐腐蚀性能的一个重要因素。Zn-Al-La 薄膜良好的超疏水特性可以有效地将介质腐蚀性离子（如 Cl^-）与薄膜表面隔离，腐蚀性离子（如 Cl^-）就无法渗透到金属表面，从而有效地保护金属基体。另外，即使当 Zn-Al-La 薄膜受到破坏时，其溶解—重结晶作用可以抑制金属发生进一步腐蚀。

上述 LDH 薄膜是在经过阳极氧化的铝及铝合金上原位生长制备的，由于考虑到阳极氧化的过程中，电解液的浓度、环境的温度和湿度等条件都会对阳极氧化过程产生影响，由于条件的微小变化得到的阳极氧化铝不完整，致使制备的薄膜可能会存在一些缺陷。直接采用未经过阳极氧化的铝为基体，在含有金属离子 Zn^{2+} 的溶液中制备 Zn-Al LDH 薄膜，得到的薄膜比较均匀、致密，具有较好的取向性。采用极化曲线测试其极化电流密度较低，电化学阻抗值较大，在 3.5% NaCl 溶液中长期浸泡薄膜没有发生腐蚀，说明 Zn-Al LDH 薄膜提高了金属铝的耐蚀性。分析其主要是因为层间阴离子 NO_3^- 较强的离子交换能力，从而可以将腐蚀性离子（如 Cl^-）交换到层间，抑制其对金属的破坏。

采用原位生长法在铝及铝合金上制备 Zn-Al LDH 薄膜，制备方法简单、容易操作，得到的薄膜均匀而致密，耐腐蚀性能好，与金属表面的结合力好，作为耐腐蚀材料应用时不需要加入有机胶黏剂，而且薄膜中不含有毒离子，对人体无任何毒害作用且对环境无污染，该类 LDH 薄膜有望作为工程材料中铝及其合金部件耐腐蚀涂层使用。

我们研究组也采用原位生长技术在铝基体表面制备 Mg-Al LDH 薄膜，用长链脂肪羧酸盐对其表面进行改性处理后，考察了其防微生物腐蚀性能。

实验过程简述如下。

1）铝表面原位生长制备 Mg-Al LDH 薄膜

依次用丙酮、乙醇、0.5wt% NaOH 和水清洗铝基体（纯度＞99.99%），干燥备用。将 4.000mmol $Mg(NO_3)_2 \cdot 6H_2O$ 和 2.425mmol 尿素溶于 75mL 水中。将铝基体剪成 10.5cm×5cm 的长方片后卷成圆筒放置于上述所配溶液中，70℃热处理 12h、24h、36h 和 48h。随后，将基片从溶液中取出后用去离子水冲洗，室温干燥。不同反应时间制备的 Mg-Al LDH 薄膜依次表示为 LDH-12、LDH-24、LDH-36 和 LDH-48。

2）Mg-Al LDH 薄膜的表面改性

所制备的 Mg-Al LDH 薄膜（LDH-24）分别浸泡于 0.1g/L 的油酸钠、月桂酸钠和硬脂酸钠水溶液中 24h。随后，将其从溶液中取出后用去离子水冲洗，室温干燥。Mg-Al LDH 薄膜前体和制备的长链脂肪酸表面改性 Mg-Al LDH 薄膜分别表示为 LF（LDH-24）、O-LF、L-LF 和 S-LF。

3）防微生物腐蚀试验

将所制备的 LF（LDH-24）、O-LF、L-LF 和 S-LF 薄膜剪成长 2cm、宽 1cm 的长条。将其置于 SRB 培养液中 30℃培养 7 天。随后取出试片，用灭菌水冲洗，戊二醛固定，SEM 观察。电化学测试采用三电极体系。试片为工作电极，铂丝为对电极，Ag/AgCl（3mol/L KCl）为参比电极，在 CHI760C 电化学工作站上进行。EIS 测试条件：E_{oc}，频率范围为 10^{-2}～10^{5}Hz，振幅为 5mV。采用 Zsimpwin 3.20 软件进行阻抗拟合。

不同晶化时间制备的 Mg-Al LDH 薄膜样品的 XRD 谱图如图 4-1 所示。对于

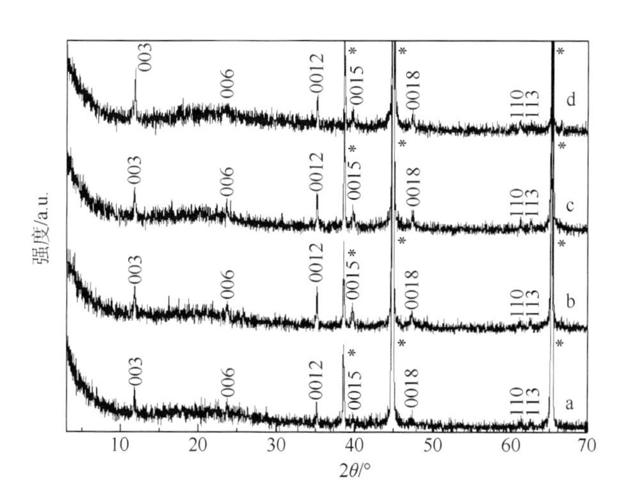

图 4-1　不同晶化时间在纯铝基体表面原位生长制备 Mg-Al LDH 薄膜样品 XRD 谱图

a. LDH-12；b. LDH-24；c. LDH-36；d. LDH-48；*表示纯铝衍射峰

每一个样品，均在 11.8°、23.6°、35.1°、61.1°和 62.5°出现了对应于（003）、（006）、（012）、（110）和（113）晶面的 LDH 特征衍射峰。此外，在 XRD 谱图中还出现了纯铝的三个特征衍射峰（图中用星号表示）。对于 LDH-12、LDH-24、LDH-36 和 LDH-48 样品，其对应的层间距分别为 0.750nm、0.751nm、0.746nm 和 0.747nm。此值表明层间客体阴离子为 CO_3^{2-}，所得 LDH 为 CO_3^{2-} 插层 LDH。将 LDH-24 薄膜从基片表面刮下，所得粉末样品的 XRD 谱图见图 4-2（曲线 b）。对于粉末样品，其 I_{003}/I_{012} 的值为 5.81，而对于 LDH-24 薄膜，此值为 0.74，表明所制备的 LDH 薄膜为取向薄膜，其 *ab* 面垂直于基片（*c* 轴平行于基片）。元素分析结果表明所制备 LDH 薄膜样品具有相似的 Mg/Al 物质的量比（2）。

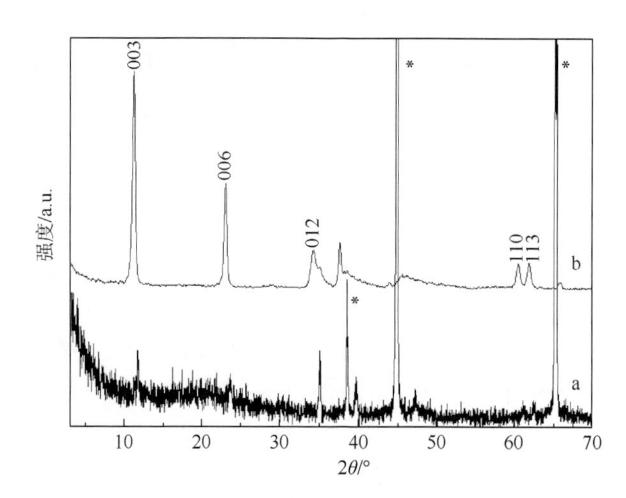

图 4-2 LDH-24（LF）（a）和从 LF 样品中刮下的粉末（b）的 XRD 谱图

*表示纯铝衍射峰

从 LF、O-LF、L-LF 和 S-LF 样品表明刮下的粉末样品和纯油酸钠、月桂酸钠和硬脂酸钠样品的 FT-IR 谱图如图 4-3 所示。对于从 LF 样品刮下的粉末样品，其 FT-IR 谱图（图 4-3 曲线 a）中，3700～3100cm^{-1} 宽的吸收谱带归结为 LDH 的层间水分子的 O—H 振动峰和层板羟基的振动峰。1357cm^{-1} 处吸收谱带为层间 CO_3^{2-} 的伸缩振动吸收峰。在低波数（700～400cm^{-1}）处出现了 LDH 层板上 M—OH、M—O—M 和 O—M—O 键的特征振动吸收峰，进一步证明 LDH 结构的形成，此结果与 XRD 结果一致。对于纯油酸钠，在其 FT-IR 谱图（图 4-3 曲线 b）中位于 1561cm^{-1} 和 1425cm^{-1} 处吸收谱带分别为—COO$^-$的 ν_{as}（COO$^-$）和 ν_s（COO$^-$）；2921cm^{-1} 和 2851cm^{-1} 处吸收谱带为烷基链上 C—H 伸缩振动峰。而对于从 O-LF 样品上刮下的粉末样品（图 4-3 曲线 c），其 FT-IR 谱图上出现了纯油酸根阴离子和 LDH 的特征吸收带。—COO$^-$的伸缩振动峰从纯油酸钠样品谱图中的 1561cm^{-1}

和 1425cm^{-1} 分别移动到 1540cm^{-1} 和 1519cm^{-1}。吸收谱带的红移表明 LDH 表面和油酸根阴离子发生了界面作用。而对于纯月桂酸钠样品（图 4-3 曲线 d），其 FT-IR 谱图中的 1560cm^{-1} 和 1424cm^{-1} 同样归于—COO$^-$的 ν_{as}（COO$^-$）和 ν_s（COO$^-$）。吸附在 LDH 表面上后，同样发生明显红移（图 4-3 曲线 e），表明其与 LDH 表面发生界面作用。而对于纯硬脂酸钠和 S-LF 样品（图 4-3 曲线 f 和曲线 g），也观察到同样的红移现象。LDH 层板由于三价金属离子同晶取代二价金属离子带有永久正电荷，可与长链脂肪酸的羧基端通过静电吸引力进行连接，导致长链脂肪酸通过羧基端在 LDH 表面形成一层吸附膜。

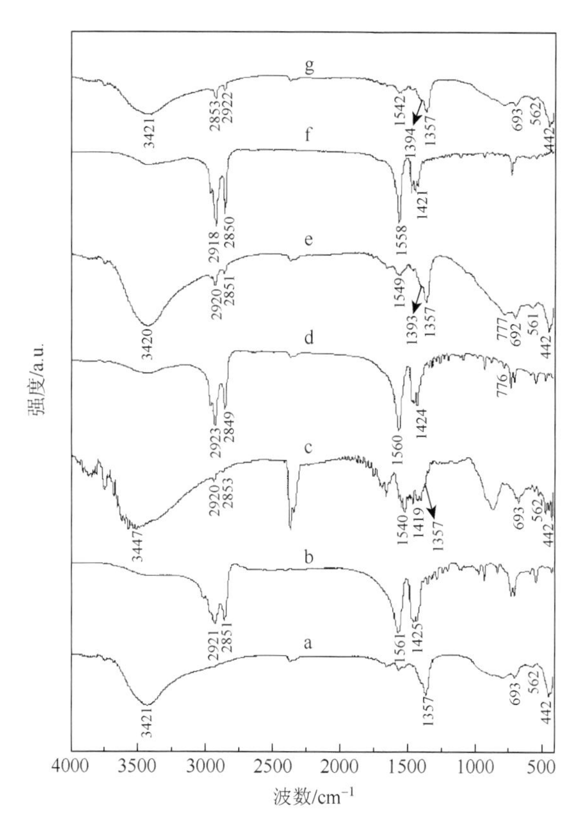

图 4-3　从薄膜样品刮下的粉末和纯长链脂肪羧酸盐的 FT-IR 谱图

a. LF；b. 油酸钠；c. O-LF；d. 月桂酸钠；e. L-LF；f. 硬脂酸钠；g. S-LF

图 4-4 为不同晶化时间制备 Mg-Al LDH 薄膜样品的 SEM 照片。如图所示，采用原位生长技术在纯铝基片表面生成高取向的 LDH 薄膜，六角形 LDH 片垂直于基片表面紧密排列生长。此外，从图 4-4 中可以看到所制备薄膜组织结构可通过晶化时间进行调控。对于 LDH-12 样品，其 LDH 微晶的二维尺寸在 2.2～2.5μm，

厚度约 120nm。随着晶化时间从 12h 延长到 24h，LDH 微晶二维尺寸增大到 2.6～2.9μm，而厚度增大到 160nm，而薄膜致密度也随之增加。继续延长晶化时间，LDH 微晶二维尺寸和厚度不再增大，但是晶体缺陷和微晶团聚现象也随之呈现，说明继续延长晶化时间不利于得到高质量 LDH 薄膜。

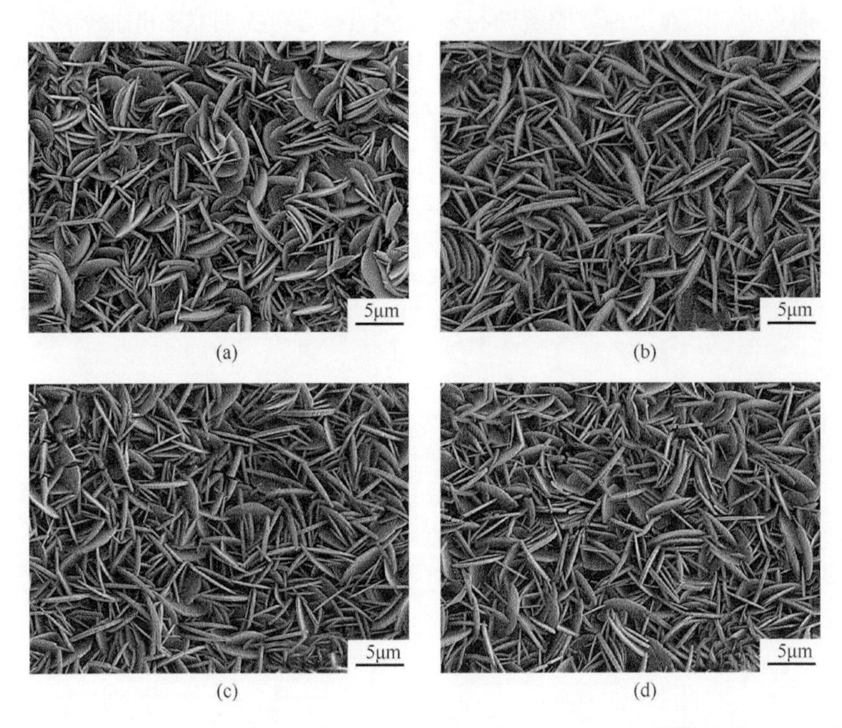

图 4-4　不同晶化时间在纯铝基体表面原位生长制备 Mg-Al LDH 薄膜样品 SEM 照片

（a）LDH-12；（b）LDH-24；（c）LDH-36；（d）LDH-48

图 4-5 为长链烷基脂肪羧酸盐改性前后 LDH-24（LF）样品的表面 SEM 照片。如图所示，改性前后，表面形貌没有发生任何变化，说明表面改性处理不会对样品表面特征微观形貌产生破坏。

所制备 Mg-Al LDH 薄膜样品的静态接触角分析结果见表 4-1。由表可见，对于 LDH 样品，其静态接触角在 25°～45°之间，表明表面为亲水表面。而经过表面改性后得到的样品的静态接触角照片如图 4-6 所示，LDH-24（LF）前体为亲水表面，经过表面改性后，O-LF、L-LF 和 S-LF 样品的静态接触角分别增大到 114°±2°、129°±3°和 121°±3°，表现为疏水性。这归因于长链烷基脂肪羧酸盐通过亲水的羧基与 LDH 表面静电连接，而疏水的烷基端伸向溶液，导致表面疏水性增强。有文献报道，SRB 表面呈现亲水性，因此改性后的疏水表面可提高表面抗 SRB 附着性能。

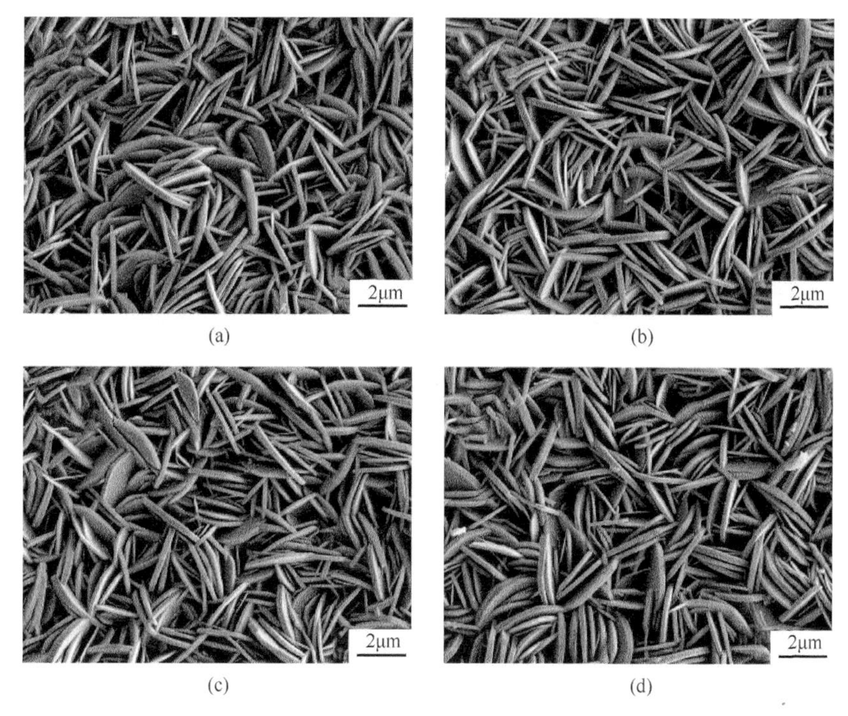

图4-5 样品的SEM照片

（a）LF；（b）O-LF；（c）L-LF；（d）S-LF

表4-1 纯铝表面Mg-Al LDH薄膜样品的静态接触角

样品	接触角/°
LDH-12	27.08±1.96
LDH-24	36.15±2.83
LDH-36	34.17±2.82
LDH-48	42.35±2.71

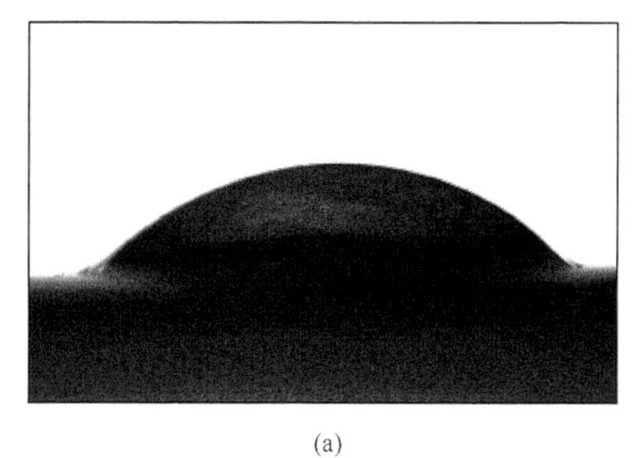

(a)

(b)

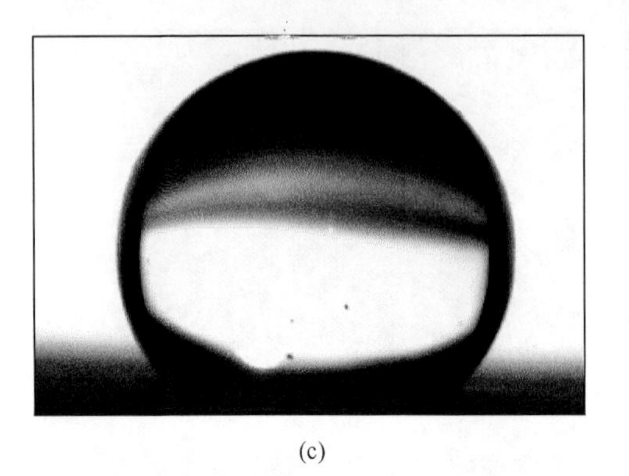
(c)

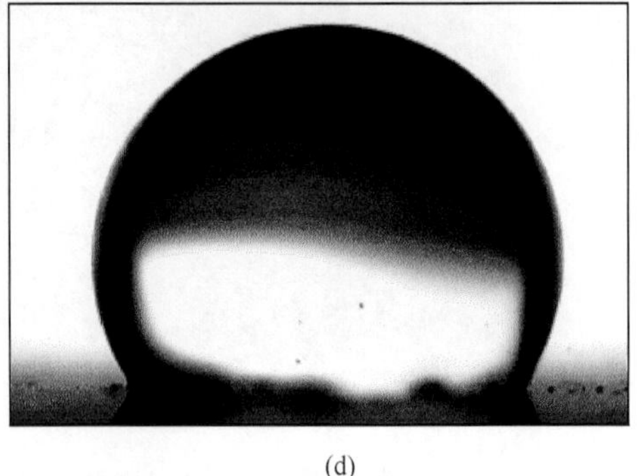
(d)

图 4-6　样品表面的水滴形状

（a）LF；（b）O-LF；（c）L-LF；（d）S-LF

采用 EIS 表征所制备的表面改性 Mg-Al LDH 薄膜样品（LF、O-LF、L-LF 和 S-LF）的防微生物腐蚀性能。图 4-7 给出了纯铝、LDH-24（LF）和长链脂肪族羧酸盐改性 LF 浸泡在 SRB 菌液中浸泡 7 天前在 3.5% NaCl 溶液中的 EIS 谱图。纯铝和覆盖了薄膜的铝样品的 Nyquist 图展现了不同的特征。对于纯铝［图 4-7（c）］，在 Bode 图上可以看到两个明显的时间常数。可以用图 4-8（a）的等效电路对其进行拟合，其中 R_{sol} 是溶液电阻，R_{ct} 是电荷转移电阻，Q_{dl} 是常相角原件用于表示电极表面和电解质溶液间双电层电容，R_{pore} 是孔隙电阻，Q_{AO} 是常相角原件用于表示铝基片表面氧化铝膜层电容。对于覆盖有 LDH 薄膜的铝基片，其 Bode 图展现了相似的特征，均具有两个明显的时间常数。而覆盖有 LDH 薄膜的铝基片其阻抗值相比于纯铝有 3 个数量级的增大［图 4-7（b）］，表明 LDH 薄膜有良好的防腐性能。此外，从图中可以看到覆盖有 LDH 薄膜的铝基片的阻抗

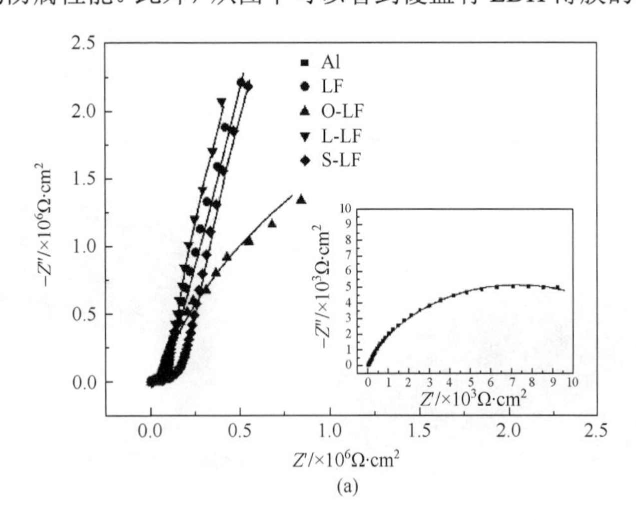

(a)

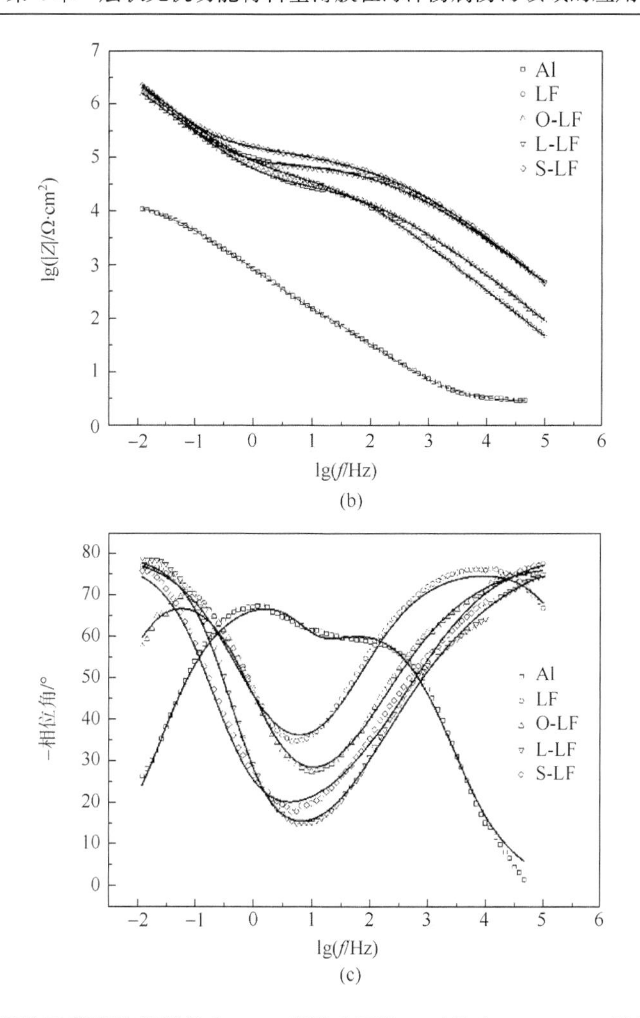

图 4-7　纯铝和覆盖了薄膜的铝样品在 SRB 菌液中浸泡 7 天前在 3.5% NaCl 溶液中的 EIS 谱图

（a）Nyquist 图；（b）lg（|*Z*|）-lg *f* 的 Bode 图；（c）：相位角-lg *f* 的 Bode 图（直线代表拟合线）

值按以下顺序增大：LF＜O-LF＜L-LF≅S-LF。在接触角测试中也发现了类似的排序方式，表明所制备薄膜样品的防腐性能与其表面润湿性能有直接关系。具有更大接触角的 L-LF 和 S-LF 样品具有更好的防腐性能。采用图 4-8（b）中的等效电路拟合 LF 样品的 EIS 谱图，其中 Q_L 和电阻 R_L 的并联电路用于表示 LDH 膜层，而 Q_{AO} 和电阻 R_{AO} 的并联电路用于表示氧化铝层。对于改性 LDH 薄膜，用于表示吸附膜层界面电容和膜电阻的 Q_A 和电阻 R_A 的并联电路被加入等效电路中［图 4-8（c）］。R_{ct}、Q_{dl} 和 R_{pore} 分别代表电荷转移电阻、界面电容和孔隙电阻。

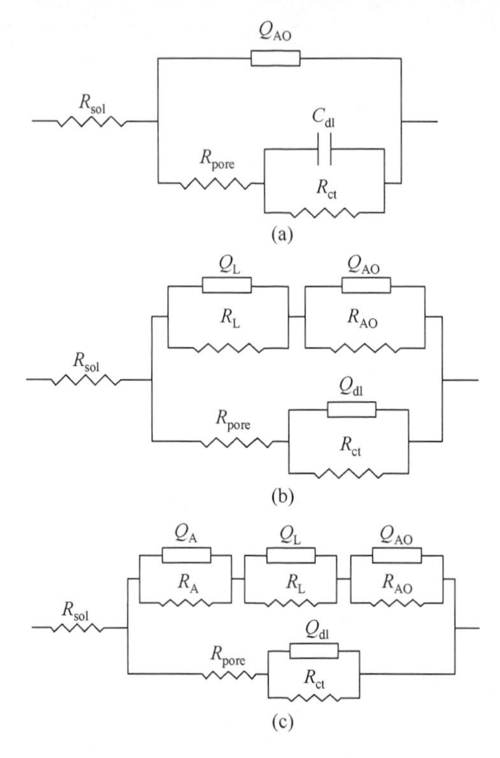

图 4-8　纯铝和覆盖了薄膜的铝样品在 SRB 菌液中浸泡 7 天前后在 3.5% NaCl 溶液中的 EIS 谱图的等效电路

浸泡在 SRB 菌液 7 天后，无论是纯铝还是覆盖 LDH 薄膜的铝，其 EIS 谱图均发生较大变化（图 4-9）。对于纯铝和覆盖 LDH 薄膜的铝，其 Bode 图展现了不同的特征，可以分别用图 4-8（a）和图 4-8（c）中的等效电路对其进行拟合。浸泡前后等效电路拟合数值见表 4-2。通常 R_{ct} 值可以用于对应腐蚀速率，其值越小，腐蚀速率越大。从表 4-2 中可以看到，在纯铝表面形成 LDH 膜后，R_{ct} 值至少增大了 3 个数量级，表明 LDH 膜可以有效抑制纯铝在 3.5% NaCl 溶液中的腐蚀。此外，改性后样品的 R_{ct} 值比改性前更大，表明表面改性过程可以进一步提升保护层防腐性能。这可以归因于形成的疏水自组装层。在 SRB 菌液中浸泡 7 天后，对于纯铝，其 R_{ct} 值从 $1.44\times10^4\Omega\cdot cm^2$ 增大到 $4.10\times10^7\Omega\cdot cm^2$，表明厚腐蚀产物层的形成。对于 LF 和 O-LF 样品，此值减小了 2 个数量级，表明其耐腐蚀能力下降，说明在 SRB 浸泡过程中，保护膜遭受了较为严重的破坏，其耐微生物腐蚀能力不强。同时，R_L 值也急剧减小，也表明保护膜被破坏。以上结果表明，亲水的 LF 和疏水性不强的 O-LF 表面均不能在 SRB 存在环境中保护铝基体。L-LF 和 S-LF 样品展现了不同的耐蚀能力，其 R_{ct} 值在浸泡后稍稍增大，而 R_L 值也没有太大变化，表明其具有良好的抗微生物腐蚀能力。综上所述，月桂酸钠和硬脂酸钠改性 LDH 薄膜具有良好的抗微生物腐蚀能力。

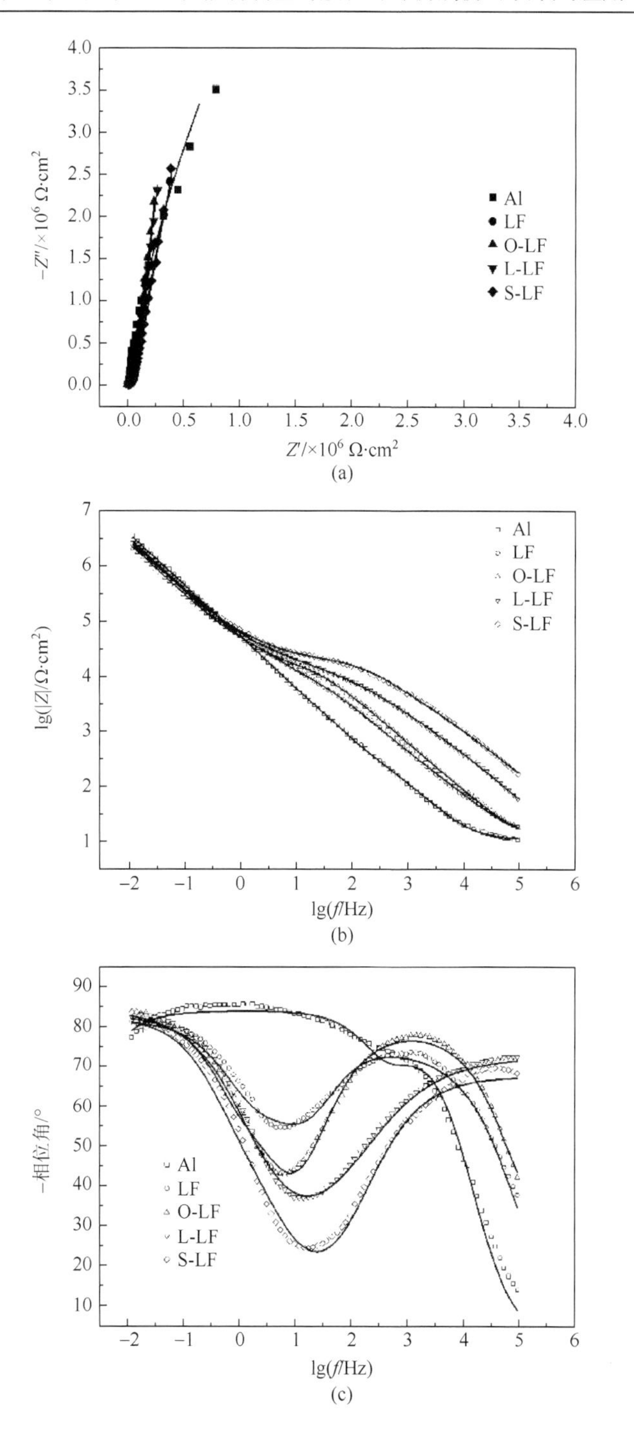

图 4-9　纯铝和覆盖了薄膜的铝样品在 SRB 菌液中浸泡 7 天后在 3.5% NaCl 溶液中的 EIS 谱图

（a）Nyquist 图；（b）lg（|Z|）-lg *f* 的 Bode 图；（c）相位角-lg *f* 的 Bode 图（直线代表拟合线）

表 4-2　纯铝和覆盖了薄膜的铝样品在 SRB 菌液中浸泡 7 天后在 3.5% NaCl 溶液中的 EIS 谱图拟合数据

样品	纯铝		LF		O-LF		L-LF		S-LF	
	前	后	前	后	前	后	前	后	前	后
$R_{sol}/(\Omega\cdot cm^2)$	9.76	11.43	7.60	11.66	9.60	11.54	10.51	10.04	9.98	11.14
$Q_A/[1/(\mu\Omega\cdot cm^2\cdot S)]$	—	—	—	6.82	4.99	1.01	1.86	4.03	2.51	8.91
n_A	—	—	—	0.73	0.83	0.87	0.82	0.93	0.71	0.68
$R_A/(\Omega\cdot cm^2)$	—	—	—	2.00×10^4	6.31×10^3	1.62×10^4	3.92×10^6	1.67×10^4	2.96×10^6	3.35×10^4
$Q_L/[1/(\mu\Omega\cdot cm^2\cdot S)]$	—	—	4.21	2.16	2.50	11.53	4.88	11.53	1.02	4.23
n_L	—	—	0.89	0.93	0.72	0.59	0.89	0.69	0.68	0.91
$R_L/(\Omega\cdot cm^2)$	—	—	5.11×10^8	3.65×10^3	4.00×10^8	1.54×10^5	1.31×10^8	2.77×10^8	1.82×10^8	2.31×10^8
$Q_{AO}/[1/(\mu\Omega\cdot cm^2\cdot S)]$	0.26	0.25	0.92	0.59	0.22	0.21	0.55	0.36	0.43	0.25
n_{AO}	0.75	0.92	0.88	0.91	0.91	0.94	0.49	0.80	0.87	0.75
$R_{AO}/(\Omega\cdot cm^2)$	—	—	2.43×10^5	2.49×10^4	3.32×10^5	9.94×10^4	7.82×10^5	9.92×10^5	9.51×10^5	2.18×10^5
$R_{pore}/(\Omega\cdot cm^2)$	5.90×10^2	7.42×10^2	1.44×10^3	1.72×10^3	6.15×10^6	8.27×10^4	3.63×10^6	9.14×10^5	9.67×10^6	1.15×10^6
$Q_{dl}/[1/(\mu\Omega\cdot cm^2\cdot S)]$	3.20	7.57	2.85	1.45	8.31	2.84	1.74	2.21	1.31	2.69
n_{dl}	0.98	0.97	0.86	0.81	0.88	0.91	0.88	0.92	0.89	0.87
$R_{ct}/(\Omega\cdot cm^2)$	1.44×10^4	4.10×10^7	7.54×10^7	4.23×10^5	1.10×10^8	6.81×10^6	2.79×10^{11}	7.04×10^{11}	1.96×10^{10}	6.08×10^{10}

为了进一步研究所制备 LDH 薄膜抗微生物腐蚀能力，对浸泡在 SRB 菌液 7 天后样品的表面进行 SEM 观察，所得结果如图 4-10 所示。对于纯铝[图 4-10(a)]，在其表面形成了结合有 SRB 生物膜的松散的腐蚀产物层，表明纯铝遭受了严重的微生物腐蚀。这层腐蚀产物层可以增大 R_{ct}，这与 EIS 结果一致。对于 LF 和 O-LF 样品［图 4-10（b）和图 4-10（c）］，SRB 可以在其表面大量附着形成生物膜，薄膜结构遭受较大程度的破坏，不能对铝基体提供有效保护，这与 EIS 结果也是一致的。而对于 L-LF 和 S-LF 样品［图 4-10（d）和图 4-10（e）］，膜结构保持完好，

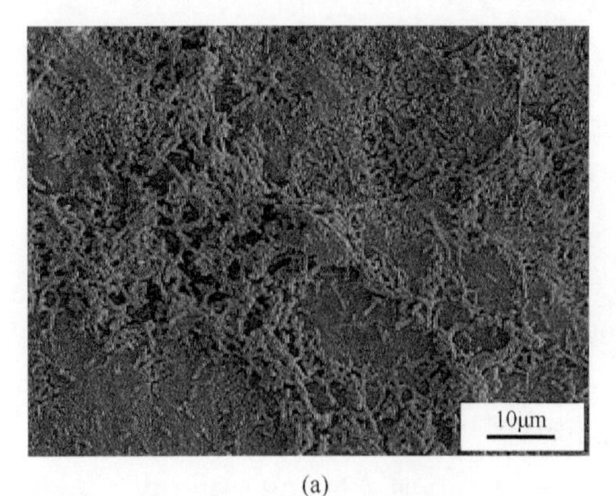

(a)

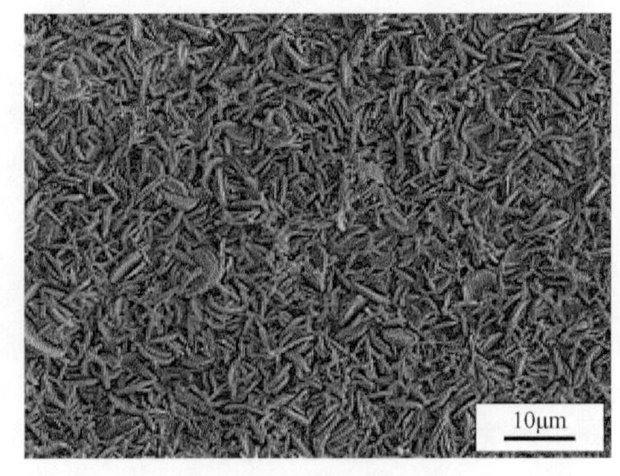

(b)

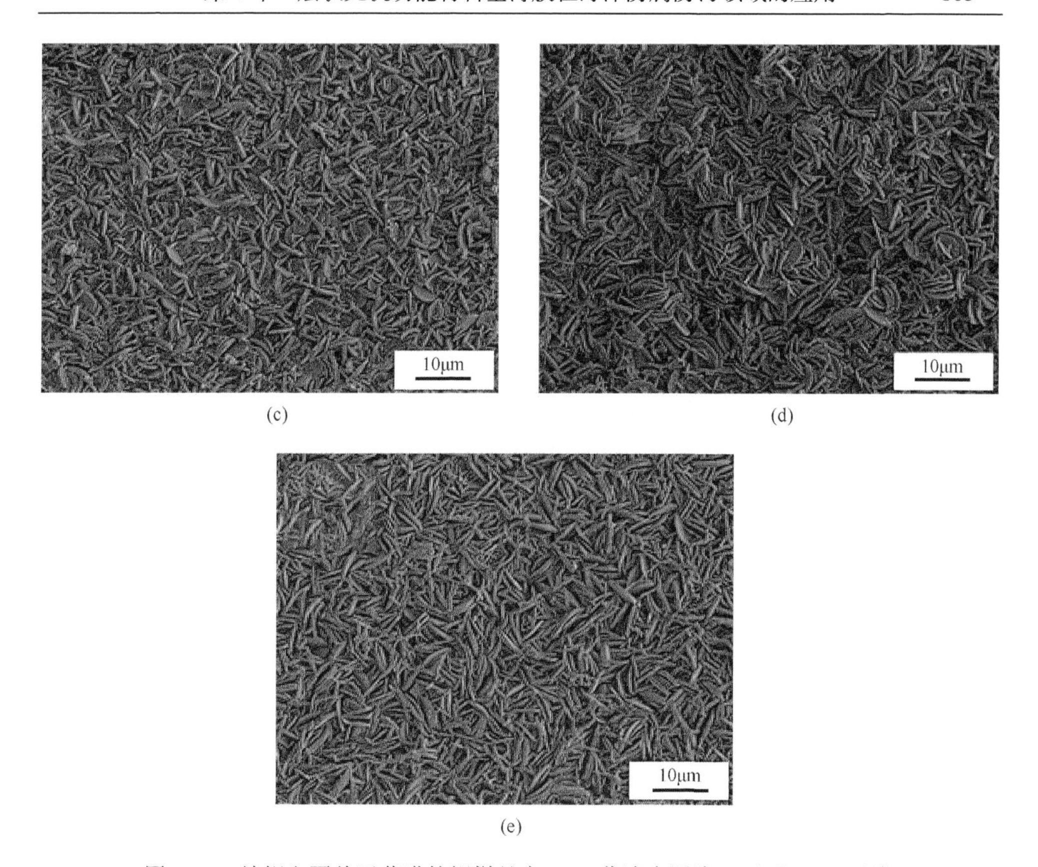

图 4-10　纯铝和覆盖了薄膜的铝样品在 SRB 菌液中浸泡 7 天后 SEM 照片

SRB 在其表面附着很少，没有形成生物膜，说明其具有良好的微生物腐蚀防护性能，这与 EIS 结果也是一致的。此外，L-LF 和 S-LF 样品在浸泡前后表面形貌变化很小，进一步说明其具有良好的结构稳定性。以上研究结果表明，简单的表面处理过程可以极大的提升 LDH 薄膜防微生物腐蚀能力。

采用原位生长方法可以在纯铝表面制备具有高取向 LDH 薄膜。长链脂肪羧酸盐表面改性后可将其表面润湿性由亲水转变为疏水，而月桂酸钠和硬脂酸钠改性 LDH 薄膜具有较强的疏水性和良好的防微生物腐蚀能力，在防微生物腐蚀领域也具有潜在的应用前景。

4.3.2　镁及镁合金表面

有机涂层是金属材料常用的腐蚀防护方法，但是该方法会增加镁合金的重量，这就破坏了镁合金超轻性能这一突出优点，在超轻领域的应用受到一定限制。在金属基体表面制备结构规整、分布均匀紧凑的 LDH 薄膜，可以实现对金属基体的腐蚀防护。

1. 原位生长法

最初使用原位生长法在镁合金上制备 LDH 薄膜的研究人员是 Lin 等[397，398]，他们向去离子水中持续通入 CO_2，形成 HCO_3^- / CO_3^{2-} 液相溶液，放入经过前处理的 AZ91 镁合金基体，50℃水浴条件下反应一段时间，在 AZ91 镁合金表面原位生长出 CO_3^{2-} 插层 Mg-Al LDH 膜，在 0.6mol/L 的 NaCl 溶液浸泡 60h 后薄膜表面并未见明显损坏，并通过改进成膜工艺后，使成膜时间缩短为 4h。该膜经 72h 盐雾腐蚀试验后表面没有腐蚀坑，而普通的镁合金转化膜仅经过 24h 盐雾试验后就严重破损。

Wang 等[399]采用原位生长法，在 AZ31D 镁合金表面制备了化学转化膜，该转化膜利用了镁合金表面的镁作为镁源。镁合金与 LDH 浆液接触时，在反应初期，首先在镁合金的表面形成水菱镁矿，随着反应时间的延长，在水菱镁矿的表面吸附 Al^{3+}，形成 LDH 转化层，到最后，形成具有完整结构的 Mg-Al LDH 转化层。该转化膜均匀覆盖在镁合金的表面，由片状的 LDH 晶体紧密结合在一起，粒径为 20～30μm。该 Mg-Al LDH 转化膜能在短时间内对镁合金提供腐蚀保护，降低腐蚀电流密度的原因是阻碍腐蚀性介质。

但是由于该 Mg-Al LDH 转化层是多孔的和亲水的，不能提供长时间的腐蚀保护，当腐蚀性介质随着通道渗入镁合金表面，腐蚀发生，腐蚀产物破坏了膜层的完整性，使薄膜脱落或起泡、分层，导致薄膜失效。因此，为了抑制腐蚀的进行，减少镁合金与水的接触是非常必要的。疏水表面被提出作为一种较好的腐蚀保护技术是因为它减小了水与潮湿的腐蚀环境的接触表面。疏水表面通常由表面粗糙度和低表面能物质共同决定的。即使是具有最低表面能的光滑固体表面与水的接触角也只有 119°。所以，改变表面粗糙度就变得尤为重要。镁合金由于极易被腐蚀，利用化学转化技术既增加镁合金的耐腐蚀性能，又可以增加镁合金表面的粗糙度，为构筑疏水表面提供了条件。

在镁合金表面构筑疏水表面采用两步法战略：首先在镁合金表面构筑微纳米级的粗糙刻度；其次把粗糙的表面进行低表面能修饰。Wang 等[399]在 AZ31D 镁合金表面制备的 Mg-Al LDH 转化膜具有分等级的结构，这既增加了镁合金的耐腐蚀性又增加了镁合金表面的粗糙度。为了提高该转化膜的耐蚀性，他们在镁合金表面制备具有分等级结构 Mg-Al LDH 转化膜的基础上，再将其浸泡在含有 2%硅烷偶联剂的乙醇溶液中，浸泡 12h 后取出，80℃下固化 2h，最终可以得到静态接触角为 130°的疏水表面。硅烷偶联剂是吸附在转化膜的表面的，并且均匀覆盖在转化膜的表面。经过硅烷化后维持原来的分等级结构，厚度约 15μm，花状的凸起直径为 20～30μm。相邻的花状凸起之间的片状微晶与花状凸起的成分是相同的，片状微晶的大小约为 10μm。极化曲线研究结果表明在 3.5% NaCl 溶液中疏水表面的 i_{corr} 比未经处理的镁合金的 i_{corr} 降低了 3 个数量级，化学转化处理后的镁合金的 i_{corr} 比未经处理的镁合金的 i_{corr} 降低了 1 个数量级。低的 i_{corr} 对应于低的腐蚀速率和较好的耐腐蚀性。烷基硅烷改性处理的疏水表面的 i_{corr} 为 0.432μA/cm^2，覆盖了 LDH 转化膜的镁合金的 i_{corr} 为 64.286μA/cm^2，而未经处理的镁合金的 i_{corr} 为 89.176μA/cm^2。疏水表面明显具有较低的 i_{corr}，降低了镁合金基体的腐蚀速率，具有较好的耐腐蚀性能。该疏水表面对镁合金基体提供有效的腐蚀保护，表面疏水性应用到金属基体耐腐蚀性的改良是有效的、可行的。

Chen 等[400]采用两步法在低铝含量的 AZ31 镁合金表面也原位生长出优质的 Mg-Al LDH 薄膜。该膜非常致密、均匀，能对 AZ31 镁合金起到很好的防护作用。另外，他们[401]还采用植酸改性来能提高 LDH 膜的耐蚀性，尽管 E_{corr} 降低了，但减小了 i_{corr}。植酸处理能有效地提高膜的阻挡层作用，并且具有减缓腐蚀发展的效果。该膜大大延长了点蚀萌生的时间，其优异的稳定性可能与磷酸盐缓蚀剂的释放有关。

Ishizaki 等[402]采用水蒸气原位生长的方法，将 AZ31 镁合金放置在 423K 的高压釜中 6h，获得了 80μm 厚的 Mg-Al LDH 和 $Mg(OH)_2$ 的复合涂层，该涂层具有非常优异的耐蚀性，使基体的 i_{corr} 降低了至少 6 个数量级。

关于 LDH 膜改善镁合金耐蚀性的机制，尚未得到统一认识。Lin 等[397, 398]认为 LDH 膜能提高镁合金耐蚀性的原因之一是 Cl^- 能交换出 LDH 层间阴离子 CO_3^{2-}，抑制了 Cl^- 的侵蚀作用。但这与文献矛盾，究其原因可能是腐蚀介质中添加了 $CaCl_2$，Ca 容易与 CO_3^{2-} 形成 $CaCO_3$ 沉淀，才使得 Cl^- 置换出 CO_3^{2-}。Kuzawa 等[403]的实验结果也证实，添加 $CaCl_2$ 后形成了磷酸钙沉淀物，会覆盖在表面。关于腐蚀机制的另一研究来自 Yi 等[404]，他们相信 CO_3^{2-} 与主体层板的高亲和力会阻止 Cl^- 的攻击；但由于 CO_3^{2-} 在 NaCl 溶液中会不断减少，Cl^- 取代进入 LDH 插层中间也是有可能的，因此，他们也认同 Lin 等[397, 398]的观点，认为 LDH 膜优异的耐蚀性归功于 CO_3^{2-} 与 Cl^- 在含氯的腐蚀介质中的交换作用，而且不改变 LDH 的双层结构。Chen 等[400]近期研究了 Cl^- 的取代或吸附效应，发现 LDH 在 NaCl 溶液中，Cl^- 不能取代 CO_3^{2-}，只有先排除 CO_3^{2-}，Cl^- 才有可能进入 LDH 层间以平衡电荷；因此，LDH 膜的防腐机制主要是基于其疏水性和阻挡层的作用。

2. 旋转涂膜法

除原位生长法外，Zhang 等[392]利用旋涂技术在 AZ31 镁合金基体上覆盖了

LDH 膜层。结果表明，紧密分布的 LDH 小片能有效抑制腐蚀性离子的渗透，抑制了金属基体的腐蚀，耐腐蚀性与 LDH 膜层的厚度是有关的。

AZ31 镁合金经碱洗和酸洗后，用去离子水冲洗净，在丙酮中超声处理 8～10min，再置于去离子水中超声 3～5min，在 50℃下真空干燥，备用。将 AZ31 镁合金样片放置于旋涂机样品台上，使用微量进样器滴加制得的 5～30g/L 的 Mg-Al LDH 溶胶 10～500μL 于 AZ31 镁合金中央，以 200～800r/min 的速度预转 10s，当 Mg-Al LDH 溶胶在 AZ31 镁合金表面铺开后，以 1000～4000r/min 的速度旋转 30～60s，旋转涂覆后的 AZ31 镁合金样片置于真空干燥箱中，常温真空干燥 24h，得到了白色的均匀致密的 Mg-Al LDH 薄膜。

在假定旋涂早期完全由液体流动控制，而后期则完全由溶剂挥发控制，以溶剂挥发率和流体黏性流速相等为临界点等前提下，Meyerhofer[405]给出了最终的薄膜厚度 h_f 的解析解：

$$h_f = C_0\left[\frac{e}{2(1-C_0)k}\right]^{\frac{1}{3}} \tag{4-13}$$

式中，C_0 为溶质浓度。由式（4-13）在相同工艺条件下，即溶剂挥发速率为定值，要对比不同浓度溶胶制备膜厚，可将式（4-13）变为

$$h_f = A\frac{C_0}{(1-C_0)^{\frac{1}{3}}} \tag{4-14}$$

式中，$A=(e/2k)^{1/3}$，由所用溶胶浓度范围为 5～30g/L，即 C_0 为≤30/604.0=0.0496，则（$1-C_0$）$^{1/3}$≈1，可得

$$h_f = BC_0 \tag{4-15}$$

考虑到旋转不同次数所形成的多层膜，设旋涂次数为 n，则薄膜厚度公式又可变为

$$h_f = nBC_0 \tag{4-16}$$

即在一定制备工艺条件下，薄膜厚度与溶质浓度及旋涂次数呈线性比例关系。由此可知，通过对溶胶浓度和旋涂次数的控制，可以在一定程度上控制旋涂 LDH 薄膜的厚度。

极化曲线测试结果见表 4-3。由表 4-3 可见，AZ31 镁合金基体在 3.5% NaCl 溶液中的 E_{corr} 为−1.4998V，i_{corr} 为 0.1939mA/cm^2。AZ31 镁合金表面经过旋涂 Mg-Al LDH 薄膜后，试样的耐蚀性能得到较大提升，经旋涂 10 次后 E_{corr} 正移到−1.2139V 以上，比基体的 E_{corr} 提高了 285.9mV；AZ31 镁合金表面的 i_{corr} 下降到 4.914×10^{-6}A/cm^2，i_{corr} 与 AZ31 镁合金基体相比下降为原来的 1/40。因此使用旋涂法在 AZ31 镁合金表面制备 LDH 薄膜能较大程度提高其耐腐蚀性能，表面的旋涂 LDH 薄膜能较好地保护镁合金基体不受腐蚀。

表 4-3 极化曲线拟合的各个样品的腐蚀电位和腐蚀电流密度

样品	E_{corr}/V	i_{corr}/（μA/cm^2）
AZ31 镁合金	−1.499 8	193.9
旋涂 1 次	−1.453 6	67.67
旋涂 5 次	−1.365 5	60.27
旋涂 10 次	−1.213 9	4.914

4.3.3 铜及铜合金表面

1. 原位生长法

Lei 等[406]采用原位生长的方法，勃姆石溶胶为铝源，硝酸锌为锌源，铜基体为铜源，用氨水调节溶液的 pH，在铜基体表面合成 Cu-Zn-Al LDH 薄膜，所制得的 LDH 薄膜均匀致密，具有平行于基体生长的特征，它克服了其他方法在防腐蚀过程中和基体结合不牢固的缺点，同时开辟了 LDH 在铜防腐上的应用。

Cu-Zn-Al LDH 薄膜的制备分为以下几个步骤。

1）铜片的清洗

将铜片（纯度 99.9%）裁剪成 1cm×1cm 大小，先将其浸泡在乙醇和无水碳酸钠的混合溶液中，然后将铜片置于稀盐酸中清洗大约 15s，取出铜片，用去离子水清洗备用。

2）勃姆石溶胶的制备

勃姆石溶胶的制备：将 6.476g 的异丙醇铝加入 400mL 浓度为 0.05mol/L 的稀硝酸溶液中，用玻璃棒搅拌直到异丙醇铝溶解，将此溶液放到水浴锅中，温度为 90℃加热，同时冷凝回流，搅拌，反应 6h 后，将溶液拿出水浴锅，待其冷却后，置于离心机中离心 5min，去除下层的沉淀物，上层的半透明的物质即为制备的勃姆石溶胶。

3）一次生长 Cu-Zn-Al LDH 薄膜的制备

将制备的勃姆石溶胶倒进烧杯中，加入等体积的硝酸锌溶液，n(Zn)∶n(Al)=2∶1，将处理后的铜片放入四氟乙烯反应釜中，用 0.01mol/L 的氨水调节 pH 至 7.5 左右，将反应釜密封好，置于烘箱中 60℃下反应 3 天，取出反应釜，冷却，取出铜片，用去离子水冲洗后烘干，即可在铜基体表面生长成 Cu-Zn-Al LDH 薄膜。

4）二次生长 Cu-Zn-Al LDH 薄膜

将勃姆石溶胶倒进烧杯中，加入相同体积的硝酸锌溶液，n(Zn)∶n(Al)=2∶1，将上述步骤中得到的一次生长 Cu-Zn-Al LDH 薄膜放入四氟乙烯反应釜中，用氨水调节 pH 为 7.5 左右，继续反应 3 天，取出反应釜，冷却，取出铜片，用去离子水清洗后烘干，即可得二次生长的 Cu-Zn-Al LDH 薄膜。

5）月桂酸修饰 Cu-Zn-Al LDH（Cu-Zn-Al-La）薄膜制备

配置 0.05mol/L 月桂酸钠溶液，然后将制备的 Cu-Zn-Al LDH 薄膜水平放置于配好的月桂酸钠溶液中，在 30℃下静置 3h，然后就能够得到 Cu-Zn-Al-La 薄膜。取出样品，用无水乙醇清洗表面，放到室温环境中，干燥后就能够得到 Cu-Zn-Al-La/Cu。通过月桂酸钠对 Cu-Zn-Al LDH 表面的修饰，薄膜表面达到很好的疏水效果，与水滴的静态接触角为 139.1°。能够有效阻隔外界腐蚀性离子与金属的接触。

划痕实验结果表明长有 Cu-Zn-Al LDH 的铜片在划痕处没有破坏的痕迹，说明 Cu-Zn-Al LDH 薄膜能够和铜片很牢固地结合在一起。用月桂酸钠处理后的 Cu-Zn-Al-La 薄膜进行测试，在划痕处也没有脱落的情况发生，表明 Cu-Zn-Al-La 薄膜与基片的作用力比较强，在化学处理的时候，Cu-Zn-Al LDH 薄膜和铜片的结合力没有减弱，它与铜片保持着很好的结合力。将薄膜分别在 3.5% NaCl 溶液中浸泡后，可以看到 Cu-Zn-Al LDH 和 Cu-Zn-Al-La 在划痕处没有明显破坏的痕迹，说明它们与基体有很强的结合能力。

将 Cu-Zn-Al LDH 薄膜置于 3.5% NaCl 溶液中浸泡一周后层间阴离子发生了交换，在浸泡过程中溶液中的 Cl^-与层间的 NO_3^- 发生了交换。而 Cu-Zn-Al-La 薄膜及其在 3.5% NaCl 溶液中浸泡一周后浸泡前后 XRD 特征峰的出峰位置并没有发生变化，在浸泡前后样品的表面也并没有发生变化，也就是说腐蚀性离子氯离子并没有击穿表面的薄膜，月桂酸钠在水滑石表面起到了很好的疏水作用，能够阻止腐蚀性离子与金属的接触。如果表面的 Cu-Zn-Al-La 薄膜在长时间的腐蚀作用下遭到破坏，Cu-Zn-Al LDH 则能够将腐蚀性离子交换到水滑石层间，起到了二次保护的作用。

极化曲线测试结果表明铜基体在 3.5% NaCl 溶液中的 i_{corr} 近似为 $10^{-7}A/cm^2$，而 Cu-Zn-Al LDH 薄膜的 i_{corr} 比铜基体的要小一些，同时观察到 Cu-Zn-Al LDH 薄膜的 E_{corr} 也相应高 0.1V，表明 Cu-Zn-Al LDH 薄膜有一定的耐腐蚀性能，可以对铜基体进行保护，但是效果不是非常明显。这是由于铜本身就是一种耐腐蚀性能比较好的金属，但是当在铜基体上生长了 Cu-Zn-Al-La 薄膜后，i_{corr} 为 $10^{-9}A/cm^2$，与铜基体相比大约减小 2 个数量级，表明所制备的 Cu-Zn-Al-La 薄膜具有很好的耐腐蚀性能，可用于金属铜的腐蚀保护。

彭哲超[407]利用水热法在沉积纳米铜的铜片基底表面也原位制备合成 Cu-Zn-Al LDH 薄膜。在整个反应过程中，铜片作为合成 Cu-Zn-Al LDH 薄膜的铜源参与反应，同时也是 Cu-Zn-Al LDH 薄膜原位生长的基底材料。首先将预处理好的铜片作为阳极，采用恒电位法在铜基底上电沉积纳米铜，沉积时间为 50s，沉积结束后用去离子水将铜片或铜电极表面冲洗干净，常温下干燥后待用。随后将 $Zn(NO_3)_2·6H_2O$

与 $Al(NO_3)_3·9H_2O$ 以一定物质的量比配置成 0.5mol/L 的混合硝酸盐溶液，用氨水调节 pH 为 5.5。然后将此混合溶液转移至反应釜中，并将沉积纳米铜之后的铜片悬挂于反应釜的溶液中。将反应釜置于 100℃的烘箱中反应 5h 后取出铜片，经去离子水反复冲洗之后置于空气干燥。Cu-Zn-Al LDH 薄膜覆盖电极的 i_{corr} 与空白电极相比有明显的降低，而 E_{corr} 也有非常明显的正移。由此表明，Cu-Zn-Al LDH 薄膜在 3.5% NaCl 溶液中，抑制了腐蚀反应的发生，对铜具有一定的缓蚀效果。

2. 胶体沉积法

除原位生长法外，胶体沉积法也可以在铜基体表面构筑 LDH 防腐薄膜。但是所制薄膜通常存在与基底结合力不高的问题。因此，增强 LDH 薄膜与铜基底的结合力是拓展其应用的关键。

半胱氨酸（cysteine，Cys）是一种具有生理功能的氨基酸，其结构中含有还原性的基团巯基（—SH）。作为一种氨基酸类缓蚀剂，半胱氨酸具有无毒、环保、易生物降解等特点，因此已经成为绿色缓蚀剂研究开发的一个重要方面。Cys 中的—SH 的 S 能与 Cu 形成配位键，在铜表面可自组装得到 Cys 薄膜。而 LDH 的层板上含有大量的羟基，Cys 的羧基上同样含有羟基，二者发生氢键作用从而发生化学吸附。因此，彭哲超[407]采用自组装法首先在铜表面制备了 Cys 薄膜，然后再通过胶体沉积法在其表面再制备 LDH 薄膜，最终在铜表面制备得到 Cys/LDH 双层薄膜并研究其缓蚀性能。制备过程如下。

1）基底材料的预处理

铜片（纯度大于 99.9%）裁取大小为 2.5cm×0.5cm；铜电极由纯铜棒（半径 5mm，纯度大于 99.9%）制得，铜棒一端连接铜导线，另一端露出作为工作面，用环氧树脂将铜棒及铜导线焊接处周围密封。每次使用铜片或铜电极前，将其工作面依次用 $600^{\#}$水相砂纸、$1200^{\#}$水相砂纸和 W7（$05^{\#}$）金相砂纸依次打磨至镜面发光，再用去离子水仔细冲洗干净，然后将其浸泡在 7mol/L HNO_3 中约 7s，最后依次用乙醇和去离子水仔细冲洗后放置待用。

2）自组装法在铜表面制备 Cys 修饰薄膜

将处理好的铜电极浸泡在 Cys 溶液中，一定时间后取出，用去离子水仔细冲洗干净后，在常温下干燥得到 Cys 修饰薄膜。

3）胶体沉积法在铜表面制备 Mg-Al LDH 薄膜

将 Mg-Al LDH 粉末样品分散在去离子水中，制成 1g/L 的 Mg-Al LDH 胶状溶液，超声分散 30min，5000r/min 下离心 5min，取上清液备用。将预处理后的铜电极或铜片浸泡在 Mg-Al LDH 胶状溶液上清液中一定时间后取出，用去离子水冲洗干净后在室温下干燥得到 Mg-Al LDH 薄膜。

4）在铜表面制备 Cys/LDH 薄膜

将 Mg-Al LDH 粉末样品分散在去离子水中，制成 1g/L 的 Mg-Al LDH 胶状溶液，超声分散 30min，5000r/min 下离心 5min，取上清液备用。将表面修饰 Cys 的铜电极或铜片浸泡在 Mg-Al LDH 胶状溶液上清液中一定时间后取出，用去离子水冲洗干净后在室温下干燥得到 Cys/LDH 薄膜。

表 4-4 的 EIS 分析结果表明 Cys/LDH 双层薄膜的腐蚀防护性能优于单层的 Cys 薄膜和 LDH 薄膜。从表 4-4 中可以看到，空白铜电极的 R_{ct} 值仅为 2549Ω·cm^2，而当电极表面有薄膜覆盖后 R_{ct} 值均有明显的增大。LDH 薄膜在浸泡时间为 0.5h 时，R_{ct} 值为 4343Ω·cm^2，表面覆盖度仅为 41.3%。Cys 薄膜在浸泡时间为 0.5h 时，R_{ct} 值为 6453Ω·cm^2，表面覆盖度为 60.5%。在相同浸泡时间下，Cys/LDH 双层薄膜的 R_{ct} 值为 6723Ω·cm^2，较之相同浸泡时间下的 LDH 薄膜和 Cys 薄膜的 R_{ct} 值都有略微增大，同时薄膜表面覆盖度也略微增加到 62.1%。当 Cys 浸泡时间为 3h 时，Cys/LDH 双层薄膜的 R_{ct} 值可达到 45.8kΩ·cm^2，与浸泡时间为 3h 的 Cys 薄膜的 R_{ct} 值（13.413kΩ·cm^2）相比有明显增大，同时薄膜表面覆盖度也由 81.0%增加到 94.4%。通过以上数据表明，相同成膜时间下 Cys/LDH 薄膜的腐蚀防护效果优于 Cys 薄膜或 LDH 薄膜。

表 4-4　EIS 拟合电化学参数

样品	时间/h	R_{ct}/(Ω·cm^2)	CPE		θ/%
			Y_0/[s^n/（Ω·cm^2·10^6）]	n	
Cu	—	2 549	225.60	0.57	—
LDH/Cu	0.5	4 343	71.86	0.62	41.3
Cys/Cu	0.5	3 453	19.34	0.72	60.5
	3	13415	6.98	0.80	81.0
Cys/LDH/Cu	0.5/0.5	6 723	18.82	0.74	62.1
	3/0.5	45 800	4.47	0.92	94.4

从表 4-4 中我们还可以得到 CPE 的导纳（Y_0）和 n 值，也可以通过这两个电化学参数对薄膜的腐蚀防护性能进行判断。在电化学理论中，导纳被定义为阻抗的倒数，因此，Y_0 值越小，则电阻值就越大，说明薄膜腐蚀防护性能越好。当成膜时间为 0.5h 时，LDH 薄膜和 Cys 薄膜的 Y_0 值分别为 71.86s^n/（10^6 Ω·cm^2）和 19.34s^n/（10^6 Ω·cm^2），在相同条件下，Cys/LDH 双层薄膜的 Y_0 值为 18.82s^n/（10^6 Ω·cm^2），略微减小。而在浸泡 3h 的 Cys/LDH 薄膜的 Y_0 值为 4.47s^n/（10^6 Ω·cm^2），与相同浸泡时间的 Cys 薄膜和 LDH 相比，Y_0 值明显变小。n 值为经验系数，n 值越大，基底表面的薄膜越均匀致密。浸泡时间为 0.5h 的 LDH 薄膜的 n 值仅为 0.62，而 Cys/LDH 薄膜的 n 值最大可达 0.92。

综上所述，Cys 薄膜、LDH 薄膜及 Cys/LDH 薄膜均对铜具有一定的腐蚀防护效果，且 Cys/LDH 薄膜对铜的腐蚀防护效果要优于单层 LDH 薄膜或者 Cys 薄膜。当 Cys 浸泡时间为 3h、LDH 浸泡时间为 0.5h 时，Cys/LDH 双层薄膜的表面覆盖度 θ 可以达到 94.4%。

极化曲线分析结果表明空白铜电极在 3.5% NaCl 溶液中 i_{corr} 为 $5.45\times10^{-7}A/cm^2$，而当成膜时间为 0.5h 时，有 Cys、LDH 和 Cys/LDH 薄膜覆盖电极的 i_{corr} 分别为 $2.18\times10^{-7}A/cm^2$、$3.14\times10^{-7}A/cm^2$ 和 $2.09\times10^{-7}A/cm^2$，与空白电极相比都有明显的降低。同样在此条件下我们看到 Cys/LDH 薄膜的 i_{corr} 小于 Cys 薄膜和 LDH 薄膜的 i_{corr}，说明 Cys/LDH 薄膜对铜基底的腐蚀防护效果更好。当 Cys 浸泡时间为 3h 时，Cys/LDH 薄膜的腐蚀电流密度可以减小至 $2.8\times10^{-8}A/cm^2$。

3. 电化学沉积法

彭哲超[407]采用电化学沉积法在铜基体表面制备了 LDH 薄膜，并测试其防腐性能。将 $Zn(NO_3)_2\cdot6H_2O$ 与 $Al(NO_3)_3\cdot9H_2O$ 按一定的物质的量比配置成混合金属盐溶液。在室温条件下，在装有混合盐溶液的 100mL 小烧杯中组装好三电极装置，其中铜片作为工作电极，铂电极作为辅助电极，饱和甘汞电极作为参比电极，以计时电流法进行电化学沉积。

在电化学沉积法制备 LDH 薄膜的过程中，主要存在以下几个反应：

$$M^{n+} + ne^- \longrightarrow M(s) \tag{4-17}$$

$$NO_3^- + H_2O + 2e^- \longrightarrow NO_2^- + 2OH^- \tag{4-18}$$

$$(1-x)M^{2+} + xM^{3+} + xNO_3^- + 2OH^- + mH_2O \longrightarrow [M_{1-x}^{2+}M_x^{3+}(OH)_2]^{x+}(NO_3^-)_x \cdot mH_2O \tag{4-19}$$

因此沉积电势是 LDH 薄膜能否形成的关键条件。沉积电势选择不合理很可能导致 LDH 薄膜无法形成或者含有大量杂质，因此考察沉积电势对 Zn-Al LDH 的薄膜形成是很有必要的。控制 $n(Zn^{2+})/n(Al^{3+})=1/0.33$，pH=3.8 的条件下，反应的最佳沉积电势应为 $E=-1.6V$。

从表 4-5 中的数据可以进一步表明 Zn-Al LDH 薄膜的腐蚀防护性能随着沉积时间改变的变化趋势。表 4-5 中，空白电极的 R_{ct} 值仅为 $2534\Omega\cdot cm^2$，当电极表面有薄膜覆盖后 R_{ct} 值明显增大。对于铜表面的 LDH 薄膜来说，当沉积时间从 60s 延长到 120s 时，R_{ct} 值从 $21.72k\Omega\cdot cm^2$ 增加到 $30.65k\Omega\cdot cm^2$，表面覆盖度由 88.33% 增加到 91.73%；而当沉积时间增大到 210s 和 300s 时，R_{ct} 值则下降到 $15.893k\Omega\cdot cm^2$ 和 $15.77k\Omega\cdot cm^2$，表面覆盖度则下降到 84.06%和 83.93%。通过以上数据表明当沉积时间为 120s 时，所得到薄膜的腐蚀防护效果最佳。

表 4-5　EIS 拟合电化学参数

时间/h	R_{ct}/（$\Omega\cdot cm^2$）	CPE		θ/%
		Y_0/[s^n/（$\Omega\cdot cm^2\cdot 10^6$）]	n	
—	2 534	120.0	0.58	—
60	21 720	56.6	0.70	88.33
120	30 650	53.0	0.72	91.73
210	15 893	58.1	0.67	84.06
300	15 770	62.7	0.62	83.93

极化曲线分析结果表明空白铜电极在 3.5% NaCl 溶液中 i_{corr} 为 1.58×10^{-7}A/cm^2，当电极表面有薄膜覆盖后 i_{corr} 明显减小。对于铜表面的 LDH 薄膜来说，当沉积时间从 60s 延长到 120s 时，i_{corr} 从 0.309×10^{-7}A/cm^2 减小到 0.245×10^{-7}A/cm^2，缓蚀效率由 80.44%增加到 84.49%；而当沉积时间延长到 210s 和 300s 时，i_{corr} 则增大到 0.371×10^{-7}A/cm^2 和 0.380×10^{-7}A/cm^2，缓蚀效率下降到 76.46%和 75.95%。通过以上数据也表明当沉积时间为 120s 时，所得到薄膜的腐蚀防护效果最佳。浸泡实验表明，所得的 Zn-Al LDH 薄膜在 3.5% NaCl 溶液中泡 24h 后表面形貌未发生较大的改变，铜表面的腐蚀反应未受到明显影响。

4.4　层状无机功能材料基防污薄膜

4.4.1　LDH/羧甲基壳聚糖仿生纳米复合水凝胶防污薄膜

1. 概述

仿生防污是一种全新的防污概念，它是从生物附着机理出发，寻找防污高分子材料，对一些海洋生物表皮状态进行模仿，赋予涂层以特殊的表面性能，如低表面能、微相分离等，使海洋生物不易附着或者附着不牢[408]。例如，日本关西涂料公司采用亲水性-疏水性物质微相分离表皮结构的涂料作为防污材料，涂层表皮在海水中均匀溶解（胀），模拟海豚在游动时分泌黏液的行为，能产生防污和减阻效果，可谓真正意义上的仿生防污涂料。目前，国内外这方面的研究非常活跃，但是材料存在成本过高、防污实例较少和效果不尽如人意等缺点，还需进一步改进。

水凝胶（hydrogel）是在水中溶胀并保持大量的水分而又不溶解的聚合物。高分子水凝胶是由高分子骨架、水、交联剂组成的三维体系，具有大分子量的复杂空间网络结构。由于其在生物、医药、农业及食品加工等领域的广泛应用，得到人们的极大关注[409]。其性质接近活体组织，相当于活体组织细胞外基质部分，吸水后可减少材料对周围组织的摩擦与机械作用。在海洋环境中，吸水后的水凝胶材料表面具有很强的亲水性，可模拟海豚在游动时分泌黏液的行为，使污损生物感觉材料表面是流动的液体而非固体，从而不会黏附，同时还具有减阻降噪效果，是一类极具发展潜力的环境友好仿生防污材料[410]。但是，传统水凝胶由于机械性能差、对外界环境刺激响应速度慢及溶胀后再脱水回复性能差等，而大大限制了其应用范围。针对这个问题，研究者们尝试将纳米材料复合到高分子网络结构中，以提高水凝胶材料的机械性能及其他相关性能。目前，片层状无机纳米复合水凝胶无疑是纳米复合水凝胶材料制备中最为成功的一类。将具有层状无机功能材料（如锂藻土、锂蒙脱土、LDH 及云母等），复合到高分子网络中制备高性能水凝胶材料，可有效提升水凝胶的机械性能[411]。

LDH 具有亲水性，可作为层状纳米添加剂添加到高分子水凝胶中增强其机械强度。Lee 等[412，413]以亲水性阴离子 2-丙烯酰胺-2-甲基丙烷磺酸为插层剂制备插层 LDH 后通过反相悬浮聚合的方法制得了丙烯酸与 LDH 的纳米复合水凝胶，其吸水和耐盐性得到改善。使用同样的阴离子插层剂，Lee 等进一步用光引发法制备聚丙烯-*N*-异丙基丙烯酰胺共聚物与 LDH 的纳米复合水凝胶。

羧甲基壳聚糖（carboxymethyl chitosan，CMC）是壳聚糖经羧甲基化后的一类重要的壳聚糖衍生物之一，是分子链上含有阳离子（$—NH_3^+$）和阴离子（$—COO^-$）基团的两性聚电解质，具有良好的水溶性、成膜性和抗菌活性[414]。其水凝胶具有良好的吸水保水性能和抗菌性能，在防污领域有潜在应用价值。但是，与其他天然高分子水凝胶材料相同，其存在机械强度差的缺点，无法满足长期应用的需求。因此，以 LDH 为增强材料，与 CMC 复合制备具有稳定结构和高强度仿生 NC 防污薄膜，在保留其原有良好性能基础上，可有效解决天然高分子水凝胶材料机械强度差的缺点。此外，其具有三维网络结构，又可作为活性 NPA 和酶防污剂的载体使用，达到缓释防污效果。

2. LDH/CMC 仿生纳米复合水凝胶薄膜制备

1）CMC 插层 Mg-Al LDH（C-LDH）的制备

称取 1.6g CMC 溶于 160mL 水中配成浓度为 1g/L 的 CMC 溶液。称取 0.8206g $Mg(NO_3)_2·6H_2O$、0.6002g $Al(NO_3)_3·9H_2O$ 和 0.9514g 尿素溶于 80mL 水中配成混合盐溶液。在磁力搅拌下，将 160mL CMC 溶液分成 4 等份，各加入 40mL、20mL、10mL 和 5mL 混合盐溶液，再各加入 0mL、20mL、30mL 和 35mL 水，转入 100mL 反应釜中 100℃水热晶化 24h。产物超声处理 3h 后，4000r/min 离心 20min 去除大颗粒后得到胶体溶液，所得到的样品分别命名为 LC-1、LC-2、LC-3 和 LC-4。将

所得胶体溶液置于 15mL 试剂瓶中密封保存，并进行静置观察实验。

2）CMC/LC 复合薄膜的制备

采用溶液浇铸法制备复合薄膜。抽取 10mL LC1-4 胶体溶液置于 PTFE 模具中，40℃蒸发溶剂后得到复合薄膜。将复合薄膜与基底剥离后得到自支撑薄膜。将薄膜剪成面积为 1cm×1cm 的薄片备用。将薄片称重后浸泡于 30mL Mill-Q 水中，待其达到溶胀平衡后，用滤纸擦去凝胶表面的水，然后称其质量，计算溶胶的溶胀率。溶胀度（SR）由下式计算：

$$\mathrm{SR}=\left(\frac{W_{\mathrm{s}}-W_{\mathrm{d}}}{W_{\mathrm{d}}}\right)\times 100\% \qquad (4\text{-}20)$$

式中，W_{s} 为凝胶在溶剂中达到溶胀平衡时的质量；W_{d} 为干凝胶的质量。

3）固酶实验

将所制备样品置于 1mg/mL 的溶菌酶水溶液中溶胀 24h 后取出干燥后称重，用 UV-vis 分光光度计测量固酶实验后溶菌酶水溶液的吸光度，由标准曲线计算固酶量。

3. LDH/CMC 仿生纳米复合水凝胶薄膜结构表征

在实验过程中我们发现固定 CMC 的浓度为 0.5g/L，固定前体硝酸盐和尿素的比例，调变其摩尔数配制的溶液经过 100℃24h 水热处理，超声 3h，4000r/min 离心去除沉淀物后均可以得到性质十分稳定的胶体溶液，其数码照片如图 4-11 所示。由图 4-11 可见，所得胶体溶液颜色随溶液浓度降低而逐渐由乳白色变得相对澄清，并且其稳定性非常好，经过 6 个月的沉降实验依然稳定，无沉降。取 10mL 所得胶体溶液浇铸到 PTFE 模具中 40℃蒸发溶剂成膜后，均可以得到高质量的自支撑薄膜。为了对比研究，将不含盐溶液和尿素的相同浓度的 CMC 溶液也经过 100℃ 24h 水热处理后，同样取 10mL 浇铸成膜。所得 CMC 薄膜和 C-LDH/CMC 复合薄膜的 XRD 谱图如图 4-12 所示，图中 CMC 薄膜在低 2θ 角有两个 CMC 的特征衍射峰，说明其具有一定的结晶度，用 JADE 软件计算其结晶度约为 55%。而对于 LDH/CMC 复合薄膜，除 CMC 的特征衍射峰外，均在低 2θ 角处出现了反映 LDH 层状结构的（003）、(006）和（009）晶面特征衍射峰。但是在谱图中未发现（110）晶面特征衍射峰，说明该复合薄膜具有沿 c 轴取向结构，为典型取向薄膜。采用公式 $l=(1/3)(d_{003}+2d_{006}+3d_{009})$ 可计算出 C-LDH 的层间距（l），计算结果列于表 4-6。与 CO_3^{2-}（0.760nm）和 NO_3^-（0.840nm）相比，该材料层间距明显增大，说明有较大尺寸客体阴离子插入层间，在此体系中，只能是 CMC 阴离子，因此我们发现采用一锅反应可直接制备 CMC 插层 LDH。减去层板厚度

（0.480nm），可计算出插层后层间通道高度为 0.720nm，与 1 倍 CMC 阴离子分子尺寸（0.750nm）十分相近。由此可知层间 CMC 阴离子的长轴方向与层板呈 90°角排列。

图 4-11　所制备 LC 胶体溶液的数码照片

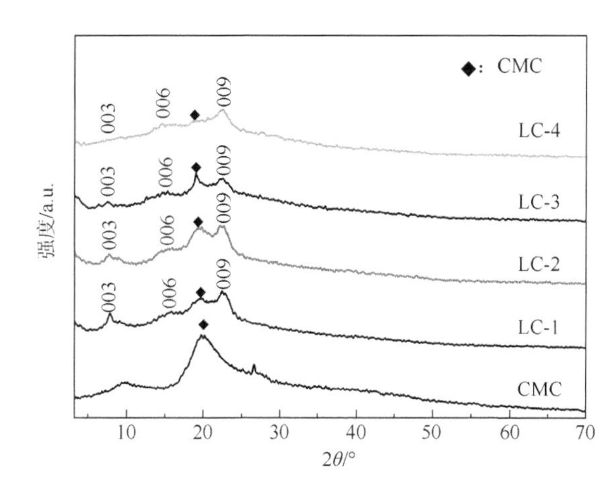

图 4-12　所制备纯 CMC 薄膜和不同 C-LDH 含量的 C-LDH/CMC 仿生纳米复合薄膜的 XRD 谱图

表 4-6　由 XRD 结果得到的 XRD 参数

样品	$2\theta/°$	d_{001}/Å	l/Å
LC-1	7.793	11.335 8	11.522 8
	15.642	5.660 6	
	22.372	3.970 5	
LC-2	7.643	11.558 0	12.026 9
	14.031	6.306 7	
	22.377	3.969 8	

续表

样品	2θ/°	d_{001}/Å	l/Å
LC-3	7.779	11.355 6	11.607 2
	15.262	5.800 4	
	22.461	3.955 1	
LC-4	7.360	12.001 0	12.060 2
	14.314	6.182 5	
	22.558	3.938 2	

CMC 和 C-LDH/CMC 复合薄膜的 FT-IR 谱图如图 4-13 所示。对于 CMC 膜，约 3439cm^{-1} 处的宽吸收谱带归结为羟基的 H—O 伸缩振动吸收峰和氨基的 H—N 伸缩振动吸收峰；1655cm^{-1} 和 1413cm^{-1} 处吸收谱带由羧甲基 C═O 伸缩振动峰和氨基的 N—H 弯曲振动峰叠加而成；1413cm^{-1} 处吸收谱带为羧甲基上—COO^{-}的伸缩振动吸收峰；1159cm^{-1} 处为醇和 C—O—C 中氧桥键伸缩振动峰；1069cm^{-1} 处为伯醇中 C—O 伸缩振动峰。而对于 C-LDH/CMC 复合薄膜，3700cm～3100cm^{-1} 宽的吸收谱带归结为 CMC 的 O—H 和 N—H 振动峰、层间水分子的 O—H 振动峰和层板羟基的振动峰的叠加。1628cm^{-1} 处新出现的吸收峰归结为层间水的面外变形振动吸收峰。1655cm^{-1} 处吸收峰位置和 1560cm^{-1} 处吸收峰强度的变化表明 CMC 分子的氨基基团与 LDH 的层板羟基通过氢键发生作用。从图 4-13 中还可以看到复合后，1413cm^{-1} 处吸收谱带向低波数移动，说明 CMC 羧甲基上带有负电荷的—COO^{-}基团与带有正电荷的层板通过静电引力发生作用。在低波数（约 420cm^{-1}、530cm^{-1} 和 594cm^{-1}）处出现了 LDH 层板上 M—O 和 O—M—O 键的特征振动吸收峰，进一步证明 LDH 结构的形成，此结果与 XRD 结果一致。此外，1159cm^{-1} 处吸收峰强度没有发生变化，说明在水热处理过程 CMC 没有被降解。

图 4-14 为所制备的 C-LDH/CMC 复合纳米材料的 TEM 照片。如图所示，不同配比样品形貌没有太大变化，均为近圆片状，分散良好。同时从照片中可以看到，3h 的超声处理对样品有一定破碎作用，在 TEM 照片中发现了粒径较小的碎片。前面已经讨论过所制备胶体溶液具有良好稳定性，经过长时间静置也未沉降。为了说明原因，特对其 Zeta 电位进行测定，测试结果表明对于 LC1-4 样品其 Zeta 电位值分别为−2.27mV、−4.61mV、−3.38mV 和−3.21mV，而在前面的研究结果中我们已经表征过对于 LDH 纳米颗粒其 Zeta 电位值约为+9.47mV，这充分说明该胶体体系具有良好分散性和稳定性的原因是带有负电荷的 CMC 阴离子借助静电引力和氢键吸附在带有正电荷的 LDH 纳米颗粒表面，在中和电荷的同时，大幅提高了胶体溶液的稳定性。为了进一步证明所看到的纳米颗粒确实是 LDH 颗粒，对 LC-1 样品做了 HRTEM 分析，分析结果如图 4-15 所示。由图可见，其可见晶格

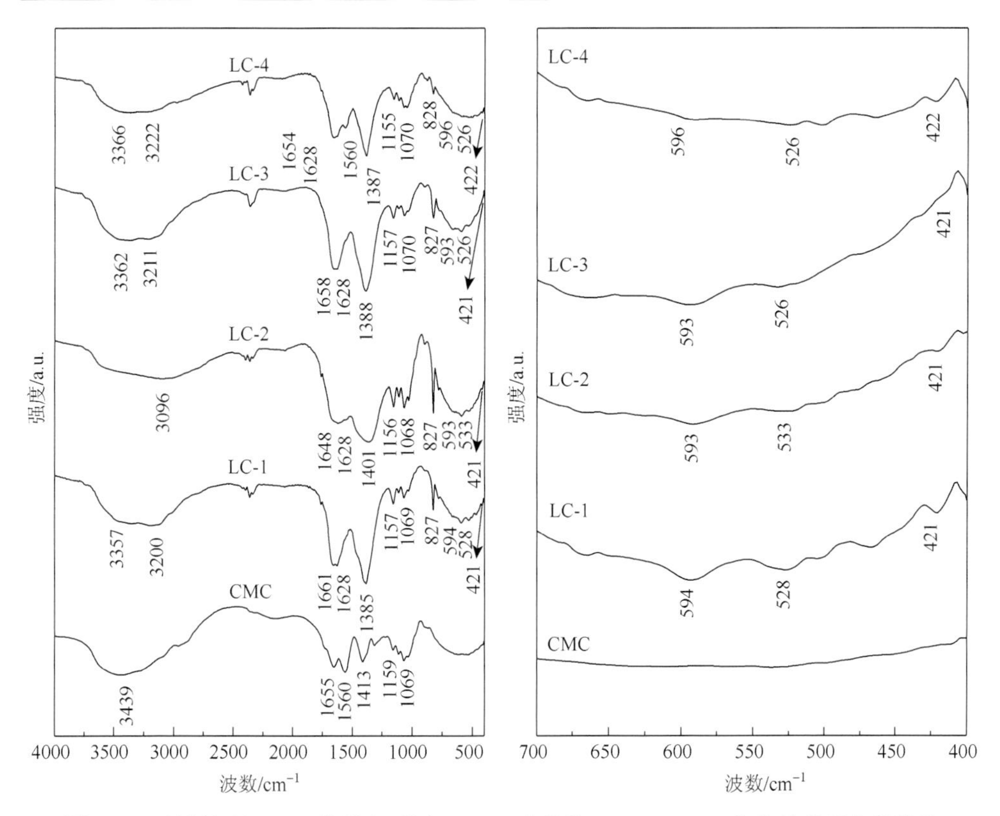

图 4-13　所制备纯 CMC 薄膜和不同 C-LDH 含量的 C-LDH/CMC 仿生纳米复合薄膜的 FT-IR 谱图

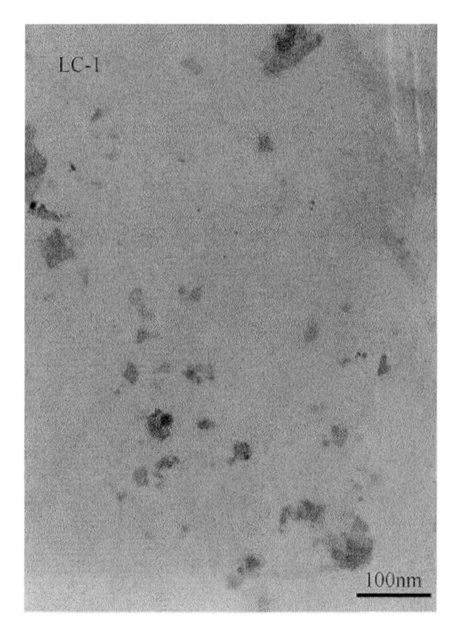

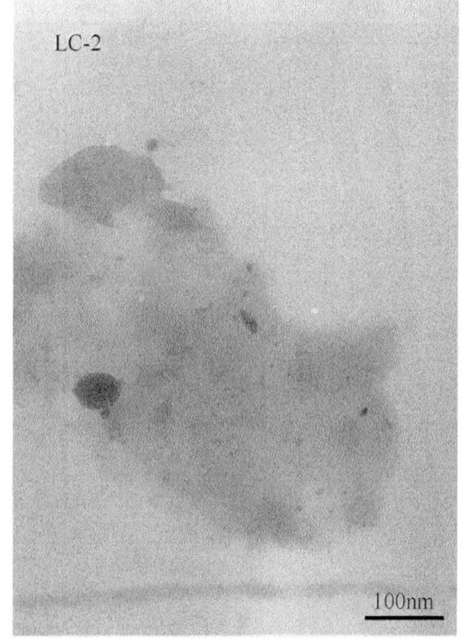

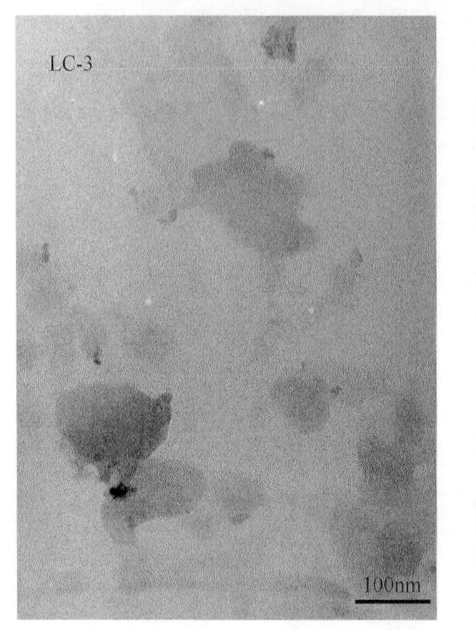

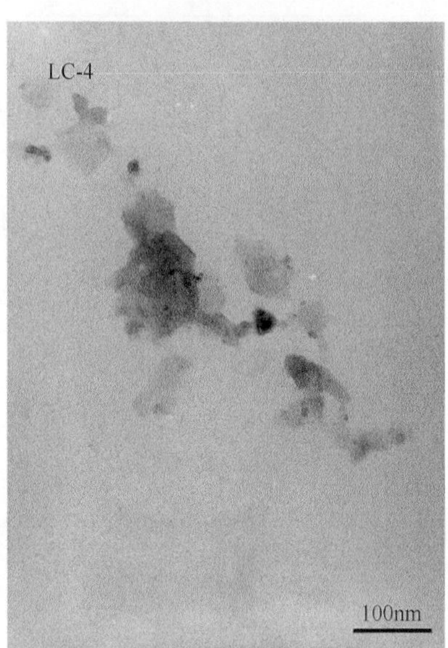

图 4-14　所制备样品的 TEM 照片

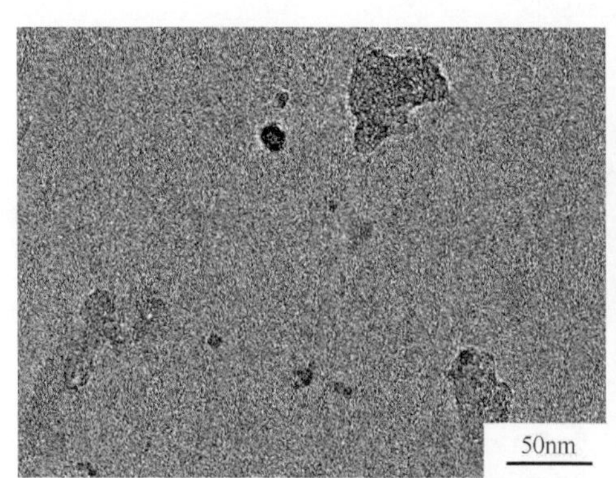

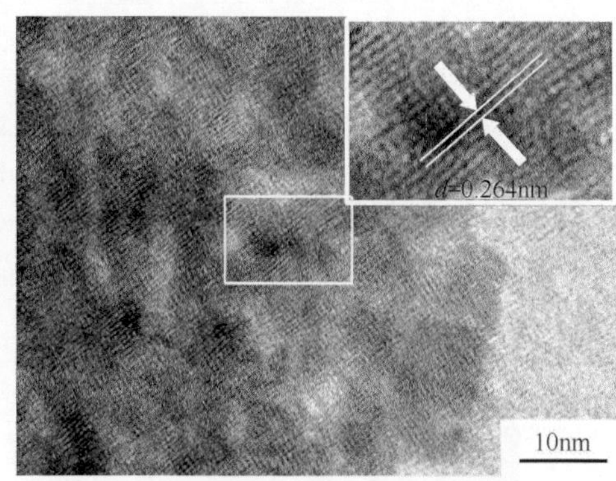

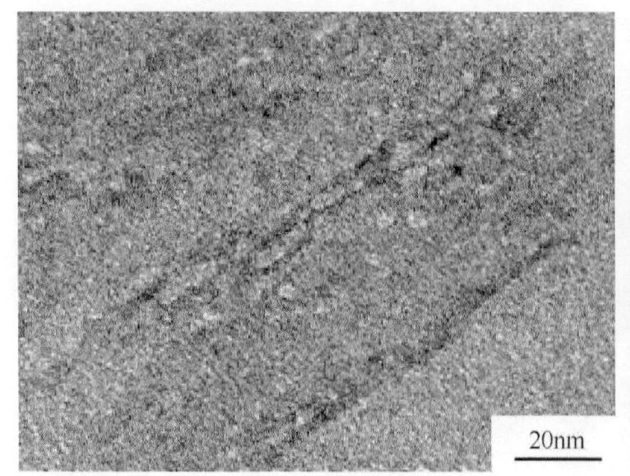

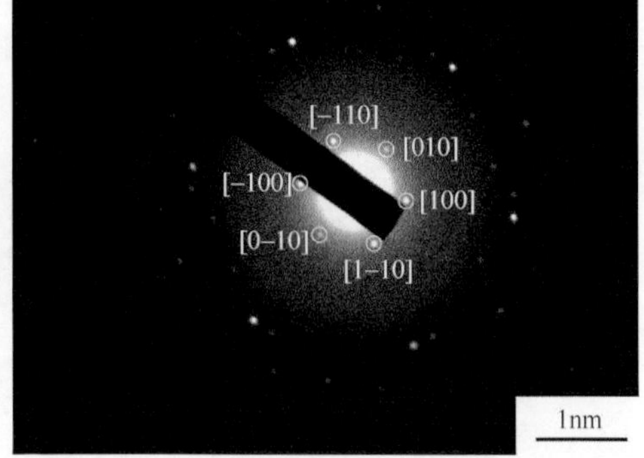

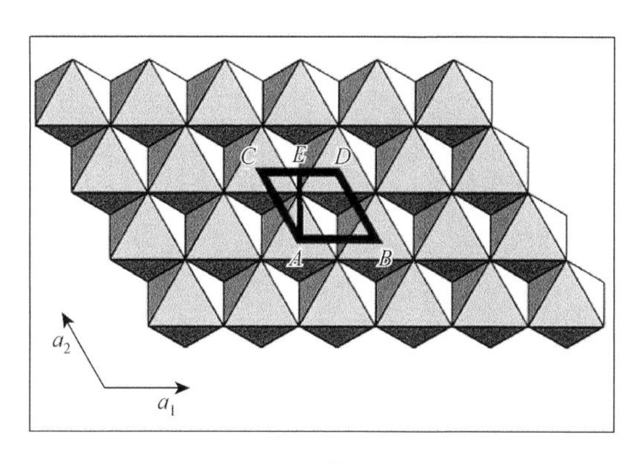

图 4-15　LC-1 的 HRTEM 照片

条纹间距为 0.264nm，对应（120）晶面；电子衍射结果表明对于单一颗粒，其晶体结晶度较高，衍射点阵为典型的六方晶系的特征衍射，进一步说明在此条件下合成了 CMC 插层 LDH 样品。对其侧面进行观察，其 c 轴方向厚度约为 20nm，除以层间距 1.20nm，约有 17 个单层。从照片中可以看到，所制备样品的片层并没有剥离成单片层结构，这说明主客体之间有较强的作用力。通过以上的分析表征，我们可以确认已经成功制备了 CMC 插层 LDH。

采用溶解蒸发技术可制备大片连续的 C-LDH/CMC 复合自支撑薄膜，所制备不同 C-LDH/CMC 质量比的复合薄膜的 SEM 照片如图 4-16 所示。元素分析结果见表 4-7 和表 4-8，从中可以计算出 C-LDH/CMC 仿生纳米复合薄膜中 C-LDH 的质量含量分别为 72%、47%、29%和 23%。如图 4-16 所示，所制备复合薄膜均具有光滑、连续和致密的表面结构。但是与其他三个样品相比，LC-2 薄膜的表面粗糙度更高，这说明高的无机成分含量和高的有机成分含量均有利于薄膜平整度的提高。从切面照片可以看到，薄膜厚度随薄膜中 C-LDH 含量的变化而变化，说明其厚度可以通过对组成的控制方便地加以调控。

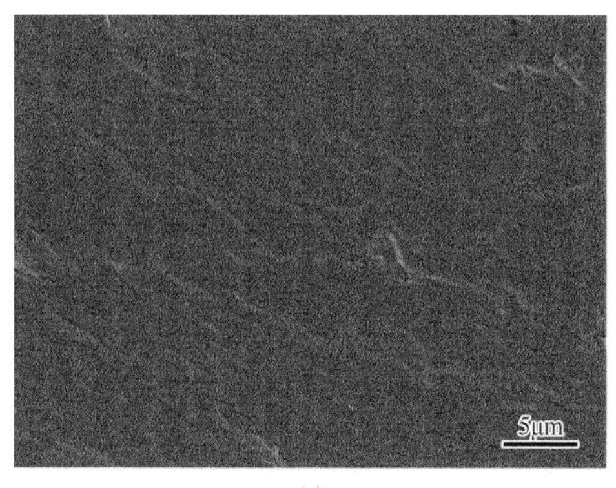

(a)

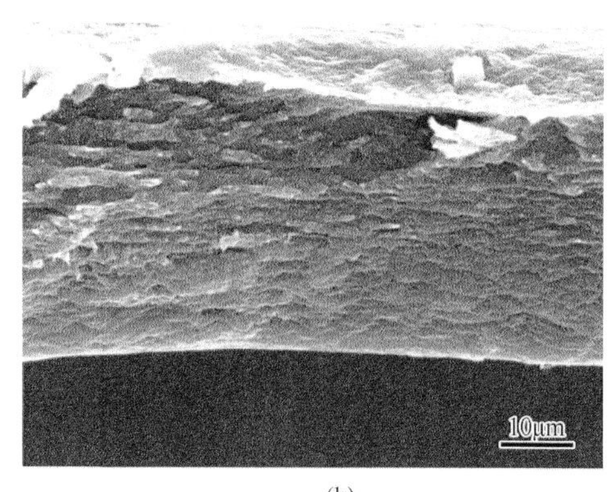

(b)

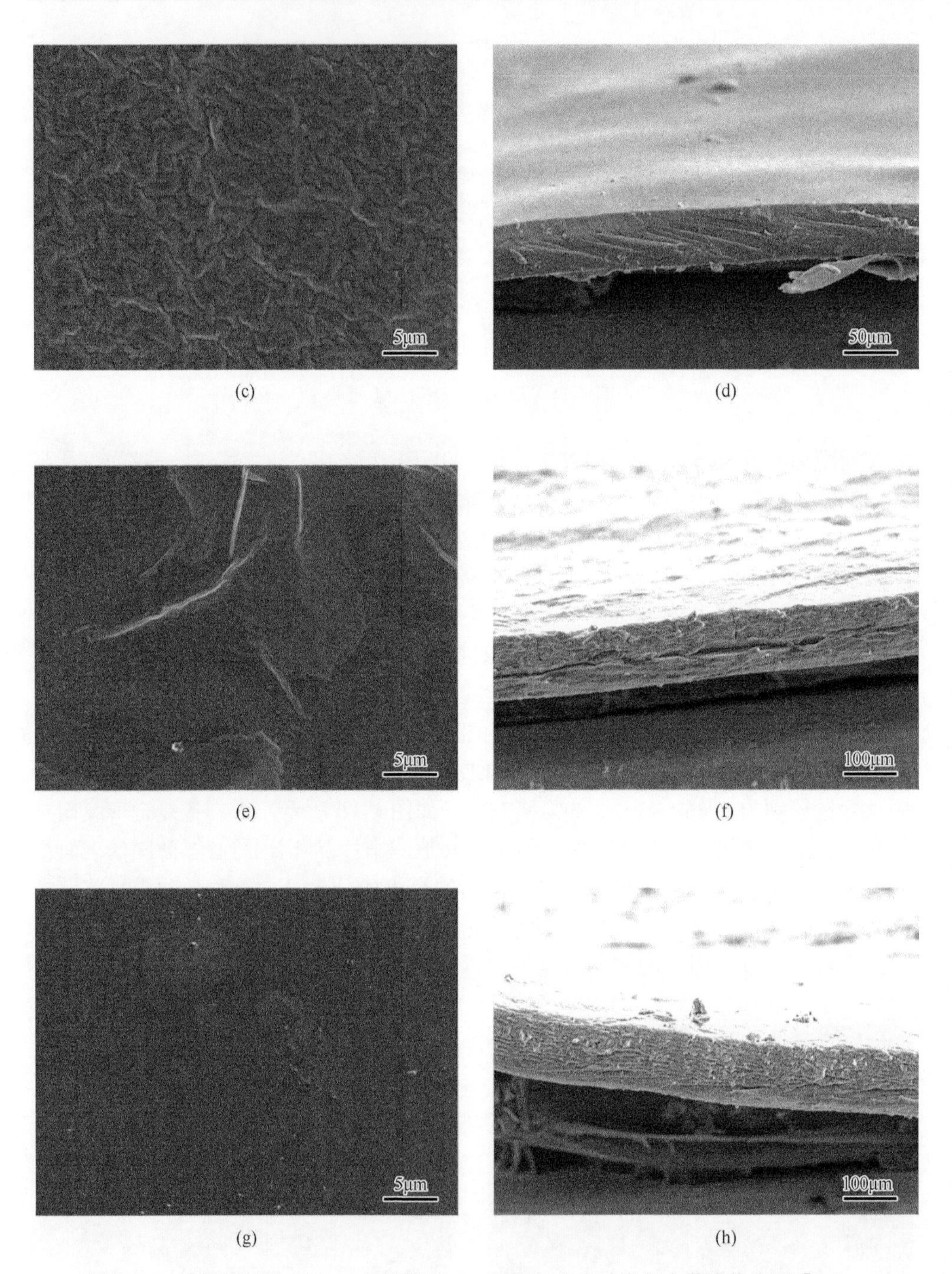

图 4-16　所制备不同 C-LDH 含量的 C-LDH/CMC 仿生纳米复合薄膜的表面［（a）、（c）、（e）和（g）］和切面［（b）、（d）、（f）和（h）］SEM 照片

（a）和（b）：LC-1；（c）和（d）：LC-2；（e）和（f）：LC-3；（g）和（h）：LC-4

表 4-7　元素分析结果

样品	C	O	N	Na	Mg	Al	总量
CMC	51.42	41.98	0.00	6.60	0.00	0.00	100.00
LC-1	20.66	48.41	21.46	3.66	3.74	2.07	100.00
LC-2	29.49	45.69	17.85	2.58	2.86	1.53	100.00
LC-3	36.48	45.53	14.23	0.97	1.75	1.04	100.00
LC-4	48.01	46.55	0.00	2.62	1.80	1.02	100.00

表 4-8　元素分析结果

样品	化学式	C-LDH 质量含量/%
LC-1	$Mg_{0.64}Al_{0.36}(OH)_2(CMC^{2-})_{0.14}\cdot 0.80H_2O$	72%
LC-2	$Mg_{0.65}Al_{0.35}(OH)_2(CMC^{2-})_{0.15}\cdot 0.31H_2O$	47%
LC-3	$Mg_{0.63}Al_{0.37}(OH)_2(CMC^{2-})_{0.19}\cdot 0.32H_2O$	29%
LC-4	$Mg_{0.67}Al_{0.33}(OH)_2(CMC^{2-})_{0.17}\cdot 0.55H_2O$	23%

4. LDH/CMC 仿生纳米复合水凝胶薄膜性能表征

所制备纯 CMC 和不同 C-LDH 含量的 C-LDH/CMC 生物纳米复合薄膜的拉伸曲线如图 4-17 所示，相应的力学性能见表 4-9。如图表所示，所制备复合薄膜的拉伸强度随 C-LDH 含量的增大而变强，与未交联的纯 CMC 薄膜相比，提高了近 7 倍。而与之相反的是，随着无机组分含量的提高，薄膜的断裂伸长率减小。以上研究结果表明所制备复合薄膜具有良好的机械强度，能够满足实际应用的需求。

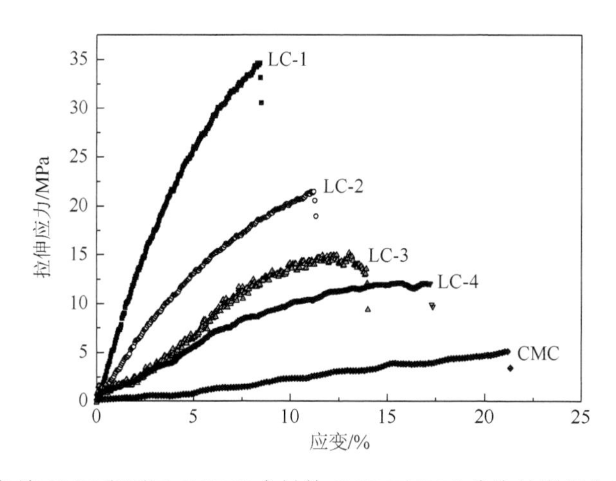

图 4-17　所制备纯 CMC 和不同 C-LDH 含量的 C-LDH/CMC 仿生纳米复合薄膜的拉伸曲线

表 4-9　有拉伸曲线得到的纯 CMC 和不同 C-LDH 含量的 C-LDH/CMC 仿生纳米复合薄膜的力学性能

样品	拉伸强度/MPa	断裂伸长率/%
LC-1	34.65	8.40
LC-2	21.48	11.20
LC-3	13.52	13.92
LC-4	12.07	17.16
CMC	5.12	21.16

取相同面积的复合薄膜进行溶胀实验，在 Mill-Q 水中浸泡 24h 后，C-LDH/CMC 生物纳米复合薄膜的 SR 如图 4-18（a）所示。而对于未复合的 CMC 薄膜，无法获取实验数据，原因是在未添加交联剂的情况下，CMC 薄膜在 Mill-Q 水中发生溶解，无法维持原有薄膜结构。而与之相对应的是，对于复合薄膜在 Mill-Q 水中浸泡 6 个月还能维持良好的薄膜结构，未发生溶解。不同 C-LDH 含量的 C-LDH/CMC 生物纳米复合薄膜的 SR 随 C-LDH 含量的增大而降低，在 130%到 1300%之间变化。与之相对应的是，随着无机组分的提高，薄膜的溶胀稳定性显著提高，经过 10 次干湿循环后，LC-1 薄膜的 SR 保持度为 90%，而 LC-4 薄膜降低为 75%。说明较高的无机组分起到了交联剂的作用，稳定了复合薄膜在溶胀状态下的结构稳定性。

将所制备的复合水凝胶薄膜置于含有溶菌酶（lysozyme，LYZ）的水溶液中（1mg/mL）静置 24h 后取出，干燥称重。用 UV-vis 法测定固载液中剩余 LYZ 含量，计算出复合薄膜中酶固载量如图 4-19 所示，所制备样品的固酶量随着 C-LDH 含量的增大而降低，这是由于低 C-LDH 含量的复合薄膜其溶胀度高，结合位点多，故固酶量高。

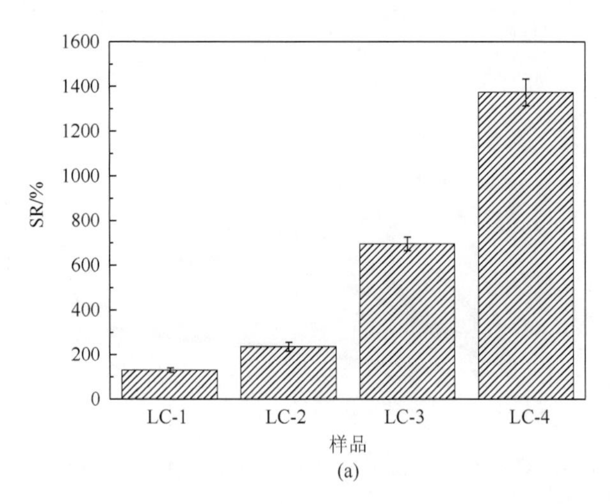

(a)

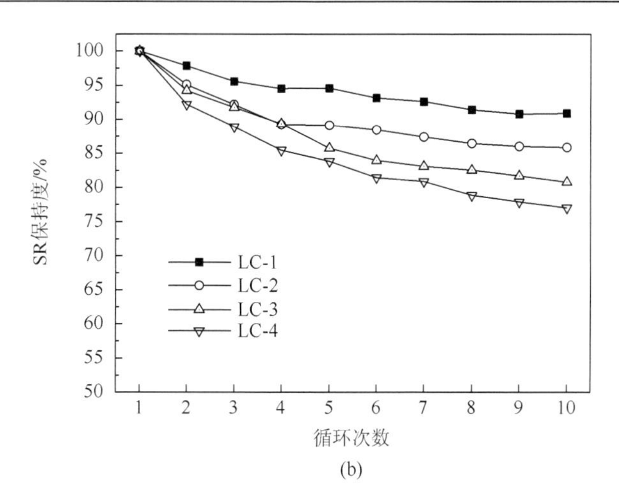

(b)

图 4-18　所制备不同 C-LDH 含量的 C-LDH/CMC 仿生纳米复合薄膜的 SR（a）和 SR 保持度随干湿循环次数变化关系（b）

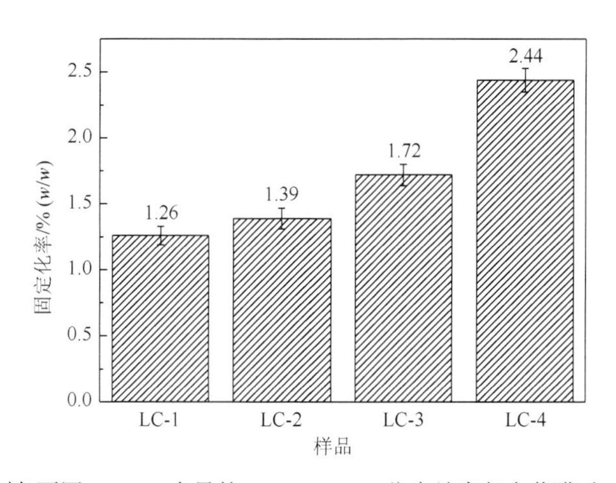

图 4-19　所制备不同 C-LDH 含量的 C-LDH/CMC 仿生纳米复合薄膜对 LYZ 的固酶量

采用水热合成方法，以 CMC、尿素和硝酸盐混合溶液为前体，可以一锅合成 CMC 插层 LDH，经过超声处理后可以制备 C-LDH/CMC 复合胶体溶液，蒸发溶剂后可以得到高质量的复合水凝胶薄膜。该薄膜具有较好的溶胀率、良好的机械强度和结构稳定性，其性能提升的主要原因是在于 LDH 结构的存在起到了有机交联剂的作用，大幅提升薄膜结构稳定性。同时，相对于有毒的有机交联剂，无机交联剂 LDH 环境友好，更加适用于食品、健康等领域的应用。CMC 也具有良好的抗菌性能，该平台有望应用于防微生物污损领域。此外，该平台可以应用于负载生物酶等生物大分子和有机药物小分子，有望在缓控释领域有所应用。

4.4.2 层层自组装法制备氧化钛纳米片溶菌酶复合抗菌薄膜及其性能研究

1. 概述

纳米薄膜是指尺寸在纳米量级的晶粒（或颗粒）构成的薄膜，或将纳米晶粒镶嵌于某种薄膜中构成的复合膜，以及每层厚度在纳米量级的单层或多层膜，有时也称为纳米晶粒薄膜和纳米多层膜。与普通薄膜相比，纳米薄膜具有许多独特的性能，如巨电导、巨磁电阻效应、巨霍尔效用、可见光发射等。

对于无机层状化合物，通过特定的技术使其发生层板剥离，可以制备带稳定正电荷或负电荷的无机纳米片。无机纳米片是近年来发展起来的一种具有独特物理、化学性能的纳米材料。一方面纳米片的厚度一般在 1nm 以下，二维尺度在纳米到几十微米之间可调，本身可能具有量子化效用；另一方面，由这种纳米片作为构件模块与其他粒子组装而成具有独特光、电、磁等特性的新型功能材料。目前报道的可发生层板剥离现象的层状化合物有层状过渡金属氧化物、磷酸盐、LDH 等。

碱金属层状钛酸盐本身就是具有一定禁带宽度的半导体材料，具有优良的光催化和光电转换性能；更主要的是它具有规整的层状结构、层间离子交换和层板溶胀剥离等特性，对其结构和性能的应用成为研究领域的焦点。层状钛酸盐经溶胀剥离后得到氧化钛纳米片胶体溶液，氧化钛纳米片不但继承了钛酸盐前体的物理、化学和光学性能，而且呈现出聚电解质、纳米材料和胶体溶液的特殊性质，引起了众多研究工作者的兴趣。目前，关于层状钛酸盐剥离成纳米片后再与其他材料进行重组的报道已经很多，重组方式大致分为 ESD 和 LBL 两种方法。LBL 是利用超分子静电自组装原理，通过静电引力作用依次吸附上带异种电荷的聚电解质，形成具有一定取向且高度有序的单分子膜层，通过调变构建模块可形成多种功能性超薄膜。

TNS（$Ti_{1-\delta}O_2^{4d-}$，δ约为 0.09）具有典型的二维结构，裸露的纳米片厚度约为 0.7nm，当纳米片两个表面存在吸附水分子时，其厚度约为 1.2nm。纳米片来源于层状前体的剥层，因此保持了前体正交晶型结构，以及层板带有负电荷的特征。其晶格常数为：a=0.38nm，c=0.30nm。TNS 具有褶皱状的层板。TNS 具有众多的物理、化学和光学性能，因此对于它的应用的研究报道很多，包括光电转换、磁光效应、高介电常数器件、湿敏传感器、光催化、自清洁、生物传感器等。但是在防污领域还未见报道。

LYZ 又称胞壁质酶（muramidase）或 *N*-乙酰胞壁质聚糖水解酶（*N*-acetylmuramide glycanohydrlase），是一种能水解致病菌中黏多糖的碱性酶（图 4-20）。主要通过破坏细胞壁中的 *N*-乙酰胞壁酸和 *N*-乙酰氨基葡糖之间的 β-1，4 糖苷键，使细胞壁不溶性黏多糖分解成可溶性糖肽，导致细胞壁破裂内容物逸出而使细菌溶解。溶菌酶还可与带负电荷的病毒蛋白直接结合，与 DNA、RNA、脱辅基蛋白形成复盐，使病毒失活。因此，该酶具有抗菌、消炎、抗病毒等作用。溶菌酶等电点为 11.00～11.35，因此在中性介质中表面带有负电荷，理论上可与带正电荷的 TNS 组装。因此，在本研究中我们采用 LBL 技术在石英基体表面制备 TNS/LYZ 复合薄膜，期望将 TNS 的光催化杀菌性能与 LYZ 的抗菌活性有机结合，有效提高复合薄膜防污性能。

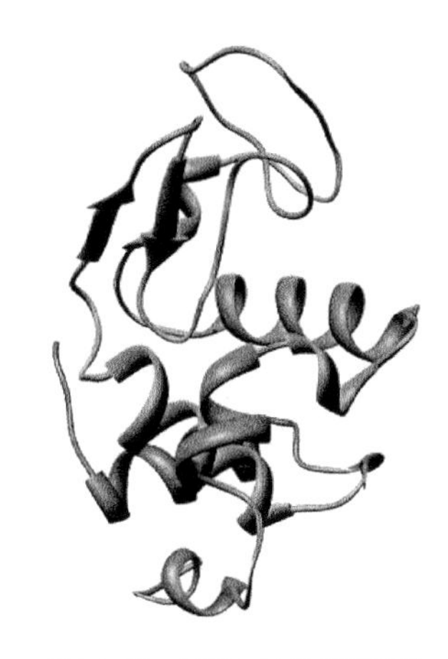

图 4-20　LYZ 结构示意图

2. 制备

1）TNS 胶体溶液制备

称取 3.26g Cs_2CO_3 和 4.23g TiO_2 快速混合并放入球磨罐中，在 60r/min 转速下球磨 30min。取出后迅速置入坩埚并放入马弗炉中，以 5℃/min 速率缓慢升温至 800℃后煅烧 1h，以除去 CO_2 气体。冷却至室温后用玛瑙研钵研磨 20min，并以 10℃/min 速率升温至 800℃煅烧 20h，待冷却后再次研磨、800℃下煅烧 20h，即得到纤铁矿型钛酸铯 $Cs_xTi_{2-x/4}\square_{x/4}O_4$[$x$ 约为 0.7，□：空位（vaeaney），简写为 CTO]。

称取 3g CTO 加到 300mL 1mol/L HCl 溶液中，在室温下搅拌 3d，每 24h 更换一次全新的 1mol/L HCl 溶液，得到的产物经减压抽滤，并用二次蒸馏的去离子水（twice distillated deionized water，TDDW）清洗至中性，即得到纤铁矿型质子钛酸盐 $H_xTi_{2-x/4}\square_{x/4}O_4$[$x$ 约为 0.7，□：空位（vaeaney），简写为 HTO]，并保存在相对湿度为 70%的饱和 NaCl 溶液上方。

称取 1g HTO 放入 250mL 0.017mol/L TBAOH 溶液中，在 25℃下强烈搅拌 10d，得到乳白色悬浊液，经过两次 30min 的 10 000rpm 高速离心分离，除去沉淀，即得到剥离的 TNS 胶体溶液，其浓度由电感耦合等离子体原子发射光谱（ICP-AES）分析方法测定，使用时用 TDDW 将溶胶稀释至所需浓度。

2）复合薄膜制备

组装基底选用石英（quartz），面积被裁为 1cm×4cm。组装前先将石英依次用丙酮、无水乙醇、TDDW 各超声清洗 20min，再浸入质量分数为 30%～33%的 H_2O_2 和质量分数为 95%～98%的浓硫酸按照体积比为 3∶7 配制的洗液中，超声清洗 30min，最后用大量 TDDW 冲洗干净，并用 N_2 吹干。

采用 LBL 方法制备复合薄膜。将清洗后的石英基底垂直浸入 2.5g/L PEI 溶液中，并在所有实验操作中保证组装基底浸入液面以下的长度为 2.5cm。静置 20min 后取出基底，用 TDDW 轻轻淋洗，用 N_2 吹干，使基底覆盖一层正电荷。将上述带有正电荷的石英基底浸到 7mL 0.04g/L TNS 水溶液中，静置 15min 后取出基底，用 TDDW 轻轻淋洗，用 N_2 吹干，使基底再覆盖一层 TNS。然后将基底浸入 1g/L LYZ PBS（0.1mol/L，pH=6.8）中（或者 2g/L PEI 溶液中），静置 15min 后取出，用 TDDW 轻轻淋洗，N_2 吹干，使基底覆盖一层 LYZ。

重复上述 TNS 与 LYZ（PEI）的交替组装步骤，可制备出不同层数的复合薄膜。

3. 结构和性能表征

CTO 和 HTO 的 XRD 谱图如图 4-21 所示，由图可知，本实验方法制备的 CTO 晶型良好、结构规整，其中（020）、（040）和（060）为层状结构的衍射峰。

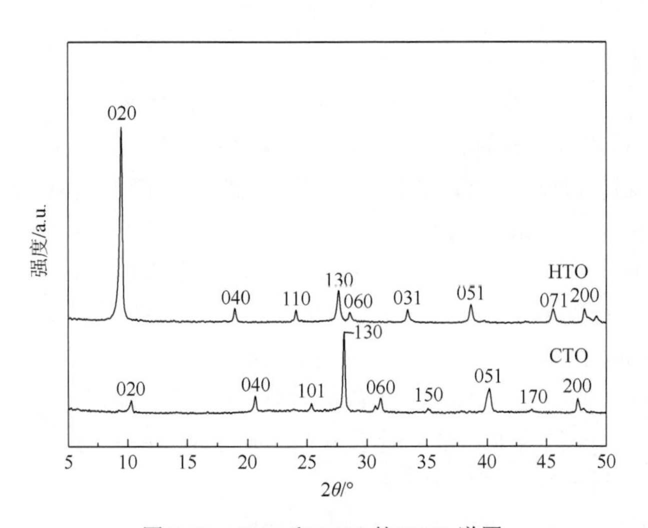

图 4-21　CTO 和 HTO 的 XRD 谱图

不同的 2θ 值对应不同的晶面衍射峰，根据 Bragg 方程可以计算出 CTO 不同晶面之间晶面间距。Bragg 方程见式（4-21）：

$$d = \frac{\lambda}{2d\sin\theta} \tag{4-21}$$

式中，d 为晶面间距；θ 为半衍射角；λ 为入射 X 射线波长（λ=0.154lnm）。

根据式（4-21）计算得出的晶面间距如表 4-10 所示。其中，（020）衍射峰的 d 值对应 CTO 的层间距，由此可知，CTO 的层间距为 0.87nm。

表 4-10　不同衍射角对应的晶面间距

2θ/°	晶面指数	d 值/nm
10.2	020	0.87
20.6	060	0.43
31.1	040	0.29
40.1	051	0.22
47.4	200	0.19

CTO 属于正交晶系，又称斜方晶系，其晶胞参数 $a \neq b \neq c$，$\alpha = \beta = \gamma = 90°$。根据正交晶系点阵平面的面间距公式可以计算出晶胞参数。其面间距公式见式(4-22)：

$$d_{(\mathrm{hkl})} = \left(\frac{h^2}{a^2} + \frac{k^2}{b^2} + \frac{l^2}{c^2} \right)^{-\frac{1}{2}} \tag{4-22}$$

式中，d 为晶面间距；h、k、l 为晶面指数；a、b、c 为晶胞参数。

将表 4-10 中数据代入式（4-22）得到方程组（4-23）：

$$\begin{cases} d_{(020)} = [0^2 / a^2 + 2^2 / b^2 + 0^2 / c^2]^{-1/2} \\ d_{(200)} = [2^2 / a^2 + 0^2 / b^2 + 0^2 / c^2]^{-1/2} \\ d_{(051)} = [0^2 / a^2 + 5^2 / b^2 + 1^2 / c^2]^{-1/2} \end{cases} \tag{4-23}$$

根据方程组计算得到晶胞参数 a=0.38nm，b=1.74nm，c=0.29nm。

根据式（4-22）计算出 HTO 晶面间距如表 4-11 所示。其中（020）衍射峰的 d 值对应 HTO 的层间距，由此可知，HTO 的层间距为 0.94nm。

表 4-11　不同衍射角对应的晶面间距

2θ/°	晶面指数	d 值/nm
9.4	020	0.94
18.9	060	0.47
28.6	040	0.31
38.6	051	0.23
48.1	200	0.19

HTO 同样属于正交晶系，根据正交晶系点阵平面的面间距公式（4-22）计算其晶胞参数为：a=0.34nm，b=1.87nm，c=0.30nm。

HTO 是由 CTO 与 HCl 经过离子交换得到的，由二者 XRD 谱图分析可知，层间 Cs^+被 H^+和 H_3O^+替代后，代表层状结构的（020）衍射峰向小角度移动，根据 Bragg 方程计算得到的 $d_{(020)}$值由 0.87nm 增加到 0.94nm，说明层状前体的层间距明显扩大，与此同时，H^+比 Cs^+具有更强的离子交换能力，这些条件都利于 H^+与其他阳离子发生进一步的离子交换，从而将更多种类的阳离子客体引入层间。

TNS 作为一种半导体材料，其价电子获得足够的激发光能时（$h\nu>E_g$）可以从价带跃迁至导带，这种性能在 UV-vis 吸收光谱中表现为明显的光谱吸收带。TNS 胶体溶液的吸收峰位于λ=262.5nm 的紫外光波段，TNS 的边带吸收λ_{onset}=296.3nm，换算出 TNS 的 E_g=4.18eV。

由图 4-22 所示的 TNS 的透射电镜照片可看到纳米片呈半透明状的薄片，侧面尺度为 600～700nm。

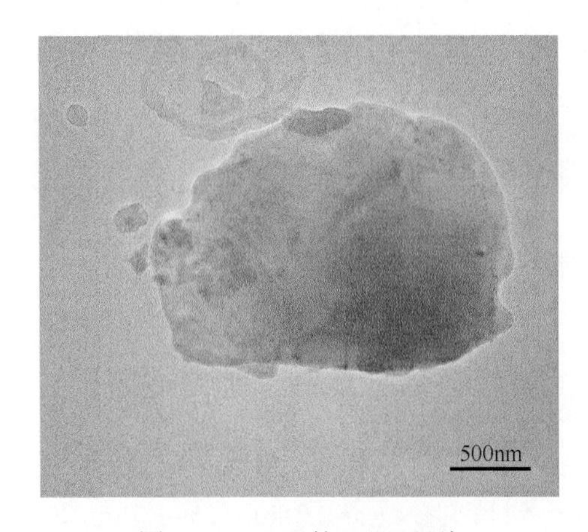

图 4-22　TNS 的 TEM 照片

TNS 的 AFM 立体图、平面图以及侧面高度图如图 4-23 所示。图 4-23（a）表明 TNS 的表面光滑、平整，相对粗糙度 R_a=0.4005nm；图 4-23（b）表明 TNS 的侧面尺度为 500～600nm；图 4-23（c）表明样品的平均厚度为 1.10nm，此厚度为裸露的 TNS 吸附双层水分子后的厚度。

(a)

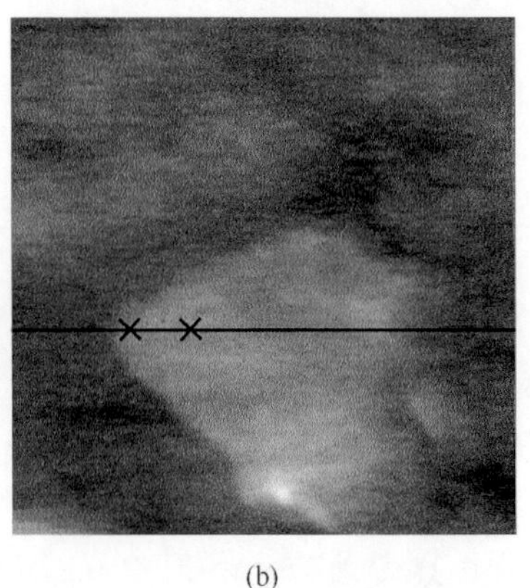

(b)

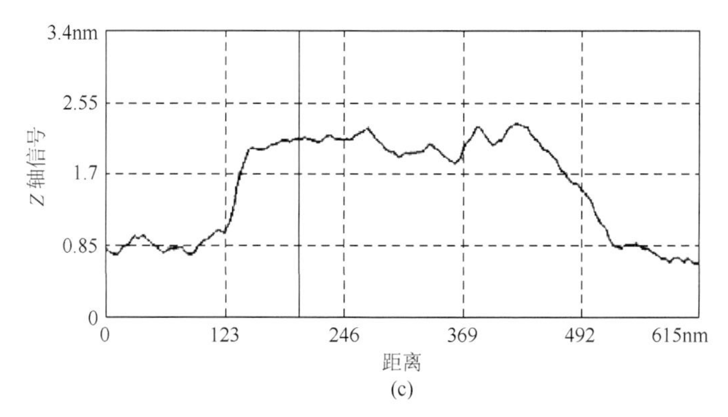

图 4-23　TNS 的 AFM 立体图（a）、平面图（b）和高度图（c）

R_a=0.4005nm；垂直距离=1.10nm

由 UV-vis 吸收光谱原位跟踪 TNS 与 LYZ 组装 10 层复合薄膜的组装过程，如图 4-24 所示，薄膜在 262.5nm 处吸光率随组装层数变化是线性增长的，表明薄膜的组装过程是连续、均匀的。

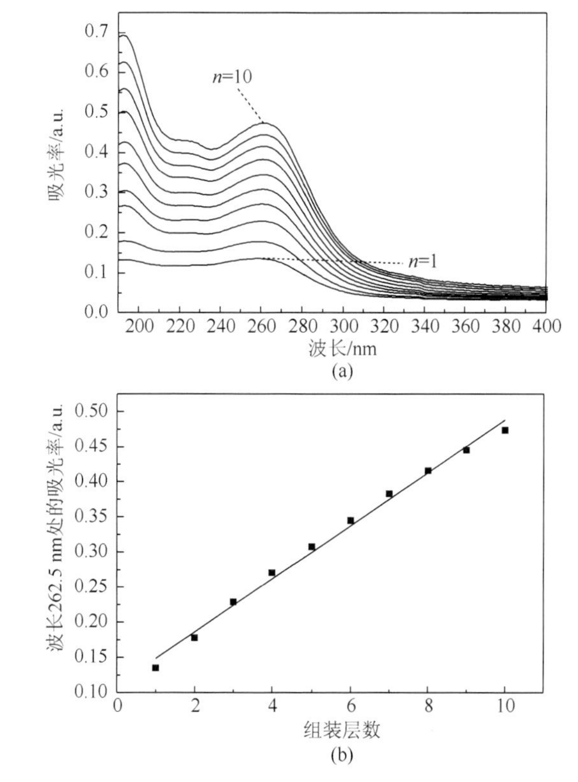

图 4-24　（a）TNS 与 LYZ 组装 10 层的复合薄膜的 UV-vis 吸收光谱；
（b）组装薄膜在波长为 262.5nm 处的吸光率随组装双层的变化

TNS 和 LYZ 组装 10 层的复合薄膜的场发射扫描电镜如图 4-25 所示，复合薄膜具有光滑、平坦的表面。考虑到 TNS 的厚度约为 0.7nm，而 LYZ 的三维尺寸是 4.5nm×3.0nm×3.0nm。因此计算得到 TNS 和 LYZ 一个组装单层的理论厚度为 3.7～5.2nm，而由图 4-25（b）可知，组装 10 层薄膜厚度约为 60nm，一个单层厚度约为 6nm，与理论计算值基本吻合。

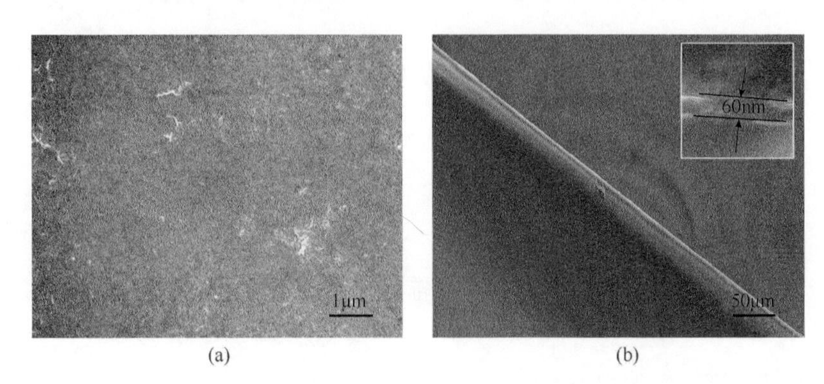

图 4-25　TNS 与 LYZ 组装 10 层的复合薄膜的 SEM 照片

（a）表面；（b）切面

TNS 和 LYZ 组装 10 层的复合薄膜的 AFM 照片如图 4-26 所示。从图中可以看到，LYZ 采用长轴垂直于基片的方式紧密组装在一起。表面粗糙度为 5.164nm，同样表明最外层致密均匀的 LYZ 层的存在。

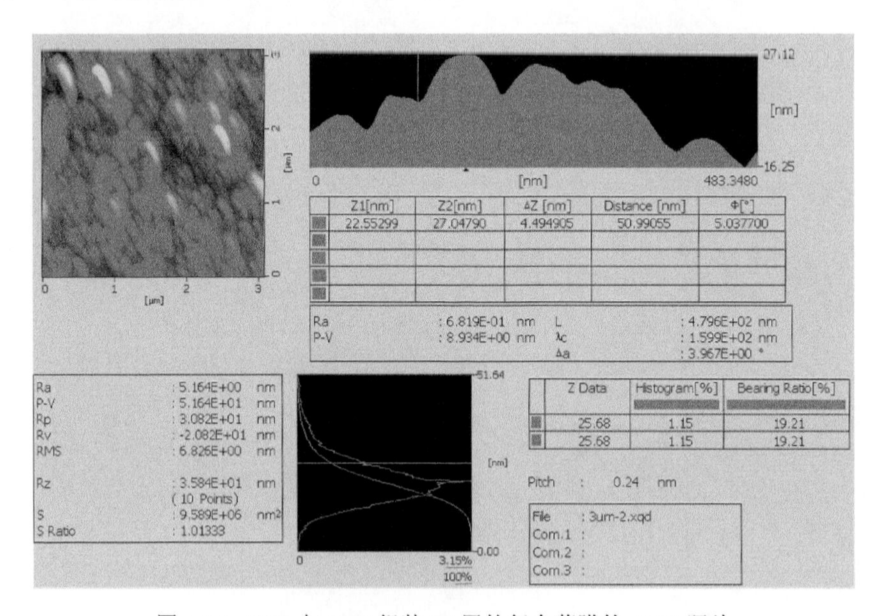

图 4-26　TNS 与 LYZ 组装 10 层的复合薄膜的 AFM 照片

4. 抗菌性能测试

将 TNS 和 LYZ 组装薄膜置于 OD 为 1 的含 *M. lys.*的 PBS 溶液中，用 UV-vis 光谱跟踪有光照和无光照下 OD 值与浸泡时间关系，为了对比，同样将空白石英基片、组装有$(PEI/TNS)_{10}$薄膜的石英基片也置于同样的溶液中，测试 OD 值随时间变化，测试结果如图 4-27（a）所示。采用一级动力学方程 $A_t=A_0e-kt$ 对测试结果进行拟合，其中 A_t 为时间 t 时吸收值，A_0 为初始吸收值，$-k$ 代表指数死亡速率，拟合结果如图 4-27（b）所示，而相应的杀菌活性见表 4-12。由图 4-27 和表 4-12 可见，$(TNS/LYZ)_{10}$薄膜无论在有光照或无光照条件下，均表现出良好的

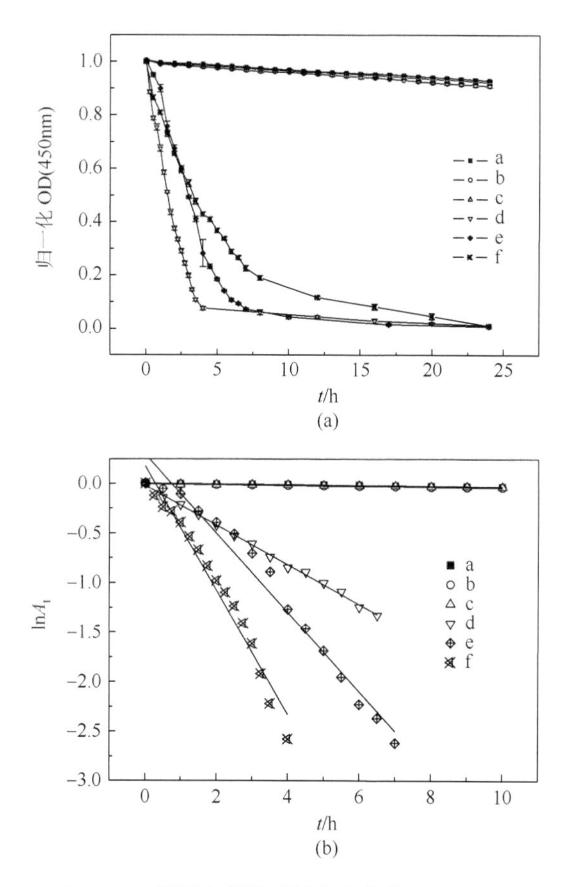

图 4-27　（a）*M. lys.*菌液浊度随时间变化曲线；（b）*M. lys.*水解速率（采用一级动力学方程拟合得到）

a，b：空白石英；c，d：组装有$(PEI/TNS)_{10}$薄膜的石英；e，f：组装有$(TNS/LYZ)_{10}$薄膜的石英；a，c，e：无紫外光照射；b，d，f：有紫外光照射

杀菌活性。与之相比，空白石英基片无论是在有光照还是在无光照下，均没有抗菌活性。浸泡 24h，菌液 OD 值变化很小。而组装有$(TNS/LYZ)_{10}$薄膜的石英基片在无光照下无抗菌活性，但是在有紫外光照射下表现出一定的抗菌性能，与无光照下相比活性提高了 2 个数量级，说明 TNS 有良好的光催化杀菌活性，是一种潜在的光照抗菌材料。同时从表 4-12 中可以看出，在有光照下$(TNS/LYZ)_{10}$薄膜具有最高的抗菌活性，说明复合薄膜的两种组分表现出良好的协同效应。TNS 的存在加强了复合薄膜再有紫外光照射下的抗菌性能，而 LYZ 的存在弥补了 TNS 的杀菌性能依赖于紫外光的缺陷。

表 4-12　组装的薄膜中 LYZ 活性

样品	UV 光	活性 [a]
对照组 [b]	关	3.3
对照组 [b]	开	4.2
$(PEI/TNS)_{10}$	关	3.5
$(PEI/TNS)_{10}$	开	200.0
$(TNS/LYZ)_{10}$	关	400.0
$(TNS/LYZ)_{10}$	开	627.2

a. 活性=$-k/0.001$。

b. 对照组为未组装有复合膜层的石英基片。

为了进一步表征复合薄膜的协同抗微生物污损性能，将空白石英基片、组装有$(PEI/TNS)_{10}$薄膜的石英基片和组装有$(TNS/LYZ)_{10}$薄膜的石英基片插入 OD 值为 1 的菌液中，紫外光照射 4h 后，取出基片，用超纯水冲洗干净后，用戊二醛交联后，二氧化碳超临界干燥后采用 SEM 观察表面附着情况，结果如图 4-28 所示。从图 4-28（a）中可以看到，空白石英基片浸泡 4h 后，表面附着有连续的菌落，

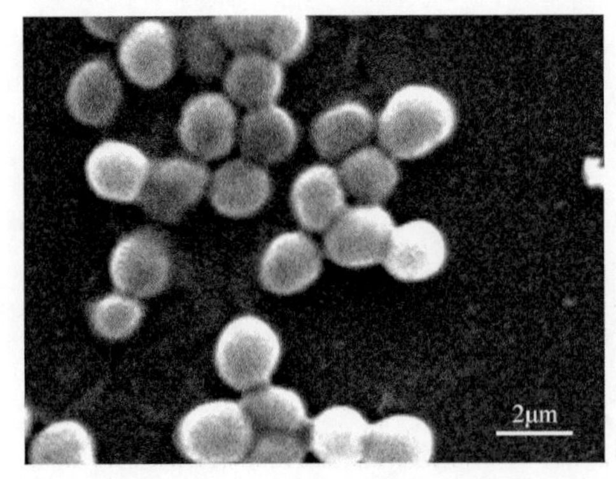

(a)

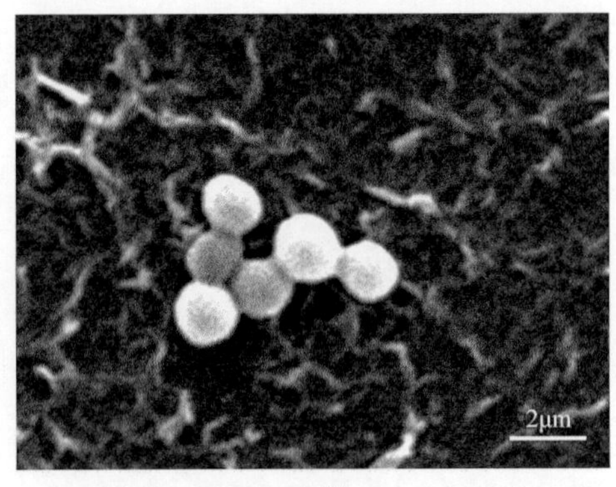

(b)

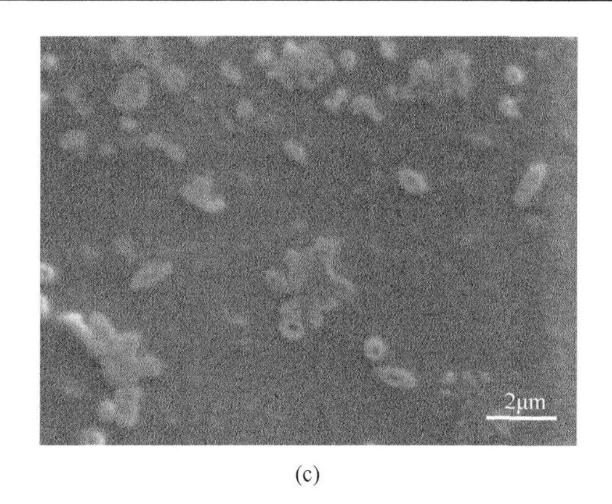

(c)

图 4-28　样品浸泡在菌液中紫外光照 4h 后表面 SEM 照片

（a）空白石英基片；（b）组装有(PEI/TNS)$_{10}$ 薄膜的石英基片；（c）组装有(TNS/LYZ)$_{10}$ 薄膜的石英基片

没有抗微生物黏附性能。而组装有(PEI/TNS)$_{10}$ 薄膜的基片表面有轻微的微生物污损［图 4-28（b）］。而对于组装有(PEI/TNS)$_{10}$ 薄膜的石英基片，可以看到黏附在表面的细菌在溶菌酶作用下已经溶解，没有连续菌落形成，表现出良好的抗微生物污损性能。

将组装有(PEI/TNS)$_{10}$ 薄膜的石英基片浸泡在 PBS 溶液中，15 天后取出测试 UV-vis 光谱变化，结果如图 4-29 所示。可以看到，基片具有良好的结构稳定性，15 天后光谱特征吸收值变化很小。

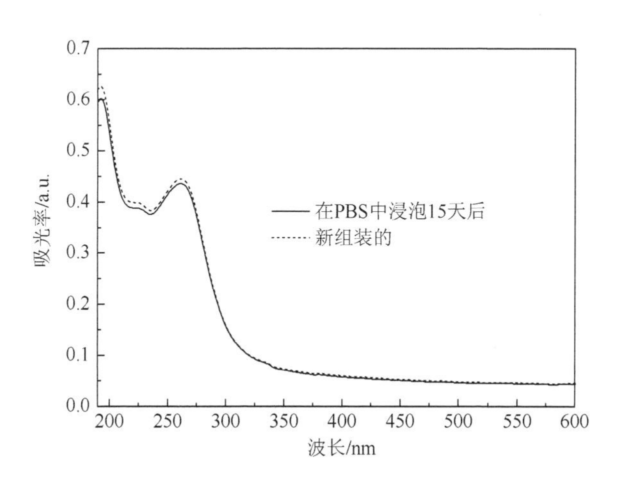

图 4-29　组装有(TNS/LYZ)$_{10}$ 薄膜的石英基片的 UV-vis 光谱

通过以上的讨论，我们可以得到以下结论。

（1）TNS 和 LYZ 层层自组装薄膜具有良好的协同抗菌性能，TNS 的存在提高了 LYZ 在有紫外光照射下的抗菌活性，该类复合薄膜在防微生物污损领域展示了良好的应用前景。

（2）在有紫外光照射下，TNS 也展现了良好的抗菌活性，是一类潜在抗菌材料。

（3）该类薄膜制备方法简单，可适应于不同形状基体，同时结构稳定，在多个领域具有应用前景。

（4）得益于组装模块的多样性，该种制备方法具有良好的扩展性。

4.4.3 原位生长制备 Mg-Al MMO 抗菌薄膜

1. 概述

近年来，基于 LDH 独特的超分子插层结构，其在海洋环境腐蚀与防污领域的应用也得到一定重视。近年来发展起来的原位生长技术可以在铝基、镁基和铜基金属基体表面原位生长具有一定取向结构的 LDH 薄膜。将原位生长制备的 Mg-Al LDH 薄膜在适当温度下焙烧处理，可以得到 Mg-Al MMO。纳米 MgO 相可以均匀分散在 MMO 中。由于纳米 MgO 是一种环境友好的杀菌材料，因此我们预期所得到的 Mg-Al MMO 薄膜材料具有良好的接触杀菌效果。

2. Mg-Al MMO 结构表征

将 4.3.1 节中所制备的 Mg-Al LDH 薄膜（LDH-12、LDH-24、LDH-36 和 LDH-48）以 2℃/min 的升温速率升至 500℃焙烧 4h，自然冷却到室温。所制备样品分别表示为 MMO-12、MMO-24、MMO-36 和 MMO-48。图 4-30 为焙烧后所得 MMO 薄膜样品的表面 SEM 照片。如图所示，所制备 MMO 薄膜继承了前体 LDH 薄膜高取向的表面微结构，但是与对应的前体 LDH 薄膜相比，其二维尺寸和厚度均减小，这是由于在焙烧过程中发生了脱水、脱羟基和脱二氧化碳的反应。而对于 MMO-36 和 MMO-48 样品，薄膜还发生一定程度的皲裂。与之相比，MMO-12 和 MMO-24 薄膜样品在焙烧后依然保持了完整的膜结构，没有发生皲裂。分析可能的原因是对于 MMO-36 和 MMO-48 样品，其前体 LDH 薄膜表面缺陷多，微晶团聚，膜结构致密导致在焙烧过程中受热不均，膜结构得到破坏。而对于 MMO-12 和 MMO-24 薄膜，其前体 LDH 薄膜膜结构连续，表面缺陷少，焙烧过程中受热均匀，可减少皲裂。MMO 薄膜中的 Mg 元素分布图如图 4-31 所示。如图可见，表面 Mg 原子浓度随晶化时间延长而增大，表明纳米氧化镁的表面浓度随着晶化时间的延长而增大。以上实验结果表明，所制备的 Mg-Al MMO 薄膜的表面微结构、膜完整性和表面纳米 MgO 浓度均可以通过对 LDH 前体薄膜晶化时间的控制加以调控。

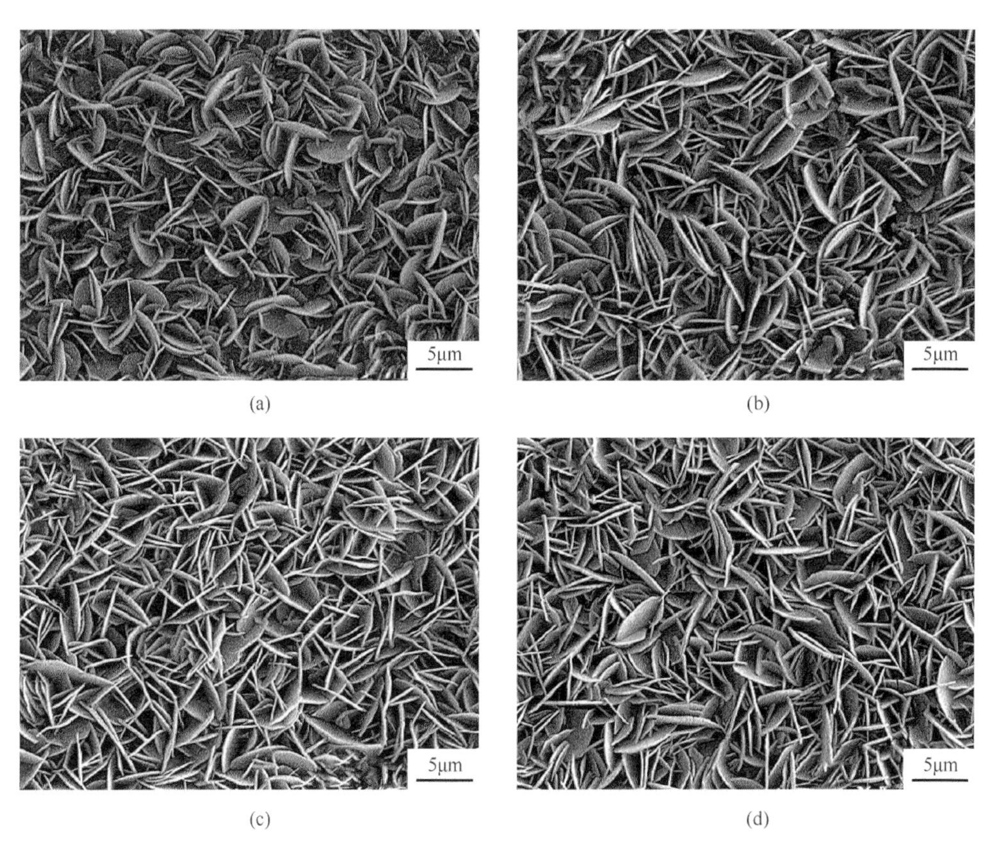

图 4-30　纯铝表面 Mg-Al MMO 薄膜样品的 SEM 照片

（a）MMO-12；（b）MMO-24；（c）MMO-36；（d）MMO-48

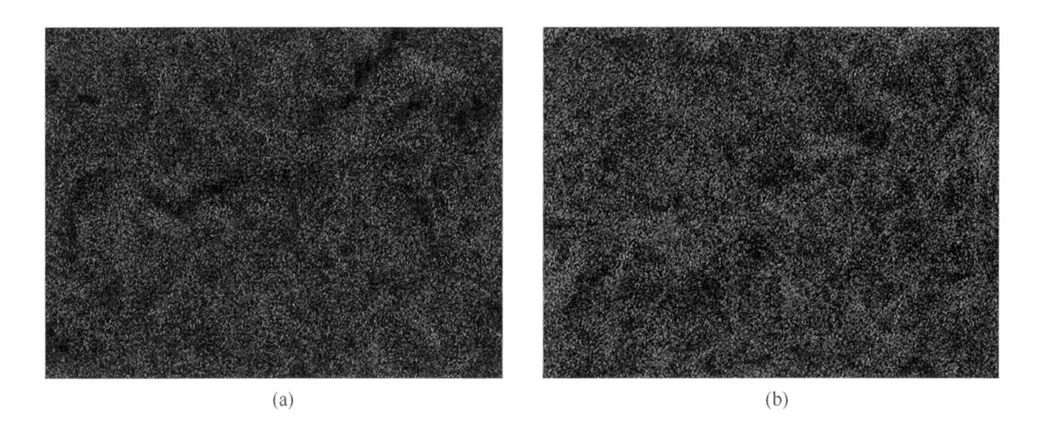

图 4-31　Mg-Al MMO 薄膜样品的 Mg 元素分布图

（a）MMO-12；（b）MMO-24；（c）MMO-36；（d）MMO-48

而对于 Mg-Al MMO 薄膜样品，其 XRD 谱图（图 4-32）中只出现了纯铝基体的特征衍射峰，并没有观察到 MgO 的特征峰，这说明所制备薄膜继承了前体薄膜的取向结构，与 SEM 照片结果一致。

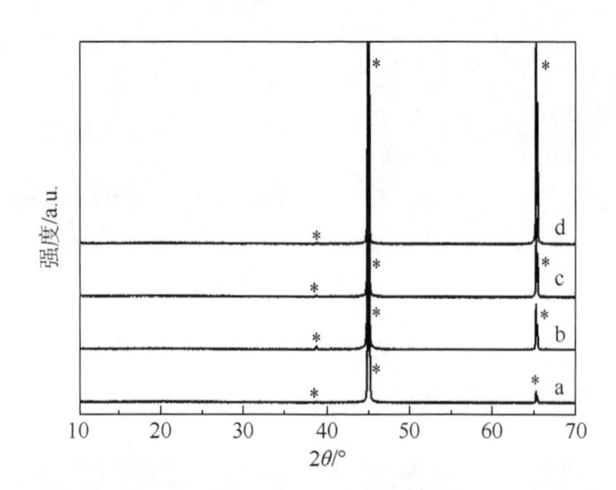

图 4-32　纯 Al 表面 Mg-Al MMO 薄膜样品的 XRD 谱图

a. MMO-12；b. MMO-24；c. MMO-36；d. MMO-48；*表示纯 Al 衍射峰

对于 LDH 样品，其静态接触角在 25°～45°之间（表 4-1），表明表面为亲水表面。而焙烧处理得到的 MMO 薄膜，其静态接触角为 0°，表明表面为超亲水表面。所制备 Mg-Al MMO 薄膜样品的表面杀菌性能见表 4-13。对于 *S. aureus* 和 *V. fischeri*，Mg-Al MMO 薄膜表现出优异的杀菌能力，杀灭率高于 99%。而对于 *E. coli* 和 *P. aeruginosa*，其杀灭率随前体晶化时间延长而增大，这归因于表面纳米 MgO 含量的不同。将所制备的 MMO 薄膜置于菌液中培养 24h 后，在所有 MMO 薄膜表面均未发现连续的生物膜（图 4-33～图 4-36）。这表明 MMO 薄膜独特的表面微结构可抑制细菌附着，从而抑制生物膜形成。对于所有的 Mg-Al MMO 样品，均未发现 *E. coli* 和 *S. aureus* 附着，表明这两种细菌对此类表面结构更加敏感。而对于 *P. aeruginosa*，薄膜防污能力随表面结构发生变化，在 MMO-36 和 MMO-48 表面发生了严重的污损，而与之相对的是在 MMO-12 和 MMO-24 表面只有个别分立的细菌附着。而对于 *V. fischeri*，在 MMO 薄膜表面也只有少量附着。这优异的防污性能可归因于 MMO 薄膜表面的超亲水特性。超亲水表面有很高的水和能，可抑制细菌附着。此外，在防污测试过程中，MMO 薄膜表面的微结构未发生变化，说明其具有良好的结构稳定性。以上结果表明所制备的 Mg-Al MMO 薄膜可有效抑制多种细菌附着，表面超亲水和杀菌性能的共同作用使其在防污抗菌领域有潜在的应用价值。

表 4-13　纯铝表面 Mg-Al MMO 对于 *E. coli*、*S. aureus*、*P. aeruginosa* 和 *V. fischeri* 的杀灭率

样品	*E. coli*/%	*S. aureus*/%	*P. aeruginosa*/%	*V. fischeri*/%
MMO-12	96.91	99.99	89.74	99.90
MMO-24	97.82	99.99	92.17	99.98
MMO-36	98.59	99.99	96.88	99.99
MMO-48	98.57	99.99	99.04	99.99

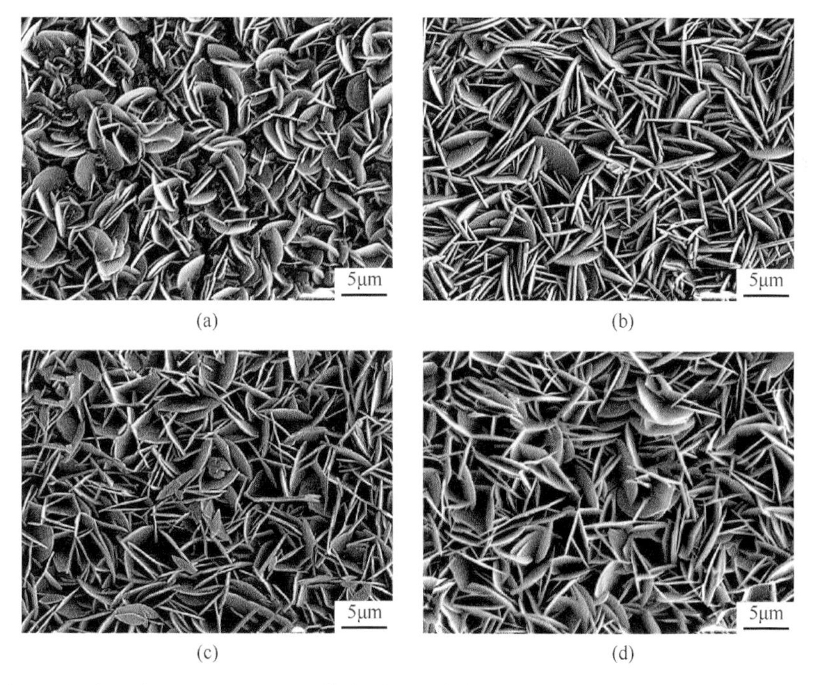

图 4-33　纯铝表面 Mg-Al MMO 薄膜样品浸泡在 *E. coli* 菌液 24h 后表面 SEM 照片

（a）MMO-12；（b）MMO-24；（c）MMO-36；（d）MMO-48

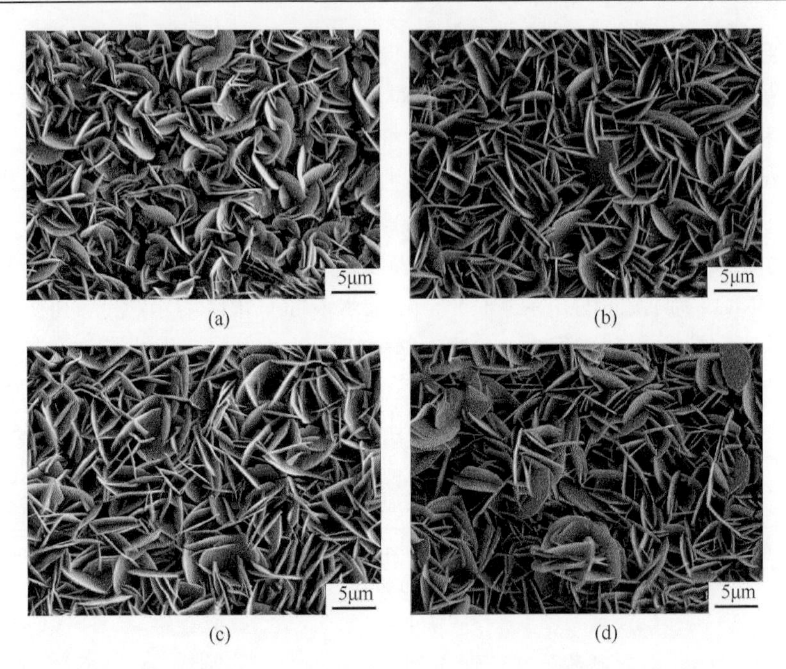

(a)　(b)　(c)　(d)

图 4-34　纯铝表面 Mg-Al MMO 薄膜样品浸泡在 *S. aureus* 菌液 24h 后表面 SEM 照片

（a）MMO-12；（b）MMO-24；（c）MMO-36；（d）MMO-48

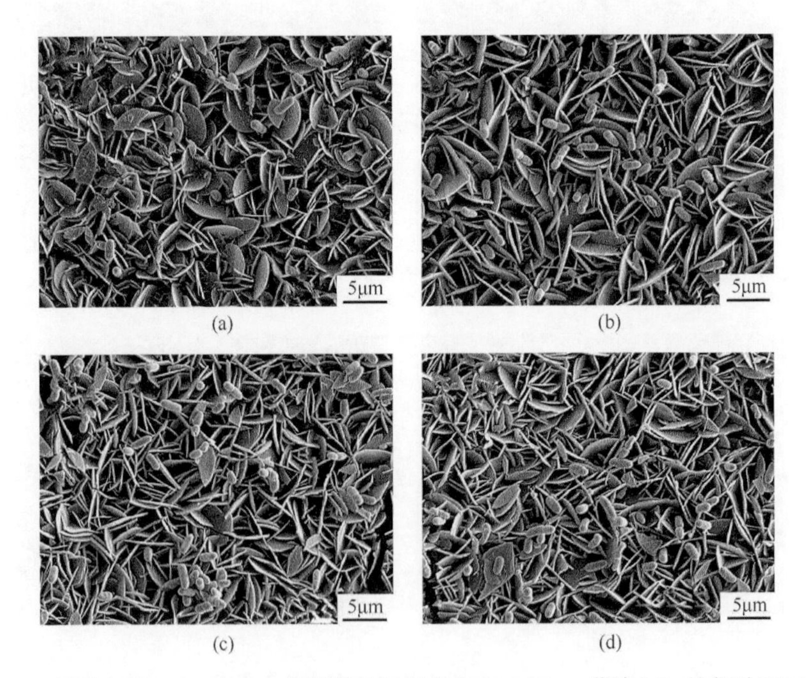

(a)　(b)　(c)　(d)

图 4-35　纯铝表面 Mg-Al MMO 薄膜样品浸泡在 *P. aeruginosa* 菌液 24h 后表面 SEM 照片

（a）MMO-12；（b）MMO-24；（c）MMO-36；（d）MMO-48

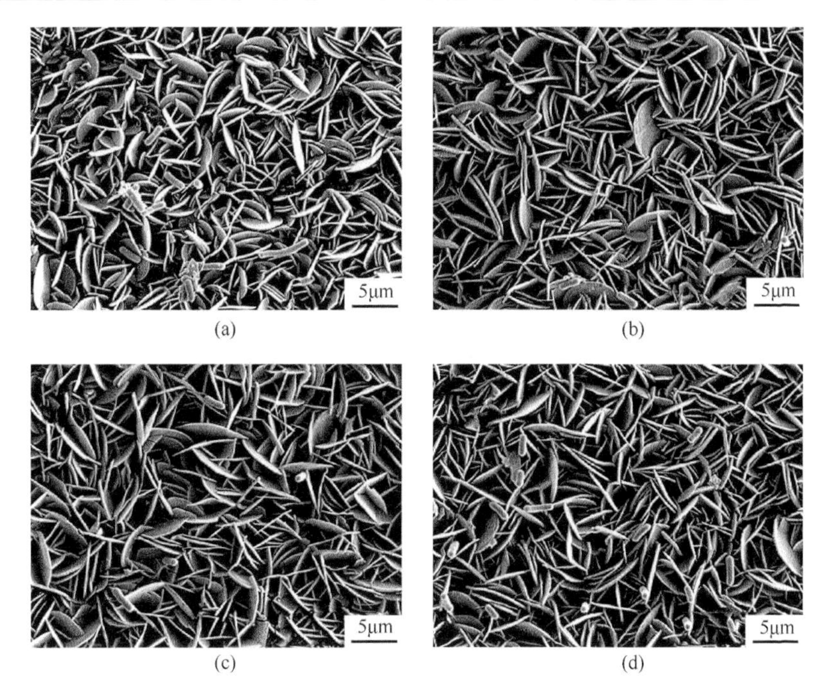

图 4-36　纯铝表面 Mg-Al MMO 薄膜样品浸泡在 *V. fischeri* 菌液 24h 后表面 SEM 照片

（a）MMO-12；（b）MMO-24；（c）MMO-36；（d）MMO-48

采用原位生长方法可以在纯铝表面制备具有高取向 LDH 薄膜。对 LDH 薄膜进行焙烧处理后可以将其表面润湿性由亲水转变为超亲水，在高表面水和能和特殊表面微结构的协同作用下，所制备 MMO 薄膜具有良好的防细菌污损能力。此外，由于均匀分散在 MMO 中的纳米 MgO 具有良好的杀菌能力，此 Mg-Al MMO 薄膜也具有良好的接触杀菌能力。该研究表明在金属基底表面原位生长的 LDH 样品在防污抗菌领域具有良好的应用前景。

第 5 章　层状无机功能材料作为填料在防腐防污涂层中的应用

5.1　海洋防腐涂料种类

按防腐对象材质和腐蚀机理的不同，海洋防腐涂料可分为海洋钢结构防腐涂料和非钢结构防腐涂料。海洋钢结构防腐涂料主要包括船舶涂料、集装箱涂料、海上桥梁和码头钢铁设施、输油管线、海上平台等大型设施的防腐涂料。非钢结构海洋防腐涂料主要包括海洋混凝土构造物防腐涂料和其他防腐涂料。能在严酷的腐蚀环境下应用并具有长效使用寿命的涂料称为重防腐涂料，其防护周期一般要求在 10 年或 15 年以上，而海洋防腐涂料就属于重防腐领域。防腐涂料的防腐性能、耐老化性能、粘接性能、工艺性能与合成树脂的性能密切相关，制备高性能防腐涂料的关键技术在于研制和开发适合海洋环境中船舶使用的高性能树脂[415]。目前，在海洋防腐领域应用的涂料主要有以下几种。

1. 环氧防腐涂料

环氧树脂涂料具有高附着力、高强度、耐化学品、好的耐磨性和优异的防腐性能，是目前应用数量最多、范围最广的重防腐涂料。目前，二酚基丙烷型环氧树脂是环氧树脂中最主要且产量最大的品种。它固化方便，可以在 5～180℃温度范围内固化，黏附力强，固化时收缩率低，有助于形成一种强韧的、内应力较小的黏合键。由于固化反应没有挥发性副产物放出，其可以满足施工过程中的环保要求，固化后的环氧树脂体系同时具有优良的耐碱性、耐酸性和耐溶剂性。酚醛多环氧树脂是由线形酚醛树脂与环氧氯丙烷缩聚而成，与二酚基丙烷型环氧树脂相比，在线形分子中含有两个以上的环氧基，因此固化产物的交联密度大，具有优良的热稳定性、力学性能、电绝缘性、耐水性和耐腐蚀性。三聚氰酸环氧树脂是由三聚氰酸和环氧氯丙烷在催化剂存在下进行缩合，再以氢氧化钠进行闭环反应制得。由于三聚氰酸存在酮-烯醇互变异构现象，得到的是三聚氰酸三缩水甘油胺和异三聚氰酸三缩水甘油酯的混合物。分子中含有三个环氧基，固化后结构紧密，具有优异的耐高温性能。分子结构中的三氮杂苯环，使该树脂具有良好的化学稳定性、优良的耐紫外光性、耐气候性和耐油性。由于分子中含 14%的氮，遇火有自熄性，并有良好的耐电弧性。

2. 聚氨酯防腐涂料

聚氨酯（polyurethane，PU）涂料与环氧涂料有着相似的性能，在 PU 涂层中，除含有氨基甲酸酯键外，还含有许多羟键或油脂中的不饱和双键、异氰酸酯键等，其涂层不仅耐油、耐酸、耐碱、耐工业废气，具有优异的防腐蚀性能，而且坚硬、柔韧、光亮、丰满、耐磨，对被涂物附着力好，具有很好的物理机械性能。除了具有优良的防腐蚀性外，还有良好的耐候性和装饰性，可以在重防腐蚀体系中作为面漆使用。

3. 橡胶防腐涂料

橡胶涂料是以天然橡胶衍生物或合成橡胶为主要成膜物的涂料。橡胶涂料具有快干、耐碱、耐化学腐蚀、柔韧、耐水、耐磨、抗老化等优点，但其固体成分低，不耐晒。主要用于船舶、水闸、化工防腐涂装。现在常用的橡胶涂料主要有氯磺化聚乙烯防腐蚀涂料和氯化橡胶涂料。

4. 氟树脂防腐涂料

氟树脂涂料具有超常的耐候性、突出的耐腐蚀性、优异的耐化学药品性、良好的耐污性。共聚物含氟涂料主要有氟乙烯-乙烯基醚共聚物涂料等。这类涂料涂膜表面坚硬且柔韧；涂膜柔和典雅，具有高装饰性；表面能低，手感光滑，因此耐污性好，易于用水冲洗保洁；涂膜还具有防霉阻燃、耐热的特点，是海洋环境中钢筋混凝土涂料面漆的首选。

5. 有机硅树脂涂料

有机硅树脂涂料的耐候性和耐久性很好，一般能使用 10～20 年或更长的时间，用作防腐蚀体系的面漆。纯有机硅树脂因其物性过于极端，目前开发的能用于防腐蚀体系的是低温固化的新型改性有机硅树脂涂料，主要有有机硅醇酸树脂涂料、有机硅橡胶涂料、有机硅橡胶改性聚酯树脂涂料、丙烯酸有机硅树脂涂料。

6. 聚脲弹性体涂料

聚脲弹性体涂料是继高固体分涂料、水性涂料、光固化涂料、粉末涂料等技术之后，为适应环境保护需求而研发的一种无溶剂、无污染的新的涂料涂装技术。这种高厚膜弹性涂料不仅一次喷涂厚涂层，且能快速固化（5～20s），物理力学性能及耐化学品性能优异。脂肪族聚脲耐紫外线辐射，不易变黄；芳香族聚脲有泛黄现象，但无粉化和开裂。由于第 3 代聚脲弹性体的优异性能及成膜不受水分、潮气影响，聚脲材料对环境温度、湿度有很强的容忍度，在海洋环境钢筋混凝土防腐蚀领域得到广泛的应用。然而国内产品价格比同类产品贵。

7. 富锌涂料

含有大量锌粉的涂料称为富锌涂料。富锌涂料的防腐机理概述为：在腐蚀的前期，通过锌粉的溶解牺牲对钢铁起阴极保护作用；在后期，随着锌粉的腐蚀，在呈球形锌粉颗粒中间沉积了许多腐蚀产物，这些致密而微碱性腐蚀产物不导电，填满了颜料层，阻挡屏蔽腐蚀因子的透过，即后阶段是由屏蔽作用而起防腐蚀效果的。富锌涂料可分为有机和无机两大类。有机类富锌涂料主要是环氧树脂为成膜物质；无机类富锌涂料使用碱性硅酸盐、硅酸乙酯为成膜物质。

5.2 纳米添加剂改性环氧有机涂层

5.2.1 无机纳米材料/环氧有机涂层发展现状

涂层防腐蚀作用重要的是涂层成膜物质及防腐蚀颜料的基础性能。由于环氧基的化学性质活泼，可以用各种树脂进行改性，制备多品种、多性能的防腐蚀涂料，使环氧树脂被广泛用于防腐蚀涂料领域。而且环氧树脂涂料自身具有防锈功能，已被应用于航天、航海和重防腐体系的底漆体系。但单一的有机涂层不足以防止底层金属受到腐蚀。有机涂层中含有细孔，并存在低交联密度或颜料浓度较高的微区（这些微区是水、氧和 Cl^-扩散到金属/涂层界面的通道），因而有必要把无机或有机防腐蚀颜料引入有机涂料体系中以提高其防腐保护性。传统的、最有效的防腐蚀颜料是六价铬酸盐，但六价铬盐对人体不安全，对与涂制工艺相关的毒害材料的控制、处理及管理带来严重危害和不必要的麻烦，从 1982 年起，世界环境保护组织就提出限制使用铬酸盐和其他含铬酸盐化合物。

研制无铬、有效、价格低、环境友好的铬酸盐及缓蚀剂替代品和环境友好的转变层处理工艺已经取得了一些成绩。Bohm 等[375]利用 Ce^{3+}和 Ca^{2+}阳离子型蒙脱石作为腐蚀抑制剂用于电镀钢的有机涂层。Veleva 等[416]研究了包含磷铝酸锌和 ZnO 防腐颜料的环氧涂层对碳钢的防护性能，两种颜料的复合作用使涂层的双电层电容增加，对碳钢具有很好的防腐保护作用。而无机纳米材料的纳米粒子尺寸微小、比表面积大，受到广大科技工作者的青睐，成为新的防腐课题内容。Zhang 等[417]利用纳米 TiO_2 对环氧涂层进行改性，研究发现 10wt%比例添加时涂层防腐性能和韧性是最佳的。Bagherzadeh 等[418]制备了纳米黏土-环树脂复合涂层，掺杂了纳米黏土化合物后，涂层的吸水性和致密程度都获得改善。Yu 等[419]分别以改性纳米 $CaCO_3$ 和未改性纳米 $CaCO_3$ 填充聚酯聚氨酯清漆，发现改性纳米 $CaCO_3$ 填充聚酯聚氨酯清漆，在柔韧性、硬度、流平性及光泽等方面均优于未改性 $CaCO_3$ 纳米填充清漆。Yang 等[420]按颜料和树脂的质量比等于 1 在聚氨酯树脂中添加纳米 ZnO，与普通 ZnO 聚氨酯涂层对比，减少了水、氧、腐蚀性电解质在涂层中的传输，提高了涂层的保护性。近年来，这些对纳米级氧化锌、二氧化钛、二氧化硅、二氧化锡、铬酸等与树脂复合的研究，改善了涂层的强度、硬度、耐磨性、耐候性、耐老化性、耐刮伤性能等，为进一步研制用于船舰、飞机、太空及相关工业的高性能涂料提供依据。以上的研究结果表明无机纳米材料的加入改善了基体高聚物的致密性，提高了涂层与金属的结合力，使涂层抗电解质溶液的渗透能力增强，所以耐蚀性能显著提高。

5.2.2　层状无机功能材料/环氧有机涂层

1. 石墨烯/环氧有机涂层

石墨烯是目前世界上最薄(厚度只有一个碳原子厚)、但硬度最强的纳米材料。目前，石墨烯的研究已经取得了很多成果。但是，关于石墨烯在涂料中应用的报道比较少见。石墨烯具有尺寸小、电子传递速度快、导电性好、硬度高等优点。石墨烯的这些优点使得石墨烯在防腐涂料中的应用成为可能，因为目前的金属腐蚀保护机理除了物理隔绝以外，就是利用电子传导原理。

王耀文[421]采用还原氧化石墨法制备了石墨烯，并将石墨烯作为防腐填料加入环氧树脂涂料中，制备出 0.5%～2%不同含量石墨烯防腐涂层，研究表明，石墨烯的加入有效提高了涂层的防腐性能，随着石墨烯含量的增加，涂料的防腐性能先提高，后降低，存在一最佳值，石墨烯含量为 1%的涂层防腐效果最好。石墨烯良好的防腐性能主要来自于其优良的导电性，独特的二维片层结构，以及其表面疏水等特性。

称取还原氧化石墨法制备的石墨烯 0.12g，溶于有机溶剂甲苯和正丁醇中（各

10mL），超声 2h。同时将 12g 环氧树脂溶于甲苯和正丁醇中（各 5mL），搅拌溶解。超声完毕后，将两者进行混合，剧烈搅拌 15min，搅拌过程中加入吡啶。搅拌完成后加入固化剂 T-31，并剧烈搅拌 5min（固化剂与溶液混合均匀），将涂料放入真空烘箱抽真空 15min（去除涂料中的气泡），然后在一定黏度时将涂料均匀涂敷在马口铁上。按照同样的方法制备了石墨烯含量为 0.5%和 2%的试样，这里的百分含量是指石墨烯占环氧树脂的质量百分数。按照国标 GB/T 9286—1998 对不同石墨烯含量的涂层进行附着力测试，结果表明含量 0.5%和 2.0%的涂层附着力强度都比较差，涂层脱落面积比较大，而含量 1%涂层的附着力强度要分别高于 0.5%和 2.0%，脱落面积小于 5%，可见石墨烯含量太低或者太高都会使涂层附着力下降。石墨烯的小尺寸效应使得石墨烯与水的接触角比较大，对水的润湿性比较差，这使得石墨烯具有一定的防水性。当石墨烯含量较低时，虽然石墨烯微小颗粒填充到涂层的孔洞和缺陷中，可以有效防止部分水浸入金属基体，但是由于石墨烯含量较低，微粒较少，还是会有部分水、氧气等小分子通过涂层浸入金属基体表面进行腐蚀，降低了涂层的黏结力，因此涂层的附着力较差；而当石墨烯含量较高时，涂层内颗粒较多，颗粒之间分散不均匀，发生团聚，团聚会破坏环氧树脂涂层的结构和性能，影响涂层的防腐性能。因此，并不是石墨烯含量越高，涂层附着力就越好，只有合适的石墨烯含量才能让涂层的附着力强度最高，含量过高或者过低都会影响到涂层的附着力。

将涂有环氧树脂涂料的马口铁试片和涂有含量 1%石墨烯涂层的马口铁试片浸泡在 3.5% NaCl 溶液中 40 天，不定期观察涂层的鼓泡情况和腐蚀情况并记录。对于纯的环氧树脂涂层来说，在浸泡的 40 天里，涂层随着浸泡时间的增长，起泡数目越来越多，鼓泡现象越来越明显，鼓泡等级呈迅速下降趋势，同时在鼓泡位置附近也不断出现腐蚀斑点，可见纯环氧树脂涂层防腐性能较差，不能对金属基体进行很好的防护，这主要是因为环氧树脂涂层存在较多的孔洞和缺陷，水分子比较容易通过涂层中的孔洞和缺陷渗透到金属基体，对金属基体进行腐蚀。在环氧树脂涂层中加入石墨烯以后，由于石墨烯微小颗粒能够填充到涂层的孔洞和缺陷中，有效防止了水、氧气等小分子浸入金属基体表面，降低了涂层的鼓泡和腐蚀程度，另外由于石墨烯具有良好的导电性，所以腐蚀电化学反应可以发生在涂层表面。

塔菲尔极化曲线研究结果表明在 3.5% NaCl 溶液中，含量 0.5%的石墨烯涂料的 i_{corr}=4.682×10^{-9}A/cm^2，E_{corr}=−0.783V；含量 1%的石墨烯涂料的自腐蚀电流 i_{corr}=9.809×10^{-10}A/cm^2，E_{corr}=−0.487V；与含量 0.5%的石墨烯涂料相比，含量 1%的石墨烯涂料 i_{corr} 降低，E_{corr} 升高，涂层防腐效果好于含量 0.5%的，这主要是由于含量 0.5%的涂料中石墨烯含量较少，虽然能填充到涂料中的部分孔洞和缺陷，延缓和阻止部分小分子腐蚀介质浸入金属基体，但是一些水分子和氧气等还是会通过其他的孔洞和缺陷浸入金属基体发生腐蚀，故含量 0.5%的石墨烯涂层防腐效果稍差于含量 1%的石墨烯涂层。当石墨烯的含量增加到 2%时，i_{corr}=5.496×10^{-9}A/cm^2，E_{corr}=−0.479V，与含量 1%的石墨烯涂层相比，i_{corr} 升高，E_{corr} 略有升高，防腐效果降低，这主要是由于随着石墨烯含量的增加，涂层内分子数目增多，分子的分散性就变差，发生团聚，这样的团聚会破坏环氧树脂涂料的结构，影响涂层的性能，降低了涂层的防腐效果。从以上分析可以得知，石墨烯在涂层中的分散性很重要，并不是石墨烯含量越高，涂层的防腐性能就越好。对于裸铁来说，i_{corr}=2.789×10^{-4}A/cm^2，E_{corr}=−1.284V；由于表面没有受到任何保护，阳极反应和阴极反应都直接发生在金属表面，所以腐蚀最为严重；当在裸铁表面涂覆不含有石墨烯的环氧树脂涂层以后，由于涂层对腐蚀介质的物理隔绝作用，使得马口铁的腐蚀程度降低，i_{corr}=9.858×10^{-6}A/cm^2，降低了 2 个数量级，E_{corr} 升高到−1.149V；在环氧树脂涂料中掺杂 1%石墨烯后，i_{corr}=9.809×10^{-10}A/cm^2，与裸铁相比降低了 6 个数量级，与环氧树脂涂层相比降低了 4 个数量级，E_{corr}=−0.487V 也升高了很多，说明石墨烯的加入大大增强了涂层的防腐性能，这主要是由于石墨烯的小尺寸效应、防水性以及良好快速的导电能力。将含量为 1%的 PANI、石墨烯、碳纳米管与环氧树脂涂层和纯铁的塔菲尔极化曲线进行对比，石墨烯的 i_{corr} 最小，防腐效果最好，PANI 和碳纳米管的 i_{corr} 都大于石墨烯，因此防腐效果都要次于石墨烯，这是由石墨烯的特殊导电机理决定的。将 PANI、石墨烯、碳纳米管的开路电位曲线进行分析，三种物质中，石墨烯的初始电压最大，而且在腐蚀进行的一段时间内，E_{corr} 都高于其他两种物质，说明石墨烯的防腐效果要好于其他两种物质。

通过以上一系列测试表明石墨烯防腐涂料的物理性能和防腐性能都高于纯的环氧树脂涂料，这主要缘于以下四个主要原因：石墨烯的小尺寸效应，石墨烯的二维片层结构，石墨烯的防水性和石墨烯的快速导电能力。

（1）石墨烯的小尺寸效应。石墨烯的小尺寸使得石墨烯可以填充到涂料的孔洞和缺陷中，在一定程度上阻止和延缓了小分子腐蚀介质浸入金属基体，增强了涂层的物理隔绝作用，增强了涂层的防腐性能。

（2）石墨烯的二维片层结构。石墨烯的二维片层结构在涂料中层层叠加，形成了致密的物理隔绝层，小分子腐蚀介质很难通过这层致密的隔绝层，石墨烯起到了突出的物理隔绝作用。

（3）石墨烯的防水性。石墨烯的表面效应使得石墨烯与水的接触角很大，对水的浸润性很差，水分子很难被石墨烯吸收，这就是石墨烯的防水性。当在环氧树脂涂料中加入石墨烯后，石墨烯的防水性会阻止水分子通过涂层进入金属基体表面，从而降低了金属表面的腐蚀。

（4）石墨烯的快速导电性。石墨烯的特殊结构使得石墨烯具有快速的导电性。在金属 Fe 表面没有任何保护的条件下，阳极和阴极反应都直接发生在金属 Fe 的表面，腐蚀非常严重；在金属 Fe 的表面涂覆环氧树脂涂料，由于涂层的物理隔离作用，一部分小分子腐蚀介质，如 H_2O、O_2、Cl^-等，会被涂层阻止进入金属基体 Fe，在一定程度上起到了防腐效果，但是也有相当一部分 H_2O、O_2、Cl^-等小分子腐蚀介质会通过涂层中的孔洞和缺陷浸入金属基体的表面，对金属基体产生腐蚀。

金属 Fe 发生阳极反应生成 Fe^{3+}与阴极生成的 OH^-反应生成沉淀 $Fe(OH)_3$，沉淀的生成会促进阳极反应和阴极反应的继续进行，也就加快了腐蚀的进行，当在环氧树脂涂层中加入石墨烯后，由于石墨烯快速良好的导电能力，阳极反应 Fe 失去的电子会通过石墨烯传递到涂层的表面，而此时阴极反应则不再发生在金属表面，而是发生在涂层表面，这样阴极反应生成的绝大部分 OH^-就会停留在涂层表面，与阳极反应生成的 Fe^{3+}不再生成沉淀 $Fe(OH)_3$，而 Fe^{3+}的不断积累则会抑制阳极反应的进行，也就降低了 Fe 的溶解，对金属表面起到了保护作用，这就是利用石墨烯的导电性对金属基体进行保护的机理。

2. MMT/环氧有机涂层

Malucelli 等[422]利用 γ-缩水甘油醚基丙基三甲氧基硅（GPTS）改性后的 MMT Cloisite Na^+（MMT 添加量为 5%）和脂肪族环氧树脂单体复合，制备紫外光固化涂料。XRD、TEM 测试结果表明，用 GPTS 处理过的 MMT（Cloisite Na^+）形成剥离结构。EIS 结果表明，GTPS 处理的 MMT（Cloisite Na^+）呈剥离状态，相对比未添加 MMT 的环氧树脂来说，加 MMT 的 Cloisite Na^+具有极高的离子阻隔性，且未出现腐蚀现象，证明防腐效果明显。

3. LDH/环氧有机涂层

于湘等[423]采用直接共沉淀法合成$[V_{10}O_{28}]^{6-}$插层 Zn-Al LDH（记为 Zn-Al-V），并将其作为无机颜料。基材采用 AZ31 镁合金，其表面采用 1500#砂纸打磨后以丙酮除油，酸洗。将 E-51 环氧树脂、稀释剂混合均匀，然后加入经充分研磨的 Zn-Al-V 粉（质量比分别为 10%、20%和 35%），磁力搅拌分散 5h，使混合均匀，待用。涂敷前，加入 10%固化剂，搅拌 5～10min，采用刷涂方式涂敷到经过前处理的镁合金板上，室温防尘放置 7d 固化，涂层平均厚度为 135μm±5μm。研究结果表明：①有效氧化态为+5 的钒酸盐缓蚀剂对 AZ31 镁合金基体有致钝保护作用，在有钒酸盐存在的 3.5% NaCl 溶液中，AZ31 镁合金基体的 E_{corr} 没有大的移动，i_{corr} 降低；②加入 Zn-Al-V 粉末的有机涂层对 AZ31 镁合金有良好的抗腐蚀效果，是由于 Zn-Al-V 浸泡在 NaCl 溶液中所释放的钒酸盐阴离子可以抑制 AZ31 镁合金的腐蚀；③AZ31 镁合金的环氧防腐涂层中，片状纳米 Zn-Al-V 颜料的最佳添加比例为 20%。

5.3　纳米添加剂改性聚氨酯有机涂层

5.3.1　无机纳米材料/PU 有机涂层发展现状

与溶剂型 PU 相比，水性聚氨酯（WPU）具有环保、安全等优点，被认为是替代溶剂型 PU 的重要材料。可用于改性 WPU 的纳米材料众多，它们大多为金属氧化物[424]。下文将简要介绍某些纳米材料在 PU，尤其在 WPU 中的应用。

1. 纳米 SiO_2

纳米 SiO_2 粒径小、表面能高、表面存在高活性的羟基，将其直接引入 PU 时易团聚，影响制品综合性能。一般使用硅烷偶联剂，如 KH550（γ-氨丙基三乙氧基硅烷）引入氨基进行改性，提高疏水亲油性能，以改善其在聚合物中的分散性和相容性。其羟基还能与 PU 中的异氰酸酯或其他基团发生键合作用或形成氢键，在干燥成膜时形成三维网络结构。这些特性均能提高 PU 涂膜的硬度、韧性、致密性、防水性、耐摩擦性、耐热性、抗腐蚀性和耐老化等性能，用作涂料时不易积尘，耐沾污性佳。因此，近年 WPU-纳米 SiO_2 复合材料日益受到关注。

采用硅烷偶联剂改性的纳米 SiO_2 与 PU 预聚物反应制得的 SiO_2-WPU 复合材料，由于 SiO_2 的引入提高了 PU 软段与硬段间的相容性，故可降低软段的结晶性。当 SiO_2 用量为预聚物质量分数的 2%时，与不加纳米 SiO_2 的配方相比，胶膜的结晶度适当，且具有最佳耐水性和最高力学性能[424]。

陈晶晶等[425]将乙烯基三乙氧基硅烷改性的纳米 SiO_2 超声分散于聚碳酸酯二元醇、聚己内酯二元醇和异氰酸酯等制备 WPU 的原料中，聚合制成 WPU-SiO_2 复合材料，其不挥发物质量分数为 35%。加入质量分数为 0.5%的 SiO_2 时，断裂伸长率由 550%降至 430%，吸水率由 16.8%降至 4.5%，拉伸强度由 3.4MPa 增至 5.95MPa。当加入质量分数为 2.5%的 SiO_2 时，断裂伸长率降至 210%，吸水率降至 2.3%，拉伸强度增至 7.58MPa。热分解温度比无纳米材料的高 50℃以上。

曲家乐等[426]采用纳米微粒原位聚合法制备纳米 SiO_2 改性 WPU，其中纳米 SiO_2 特有的亲水性，使其与 WPU 形成更好的亲和力，且原位聚合法的反应条件温和，颗粒在单体中分散均匀。为进一步提高 SiO_2 与 PU 基体的结合力，实验中采用磷酸酯化的聚乙二醇作为纳米 SiO_2 表面改性剂，表面聚乙二醇基团的富集提高了纳米 SiO_2 与 WPU 的相容性，由此制得储存稳定性高、性能稳定的 WPU 产品。纳米 SiO_2 的加入使 PU 膜的力学性能得到显著提高，尤其当质量分数为 5%时，抗拉强度由未加纳米 SiO_2 的 1.40MPa 提高到 12.96MPa，断裂伸长率相应地由 1105.63%提高到 1168.99%。但随其用量的进一步提高，在一定程度上会使成膜塑感加强，断裂伸长率下降。

在工业应用中，水性 UV 固化聚合物/无机纳米复合物材料显示出比溶剂型涂料更好的性能。一般采用溶胶凝胶法原位引入纳米 SiO_2，PU 预聚物则采用常规方法合成，用甲基丙烯酸-2-羟乙酯（HEMA）封端 NCO，无机纳米 SiO_2 借助环氧硅烷偶联剂改性。通过 TEM 和 SEM 检测，显示纳米 SiO_2 于 PU 基体中均匀分散。PU 硬段的 T_g 高于通常 PU，涂料的硬度、抗张强度、断裂伸长率和耐水性均优于一般 WPU[427]。

将硅溶胶改性后与异氰酸酯、聚酯二元醇等进行原位聚合，制得 WPU-纳米 SiO_2 的复合材料，为了增加树脂的柔性使之能用于塑料印刷、纺织印刷用的水性油墨及黏合剂行业中，选择了聚碳酸酯二元醇和聚己内酯二元醇与异氰酸酯聚合。这种纳米硅改性的 WPU 具有良好的力学性能、耐热性和防水性。其合成工艺不复杂，原料来源较广，成本较低。WPU 涂料的水蒸气渗透性在织物、医学和生物技术中是最难解决的问题。就实际应用而言，涂料需要高耐热性、耐水解性以及良好的力学性能（抗张强度和起始模量）；遗憾的是，很少涂料能满足上述要求，且在价格、操作工艺和特性方面不尽如人意。上述涂料常用于特殊应用场合，而非通常的商品。

2. 纳米 TiO_2

纳米 TiO_2 呈白色，具有良好的耐候、耐化学品腐蚀、耐热、导电、抗菌等特性，且其光散射力强，折射率高，UV 屏蔽性优，又能提高复合物的力学性能，很受人们青睐。常见的纳米 TiO_2 有 3 种晶型：锐钛型、金红石型和板钛型。不同晶型纳米 TiO_2 的表面结构不同，它与 WPU 分子的结合方式也不同，所形成的复合材料的性能也各异[428]。

纳米 TiO_2 在 UV 照射下可产生自由电子-空穴对，将空气中氧活化，生成活性氧和自由基，与吸附于材料表面的污垢产生氧化还原作用，达到杀菌目的。纳米 TiO_2 的比表面积大、表面羟基数多，很难在有机介质中分散，一般采用硅烷偶联剂改性解决。刘士荣等[429]以硬脂酸和钛酸酯复合偶联剂处理其表面，继而采用原位聚合法制备纳米 TiO_2/WPU 复合乳液。根据成品测试数据可知，WPU 中的 TiO_2 含量不宜过高（质量分数宜为 0.4%～0.6%），否则复合乳液的稳定性有所下降，出现沉淀。复合乳液对葡萄球菌有良好的抑菌效应。

罗晓民等[428]采用锐钛型和金红石型纳米 TiO_2，以直接分散法制备复合材料。首先将两种纳米 TiO_2 分别加入含有羧甲基纤维素钠和六偏磷酸钠的去离子水中，用超声波细胞粉碎机超声处理，制成均匀分散的纳米 TiO_2 粉体悬浮液；继而与

WPU 乳液在恒温水浴中超声分散，得分散均匀的复合乳液。分别添加金红石型和锐钛型纳米 TiO_2 质量分数 3%和 4%时，纳米 TiO_2/WPU 复合膜的抗张强度比空白膜分别提高 26.8%和 29.49%，断裂伸长率分别提高 17.4%和 20.6%，透水气性分别提高 9.6%和 13.4%，透气性分别提高 16.7%和 17.4%。经比较，添加锐钛型纳米 TiO_2 的复合膜的各项性能较好。经抗菌实验，两种晶型复合膜对革兰氏阳性菌和阴性菌的抗菌能力较好，且锐钛型纳米 TiO_2 表现更好。

在自然环境中，铁的化学稳定性不如铜、铅等，极易腐蚀。何海平等[430]对 WPU 进行研究改性，研制出一种新型的铁质文物复合封护材料，采用改性的聚酯型 WPU 作为铁质文物复合封护剂，即通过添加缓蚀剂钨酸盐和烷基苯磺酸盐混合物作为底层封护剂，添加 TiO_2 和 SiO_2 纳米颗粒作为面层封护剂。选用金红石型纳米 TiO_2，粒径分布为 6～66nm，平均粒径为 24nm，添加分散剂后，用超声波分散法将纳米材料分散在去离子水中，通过沉降性试验选择分散剂及其最佳用量。基料均为聚酯型阴离子 WPU，不挥发物质量分数为 35%。纳米材料的分散对面层封护剂性能的影响很大，均匀分散才能最大限度提高封护剂性能。为此使用表面活性剂与纳米微粒表面发生化学和物理作用，改变微粒的表面状态，从而改善纳米材料的分散性。采用沉降性实验最终确定了一种效果较好的高相对分子质量嵌段共聚物表面活性剂 BYK 系列和三聚磷酸钠复配的复合分散剂，用量为纳米材料质量的 5%。同时通过酸、碱、盐浸泡等实验确定 TiO_2 和 SiO_2 的最佳质量分数为 1.5%和 4%。研究结果表明，添加缓蚀剂的底层封护剂对基体起到明显的防蚀作用，改性后的纳米复合封护剂的耐紫外线，耐酸、碱、盐等主要性能均有明显提高，复合封护涂层无色透明、无光，符合铁质文物保护要求。总之，改性 WPU 铁质文物复合封护剂的综合性能良好。

3. 碳纳米管

自 1991 年日本科学家 Iijima 发现碳纳米管（CNT）以来，CNT 因其特有的力学、电学、化学特性以及独特的准一维管状分子结构而令人注目。将其与聚合物复合，可制备具有特殊光、电、力学和阻燃性能的 CNT-聚合物复合材料，大幅提高相关聚合物的功能，扩大其应用范围。但 CNT 的表面能高、易团聚，难以在聚合物中分散均匀，制约其应用；采用表面修饰、添加分散剂或机械混合、超声波处理等可使其有所改善。碳纳米管的 C—C 共价键链段结构与高分子链段结构相似，能通过配位键作用与高分子材料进行复合。

高翠等[431]采用硅烷改性聚乙二醇（s-PEG）作改性剂，对经硫酸和硝酸混酸超声波氧化的多壁碳纳米管（MWNT）进行表面改性修饰，继而用共混法与 WPU 制得 MWNT/WPU 复合材料。实验结果表明：s-PEG 包覆于 MWNT 表面，形成一壳层，包覆剂质量分数为 25%，能均匀地分散于 WPU 基体中；当 s-PEG-MWNT 添加质量分数为 1%时，复合材料的拉伸强度和断裂伸长率达到最高值，分别为 15.8MPa 和 585%。此外，s-PEG-MWNT 的添加，显著增强了复合材料的导电性能。

4. 纳米氧化锌

纳米氧化锌（ZnO）作为一种多功能无机纳米材料，在很多领域有着广阔的应用前景，尤其在与人类健康密切相关的光催化降解有机污染物和抗菌方面有着独特的优势。将 ZnO 添加到 WPU 中预期能制得性能优异的复合材料。

马学勇[432]通过简单水热法调控反应条件，制备了 ZnO 纳米棒、纳米针、纳米片、纳米颗粒、六方板及花簇状 ZnO 6 种不同微观形貌的 ZnO 纳米材料。对所制备的材料进行了 X 射线衍射、扫描电镜和透射电镜等表征。依据实验结果初步探索了 ZnO 纳米材料的形貌对其光催化性能的影响。样品的甲基橙紫外光催化降解结果表明，ZnO 纳米棒和纳米片具有较高的光催化性能，而花簇状 ZnO 的光催化性能最差。为了使 ZnO 纳米材料更好地分散于 WPU 基体中，利用 γ-氨丙基三乙氧基硅烷对 ZnO 纳米材料进行表面改性，引入活性氨基基团；继而在催化剂的作用下通过 ZnO 表面的氨基与 IPDI 反应，将异氰酸酯基团接枝到 ZnO 纳米材料的表面，对下一步制备复合材料起到关键性作用。采用原位聚合法成功制得 WPU/ZnO 纳米棒复合物。

5. 纳米氧化铝

王亮等[433]采用 KH550 硅烷偶联剂改性纳米 Al_2O_3，通过 FT-IR、TEM 和 XPS 证实 Al_2O_3 表面化学基团的改变，即带有氨基的 KH550 与纳米 Al_2O_3 反应，使之表面带有氨基，且形成包覆层。加入 WPU 中，具有较好的分散性和稳定性，且能良好地改善 WPU 涂膜的耐磨性。

5.3.2 层状无机功能材料/聚氨酯有机涂层

1. MMT

MMT 矿藏资源丰富，价格低廉。它是一种纳米级厚度的硅酸盐片层黏土，具有高纵横比。其基本结构单元是由一片铝氧八面体夹在两片硅氧四面体之间，靠共用氧原子而形成的层状结构。纳米 MMT 因其独特的层状结构，可解离成纳米片晶，利用 MMT 晶层间金属离子的可交换性，以有机阳离子交换金属离子，可使 MMT 有机化。MMT 被有机阳离子处理后，与插层的有机聚合物或有机低分子化合物具有良好的亲和性，可使有机化合物较易插入 MMT 层间，制成聚合物/纳米 MMT 复合材料。它具有刚性、尺寸稳定性、高耐热性、高强度、高模量、耐水性、高气体阻隔性和低膨胀系数等优点，近年被广泛应用。利用纳米 MMT 制备的阻燃涂料，可应用于航空、汽车、家电和电子等行业。用纳米 MMT 对 PU 进行改性得到的复合材料，具有相当高的强度、弹性模量、韧性和阻隔性能以及优良的热稳定性等为了提高 WPU 涂料的综合性能，扩大应用范围，需对 WPU 乳液进行适当的改性。鉴于 MMT 上述特性，促使 WPU-MMT 纳米复合材料应运而生。该类复合材料不仅发挥了纳米材料具有的“纳米效应”，也综合了有机和无机两种材料的优点，通过二者间的耦合作用产生许多优异的性能。例如，可提高涂料的阻隔性、阻燃性、耐热性、防腐性和抗菌性等，弥补 WPU 的诸多欠缺，降低产品成本[424]。

为提高 MMT 本身与聚合物间的相容性，克服在基体中易团聚、难剥离的缺陷，MMT 有机改性成了国内外科研人员研究的重点。其关键在于如何将 MMT 由亲水转变为疏水，降低表面能，改善其界面极性和化学微环境，增大比表面积，使其具有良好的分散性、凝胶性、吸附性和纳米效应。

MMT 表面修饰一般采用以下两种方法：①离子交换法，使用阳离子表面活性剂与 MMT 片层间的可交换性阳离子进行离子交换反应；②利用 MMT 表面活性羟基进行接枝改性。根据合适的改性方法，选用合适的插层剂有助于充分发挥 MMT 的离子交换能力，最大限度地增大 MMT 的层间距，以利于聚合物能较容易地进入其片层间，形成所需要的纳米复合材料。

常用的 MMT 有机化改性剂主要有：有机季铵盐类、季磷盐类、硅烷偶联剂和笼形倍半硅氧烷插层剂等[424]。WPU-MMT 复合材料的制备方法主要分为物理插层法和化学插层法。根据离子交换的改性剂分子的大小，化学插层法又可以在 WPU-MMT 复合材料的制备中得到广泛应用。

侯孟华等[434]为改变 MMT 表面的疏油性，采用硅烷偶联剂将其改性。它是一类分子中同时具有两种以上不同性质可反应基团的有机硅化合物，其通式为：Y—R—Si—X3，其中 R 为烃基，X 为可水解基团，Y 为氨基、乙烯基等有机基团。硅烷偶联剂修饰 MMT 就是硅烷偶联剂的 X 基团水解后形成的羟基与 MMT 片层表面上的基团发生反应。经硅烷偶联剂修饰的 MMT 与聚合物单体反应后，由于能实现有机-无机材料在纳米层次的相互化学改性，从而能提高复合材料的各种性能。采用 γ-氨丙基三乙氧基硅烷为修饰剂，制备 WPU/硅烷 MMT 纳米复合材料。经 FT-IR、XRD 和 TEM 表征结果表明，硅烷偶联剂对 MMT 的表面进行了有效的修饰，合成 WPU 时各单体在 MMT 层间聚合，使片层间距达到 5.19nm。热重分析和力学测试表明，WPU/硅烷 MMT 纳米复合材料比纯 WPU 具有更优异的热性能，当硅烷 MMT 的质量分数为 2%时，拉伸强度和断裂伸长率分别提高了 56.4%和 40.0%。

通常，合成纳米颗粒-WPU 复合材料的关键步骤是在原先非混合相间建立化学键。有机硅是熟知的亲水 SiO_2 和许多其他类基片的最好的表面处理剂。有机改性的烷氧基硅烷特别适用于此目的，且常用来为无机填料和聚合物基块间提供共价键，以强化界面黏结力，增进复合材料力学性能。最近 MMT 常用于纳米复合材料，因其晶片薄层显示高强度、刚性、高纵横比。为改善 WPU 性能，经常将 MMT 掺入 PU 连续基体中。Javaheriannaghash 等[435]合成应用于 WPU-水基聚氨酯丙烯酸酯杂化物纳米复合乳液的新型硅烷和含有丙烯酸大单体的酰亚胺环，并研究纳米复合物的物理性能。基于马来酐、乙醇胺、1, 4-丁二醇、二氯二甲基硅烷和丙烯酸合成的一种新型含有硅烷的丙烯酸大单体丙烯酸马来酰亚胺羟乙基羟丁基二甲基甲硅烷氧基丁酯（MEBDMSBA）的 WPU，在引发剂过氧化焦硫酸铵存在下，采用一系列含硅烷的 WPU、甲基丙烯酸酯、MEBDMSBA 以及有机改性的 MMT（质量分数 1.25%），在 WPU 存在下，采用乳液合成法成功地制得杂化纳米复合物。WPU 采用常法合成。采用 MEBDMSBA 可合成制得含有乙烯基双键的新型大分子单体。经多项仪器测试表明，MEBDMSBA 呈现于单体和共聚物结构中。含有改性 MMT 的上述配方的耐水性以及当 T_g 下降状况下的耐热性有大幅改善。当 MEBDMSBA 用量较多时，反应速率变缓，显然，与常规硅烷丙烯酸酯乳液相比，性能得到大幅提高。上述复合材料性能的改善是由于 PU 与 MEBDMSBA 的嵌入聚合是在改性 MMT 存在下进行的。

Jin 等[436]合成了具有两端羟基的线形有机化合物，通过原始钠基 MMT 与上述合成的有机化合物的阳离子交换，制备新的有机改性 MMT。在二甲基甲酰胺中将制得的有机改性 MMT 进行超声处理，经 XRD 确认，有机改性 MMT 的硅酸盐层的间距由 1.1nm 扩展到 1.9nm，且随有机化合物 M_n 的增高，峰值强度降低。采用一步聚合法合成制得 PU-MMT 纳米复合物，借助透射式电子显微镜，观察到层状硅酸盐在 PU 基体中既有插入结构又有剥离结构。因在分散均匀状况下，PU 基体与纳米 MMT 间产生强有力的相互反应，虽用量很少，但该纳米复合物的热性能和力学性能均得以显著提高。热分解温度约提高 40～60℃；当 MMT 质量分数为 0.5%时，抗张强度提高 200%；MMT 质量分数为 3%时，杨氏模量提高 49%。但若 MMT 含量过高，因发生团聚而明显降低性能。

Sreedhar 等[437]合成了 PU-脲，接着用 PU-脲与 MMT 合成纳米复合材料。亲有机物质的 MMT 被十六烷基三甲基溴化铵处理后，用于制备 PU-脲/MMT 纳米复合物涂料。PU-脲由聚乙二醇、聚丙二醇、三羟甲基丙烷在过量 MDI 下制得预聚物。预聚物中的过量异氰酸酯与空气中湿气反应而固化。经多项仪器鉴定，PU-脲/MMT 纳米复合物的耐热性高于空白 PU-脲膜。在加入质量分数 3%的 MMT 时，软段的 T_g 略提高。其纳米复合物表面特性显示，涂料的软段有趋于表面富集。

2. 纳米黏土

近几十年，聚合物/黏土复合物已广受人们关注，因其与通用复合物相比，具有独特性能，即较高强度和模量，较优尺寸和热稳定性以及屏障性和化学稳定性突出。通常，聚合物/黏土复合物可分两类：一是被插入聚合物/黏土复合物，已层叠黏土分散于聚合物基体中，即聚合物链段插入黏土层，且保持其侧向序列；二是剥离部分单独分散于基体且完全层离的黏土小片状体，这样，每一小片状体与基体相互反应，能较有效地改善纳米复合物性能。

Rahman 等[438]采用不同质量分数（0%～2%）黏土，以预聚物制备一系列 WPU/黏土纳米复合物涂料。复合物表面结构取决于黏土含量，当低含量时，胶膜呈现嵌入和剥离混合结构，而含量高时，则显示团聚结构。还研究了以黏土含量为函数的复合材料的表面结构以及耐水性、耐热性、力学性能和水蒸气渗透性的变化情况。研究结果表明，复合材料的 T_g 高于纯 WPU，且随黏土含量递增而升高；纳米复合膜的热稳定性、耐水性也随黏土含量的升高而改善；当复合膜的黏土质量分数为 1%时，抗张强度最高。用尼龙纤维涂层进行实验，其水蒸气渗透性也依赖于黏土含量和温度，在固定温度下，尼龙涂层的水蒸气渗透性随黏土含量增加而降低；但当黏土含量固定时，随温度提高，水蒸气渗透性也升高。

LDH 因其高电荷密度以及大量羟基的极性，很难插入聚合物和剥落。数个硅烷偶联剂曾成功地用于改进 LDH 层片的插入。Hu 等[439]证明，WPU/PAc 的性能（耐热和力学性能等）不如溶剂型，因此研究用 LDH 插入法制备超支化 WPU/PAc/LDH 纳米复合物。虽然超支化 WPU/PAc 官能度高，但其黏度相对低，LDH 插入有利于耐热和力学性能改善。采用异佛尔酮二异氰酸酯（IPDI）制成预聚物，进行 UV 固化。制品改善了热稳定性和硬度，获得可接受的柔韧性，但延伸率欠缺。

3. 纳米高岭土

聚合物/高岭土纳米复合材料除具备聚合物/MMT 纳米复合材料所具有的优异综合性能外，还能减少由硅酸盐表面羟基引起聚合物的老化，且成本仅相当于 MMT/聚合物纳米复合材料的 1/5～1/3，因此近年很受复合材料研究者的关注。

孙家干等[440]采用二甲亚砜作为插层剂，改性纳米高岭土，并用聚醚二元醇置换出二甲亚砜，然后采用原位插层聚合法制备了有机改性纳米高岭土/PU 复合材料，并对所制纳米复合材料的力学性能、耐热性及纳米填料在复合材料中的形态进行了研究。结果表明，当改性纳米高岭土质量分数为 3%时，复合材料的拉伸强度为 29.3MPa、弹性模量达 6.23MPa、断裂伸长率达 492%，均比纯 PU 弹性体增加 10%以上；此时聚合物硬段最高热失重温度由 310℃升至 335℃，软段最高热失重温度由 391℃升至 397℃，这缘于高岭土片层阻止了氧和聚合物碳链直接接触，提高了聚合物的热氧稳定性。改性纳米高岭土加入质量分数低于 3%时，其以剥离形态存在于 PU 基体中；而高于 3%时，开始出现片层形态，且有团聚现象。

纳米复合材料是近年迅速发展的新型材料，因其具有常规复合材料不具备的形态和优异性能而引起广泛关注，是未来材料科学与工程技术领域的重要发展方向。充分利用纳米材料的优良特性赋予 PU 材料新的功能和更高的性能，为提高该材料的综合性能和功能化提供了新的研究思路和发展空间。随着新型纳米材料的不断出现和改性工艺的不断发展，在分子甚至原子水平上实现材料的功能结构设计、复合与加工生产已逐渐成为可能，PU 材料的综合性能也会进一步提高。目前纳米材料在改性 WPU 方面尚处于研究阶段，需业内研究者共同努力，使之不断改进和完善。

5.4 纳米添加剂改性聚苯胺有机涂层

5.4.1 无机纳米材料/PANI 有机涂层发展现状

PANI 在金属防腐方面的应用是其实际应用最广泛、最成熟的领域之一。PANI 可以在钢铁或铝表面形成致密而均匀的薄膜，通过电化学作用以及隔离环境中的氧气和水的屏蔽效应共同作用，可有效地防止各种钢合金及铝合金的腐蚀。自 1985 年 Deberry[441]首次采用电化学的方法制备的 PANI 膜被发现在不锈钢表面上具有钝化作用后，PANI 在防腐方面的研究开发已经成为一个新的热点。人们已经研究了 PANI 对多种金属，如铝、铜、低碳钢、冷轧钢、镁铝合金等金属材料的防腐作用。1991 年，美国 Los Alamos 国家实验室和美国航空航天局报道了导电 PANI 对低碳钢具有防腐作用，并首次成功地把导电 PANI 应用于钢铁防腐[442, 443]。1995 年，德国 Zipperling Kessler 公司研究和开发的导电 PANI 防腐涂料在造船工业上已经得到广泛应用。

虽然 PANI 的防腐蚀机理还未被完全了解，但是 PANI 所表现出的优异的防腐性能是毋庸置疑的，因此，人们仍对其继续进行深入研究。目前，针对 PANI 的研究主要分为两方面：一是在现有的研究基础上，继续对 PANI 防腐蚀机理进行较为深入的研究和探讨；二是通过各种途径来进一步提高 PANI 涂层的防护性能。

1. PANI 的防腐机理

PANI 及以其为基础开发的复合涂料都具有优良的防腐蚀性能，人们对 PANI

的防腐机理进行了大量深入的研究和讨论工作。目前，已经有文献报道的 PANI 防腐机理有很多种，但认可度较高的理论主要有以下几种。

1）屏蔽作用

一般的涂层通常都具有屏蔽保护的作用，将金属表面与周围的腐蚀环境隔开。PANI 可在金属表面形成一层致密的薄膜，只要涂层没有缺陷（如微孔或者划痕）就具有防腐蚀效果。研究发现只有当 PANI 的膜厚超过一定厚度，才能起到明显的防腐蚀效果，这归结为 PANI 的屏蔽作用[444]。

Sathiyanarayanan 等[445]在磷酸体系中制备了 PANI-TiO_2 纳米复合材料，研究发现复合材料的耐腐蚀性能明显强于单纯的 PANI，这是因为 TiO_2 纳米粒子的加入，有效弥补了涂层微孔缺陷，有利于形成致密均一的耐腐蚀屏蔽层。

Meroufel 等[446]将导电 PANI 加入环氧富锌底漆中，希望提高导电性从而提高阴极保护作用。结果发现其导电性并未提高，这是因为在混合和成膜过程中 PANI 与环氧树脂发生交联，因而未能提高涂层的导电性，但却改善了环氧富锌底漆的致密性，提高了涂层对腐蚀介质的屏蔽作用，使防腐蚀效果明显增强。

Radhakrishnan 等[447]将 PANI 粉末添加到环氧树脂中制备成 PANI/环氧树脂复合涂料，并在铁表面制备涂层，研究结果表明复合涂层对铁基板具有很好的防护性能。此外，他们发现加入 PANI 的复合涂层的玻璃化温度 T_g 明显要高于纯环氧涂层，分析认为 PANI 除了具有公认的氧化还原作用之外，还可以增加环氧涂层之间的交联密度，从而提高了涂层对腐蚀粒子的屏蔽阻挡性能。

Da Silva 等[448]用电化学方法研究了樟脑磺酸或苯磷酸掺杂的 PANI 和聚甲基丙烯酸甲酯混合涂料在含有或不含有 Cl^-的硫酸溶液中对铁的耐腐蚀性能，提出了“PANI 对离子作用机理”。他们认为，PANI 聚甲基丙烯酸甲酯混合涂层的耐腐蚀机理分两步。第一步，PANI 和铁发生还原反应导致 PANI 被还原并释放出对阴离子；第二步，铁阳离子和 PANI 释放出的掺杂对阴离子（樟脑磺酸根离子或者苯膦酸根离子）形成一种钝化复合物，这种复合物作为一种物理屏蔽层能有效地阻止腐蚀粒子的渗入。所以，在整个过程中，PANI 就是一个阴离子储存库，当涂层表面发生腐蚀的时候就能自动释放阴离子，从而阻止腐蚀过程的进一步发生。

2）金属钝化理论

Wessling 等[449]提出的金属钝化理论认为，PANI 的存在使金属表面形成一层致密的金属氧化膜，从而使该金属的电极电位处于钝化区，得到保护。由于 PANI 的氧化还原电位相对于饱和甘汞电极为 0V，而金属如 Fe 的氧化还原电位为−0.7V（相对于饱和甘汞电极），当两者相互接触时，在水和氧气的作用下在金属界面处形成一层致密的氧化膜，进而使金属处于钝化状态，减小了金属的溶解速率，从而达到防腐的目的。

Fahlman 等[450]通过 XPS 技术证实，除去 PANI 涂层的不锈钢表面存在较厚的氧化膜，包括外层厚约 1.5nm 的 γ-Fe_2O_3 层和铁表面内层厚约 4nm 的 Fe_3O_4 层。

Lu 等[451]和 Beard 等[452]用 XPS 技术证实，向涂层中加入本征态 PANI 和掺杂态 PANI，都能使金属表面生成氧化膜；同时进行了划痕试验，测试结果表明划痕处裸露金属表面也有氧化膜的存在，这就很好地解释了 PANI 的耐微孔腐蚀和耐划伤效果。更有意思的是，当把 PANI 涂在金属背面时，其正面也可以形成氧化膜，从而使其得到保护。

国外对 PANI 具有阳极保护作用进行了大量的研究报道，他们的研究结果都表现为涂覆 PANI 的金属的 E_{corr} 比未涂覆的高。Ahmad 等[453]研究发现涂覆有 PANI 涂层的不锈钢在 0.1mol/L 的盐酸溶液中的 E_{corr} 上升了+550mV；Wessling 等的研究结果显示涂覆 PANI 的钢板在 3% NaCl 溶液中的 E_{corr} 上升了+800mV。

Li 等[454]在研究了涂覆本征态 PANI 涂层的低碳钢在 1wt%的 NaCl 溶液中的耐腐蚀性能，通过原位光学显微镜和 SEM 观察带缺陷处及完好处涂层下低碳钢的变化，发现 PANI 涂层的氧化还原反应的速度大于缺陷处铁氧化的速度，因此本征态 PANI 的存在可以减少涂层缺陷处铁的腐蚀速度，从而起到保护的作用。Li 等[455]还通过开路电位测试与 SEM 表征相结合，不但证明了 PANI 的防护机理是使金属表面形成氧化膜，而且还研究了 PANI 涂层下低碳钢的成膜动力学过程及溶液的 pH、NaCl 浓度及温度对氧化膜的影响。

Karpakam 等[456]采用循环伏安法在乙二酸溶液中在钢表面合成了 PANI 及钼酸盐掺杂 PANI 涂层，并在 1wt%的 NaCl 溶液中使用动电位塔菲尔极化曲线及 EIS 测试涂层的耐腐蚀性能。实验结果表明，钼酸盐掺杂 PANI 涂层的耐腐蚀性能优于直接合成的 PANI 涂层，这有可能是因为在钼酸盐掺杂 PANI 涂层中，形成了铁-钼酸盐钝化膜。

3）缓蚀作用

PANI 和苯胺单体都是金属的有效缓蚀剂，因为有机化合物的中心 N 原子具有孤对电子，可以与金属中空的 d 轨道形成配位键，这样其分子就会吸附在金属表面，形成一层疏水保护膜，从而起到抑制或者减缓金属腐蚀的作用。但是由于 PANI 在有机溶剂中的溶解性极差，在水中几乎不溶，从而限制了其作为缓蚀剂的应用。Sathiyanarayanan 等[457]发现用邻乙基苯胺合成的聚合物聚邻乙氧基苯胺具有优良的缓蚀效果，其防腐效率比纯苯胺单体高达 8 倍以上，邻位乙氧基的存在增加了苯胺的溶解性，并且邻位乙氧基苯胺上具有极性基团季铵阳离子和 π 键，这就使得聚合物在金属表面产生强烈吸附作用力，形成均匀一致的表面覆盖膜。同时链上垂直于金属表面的乙氧基，使吸附膜更稳定。

4）PANI 与金属形成络合物使电位上升

PANI 在铁的界面发生氧化还原反应，与铁或早期的腐蚀产物形成一种络合物，该络合物的氧化还原电位高于单独 PANI 的氧化电位，以催化作用推动氧的还原，补偿了因铁的溶解而消耗的电荷，从而将铁的电位稳定在钝化区。Kinlen等[458]通过XPS研究发现在钢表面会生成一种Fe-PANI的络合物，该络合物的电位高于纯PANI的，从而减小金属的腐蚀速度。

5）PANI使反应的电化学界面发生迁移

Schauer等[459]认为PANI涂层的存在，使氧的还原反应从常规的金属/腐蚀介质界面迁移到聚合物/腐蚀介质界面，减少了在金属/腐蚀介质表面 OH^- 的生成，阻止了金属表面pH的上升，进而有效地阻止了涂层的降解、剥落。此外，还将阳极金属的溶解反应和阴极氧的还原反应分开进行，有助于稳定氧化物的形成。

6）电场作用

Jain等[460]认为在金属/PANI的界面会产生一个电场，该电场的方向与金属腐蚀反应的电子传递方向相反，根据电场理论，此电场会阻碍电子从金属向氧化物质的传递，相当于电子传递屏蔽作用。常规涂层则不能形成这种电场。

由以上分析可以看出，虽然人们对PANI的防腐机理进行了大量的研究，但仍有很多争议。此外，由于PANI存在中间态（EB）、还原态（LE）和氧化态（PB）三种状态，而这三种状态随外界环境的因素变化而发生相互转变。因此，当PANI作为涂料或者涂料的颜填料使用时，由于所处的环境不同PANI是以哪一种形式存在，而且哪一种形式的PANI具有最佳的防腐效果，还没有相关的研究报道。

PANI防腐作用是一个相当复杂的过程，腐蚀机理有可能是以上分析的某一种，也可能是以上几种机理共同作用的结果，这还需要进行深入的研究。然而PANI对钢铁等金属的防腐效果是毋庸置疑的，这也是PANI乃至导电高分子最有前景的应用领域之一，需要进一步研究。

2. PANI纳米复合材料

PANI被公认为是最有实际应用前景的导电聚合物之一，国内外相关研究人员对其进行了深入的研究。然而由于PANI不溶于常规的有机溶剂，综合力学性能差以及流变性能不良的缺点导致对其难以采用传统的成型加工方法进行加工，这无疑严重阻碍了它在各个领域大规模的推广应用。近年来，以PANI作为主体结合其他材料合成的功能复合材料得到了化学和材料学界的广泛关注。复合纳米材料是指分散相尺寸有一维处于纳米级的复合材料。分散相的组成通常为纳米尺寸的半导体、金属、刚性粒子、纤维、无机粒子、陶瓷等。连续相通常为橡胶、树脂、有机聚合物等。纳米材料的研究最早开始于20世纪80年代，将纳米的概念引入聚合物的研究中虽然只是近十年的事情，但却由于其广泛的应用前景而迅速成为复合纳米材料非常重要的研究方向。

PANI复合纳米材料具有许多新颖的功能，将是接下来PANI复合材料研究的重点。把 PANI 与无机纳米粒子进行复合，能够对二者相互改性，是提高和改善 PANI 的化学、物理性能最常用的方法之一。由于无机纳米材料种类繁多，特性各异，与导电 PANI 复合可以得到性能更加优良的功能材料，很大程度上拓宽了其应用领域。因此 PANI/无机纳米复合材料的研究已经引起了该领域诸多学者的广泛关注。

3. PANI/无机复合材料的合成方法

传统的聚合物/无机复合材料的制备通常是在溶解或熔融状态下，通过物理的、化学的或机械的手段将无机纳米粒子均匀地添加到聚合物中，然后固化成型。然而 PANI 由于其分子链自身的骨架刚性和分子链间较强的相互作用，不但不能溶于一般的有机溶剂，而且也很难熔融，这就极大地限制 PANI/无机纳米复合材料的制备加工过程，所以必须采用新的复合技术。PANI/无机纳米复合材料常见的制备方法主要有溶胶-凝胶法、共混法、插层法、自组装法、电化学法、原位聚合法等。

1）溶胶-凝胶法

溶胶-凝胶法自 20 世纪 80 年代起，就被应用于有机/无机纳米复合材料的制备。该方法是一种将金属醇盐或无机盐溶液，经溶胶、凝胶而固化，然后进行加热处理成为氧化物或者其他固体化合物的方法。具体操作方法有两种。一种是把单体和前驱物一同溶解在共溶剂中，让单体的聚合和前驱物的水解同时进行，这样就能使生成的聚合物比较均匀地进入无机网络，如果单体聚合的过程中发生交联则形成全互穿网络，如果未交联则形成半互穿网络。另一种方法是把先将聚合物分散在溶剂中，然后加入前驱物，用酸、碱或某些特定盐催化前驱化合物水解，形成半互穿网络。

Xiong 等[461]采用溶胶凝胶法合成了 PANI/TiO_2 纳米复合物。研究表明，与 TiO_2 复合之后明显地增强了 PANI 的光对比性和着色效果。另外，PANI 与 TiO_2 不是简单地共混，而是以共价键结合，这样纳米 TiO_2 就可以作为电子接受体，降低了 PANI 的氧化电位和禁带宽度，提高了光致变色的稳定性。

2）共混法

共混法类似于聚合物的共混改性，该方法是在机械力作用下将纳米粒子直接加入聚合物基体中进行混合得到复合纳米材料，可分为机械共混法、溶液共混法和熔融共混法。共混法是制备纳米复合材料最简单的方法，适合于各种形态的纳米粒子，技术简单易操作，供选择的无机物种类很多，而且无机物的粒径与含量易控制，但所制备的纳米复合材料中有机或无机组分容易聚集，相分离现象严重，因而制得的复合材料结构不稳定。为了防止无机纳米粒子的团聚，在共混前需要对其使用分散剂、偶联剂等进行表面处理，此外，还可用超声波辅助分散。Su 等[462]采用不同表面活性剂处理后的 TiO_2 纳米粒子与 PANI 复合，在氯仿、间甲酚有机溶剂中混合浇膜，研究结果表明 PANI/TiO_2 复合物在间甲酚中得到的浇膜比在氯仿中的电导率高。

3）自组装法

纳米复合物自组装技术已成为材料科学研究的亮点，是近年来新兴的纳米复合材料制备方法，主要包括逐层自组装法和模板自组装法等。该方法是利用分子间的氢键、范德华力、离子键及配位键等相互作用力，形成各种形貌的微纳米材料。

Zhang 等[463]用模板自组装技术，制备了 PANI-水杨酸/TiO_2（PANI-SA/TiO_2）复合微球。具体方法为：首先将水杨酸和苯胺按照一定的比例溶解在水中，然后加入一定量纳米 TiO_2 粉末搅拌均匀，加入氧化剂过硫酸铵溶液引发聚合，搅拌情况下反应 12h，最后将得到的产品洗涤、干燥，得到黑色的 PANI-SA/TiO_2 复合微球。

Tanami 等[464]利用自组装技术合成了 PANI 和用脂肪酸甲酯磺酸钠修饰的 Au 纳米粒子复合膜。亚相中带负电的纳米颗粒和空气水界面上带正电的 PANI 的静电作用使纳米复合物膜沉积在固体基质表面。

4）插层法

PANI 与硅酸盐类无机物的复合多采用插层复合法。该方法以层状无机物为主体，用 PANI 或其单体作客体插入层状无机物的层间，再在引发剂、光、热等作用下引发聚合，从而制得 PANI/无机纳米复合材料。

Sohn 等[465]采用十二烷基苯磺酸既作为掺杂剂又作为乳化剂，通过乳液聚合法，合成了 PANI/MMT 纳米复合材料，其电学性能明显改变。

插层法具有原料来源丰富、价格低廉、操作工艺简单等优点。片层无机物由于只是一维方向上处于纳米级，所以不易团聚，分散比较容易，但在聚合的过程中，PANI 有可能插层在片层无机物的层间，也有可能在表面聚合，因此插层前对片层物的预处理非常关键。

5）电化学合成法

电化学聚合是将无机物粒子、单体、溶液和电解质分散后，在电解池里以电极电位为引发力和驱动力，使单体在电极表面直接聚合成膜。电化学合成法设备比较简单，可以直接制备各种功能型聚合物复合材料薄膜，该方法具有一些独特的优点：一是掺杂和聚合同时进行；二是装置简单，条件易于控制，通过改变聚合电位和电量可以方便地控制膜的形貌、氧化还原态和厚度；三是产物无需分离就可以直接使用。缺点是电化学法只适合小批量生产，难以实现大规模工业生产，产品电导率不高。

Karatchevtseva 等[466]用电化学法合成了 PANI-V_2O_5 纳米复合物。首先通过电化学沉积法把海绵状的交联 PANI 网沉积在钛金属基板表面，此 PANI 网具有微米级的微孔，然后用它作模板，通过电化学沉积法在其中沉积 V_2O_5。通过调节电流密度可以控制纳米 V_2O_5 的维数，从而可以降低复合物的微孔数。

6）原位聚合法

原位聚合法就是将无机纳米粒子分散在苯胺单体的溶液中，加入引发剂引发，使单体在无机粒子的表面进行聚合，生成一定结构的纳米复合材料。由于原位聚合法工艺操作简单易行，已成为制备该类材料最重要的方法之一。原位聚合法包括在聚合物基体里原位生成纳米粒子，或是在纳米粒子的表面原位聚合单体分子，也可以在特定体系中原位同时合成聚合物和纳米粒子。在聚合物基体里原位生成纳米粒子的方法可以有效解决纳米粒子团聚的问题。由于 PANI 链上存在大量的氨基、亚氨基，含有孤对电子，而过渡磁性金属元素可以提供空轨道，因此，使用原位复合技术能够制备理想的电磁性复合材料。通常使用原位聚合法来制备核壳式微球。

Deng 等[467]用乳液聚合法制备了核壳结构的 Fe_3O_4-PANI 磁性导电复合材料。他们先采用沉淀氧化法合成 Fe_3O_4 磁流体，然后在 Fe_3O_4 磁流体、苯胺和十二烷基硫酸钠的混合溶液中加入氧化剂过硫酸铵，引发聚合，生成 Fe_3O_4-十二烷基硫酸钠掺杂 PANI 的磁性导电复合材料。Xuan 等[468]用 3-氨丙基三乙氧基硅烷（APTES）对 Fe_3O_4 进行表面修饰，加入苯胺单体，用过硫酸铵作氧化剂对苯胺进行化学原位氧化聚合，得到了黑莓状的 Fe_3O_4@PANI 超顺磁性核壳复合微粒。

Bian 等[469]用原位聚合法合成了锐钛矿型 TiO_2/PANI 纳米复合物，室温下电导率为 0.5S/cm，该纳米复合物可以被用于抗静电和防腐涂料的填料。Xu 等[470]在含有 TiO_2 和苯胺单体的盐酸溶液中，使用过硫酸铵做氧化剂，在 TiO_2 表面采用原位聚合法，合成了墨绿色的 PANI/TiO_2 纳米复合材料。Li 等[471]首先用 γ-氨丙基三乙氧基硅烷偶联剂对 TiO_2 纳米颗粒表面进行修饰，产生活性位点，然后通过化学氧化聚合法，在活性位点和苯胺单体之间进行接枝聚合，得到 PANI/TiO_2 复合材料。热重分析表明，偶联剂的修饰提高了 PANI-TiO_2 纳米复合物的热稳定性。通过比较复合材料和 TiO_2 在太阳光下的光催化活性，发现复合材料光催化降解甲基橙的活性明显高于单纯的 TiO_2 纳米微粒。Xiong 等[472]利用分步法合成了 PANI/TiO_2 双层微管。Oh 等[473]用原位化学聚合法合成了 PANI/TiO_2 复合物。

Xu 等[474]使用过硫酸铵作为氧化剂，在盐酸溶液中用原位聚合的方法制备了 PANI/$BaFe_{12}O_{19}$ 纳米复合微粒。该纳米复合物具有优良的磁化性能，饱和磁化强度和矫顽磁性随着 $BaFe_{12}O_{19}$ 含量的变化而变化。通过对复合材料的电、磁和电磁性能进行适当的控制，可以使用在气体分离、催化剂、化学传感器和电磁设备等方面。

4. PANI/非金属复合纳米材料

PANI/硅复合材料是研究比较早的 PANI/非金属复合材料[475]，随后，Xiao 等[476]将 PANI 嵌入氧化石墨中得到了 PANI/氧化石墨复合材料，改善了氧化石墨的传导性能。Al-Mashat 等[477]和 Wu 等[478]分别采用不同的方法合成了石墨/PANI 复合材料，发现其在气体传感器和超级电容器方面具有一定的应用潜力。Liao 等[479]用苯胺二聚体作引发剂，诱导聚合合成了一维单壁碳纳米管/PANI 复合纳米纤维。此复合材料具有较宽的可调的导电性，电导率可以从 10^{-4}S/cm 调到 10^{2}S/cm。碳纳米管/PANI 复合纳米纤维对 HCl 和 NH_3 具有较快的响应速度，可以用作高性能的化学传感器材料。Shao 等[480]用等离子引发接枝技术把苯胺接枝到多壁碳纳米管上，制备了磁性 PANI/MWCNT（PANI/多壁碳纳米管）复合物。碳纳米管上的 PANI 与有机物污染分子有着较强的共轭效应，因而可以通过吸附作用除去水溶液中的苯胺、苯酚等。另外，因为此复合物有磁性，可以利用磁铁进行磁性分离，实现回收利用。

5. PANI/无机化合物复合材料

将具有良好的半导体、电学、光学、磁学等性质的金属氧化物，如 Fe_3O_4、TiO_2、Al_2O_3、SiO_2、MnO_2、Fe_2O_3、CuO、$CuCl_2$、SnO_2、ZrO_2 等与 PANI 复合可以制备出具有良好光性能、电性能和磁学性能等新型的功能复合材料。PANI/Fe_3O_4 复合材料同时具有导电性和磁性能，有望在电磁屏蔽、隐身技术及电子显示方面得到实际的应用。

Long 等[481]使用 β-萘磺酸作掺杂剂合成了直径 150nm 左右的 PANI 纳米管，并与粒径约为 12nm 的 Fe_3O_4 复合，得到了 PANI/Fe_3O_4 纳米复合材料，该复合材料的电导率在 10^{-2}～10^{-1}S/cm 之间，且服从 $\ln\rho$-T 关系。相比于单纯纳米 Fe_3O_4 和 PANI，复合材料具有较低的饱和磁化强度（M_s=3.45Am^2/kg，300℃）和很高的负磁阻，同时磁化系数的测量表明，复合材料由纯 Fe_3O_4 的 190～200K 增加到大于 245K。Wan 等[482]将 Fe_3O_4 的水溶液与 PANI 的甲基吡咯烷酮溶液混合，然后再与水溶性 PANI 与氨基苯磺酸的共聚物反应，合成出具有铁磁性的纳米复合物。研究结果表明，该复合材料具有较高的饱和磁化强度和低的矫顽力，同时发现该产物在 1～18GHz 微波频率范围内兼具磁损耗和电损耗性能。

Wang 等[483]制备 PANI/ZrO_2 复合材料并且研究了它的热稳定性及其热降解行为。结果表明，由于在 PANI 和纳米 ZrO_2 之间存在某种化学键，使得该复合材料的热稳定性比纯 PANI 的热稳定性高。

5.4.2　层状无机功能材料/PANI 有机涂层发展现状

无机层状材料的种类很多，其中比较常见的有层状过渡金属氧化物（如钒氧化物、钼氧化物）、黏土类（如高岭石、MMT）和含氧酸（如钼氧酸、钨氧酸）等，它们的共同特点是可以在层间将主体插入多种客体中。用它们和 PANI 复合后制备的复合材料的性能比较容易控制和调变。Liu 等[484]采用原位氧化聚合法，在酸性介质中，用过硫酸铵做氧化剂成功制备具有核壳结构的硅藻土-PANI 复合材料，通过电镜表征证实了核壳结构的存在，并且探索了酸度对其形貌的影响。此外，也有层状 V_2O_5[485]、层状金属磷酸盐[486]、层状黏土[487]等与 PANI 复合的研究报道。

1. MMT

在聚合物/MMT 纳米复合材料中，MMT 片层分散在聚合物基体中，这些尺寸较大的黏土层不能透过水分子，导致溶质要通过围绕黏土层弯曲的路径才能通过薄膜。而且 MMT 片层在涂料的涂层厚度方向提供的高阻抗有效阻挡了腐蚀介质对金属的作用，涂料中的 MMT 片层也会延长 O_2 的扩散路径。在防腐涂料中，当前研究最多的是 PANI。刘汉功等[488]成功合成了 PANI/MMT/水性氟碳树脂三元复合防腐涂层，通过 EIS 和塔菲尔极化曲线表明其防腐效果较好。李玉峰等[489]以聚苯乙烯磺酸（PSSA）为掺杂剂、水性氟碳乳液（FC）为成膜物制备 PSSA/PANI/MMT 复合防腐涂料中，涂料中 MMT 以片层剥离状态存在，防腐性能测试表明 PANI/MMT/FC 具有较高的阻抗和 E_{corr}（−0.42V）以及较低的 i_{corr}（10^{-8}A/cm^2）。

PANI 涂层对不锈钢、碳钢等都具有较好的防护性能。但是 PANI 由于分子链骨架刚性较强，分子间相互作用力较大，导致其熔融、加工性较差，使其在商业应用前景上受到很大的限制。而对 PANI 进行一定的化学修饰或改性，在 PANI 的结构上引入一定的取代基生成PANI衍生物可以有效地改善PANI难溶解和难加工的缺点。2, 3-二甲基苯胺作为苯胺的主要衍生物之一，由于苯环上两个—CH_3 的引入，可以降低 PANI 分子链的刚性，减小链间作用力，很大程度上可以提高 PANI 的溶解性，因此其在防腐方面具有较好的应用前景。

李志涛[490]采用乳液法合成插层结构聚 2, 3-二甲基苯胺/MMT 复合材料，通过优化反应条件，对 MMT 用量、乳化剂（十二烷基苯磺酸，SDBS）用量、氧化剂（APS）浓度、反应温度、反应时间等聚合条件及影响因素进行研究讨论，得到最优合成工艺下的 2, 3-二甲基苯胺/MMT 复合材料。同时对合成的 2, 3-二甲基苯胺/MMT 复合材料的结构进行表征。在合成 2, 3-二甲基苯胺/MMT 复合材料的基础上，研究了

2, 3-二甲基苯胺/MMT 复合材料在防腐方面的应用。

2. LDH

Hu 等[491]采用原位化学氧化接枝法成功地制备了 PANI/$[V_{10}O_{28}]^{6-}$插层 Zn-Al LDH（Zn-Al-$[V_{10}O_{28}]^{6-}$）纳米复合材料，并且探讨了 HCl 与 An 的物质的量比、APS 与 An 的物质的量比、Zn-Al-$[V_{10}O_{28}]^{6-}$与 An 的质量比以及不同反应时间对 PANI/Zn-Al-$[V_{10}O_{28}]^{6-}$复合材料的 EIS、塔菲尔极化曲线及产率的影响。比较了 PANI、Zn-Al-$[V_{10}O_{28}]^{6-}$与 PANI/Zn-Al-$[V_{10}O_{28}]^{6-}$复合材料的微观结构、微观形貌、热稳定性、电化学参数及防腐性能。研究结果列为以下几点。

（1）通过对实验条件的选择优化，得到了 APTS 作为表面改性剂，对 Zn-Al-$[V_{10}O_{28}]^{6-}$粒子进行表面有机改性的最适宜条件：m(APTS)/m(Zn-Al-$[V_{10}O_{28}]^{6-}$)=5%，pH=8.0，t=6h，T=80℃；通过比较单因素条件下的 EIS、极化曲线及产率，研究发现，当 m(Zn-Al-$[V_{10}O_{28}]^{6-}$)/m(An)=10%，n(HCl)/n(An)=2，n(APS)/n(An)=1.5，t=12h 时，PANI/Zn-Al-$[V_{10}O_{28}]^{6-}$复合材料的阻抗值、E_{corr}及产率均达到最优，具有较好的电化学性能和较好的防腐性能。

（2）通过 XPS、FT-IR、XRD 对纯 PANI、Zn-Al-$[V_{10}O_{28}]^{6-}$与 PANI/Zn-Al-$[V_{10}O_{28}]^{6-}$复合材料进行的表征，比较发现改性 Zn-Al-$[V_{10}O_{28}]^{6-}$与 PANI 之间存在一定的相互作用力；通过 SEM 对其进行的形貌观察，显示改性 Zn-Al-$[V_{10}O_{28}]^{6-}$颗粒被 PANI 包覆；通过热重分析仪对其进行热稳定性分析发现，PANI/Zn-Al-$[V_{10}O_{28}]^{6-}$复合材料比纯 PANI 具有更好的热稳定性。

（3）通过对 PANI、Zn-Al-$[V_{10}O_{28}]^{6-}$与 PANI/Zn-Al-$[V_{10}O_{28}]^{6-}$复合材料在一定范围内电化学参数的测试发现，Zn-Al-$[V_{10}O_{28}]^{6-}$被 PANI 进行修饰之后，其开路电位、E_{corr} 均有一定程度的提高；通过计算机辅助软件计算电化学参数所得的阻抗模值，结果发现，与单一 Zn-Al-$[V_{10}O_{28}]^{6-}$相比，PANI 修饰 Zn-Al-$[V_{10}O_{28}]^{6-}$复合防腐材料的阻抗模值增大了将近 2 个数量级。可见，PANI/Zn-Al-$[V_{10}O_{28}]^{6-}$纳米复合材料具有更好的防腐效果。

第 6 章　层状无机功能材料在其他领域的应用及展望

6.1　其他领域的应用

6.1.1　基于层状无机功能材料的涂层无损监/检测技术

有机涂层作为经典的防腐蚀技术，涂层对侵蚀性介质的屏蔽性能是涂层防腐蚀效果的重要判据。涂层体系在服役过程中由于化学和物理老化或在其他外力作用下会造成涂层孔隙率增加，抗渗透性能变弱，导致涂层逐渐丧失防护性能。而这种由于涂层缺陷或抗渗性能下降导致的基材腐蚀往往很难通过肉眼直接观察，因此，人们希望借助电化学等方法或指示性物质在不破坏涂层/基材金属体系的前提下，对涂层的防腐蚀性能和涂层膜下金属的腐蚀情况进行检测或监测，进而对涂层体系的服役安全和寿命进行科学评估。而这种非破坏性的涂层监/检测技术主要是通过测试涂层体系的电化学行为或涂层膜下局部化学环境的变化来间接判断涂层抗渗性或膜下金属腐蚀情况。当膜下金属发生腐蚀后，由于氧的阴极去极化反应导致膜下局域介质的碱化，通过在有机涂层中添加 pH 指示剂，可以间接对涂层体系膜下金属腐蚀情况做出判断[340]。但这种基于 pH 指示性物质的涂层监/检测技术只适用于透明性涂层体系。

采用层状无机功能材料作为涂层缓蚀颜填料，不但可以根据环境介质的变化释放出缓蚀性离子阻止基材金属的腐蚀，而且可以与侵蚀性介质发生离子交换反应。通常由于水分子的插入和离子半径的不同，当与进入涂层中的侵蚀性介质接触反应后会导致该类化合物晶体结构发生较大的变化。因此，通过对吸水或离子交换后层状化合物晶体结构的检测，可以间接判断涂层的抗渗性能，并通过定性计算可以预知缓蚀剂离子的释放周期，进而可对涂层体系的腐蚀情况和寿命进行评估和预测。

LDH 一个重要的特性就是具有结构记忆效应。当该类化合物在较高的温度焙烧后将发生脱水现象，并失去层间吸附的 CO_3^{2-}、NO_3^- 等挥发性阴离子，进而导致其晶体结构的变化甚至完全失去结晶特性。而当部分或完全脱水的 LDH 再次与水溶液接触后将发生再水化和吸附阴离子反应，同时晶体结构将基本恢复到其初始状态。LDH 的在不同状态下的晶体结构转变可以通过 XRD 进行检测。基于 LDH 的这种结构记忆效应，Wong 等[492]在 2024-T3 铝合金涂覆环氧有机涂层时添加了

10%（质量分数）焙烧后的 $Li_2[Al_2(OH)_6]_2CO_3 \cdot nH_2O$ 水滑石粉作为涂层填料，通过在 0.5mol/L NaCl 水溶液中的暴露实验研究了焙烧 Li-Al LDH 的结构重构过程。采用 XRD 检测 Li-Al LDH 的再水化转变过程，并根据水滑石（003）衍射峰与基材 Al 的（111）参比衍射峰强度比值变化来定量考察 LDH 的再水化程度，由此间接判断涂层的吸水性能。研究发现，XRD 的峰强与 EIS 计算的涂层吸水率之间具有明显的线性关系。因此，采用 XRD 测试技术可以直接定量得出涂层的吸水率，对因渗水性而导致的涂层劣化和膜下金属腐蚀。另外，由于离子半径不同，当层状无机功能材料与进入涂层中的侵蚀性离子发生离子交换反应时，也可导致该类化合物晶体结构发生较大变化。

Buchheit 等[493]采用 XRD 研究了环氧树脂涂层中添加的钒酸盐插层 Zn-Al LDH（Zn-Al-V）在 0.5mol/L NaCl 水溶液中经过 450h 暴露实验前后晶体结构变化情况。由于 Zn-Al-V 层间较大尺寸的$[V_{10}O_{28}]^{6-}$与尺寸相对较小的 Cl^-交换后可导致 LDH 层间距发生较大变化，XRD 衍射谱中出现了 Cl^-插层 Zn-Al LDH（Zn-Al-Cl）相的特征峰。通过 XRD 对涂层中 LDH 相结构变化的定量分析，可以间接测试涂层中侵蚀性介质的渗透情况，据此可以进一步对涂层膜下局部介质环境变化和膜下金属腐蚀情况做出预测。

因此，该类新型层状无机功能材料填料不但是替代传统重金属填料的理想材料，而且基于其晶体结构变化的测试在发展新型涂层无损监/检测技术方面具有很好的应用前景。

6.1.2　在钢筋混凝土腐蚀防护领域的应用

滥用化冰盐或海洋环境中 Cl^-引发钢筋锈蚀已经成为缩短钢筋混凝土结构使用寿命的主要原因。因此，对减缓甚至是阻止这种腐蚀的研究具有极高的经济价值和现实意义。当前更多的是采用阻锈剂或者阴极保护的技术实现钢筋保护。但是前者中某些成分对人体和环境有害，而后者设备技术复杂，普及具有一定难度。焙烧 LDH（CLDH）是一种具有阴离子吸附特性的无机物质，其已经在含 Cl^-废水处理领域得到一定的应用。Lv 等[494]研究了 CLDH 对废水中 Cl^-的吸附行为，指出 CLDH 对 Cl^-的吸附为化学吸附，并给出了动力学模型，实际测得 CO_3^{2-} 插层 Mg-Al LDH 500℃焙烧产物的 Cl^-吸附量为 149.5mg/g，接近其理论吸附量 168mg/g。但是在混凝土特别是钢筋保护方面的应用研究还鲜有报道。

唐聿明等[495]利用 CLDH 的阴离子吸附特性来降低模拟孔隙液和砂浆块中 Cl^-的浓度，从而实现对钢筋的保护。借此为实现钢筋混凝土的耐久性的提高探索出一种新方法。他们通过线性极化、塔菲尔极化曲线、EIS 等电化学测试技术分别对在普通模拟液、中性化模拟液和硬化混凝土砂浆块三种环境中，对 CLDH

在 Cl^-存在下钢筋腐蚀行为的影响进行了研究。并且对酸化模拟液中钢筋表面利用 XPS 和 XRD 进行了成分分析。此外，还考察了 CLDH 处理前后的模拟液中 pH 与 Cl^-浓度的变化，并通过 XRD 验证了 CLDH 对 Cl^-的吸附机理。所得结论如下。

（1）CLDH 可以明显提高钢筋在含 Cl^-的普通混凝土模拟孔隙液中的孔蚀电位，延长钝化区间，降低钢筋对 Cl^-孔蚀的敏感性。EIS 测试结果也表明 CLDH 可以提高钢筋在含 Cl^-孔隙液中的阻抗。通过 XRD 测试证实 CLDH 是通过“记忆效应”吸附混凝土孔隙液中 Cl^-，同时部分恢复到焙烧前的层状特征结构。

（2）初始 Cl^-浓度为 0.1mol/L 的酸化模拟液经 CLDH 处理后，在其中的钢筋的腐蚀电位比处理前有明显的提高。塔菲尔极化曲线由处理前的直接活化转变为具有宽泛的钝化区，破裂电位随着 CLDH 的用量的增加而提高，且二者呈现线性关系。EIS 显示，钢筋表面的容抗弧也随 CLDH 的用量的增加而显著加大。当初始浓度升高为 0.5mol/L 时，CLDH 处理后，钢筋塔菲尔极化曲线虽然仍有钝化区，但宽度比 0.1mol/L 浓度情况下要明显减小。XPS 测试表明 mol/L 处理后的酸化模拟液中钢筋表面存在一层主要成分为γ-FeOOH 的极薄钝化膜。

（3）同酸化模拟液情况相仿，0.1mol/L Cl^-浓度碳化模拟液在 CLDH 处理后，钢筋的腐蚀电位比处理前有明显的提高，极化曲线也具有宽泛的钝化区间。EIS 表明，钢筋表面阻抗值在处理后的碳化模拟液中有明显增大。与酸化情况不同的是，当 Cl^-浓度提高为 0.5mol/L 时，钢筋在处理后的碳化模拟液中的极化曲线的钝化区宽度较 0.1mol/L，情况没有明显变化。

（4）上述三种含氯离子的模拟液经 CLDH 处理后，Cl^-浓度显著下降，pH 明显升高，尤其碳化模拟液 pH 上升最为显著。$[Cl^-]/[OH^-]$比处理前存在 4～5 个数量级的下降，表明 CLDH 可以同时从促钝化和减轻去钝化两个方面减轻由 Cl^-和混凝土中性化所造成的钢筋锈蚀。

（5）CLDH 能够抑制 Cl^-含量较低（≤0.5%）砂浆中钢筋的腐蚀，当 Cl^-浓度较高（1%）时仍能起到一定的减轻腐蚀作用。CLDH 使钢筋的极化电阻和电荷转移电阻明显增大，表明 CLDH 使得钢筋的钝化膜稳定性增加。EIS 反映出 CLDH 在混凝土水化初期（第一周）提高砂浆的密实性，然而在随后的（八周）水化过程中对混凝土的密实性产生了一定的削弱作用。

6.2　展　　望

层状无机功能材料种类丰富，具有独特的物理化学特性。将其应用领域拓展到海洋环境腐蚀与生物污损领域具有重要的科学意义，有助于获取环境友好、性能优异的防腐防污材料。除本书中已经列举的层状无机功能材料，如 MMT、LDH、

TNS、石墨烯等外，其余无机层状材料，如α-ZrP 和 MoS_2 等在海洋环境腐蚀与生物污损领域也具有广阔的应用前景。例如，α-ZrP 可作为无机颜料与环氧树脂、PU 和 PANI 等复合制备防腐涂层。MoS_2 具有独特的光电化学特性，在光生阴极保护和光催化防污领域有潜在应用前景。综上所述，无机层状功能材料在海洋环境腐蚀与生物污损领域已经展现出诱人的应用前景。未来，随着材料制备和表征技术的进步，必将有更多的层状无机功能材料被应用于该领域，并有力地推动该领域的技术进步。

参考文献

[1] 侯保荣. 海洋腐蚀环境理论及其应用. 北京：科学出版社，1999

[2] 侯保荣. 海洋钢结构浪花飞溅区腐蚀控制技术. 北京：科学出版社，2011

[3] 黄宗国. 海洋污损生物及其防除. 北京：海洋出版社，2008

[4] Lejars M，Margaillan A，Bressy C. Fouling release coatings：a nontoxic alternative to biocidal antifouling coatings. Chemical Reviews，2012，112（8）：4347-4390

[5] Humble H A. Cathodic protection of steel piling in sea water. Corrosion，1949，5（9）：292-302

[6] 王相润，黄桂桥，尤建涛. 在不同海域长尺电联结低合金钢的腐蚀规律研究. 腐蚀科学与防护技术，1995，7（1）：71-74

[7] 朱相荣，黄桂桥. 钢在海洋飞溅带腐蚀行为探讨. 腐蚀科学与防护技术，1995，7（3）：246-248

[8] Yuan S J，Pehkonen S O. AFM study of microbial colonization and its deleterious effect on 304 stainless steel by Pseudomonas NCIMB 2021 and Desulfovibrio desulfuricans in simulated seawater. Corrosion Science，2009，51（6）：1372-1385

[9] Enning D，Garrelfs J. Corrosion of iron by sulfate-reducing bacteria：new views of an old problem. Applied and Environmental Microbiology，2014，80（4）：1226-1236

[10] Wang H，Ju L K，Castaneda H，et al. Corrosion of carbon steel C1010 in the presence of iron oxidizing bacteria Acidithiobacillus ferrooxidans. Corrosion Science，2014，89：250-257

[11] Cragnolino G，Tuovinen O H. The role of sulfate-reducing and sulfur-oxidizing bacteria in the localized corrosion of iron-base alloys——a review. International Biodeterioration，1984，20（1）：9-26

[12] Herrera L K，Videla H A. Role of iron-reducing bacteria in corrosion and protection of carbon steel. International Biodeterioration and Biodegradation，2009，63（7）：891-895

[13] Qu Q，He Y，Wang L，et al. Corrosion behavior of cold rolled steel in artificial seawater in the presence of Bacillus subtilis C2. Corrosion Science，2015，91：321-329

[14] Moradi M，Song Z，Yang L，et al. Effect of marine Pseudoalteromonas sp. on the microstructure and corrosion behaviour of 2205 duplex stainless steel. Corrosion Science，2014，84：103-112

[15] Kühr V W，Vlugt V D. Graphitization of cast iron as an electro-biochemical process in anaerobic soils. Water，1934，18（6）：147-165

[16] Booth G H. Sulphur bacteria in relation to corrosion. Journal of Applied Bacteriology，1964，27（1）：174-181

[17] King R A，Miller J D A，Smith J S. Corrosion of mild steel by iron sulphides. British Corrosion Journal，1973，8（3）：137-141

[18] Venzlaff H，Enning D，Srinivasan J，et al. Accelerated cathodic reaction in microbial corrosion of iron due to direct electron uptake by sulfate-reducing bacteria. Corrosion Science，2013，66：88-96

[19] Chen Y，Tang Q，Senko J M，et al. Long-term survival of Desulfovibrio vulgaris on carbon steel and associated

pitting corrosion. Corrosion Science，2015，90：89-100

[20] Iverson W P. Direct evidence for the cathodic depolarization theory of bacterial corrosion. Science，1966，151（3713）：986-988

[21] Dinh H T，Kuever J，Mussmann M，et al. Iron corrosion by novel anaerobic microorganisms. Nature，2004，427（6977）：829-832

[22] Xu J，Wang K，Sun C，et al. The effects of sulfate reducing bacteria on corrosion of carbon steel Q235 under simulated disbonded coating by using electrochemical impedance spectroscopy. Corrosion Science，2011，53（4）：1554-1562

[23] Mehanna M，Basseguy R，Delia M L，et al. Role of direct microbial electron transfer in corrosion of steels. Electrochemistry Communications，2009，11（3）：568-571

[24] Bao Q，Zhang D，Lv D，et al. Effects of two main metabolites of sulphate-reducing bacteria on the corrosion of Q235 steels in 3.5wt% NaCl media. Corrosion Science，2012，65：405-413

[25] 冯立超，贺毅强，乔斌，等. 金属及合金在海洋环境中的腐蚀与防护. 热加工工艺，2013，42（24）：13-17

[26] Qian P Y，Lau S，Dahms H U，et al. Marine biofilms as mediators of colonization by marine macroorganisms：implications for antifouling and aquaculture. Marine Biotechnology，2007，9（4）：399-410

[27] Little B J，Lee J S. Microbiologically Influenced Corrosion. Hoboken：John Wiley and Sons，Inc.，2007

[28] 刘勐伶，严涛. 南海污损生物生态研究进展. 海洋通报，2006，25（1）：84-91

[29] 曾地刚，蔡如星，黄宗国，等. 东海污损生物群落研究Ⅰ. 种类组成和分布. 东海海洋，1999，17（1）：48-55

[30] 曾地刚，蔡如星，黄宗国，等. 东海污损生物群落研究Ⅱ. 数量组成和分布. 东海海洋，1999，17（1）：56-59

[31] 曾地刚，蔡如星，黄宗国，等. 东海污损生物群落研究Ⅲ. 群落结构. 东海海洋，1999，17（4）：47-50

[32] 严涛，曹文浩. 黄、渤海污损生物生态特点及研究展望. 海洋学研究，2008，26（3）：107-118

[33] 苏艳，段继周，段东霞，等. 材料表面性质对微生物附着行为的影响. 海洋科学，2012，36（12）：56-63

[34] 周文木，王孝杰，胡碧茹，等. 海洋污损生物粘附机制及防污涂层表面工程. 应用化学，2010，27（9）：993-997

[35] Scardino A J，Guenther J，de Nys R. Attachment point theory revisited：the fouling response to a microtextured matrix. Biofouling，2008，24（1）：45-53

[36] Schumacher J F，Carman M L，Estes T G，et al. Engineered antifouling microtopographies-effect of feature size，geometry，and roughness on settlement of zoospores of the green alga Ulva. Biofouling，2007，23（1）：55-62

[37] Grozea C M，Gunari N，Finlay J A，et al. Water-stable diblock polystyrene-block-poly（2-vinyl pyridine）and diblock polystyrene-block-poly（methyl methacrylate）cylindrical patterned surfaces inhibit settlement of zoospores of the green alga Ulva. Biomacromolecules，2009，10（4）：1004-1012

[38] Vladkova T. Surface engineering for non-toxic biofouling control（review）. Journal of the University of Chemical Technology and Metallurgy，2007，42（3）：239-256

[39] Chisholm B J，Stafslien S J，Christianson D A，et al. Combinatorial materials research applied to the development of new surface coatings-Ⅷ：Overview of the high-throughput measurement systems developed for a marine coating workflow. Applied Surface Science，2007，254（3）：692-698

[40] 张占平，齐育红，刘述锡，等. 船舶防污涂料与防污剂的研究进展. 大连水产学院学报，2006，21（2）：175-179

[41] 梁成浩，顾谦农，吴青镐. 电解海水防污处理技术. 东海海洋，1997，15（1）：59-65

[42] 胥震，欧阳清，易定和. 海洋污损生物防除方法概述及发展趋势. 腐蚀科学与防护技术，2012，24（3）：192-198

[43] 吕振明. 海水养殖网具污损生物的防除技术. 中国水产，2002，7：67-68

[44] 刘姗姗，严涛. 海洋污损生物防除的现状及展望. 海洋学研究，2006，24（4）：53-60

[45] 李志宏. 仿生防污涂层的构建及其性能研究. 天津：中国人民解放军军事医学科学院，2014

[46] Yebra D M，Kiil S，Dam-Johansen K. Antifouling technology - past，present and future steps towards efficient and environmentally friendly antifouling coatings. Progress in Organic Coatings，2004，50（2）：75-104

[47] 周陈亮. 舰船防污涂料的历史、现状及未来. 中国涂料，1998，6）：9-14

[48] Dafforn K A，Lewis J A，Johnston E L. Antifouling strategies：history and regulation，ecological impacts and mitigation. Marine Pollution Bulletin，2011，62（3）：453-465

[49] Antizar-Ladislao B. Environmental levels，toxicity and human exposure to tributyltin（TBT）-contaminated marine environment. A review. Environment International，2008，34（2）：292-308

[50] Turner A，Pollock H，Brown M T. Accumulation of Cu and Zn from antifouling paint particles by the marine macroalga，Ulva lactuca. Environmental Pollution，2009，157（8-9）：2314-2319

[51] Parks R，Donnier-Marechal M，Frickers P E，et al. Antifouling biocides in discarded marine paint particles. Marine Pollution Bulletin，2010，60（8）：1226-1230

[52] Dahl B，Blanck H. Toxic effects of the antifouling agent irgarol 1051 on periphyton communities in coastal water microcosms. Marine Pollution Bulletin，1996，32（4）：342-350

[53] De Groot A C，Liem D H，Weyland J W. Kathon® CG：cosmetic allergy and patch test sensitization. Contact Dermatitis，1985，12（2）：76-80

[54] Voulvoulis N，Scrimshaw M D，Lester J N. Alternative antifouling biocides. Applied Organometallic Chemistry，1999，13（3）：135-143

[55] Call D J，Brooke L T，Kent R J，et al. Bromacil and diuron herbicides-toxicity，uptake，and elimination in fresh-water fish. Archives of Environmental Contamination and Toxicology，1987，16（5）：607-613

[56] Kobayashi M，Kakizono T，Yamaguchi K，et al. Growth and astaxanthin formation of haematococcus-pluvialis in heterotrophic and mixotrophic conditions. Journal of Fermentation and Bioengineering，1992，74（1）：17-20

[57] Giavini E，Vismara C，Broccia M L. Preimplantation and postimplantation embryotoxic effects of zinc dimethyldithiocarbamate（Ziram）in the rat. Ecotoxicology and Environmental Safety，1983，7（6）：531-537

[58] Shukla Y，Baqar S M，Mehrotra N K. Carcinogenicity and co-carcinogenicity studies on propoxur in mouse skin. Food and Chemical Toxicology，1998，36（12）：1125-1130

[59] Phinney J T，Bruland K W. Trace metal exchange in solution by the fungicides Ziram and Maneb（dithiocarbamates）and subsequent uptake of lipophilic organic zinc，copper and lead complexes into phytoplankton cells. Environmental Toxicology and Chemistry，1997，16（10）：2046-2053

[60] Heil J，Reifferscheid G，Hellmich D，et al. Genotoxicity of the fungicide dichlofluanid in 7 assays. Environmental and Molecular Mutagenesis，1991，17（1）：20-26

[61] Henrik Nielsen N，Menné T. Allergic contact dermatitis caused by zinc pyrithione associated with pustular psoriasis. American Journal of Contact Dermatitis，1997，8（3）：170-171

[62] Goka K. Embryotoxicity of zinc pyrithione，An antidandruff chemical，in Fish. Environmental Research，1999，81（1）：81-83

[63] Ermolayeva E，Sanders D. Mechanism of pyrithione-induced membrane depolarization in Neurospora crassa. Applied and Environmental Microbiology，1995，61（9）：3385-3390

[64] Holmstrom C，Kjelleberg S. The effect of external biological factors on settlement of marine invertebrate and new antifouling technology. Biofouling，1994，8（2）：147-160

[65] Göransson U，Sjögren M，Svangård E，et al. Reversible antifouling effect of the cyclotide cycloviolacin O_2 against barnacles. Journal of Natural Products，2004，67（8）：1287-1290

[66] Etoh H，Kondoh T，Noda R，et al. Shogaols from zingiber officinale as promising antifouling agents. Bioscience，Biotechnology，and Biochemistry，2002，66（8）：1748-1750

[67] 王毅，张盾. 天然产物防污剂研究进展. 中国腐蚀与防护学报，2015，35（1）：1-11

[68] Armstrong E，Boyd K G，Pisacane A，et al. Marine microbial natural products in antifouling coatings. Biofouling，2000，16（2-4）：215-224

[69] Peppiatt C J，Armstrong E，Pisacane A，et al. Antibacterial activity of resin based coatings containing marine microbial extracts. Biofouling，2000，16（2-4）：225-234

[70] Perry T D，Zinn M，Mitchell R. Settlement inhibition of fouling invertebrate larvae by metabolites of the marine bacterium halomonas marina within a polyurethane coating. Biofouling，2001，17（2）：147-153

[71] Stupak M E，Garcia M T，Perez M C. Non-toxic alternative compounds for marine antifouling paints. International Biodeterioration and Biodegradation，2003，52（1）：49-52

[72] Sjögren M，Dahlström M，Göransson U，et al. Recruitment in the field of balanus improvisus and mytilus edulis in response to the antifouling cyclopeptides barettin and 8, 9-dihydrobarettin from the marine sponge geodia barretti. Biofouling，2004，20（6）：291-297

[73] 史航，王鲁民. 辣素防污涂料在海洋网箱网衣材料中的应用. 大连水产学院学报，2005，4：21-25

[74] 闫雪峰，于良民，姜晓辉. 新型防污剂辣素衍生物的合成、抑菌性及防污性能研究. 中国海洋大学学报（自然科学版），2013，43（1）：64-67

[75] 郭虹，翟玉春，辛喆，等. 防污剂的研究进展. 材料与冶金学报，2006，5（2）：157-160

[76] Acevedo M S，Puentes C，Carreno K，et al. Antifouling paints based on marine natural products from Colombian Caribbean. International Biodeterioration and Biodegradation，2013，83：97-104

[77] Chambers L D，Hellio C，Stokes K R，et al. Investigation of Chondrus crispus as a potential source of new antifouling agents. International Biodeterioration and Biodegradation，2011，65（7）：939-946

[78] 赵风梅. 无毒海洋防污剂研究进展. 化学研究，2011，22（4）：105-110

[79] Konya K，Shimidzu N，Adachi K，et al. 2, 5, 6-tribromo-1-methylgramine，an antifouling substance from the marine bryozoan zoobrotryon-pellucidum. Fisheries Science，1994，60（6）：773-775

[80] Qian P Y，Chen L G，Xu Y. Mini-review：Molecular mechanisms of antifouling compounds. Biofouling，2013，29（4）：381-400

[81] Li X，Yu L M，Jiang X H，et al. Synthesis，algal inhibition activities and QSAR studies of novel gramine compounds containing ester functional groups. Chinese Journal of Oceanology and Limnology，2009，27（2）：309-316

[82] Todd J S，Zimmerman R C，Crews P，et al. The antifouling activity of natural and synthetic phenol acid sulphate esters. Phytochemistry，1993，34（2）：401-404

[83] De Nys R，Steinberg P D，Willemsen P，et al. Broad spectrum effects of secondary metabolites from the red alga delisea pulchra in antifouling assays. Biofouling，1995，8（4）：259-271

[84] Xu Y，He H，Schulz S，et al. Potent antifouling compounds produced by marine Streptomyces. Bioresource Technology，2010，101（4）：1331-1336

[85] Li Y X，Zhang F Y，Xu Y，et al. Structural optimization and evaluation of butenolides as potent antifouling agents：modification of the side chain affects the biological activities of compounds. Biofouling，2012，28（8）：857-864

[86] 李永清，郑淑贞. 有机硅低表面能海洋防污涂料的合成及应用研究. 化工新型材料，2003，31（7）：1-4

[87] 张祖文，徐德增，由继业. 有机硅改性氟碳防污涂料表面接触角和防污效果的研究. 中国涂料，2010，25（8）：21-23

[88] 时米超，王明刚. 有机硅改性氟树脂涂料研究进展. 化工新型材料，2008，36（11）：16-18

[89] 詹媛媛，张彪，李智华，等. 低表面能水性聚氨酯的研究. 中国涂料，2009，24（3）：29-32

[90] 赖小娟，李小瑞，王磊. 环氧改性水性聚氨酯乳液的制备及其膜性能. 高分子学报，2009，11：1107-1112

[91] Schilp S，Rosenhahn A，Pettitt M E，et al. Physicochemical properties of（ethylene glycol）-containing self-assembled monolayers relevant for protein and algal cell resistance. Langmuir，2009，25（17）：10077-10082

[92] Hong F，Xie L Y，He C X，et al. Effects of hydrolyzable comonomer and cross-linking on anti-biofouling terpolymer coatings. Polymer，2013，54（12）：2966-2972

[93] Ekblad T，Bergstroem G，Ederth T，et al. Poly（ethylene glycol）-containing hydrogel surfaces for antifouling applications in marine and freshwater environments. Biomacromolecules，2008，9（10）：2775-2783

[94] Krishnan S，Wang N，Ober C K，et al. Comparison of the fouling release properties of hydrophobic fluorinated and hydrophilic PEGylated block copolymer surfaces：attachment strength of the diatom Navicula and the green alga Ulva. Biomacromolecules，2006，7（5）：1449-1462

[95] 段东霞，蔺存国，陈光章. 仿生技术在防污领域中的应用及其研究进展. 中国涂料，2012，27（5）：18-22

[96] Baum C，Meyer W，Stelzer R，et al. Average nanorough skin surface of the pilot whale（Globicephala melas，Delphinidae）：considerations on the self-cleaning abilities based on nanoroughness. Marine Biology，2002，140（3）：653-657

[97] Gudipati C S，Finlay J A，Callow J A，et al. The antifouling and fouling-release perfomance of hyperbranched fluoropolymer（HBFP）-poly（ethylene glycol）（PEG）composite coatings evaluated by adsorption of biomacromolecules and the green fouling alga Ulva. Langmuir，2005，21（7）：3044-3053

[98] Bers A V，Wahl M. The influence of natural surface microtopographies on fouling. Biofouling，2004，20（1）：43-51

[99] 陈子飞，许季海，赵文杰，等. 仿甲鱼壳织构化有机硅改性丙烯酸酯涂层的制备及其防污行为. 中国表面工程，2013，26（6）：80-85

[100] Wan F，Pei X W，Yu B，et al. Grafting polymer brushes on biomimetic structural surfaces for anti-algae fouling and foul release. Acs Applied Materials and Interfaces，2012，4（9）：4557-4565

[101] Callow M E，Jennings A R，Brennan A B，et al. Microtopographic cues for settlement of zoospores of the green fouling alga Enteromorpha. Biofouling，2002，18（3）：237-245

[102] 张淑玉，郑纪勇，付玉彬. 表面植绒海洋防污技术的原理及研究进展. 涂料工业，2012，42（12）：72-76

[103] Auerbach S M，Carrado K A，Dutta P K. Handbook of Layered Materia. New York：Marcel Dekker，Inc.，2004

[104] Bruce D W，O'Hare D. Inorganic Materials（2nd Edition）. New York：John Wiley and Sons，1997

[105] Gamble F R，Disalvo F J，Klemm R A，et al. Superconductivity in layered structure organometallic crystals.

Science，1970，168（3931）：568-570

[106] 赵保林，那平，刘剑锋. 改性蒙脱土的研究进展. 化学工业与工程，2006，23（5）：453-457

[107] 曹玉红，韦藤幼，吴旋，等. 微波辐射干法制备钠基蒙脱土. 化工矿物与加工，2004，33（6）：10-12

[108] Cooper C，Jiang J Q，Ouki S. Preliminary evaluation of polymeric Fe- and Al-modified clays as adsorbents for heavy metal removal in water treatment. Journal of Chemical Technology and Biotechnology，2002，77（5）：546-551

[109] Long R Q，Yang R T. Acid- and base-treated Fe^{3+}-TiO_2-pillared clays for selective catalytic reduction of NO by NH_3. Catalysis Letters，1999，59（1）：39-44

[110] 林绮纯，郭锡坤，刘庆红，等. Cu^{2+}改性锆交联黏土的制备及其对 NO 选择还原的研究. 天然气化工，2003，28（6）：18-21

[111] Long R Q，Yang R T. The promoting role of rare earth oxides on Fe-exchanged TiO_2-pillared clay for selective catalytic reduction of nitric oxide by ammonia. Applied Catalysis B-Environmental，2000，27（2）：87-95

[112] Juang R S，Lin S H，Tsao K H. Sorption of phenols from water in column systems using surfactant-modified montmorillonite. Journal of Colloid and Interface Science，2004，269（1）：46-52

[113] Akat H，Tasdelen M A，Du Prez F，et al. Synthesis and characterization of polymer/clay nanocomposites by intercalated chain transfer agent. European Polymer Journal，2008，44（7）：1949-1954

[114] 杨柳燕，周治，肖琳. HDTMA 改性蒙脱土对苯酚的吸附及机理研究. 上海环境科学，2003，22（7）：456-458

[115] 沈志刚，赵微微，黎华明，等. 新型茂钛催化剂原位本体聚合法制备间规聚苯乙烯/蒙脱土纳米复合材料. 高分子学报，2004，2（1）：50-53

[116] 冯猛，赵春贵，巩方玲，等. 氨基硅烷偶联剂对蒙脱石的修饰改性研究. 化学学报，2004，62（1）：83-87

[117] Wu Q，Xue Z，Qi Z，et al. Synthesis and characterization of PAn/clay nanocomposite with extended chain conformation of polyaniline. Polymer，2000，41（6）：2029-2032

[118] 强敏，陈涛，姚瑞平，等. PANI-蒙脱土纳米复合材料防腐蚀性能的研究. 材料保护，2003，36（7）：25-27

[119] 赵竹第，李强，欧玉春，等. 尼龙 6/蒙脱土纳米复合材料的制备、结构与力学性能的研究. 高分子学报，1997，41（5）：519-523

[120] Song K，Sandi G. Characterization of montmorillonite surfaces after modification by organosilane. Clays and Clay Minerals，2001，49（2）：119-125

[121] 赵春贵，阳明书，冯猛. 氯硅烷改性蒙脱土的制备与性能. 高等学校化学学报，2003，24（5）：928-931

[122] Srinivasan K R，Fogler H S. Use of inorgano-organo-clays in the removal of priority pollutants from industrial wastewaters-adsorption of benzo（A）pyrene and chlorophenols from aqueous-solutions. Clays and Clay Minerals，1990，38（3）：287-293

[123] Wu P X，Liao Z W，Zhang H F，et al. Adsorption of phenol on inorganic-organic pillared montmorillonite in polluted water. Environment International，2001，26（5-6）：401-407

[124] 于瑞莲，胡恭任，王琼. 用复合改性膨润土处理垃圾渗滤液的实验. 环境卫生工程，2003，11（2）：73-75

[125] Bish D L. Rietveld refinement of the Kaolinite structure at 1.5-K. Clays and Clay Minerals，1993，41（6）：738-744

[126] Deng Y，White G N，Dixon J B. Effect of structural stress on the intercalation rate of kaolinite. Journal of Colloid and Interface Science，2002，250（2）：379-393

[127] Gu X，Evans L J. Surface complexation modelling of Cd（Ⅱ），Cu（Ⅱ），Ni（Ⅱ），Pb（Ⅱ）and Zn（Ⅱ）adsorption

onto kaolinite. Geochimica Et Cosmochimica Acta，2008，72（2）：267-276

[128] Beauvais A，Bertaux J. In situ characterization and differentiation of kaolinites in lateritic weathering profiles using infrared microspectroscopy. Clays and Clay Minerals，2002，50（3）：314-330

[129] 程宏飞，刘钦甫，王陆军，等. 我国高岭土的研究进展. 化工矿产地质，2008，30（2）：125-128

[130] Lin D C，Xu X W，Zuo F，et al. Crystallization of JBW，CAN，SOD and ABW type zeolite from transformation of meta-kaolin. Microporous and Mesoporous Materials，2004，70（1-3）：63-70

[131] Feng H，Li C，Shan H. Effect of calcination temperature of kaolin microspheres on the in situ synthesis of ZSM-5. Catalysis Letters，2009，129（1-2）：71-78

[132] Yang G D，Xing W，Hu Q X，et al. Synthesis of high-silica NaY zeolite from kaolin based on taguchi technology. Chinese Journal of Inorganic Chemistry，2009，25（4）：616-622

[133] Oyama Y，Kamigait O. Solid solubility of some oxides in Si_3N_4. Japanese Journal of Applied Physics，1971，10（11）：1637

[134] Jack K H，Wilson W I. Ceramics based on Si-Al-O-N and related systems. Nature-Physical Science，1972，238（80）：28-29

[135] Panda P K，Mariappan L，Kannan T S. Carbothermal reduction of kaolinite under nitrogen atmosphere. Ceramics International，2000，26（5）：455-461

[136] Davidovits J. Ancient and modern concretes：what is the real difference? Concrete International，1987，9（12）：28-39

[137] Davidovits J. Geopolymers and geopolymeric materials. Journal of Thermal Analysis，1989，35（2）：429-441

[138] 郑娟荣，覃维祖. 地聚物材料的研究进展. 建筑石膏与胶凝材料，2002，4：11-12

[139] 吴中伟. 高技术混凝土. 硅酸盐通报，1994，1：41-45

[140] Wang L J，Xie X L，Chen N C，et al. Evaluation of kaolinite intercalation efficiency. Chinese Journal of Inorganic Chemistry，2010，26（5）：853-859

[141] Wada K. Lattice expansion of kaolin minerals by treatment with potassium acetate. American Mineralogist，1961，46（1-2）：78-91

[142] Weiss A. Organische derivate der glimmerartigen schichtsilicate. Angewandte Chemie-International Edition，1963，75（2）：113-122

[143] Olejnik S，Aylmore L A G，Posner A M，et al. Infrared spectra of kaolin mineral-dimethyl sulfoxide complexes. Journal of Physical Chemistry，1968，72（1）：241-249

[144] Frost R L，Kristof J，Horvath E，et al. Effect of water on the formamide-intercalation of kaolinite. Spectrochimica Acta Part a-Molecular and Biomolecular Spectroscopy，2000，56（9）：1711-1729

[145] Ledoux R L，White J L. Infrared studies of hydrogen bonding interaction between kaolinite surfaces and intercalated potassium acetate hydrazine formamide and urea. Journal of Colloid and Interface Science，1966，21（2）：127-152

[146] Sugahara Y，Satokawa S，Kuroda K，et al. Evidence for the formation of interlayer polyacrylonitrile in kaolinite. Clays and Clay Minerals，1988，36（4）：343-348

[147] Tunney J J，Detellier C. Aluminosilicate nanocomposite materials. Poly（ethylene glycol）-kaolinite intercalates. Chemistry of Materials，1996，8（4）：927-935

[148] Elbokl T A，Detellier C. Kaolinite-poly（methacrylamide）intercalated nanocomposite via in situ polymerization. Canadian Journal of Chemistry-Revue Canadienne De Chimie，2009，87（1）：272-279

[149] Turhan Y，Dogan M，Alkan M. Poly（vinyl chloride）/kaolinite nanocomposites：characterization and thermal and optical properties. Industrial and Engineering Chemistry Research，2010，49（4）：1503-1513

[150] Elbokl T A，Detellier C. Aluminosilicate nanohybrid materials. Intercalation of polystyrene in kaolinite. Journal of Physics and Chemistry of Solids，2006，67（5-6）：950-955

[151] Komori Y，Sugahara Y，Kuroda K. A kaolinite-NMF-methanol intercalation compound as a versatile intermediate for further intercalation reaction of kaolinite. Journal of Materials Research，1998，13（4）：930-934

[152] Komori Y，Sugahara Y，Kuroda K. Intercalation of alkylamines and water into kaolinite with methanol kaolinite as an intermediate. Applied Clay Science，1999，15（1-2）：241-252

[153] Matsumura A，Komori Y，Itagaki T，et al. Preparation of a kaolinite-nylon 6 intercalation compound. Bulletin of the Chemical Society of Japan，2001，74（6）：1153-1158

[154] Komori Y，Sugahara Y，Kuroda K. Direct intercalation of poly（vinylpyrrolidone）into kaolinite by a refined guest displacement method. Chemistry of Materials，1999，11（1）：3-6

[155] Cabeda L，Gimenez E，Lagaron J M，et al. Development of EVOH-kaolinite nanocomposites. Polymer，2004，45（15）：5233-5238

[156] Tonle I K，Diaco T，Ngameni E，et al. Nanohybrid kaolinite-based materials obtained from the interlayer grafting of 3-aminopropyltriethoxysilane and their potential use as electrochemical sensors. Chemistry of Materials，2007，19（26）：6629-6636

[157] Zhang X R，Sun J，Xu Z. Intercalation and exfoliation of kaolinite through PEG by microwave. Chinese Journal of Inorganic Chemistry，2005，21（9）：1321-1326

[158] Mako E，Kristof J，Horvath E，et al. Kaolinite-urea complexes obtained by mechanochemical and aqueous suspension techniques-A comparative study. Journal of Colloid and Interface Science，2009，330（2）：367-373

[159] Li Y F，Zhang B，Pan X B. Preparation and characterization of PMMA-kaolinite intercalation composites. Composites Science and Technology，2008，68（9）：1954-1961

[160] Itagaki T，Matsumura A，Kato M，et al. Preparation of kaolinite-nylon6 composites by blending nylon6 and a kaolinite-nylon6 intercalation compound. Journal of Materials Science Letters，2001，20（16）：1483-1484

[161] Carretero M I. Clay minerals and their beneficial effects upon human health. A review. Applied Clay Science，2002，21（3-4）：155-163

[162] Elbokl T A，Detellier C. Intercalation of cyclic imides in kaolinite. Journal of Colloid and Interface Science，2008，323（2）：338-348

[163] Janek M，Emmerich K，Heissler S，et al. Thermally induced grafting reactions of ethylene glycol and glycerol intercalates of kaolinite. Chemistry of Materials，2007，19（4）：684-693

[164] Patakfalvi R，Dekany I. Synthesis and intercalation of silver nanoparticles in kaolinite/DMSO complexes. Applied Clay Science，2004，25（3-4）：149-159

[165] Peng X J，Wang J，Fan B，et al. Sorption of endrin to montmorillonite and kaolinite clays. Journal of Hazardous Materials，2009，168（1）：210-214

[166] Guerra D L，Airoldi C. The performance of urea-intercalated and delaminated kaolinites-adsorption Kinetics

involving copper and lead. Journal of the Brazilian Chemical Society，2009，20（1）：19-30

[167] Orzechowski K，Slonka T，Glowinski J. Dielectric properties of intercalated kaolinite. Journal of Physics and Chemistry of Solids，2006，67（5-6）：915-919

[168] Letaief S，Diaco T，Pell W，et al. Ionic conductivity of nanostructured hybrid materials designed from imidazolium ionic liquids and kaolinite. Chemistry of Materials，2008，20（22）：7136-7142

[169] Takenawa R，Komori Y，Hayashi S，et al. Intercalation of nitroanilines into kaolinite and second harmonic generation. Chemistry of Materials，2001，13（10）：3741-3746

[170] Wang B X，Zhao X P. Electrorheological behavior of kaolinite-polar liquid intercalation composites. Journal of Materials Chemistry，2002，12（6）：1865-1869

[171] 王冰鑫，雷西萍. 有机改性凹凸棒石及其应用研究进展. 硅酸盐通报，2015，34（3）：738-743

[172] Clearfield A，Stynes J A. The preparation of crystalline zirconium phosphate and some observations on its ion exchange behaviour. Journal of Inorganic and Nuclear Chemistry，1964，26（1）：117-129

[173] Benhamza H，Barboux P，Bouhaouss A，et al. Sol-Gel synthesis of $Zr(HPO_4)_2 \cdot H_2O$. Journal of Materials Chemistry，1991，1（4）：681-684

[174] Alberti G，Torracca E. Crystalline insoluble salts of polybasic metals. 2. Synthesis of crystalline zirconium or titanium phosphate by direct precipitation. Journal of Inorganic and Nuclear Chemistry，1968，30（1）：317-318

[175] Sun L Y，Boo W J，Sun D H，et al. Preparation of exfoliated epoxy/alpha-zirconium phosphate nanocomposites containing high aspect ratio nanoplatelets. Chemistry of Materials，2007，19（7）：1749-1754

[176] 张蕤，胡源，宋磊，等. 层状磷酸盐的水热合成及其热稳定性. 中国有色金属学报，2001，11（5）：895-899

[177] Clearfield A，Wang J D，Tian Y，et al. Synthesis and stability of mixed-ligand zirconium phosphonate layered compounds. Journal of Solid State Chemistry，1995，117（2）：275-289

[178] 杜以波，李峰，何静，等. 层状化合物 α-磷酸锆的制备和表征. 无机化学学报，1998，14（1）：79-83

[179] 杜以波，何静，李峰，等. 影响 α-磷酸锆结晶度和生长形态的因素. 化学学报，1998，56（7）：668-674

[180] 张华，徐金锁，唐颐，等. 层状磷酸锆的合成与性质研究. 高等学校化学学报，1997，18（2）：172-176

[181] 张蕤，胡源，朱玉瑞，等. 层状磷酸锆的溶剂热合成与表征. 中国科学技术大学学报，2000，30（4）：487-491

[182] Clearfield A，Roberts B D. Pillaring of Layered Zirconium and Titanium Phosphates. Inorganic Chemistry，1988，27（18）：3237-3240

[183] Maclachlan D J，Morgan K R. P-31 Solid-state NMR-studies of the structure of amine-intercalated alpha-zirconium phosphate - reaction of alpha-zirconium phosphate with excess amine. Journal of Physical Chemistry，1990，94（19）：7656-7661

[184] Danjo M，Tsuhako M，Nakayama H，et al. Intercalation of methylene blue into layered phosphates in the presence of butylamine and function of alkylamine in the intercalation reaction. Bulletin of the Chemical Society of Japan，1997，70（5）：1053-1060

[185] Kijima T，Ohe K，Sasaki F，et al. Intercalation of dendritic polyamines by alpha- and gamma-zirconium phosphates. Bulletin of the Chemical Society of Japan，1998，71（1）：141-148

[186] Hayashi A，Nakayama H，Tsuhako M. Adsorption of phenols by alkylamine-intercalated alpha-zirconium phosphate. Bulletin of the Chemical Society of Japan，2003，76（12）：2315-2319

[187] Sun L Y，O'Reilly J Y，Kong D Y，et al. The effect of guest molecular architecture and host crystallinity upon the

mechanism of the intercalation reaction. Journal of Colloid and Interface Science，2009，333（2）：503-509

[188] 杜以波，李峰，何静，等. 4-$CH_3SC_6H_4NH_2$对 α-磷酸锆的插层特性. 高等学校化学学报，1998，19（11）：1711-1714

[189] Shi S K，Zong R L，Liu Y，et al. Characteristics of surfactant-zirconium phosphate composites with expanded interlayer separation. In：Pan W，Gong J H. High-Performance Ceramics Ⅳ，2007，1-3（336-338）：2589-2591

[190] Kumar C V，Chaudhari A. Probing the donor and acceptor dye assemblies at the galleries of alpha-zirconium phosphate. Microporous and Mesoporous Materials，2000，41（1-3）：307-318

[191] 张蕤，胡源，汪世龙. 层状化合物 α-磷酸锆的有机化处理. 稀有金属材料与工程，2006，35（S2）：100-103

[192] 马学兵，傅相锴，牛丽明，等. 有机-无机杂化磷酸锆及胺插层化合物的 MAS NMR 研究. 无机化学学报，2006，22（1）：111-114

[193] Gentili P L，Costantino U，Nocchetti M，et al. A new photo-functional material constituted by a spirooxazine supported on a zirconium diphosphonate fluoride. Journal of Materials Chemistry，2002，12（10）：2872-2878

[194] 杜以波，李峰，何静，等. 胺和醇对 α-磷酸锆的插层性能研究. 石油学报（石油加工），1998，14（1）：62-65

[195] 徐金锁，唐颐，张华，等. 胺和醇对 α-磷酸锆的插层性能研究. 高等学校化学学报，1997，18（1）：88-92

[196] Kijima T，Ueno S. Uptake of amino-acids by zirconium-phosphate .3. Intercalation of L-Histidine，L-Lysine，and L-Aginine by gamma-zirconium phosphate. Journal of the Chemical Society-Dalton Transactions，1986，1：61-65

[197] Kijima T，Ueno S，Goto M. Uptake of amino-acids by zirconium-phosphates .2. Intercalation of L-Histidine，L-Lysine，and L-Arginine by alpha-zirconium phosphate. Journal of the Chemical Society-Dalton Transactions，1982，12：2499-2503

[198] Liu L，Li J P，Dong J X，et al. Synthesis，structure，and characterization of two photoluminescent zirconium phosphate-quinoline compounds. Inorganic Chemistry，2009，48（18）：8947-8954

[199] Liu L M，Shen B，Shi J J，et al. A novel mediator-free biosensor based on co-intercalation of DNA and hemoglobin in the interlayer galleries of alpha-zirconium phosphate. Biosensors and Bioelectronics，2010，25（12）：2627-2632

[200] Kumar C V，Chaudhari A. Efficient renaturation of immobilized met-hemoglobin at the galleries of alpha-zirconium phosphonate. Chemistry of Materials，2001，13（2）：238-240

[201] Geng L N，Li N，Wen X F，et al. Preintercalation of layered gamma-zirconium phosphate for preparation of immobilized hemoglobin. Chinese Chemical Letters，2002，13（8）：801-804

[202] Karlsson M，Andersson C，Hjortkjaer J. Hydroformylation of propene and 1-hexene catalysed by a alpha-zirconium phosphate supported rhodium-phosphine complex. Journal of Molecular Catalysis a-Chemical，2001，166（2）：337-343

[203] Zhang Q R，Du W，Pan B C，et al. A comparative study on Pb^{2+}，Zn^{2+} and Cd^{2+} sorption onto zirconium phosphate supported by a cation exchanger. Journal of Hazardous Materials，2008，152（2）：469-475

[204] Jiang P J，Pan B J，Pan B C，et al. A comparative study on lead sorption by amorphous and crystalline zirconium phosphates. Colloids and Surfaces a-Physicochemical and Engineering Aspects，2008，322（1-3）：108-112

[205] 孙美丹，傅相锴，周杰，等. α-磷酸氢锆-六氢吡啶的超分子插层组装及其对废水中酚的吸收研究. 化学通报，2006，2：114-118

[206] Algarra M，Jimenez M V，Sanchez F G，et al. Adsorption and recovery of nitrated polycyclic aromatic hydrocarbons on hybrid surfactant expanded zirconium- phosphate. Polycyclic Aromatic Compounds，2009，29（1）：28-40

[207] Hayashi A，Nakayama H，Eguchi T，et al. Adsorption of carboxylic acids by diethylenetriamine intercalation compound of alpha-$Zr(HPO_4)_2 \cdot H_2O$. Molecular Crystals and Liquid Crystals，2000，341：1377-1382

[208] Hayashi A，Nakayama H，Tsuhako M. Intercalation of melamine into layered zirconium phosphates and their adsorption properties of formaldehyde in gas and solution phase. Solid State Sciences，2009，11（5）：1007-1015

[209] Das D P，Baliarsingh N，Parida K M. Photocatalytic decolorisation of methylene blue（MB）over titania pillared zirconium phosphate（ZrP）and titanium phosphate（TiP）under solar radiation. Journal of Molecular Catalysis a-Chemical，2007，261（2）：254-261

[210] Chen R Y，Wang J W，Wang H N，et al. Photocatalytic degradation of methyl orange in aqueous solution over titania-pillared alpha-zirconium phosphate. Solid State Sciences，2011，13（3）：630-635

[211] Soriano M D，Jimenez-Jimenez J，Concepcion P，et al. Selective oxidation of H_2S to sulfur over vanadia supported on mesoporous zirconium phosphate heterostructure. Applied Catalysis B-Environmental，2009，92（3-4）：271-279

[212] 孙颖，张阳阳，齐越，等. 磺化苯膦酸-磷酸锆的制备及其对甲醛羰基化反应的催化性能. 催化学报，2009，30（8）：786-790

[213] Wang H Y，Ji W D，Han D X. Layered zirconium phosphate-supported metalloporphyrin：Synthesis and catalytic application. Chinese Chemical Letters，2008，19（11）：1330-1332

[214] Yang Y J，Liu C H，Wu H X. Preparation and properties of poly（vinyl alcohol）/exfoliated alpha-zirconium phosphate nanocomposite films. Polymer Testing，2009，28（4）：371-377

[215] Al-Othman A，Tremblay A Y，Pell W，et al. Zirconium phosphate as the proton conducting material in direct hydrocarbon polymer electrolyte membrane fuel cells operating above the boiling point of water. Journal of Power Sources，2010，195（9）：2520-2525

[216] 曾琼，蒋健晖. α-磷酸锆的合成及在电化学葡萄糖传感器中的应用. 化学传感器，2009，29（4）：53-57

[217] Hervieu M，Raveau B. Structures in sheets with octahedric lacunary sites-the non-stoichiometric titanates $Cs_{4x}Ti_{2-x}O_4$. Revuc Dc Chimic Mineralc，1981，18（6）：642-649

[218] Grey I E，Li C，Madsen I C，et al. The stability and structure of $Cs_xTi_{2-x}/4_{x/4}O_4$，$0.61 \leqslant X \leqslant 0.65$. Journal of Solid State Chemistry，1987，66（1）：7-19

[219] Sasaki T，Watanabe M，Michiue Y，et al. Preparation and acid-base properties of a protonated titanate with the lepidocrocite-like layer structure. Chemistry of Materials，1995，7（5）：1001-1007

[220] Nakato T，Kusunoki K，Yoshizawa K，et al. Photoluminescence of tris（2, 2'-bipyridine）ruthenium（Ⅱ）ions intercalated in layered niobates and titanates：effect of interlayer structure on host-guest and guest-guest interactions. Journal of Physical Chemistry，1995，99（51）：17896-17905

[221] Miyamoto N，Kuroda K，Ogawa M. Exfoliation and film preparation of a layered titanate，$Na_2Ti_3O_7$，and intercalation of pseudoisocyanine dye. Journal of Materials Chemistry，2004，14（2）：165-170

[222] 石建稳，陈少华，崔浩杰，等. 二维氧化钛纳米页. 化学进展，2012，24（Z1）：294-303

[223] Choy J H，Lee H C，Jung H，et al. Exfoliation and restacking route to anatase-layered titanate nanohybrid with enhanced photocatalytic activity. Chemistry of Materials，2002，14（6）：2486-2491

[224] Sukpirom N，Lerner M M. Preparation of organic-inorganic nanocomposites with a layered titanate. Chemistry of Materials，2001，13（6）：2179-2185

[225] Wang Q G，Gao Q M，Shi J L. Reversible intercalation of large-capacity hemoglobin into in situ prepared titanate

interlayers with enhanced thermal and organic medium stabilities. Langmuir，2004，20（23）：10231-10237

[226] Sasaki T，Ebina Y，Watanabe M，et al. Multilayer ultrathin films of molecular titania nanosheets showing highly efficient UV-light absorption. Chemical Communications，2000，21：2163-2164

[227] Akatsuka K，Ebina Y，Muramatsu M，et al. Photoelectrochemical properties of alternating multilayer films composed of titania nanosheets and Zn porphyrin. Langmuir，2007，23（12）：6730-6736

[228] Matsumoto Y，Unal U，Kimura Y，et al. Synthesis and photoluminescent properties of titanate layered oxides intercalated with lanthanide cations by electrostatic self-assembly methods. Journal of Physical Chemistry B，2005，109（26）：12748-12754

[229] Ida S，Unal U，Izawa K，et al. Photoluminescence spectral change in layered titanate oxide intercalated with hydrated Eu^{3+}. Journal of Physical Chemistry B，2006，110（47）：23881-23887

[230] Li L，Ma R，Ebina Y，et al. Layer-by-layer assembly and spontaneous flocculation of oppositely charged oxide and hydroxide nanosheets into inorganic sandwich layered materials. Journal of the American Chemical Society，2007，129（25）：8000-8007

[231] Cheng S F，Tang T C. Pillaring of layered titanates by polyoxo cations of aluminum. Inorganic Chemistry，1989，28（7）：1283-1289

[232] Kooli F，Sasaki T，Rives V，et al. Synthesis and characterization of a new mesoporous alumina-pillared titanate with a double-layer arrangement structure. Journal of Materials Chemistry，2000，10（2）：497-501

[233] Landis M E，Aufdembrink B A，Chu P，et al. Preparation of molecular-sieves from dense，layered metal-oxides. Journal of the American Chemical Society，1991，113（8）：3189-3190

[234] Jiang F，Zheng Z，Xu Z，et al. Preparation and characterization of SiO_2-pillared $H_2Ti_4O_9$ and its photocatalytic activity for methylene blue degradation. Journal of Hazardous Materials，2009，164（2-3）：1250-1256

[235] Wang Q G，Gao Q M，Shi J L. Enhanced catalytic activity of hemoglobin in organic solvents by layered titanate immobilization. Journal of the American Chemical Society，2004，126（44）：14346-14347

[236] Uchida S，Yamamoto Y，Fujishiro Y，et al. Intercalation of titanium oxide in layered $H_2Ti_4O_9$ and $H_4Nb_6O_{17}$ and photocatalytic water cleavage with $H_2Ti_4O_9$/(TiO_2，Pt)and $H_4Nb_6O_{17}$/(TiO_2，Pt)nanocomposites. Journal of the Chemical Society-Faraday Transactions，1997，93（17）：3229-3234

[237] Yang J，Liu Q Q，Sun X J，et al. Preparation of TiO_2 pillared layered titanate photocatalyst by sol intercalation method. Materials Technology，2010，25（1）：39-41

[238] Yanagisawa M，Yamamoto T，Sato T. Synthesis and photocatalytic properties of iron oxide pillared hydrogen tetratitanate via soft solution chemical routes. Solid State Ionics，2002，151（1-4）：371-376

[239] Hou W H，Chen Y S，Guo C X，et al. Synthesis of porous chromia-pillared tetratitanate. Journal of Solid State Chemistry，1998，136（2）：320-321

[240] Paek S M，Jung H，Lee Y J，et al. Exfoliation and reassembling route to mesoporous titania nanohybrids. Chemistry of Materials，2006，18（5）：1134-1140

[241] Kim T W，Hwang S J，Park Y，et al. Chemical bonding character and physicochemical properties of mesoporous zinc oxide-layered titanate nanocomposites. Journal of Physical Chemistry C，2007，111（4）：1658-1664

[242] Kim T W，Ha H W，Paek M J，et al. Mesoporous iron oxide-layered titanate nanohybrids：soft-chemical synthesis，characterization，and photocatalyst application. Journal of Physical Chemistry C，2008，112（38）：14853-14862

[243] Kim T W，Hur S G，Hwang S J，et al. Heterostructured visible-light-active photocatalyst of chromia-nanoparticle-layered titanate. Advanced Functional Materials，2007，17（2）：307-314

[244] Kim T W，Ha H W，Paek M J，et al. Unique phase transformation behavior and visible light photocatalytic activity of titanium oxide hybridized with copper oxide. Journal of Materials Chemistry，2010，20（16）：3238-3245

[245] 段雪，张法智. 阴离子型插层结构功能材料的组装及应用. 北京：化学工业出版社，2007

[246] Boriotti S，Dennis D. Layered double hydroxides：Present and Future. New York：Nova Science Publishers，2001

[247] Velu S，Ramaswamy V，Ramani A，et al. New hydrotalcite-like anionic clays containing Zr^{4+} in the layers. Chemical Communications，1997，21：2107-2108

[248] Zeng H C，Xu Z P，Qian M. Synthesis of non-Al-containing hydrotalcite-like compound Mg0.3Co0.6 II Co-0.2（III）（OH）（2）（NO_3）（0.2）center dot H_2O. Chemistry of Materials，1998，10（8）：2277-2283

[249] Fernandez J M，Barriga C，Ulibarri M A，et al. Preparation and thermal-stability of manganese-containing hydrotalcite，Mg0.75Mn（II）0.04Mn（III）0.21（OH）2（CO_3）0.11.NH_2O. Journal of Materials Chemistry，1994，4（7）：1117-1121

[250] Iglesias A H，Ferreira O P，Gouveia D X，et al. Structural and thermal properties of Co-Cu-Fe hydrotalcite-like compounds. Journal of Solid State Chemistry，2005，178（1）：142-152

[251] Brindley G W，Kikkawa S. Crystal-chemical study of Mg，Al and Ni，Al hydroxy-perchlorates and hydroxy-carbonates. American Mineralogist，1979，64（7-8）：836-843

[252] Miyata S. Syntheses of hydrotalcite-like compounds and their structures and physicochemical properties .1. Systems Mg^{2+}-Al^{3+}-No^{-3}，Mg^{2+}-Al^{3+}-Cl^-，Mg^{2+}-Al^{3+}-ClO^{-4}，Ni_2P-Al^{3+}-Cl^- and Zn^{2+}-Al^{3+}-Cl. Clays and Clay Minerals，1975，23（5）：369-375

[253] Taylor H F W. Crystal-structures of some double hydroxide minerals. Mineralogical Magazine，1973，39（304）：377-389

[254] Mascolo G，Marino O. New synthesis and characterization of magnesium-aluminum hydroxides. Mineralogical Magazine，1980，43（329）：619-621

[255] Corma A，Fornes V，Martinaranda R M，et al. Determination of base properties of hydrotalcites-condensation of benzaldehyde with ethyl acetoacetate. Journal of Catalysis，1992，134（1）：58-65

[256] Hibino T，Yamshita Y，Kosuge K，et al. Decarbonation behavior of Mg-Al-Co-3 hydrotalcite-like compounds during heat-treatment. Clays and Clay Minerals，1995，43（4）：427-432

[257] Yun S K，Pinnavaia T J. Water-content and particle texture of synthetic hydrotalcite-like layered double hydroxides. Chemistry of Materials，1995，7（2）：348-354

[258] Reichle W T，Kang S Y，Everhardt D S. The nature of the thermal-decomposition of a catalytically active anionic clay mineral. Journal of Catalysis，1986，101（2）：352-359

[259] Han S H，Zhang C G，Hou W G，et al. Study on the preparation and structure of positive sol composed of mixed metal hydroxide. Colloid and Polymer Science，1996，274（9）：860-865

[260] 张慧，齐荣，刘丽娜，等. 镁铁双羟基复合金属氧化物的可控合成及晶面生长特征研究. 化学物理学报，2003，16（1）：45-50

[261] Feng Y J，Li D Q，Li C X，et al. Synthesis of Cu-containing layered double hydroxides with a narrow crystallite-size distribution. Clays and Clay Minerals，2003，51（5）：566-569

[262] 杨飘萍，宿美平，杨胥微，等. 尿素法合成高结晶度类水滑石. 无机化学学报，2003，19（1）：487-492

[263] Shaw W H R，Bordeaux J J. The decomposition of urea in aqueous media. Journal of the American Chemical Society，1955，77（18）：4729-4733

[264] He J X，Kobayashi K，Takahashi M，et al. Preparation of hybrid films of an anionic Ru（Ⅱ）cyanide polypyridyl complex with layered double hydroxides by the Langmuir-Blodgett method and their use as electrode modifiers. Thin Solid Films，2001，397（1-2）：255-265

[265] Adachi-Pagano M，Forano C，Besse J P. Synthesis of Al-rich hydrotalcite-like compounds by using the urea hydrolysis reaction-control of size and morphology. Journal of Materials Chemistry，2003，13（8）：1988-1993

[266] He J，Li B，Evans D G，et al. Synthesis of layered double hydroxides in an emulsion solution. Colloids and Surfaces a-Physicochemical and Engineering Aspects，2004，251（1-3）：191-196

[267] Delacaillerie J B D，Kermarec M，Clause O. Impregnation of gamma-alumina with Ni（Ⅱ）or Co（Ⅱ）ions at neutral pH - hydrotalcite-type coprecipitate formation and characterization. Journal of the American Chemical Society，1995，117（46）：11471-11481

[268] 毛纾冰，李殿卿，张法智，等. γ-Al_2O_3表面原位合成 Ni-Al-CO_3 LDHs 研究. 无机化学学报，2004，20（5）：596-603

[269] 张蕊，李殿卿，张法智，等. γ-Al_2O_3载体孔内原位合成水滑石. 复旦学报（自然科学版），2003，42（3）：333-338

[270] Lei X D，Yang L，Zhang F Z，et al. A novel gas-liquid contacting route for the synthesis of layered double hydroxides by decomposition of ammonium carbonate. Chemical Engineering Science，2006，61（8）：2730-2735

[271] 杜以波，何静，李峰，等. 微波技术在制备水滑石和柱撑水滑石中的应用. 应用科学学报，1998，16（3）：351-356

[272] Roy D M，Roy R，Osborn E F. The system MgO-Al_2O_3-H_2O and influence of carbonate and nitrate ions on the phase equilibria. American Journal of Science，1953，251（5）：337-361

[273] 矫庆泽，赵芸，谢晖，等. 水滑石的插层及其选择性红外吸收性能. 应用化学，2002，19（10）：1011-1013

[274] 邢颖，李殿卿，任玲玲，等. 超分子结构水杨酸根插层水滑石的组装及结构与性能研究. 化学学报，2003，61（2）：267-272

[275] He Q，Yin S，Sato T. Synthesis and photochemical properties of zinc-aluminum layered double hydroxide/organic UV ray absorbing molecule/silica nanocomposites. Journal of Physics and Chemistry of Solids，2004，65（2-3）：395-402

[276] 黄宝晟，李峰，张慧，等. 纳米双羟基复合金属氧化物的阻燃性能. 应用化学，2002，19（1）：71-75

[277] 赵芸，李峰，Evans D G，等. 纳米 LDH 对环氧树脂燃烧的抑烟作用. 应用化学，2002，19（10）：954-957

[278] 史翎，李殿卿，李素锋，等. Zn-Mg-Al-CO_3 LDHs 的结构及其抑烟和阻燃性能. 科学通报，2005，50（4）：327-330

[279] 赵芸，梁吉，李峰，等. 纳米 LDH 作为热稳定剂在 PMMA 中的应用. 应用化学，2003，20（4）：382-384

[280] Lin Y J，Li D Q，Evans D G，et al. Modulating effect of Mg-Al-CO_3 layered double hydroxides on the thermal stability of PVC resin. Polymer Degradation and Stability，2005，88（2）：286-293

[281] Tagaya H，Kuwahara T，Sato S，et al. Photoisomerization of indolinespirobenzopyran in layered double hydroxides. Journal of Materials Chemistry，1993，3（3）：317-318

[282] Kuwahara T，Tagaya H，Chiba K. Photochromism of spiropyran dye in Li-Al layered double hydroxide. Microporous Materials，1995，4（2-3）：247-250

[283] Guo S C，Li D Q，Zhang W F，et al. Preparation of an anionic azo pigment-pillared layered double hydroxide and the thermo- and photostability of the resulting intercalated material. Journal of Solid State Chemistry，2004，177（12）：4597-4604

[284] Khan A I，Lei L X，Norquist A J，et al. Intercalation and controlled release of pharmaceutically active compounds from a layered double hydroxide. Chemical Communications，2001，22：2342-2343

[285] Ambrogi V，Fardella G，Grandolini G，et al. Intercalation compounds of hydrotalcite-like anionic clays with antiinflammatory agents-Ⅰ. Intercalation and in vitro release of ibuprofen. International Journal of Pharmaceutics，2001，220（1-2）：23-32

[286] 孟锦，张慧，Evans D G，等. 超分子结构草甘膦插层水滑石的组装及结构研究. 高等学校化学学报，2003，24（7）：1315-1319

[287] Huang L，Li D Q，Evans D G，et al. Preparation of highly dispersed MgO and its bactericidal properties. European Physical Journal D，2005，34（1-3）：321-323

[288] Li X D，Yang W S，Li F，et al. Stoichiometric synthesis of pure $NiFe_2O_4$ spinel from layered double hydroxide precursors for use as the anode material in lithium-ion batteries rtyree. Journal of Physics and Chemistry of Solids，2006，67（5-6）：1286-1290

[289] Wang Y，Yang W S，Zhang S C，et al. Synthesis and electrochemical characterization of Co-Al layered double hydroxides. Journal of the Electrochemical Society，2005，152（11）：A2130-A2137

[290] Liu J J，Li F，Evans D G，et al. Stoichiometric synthesis of a pure ferrite from a tailored layered double hydroxide（hydrotalcite-like）precursor. Chemical Communications，2003，4：542-543

[291] Li F，Liu J J，Evans D G，et al. Stoichiometric synthesis of pure MFe_2O_4（M = Mg，Co，and Ni）spinel ferrites from tailored layered double hydroxide（hydrotalcite-like）precursors. Chemistry of Materials，2004，16（8）：1597-1602

[292] Yuan Q，Wei M，Wang Z Q，et al. Preparation and characterization of L-aspartic acid-intercalated layered double hydroxide. Clays and Clay Minerals，2004，52（1）：40-46

[293] Fogg A M，Green V M，Harvey H G，et al. New separation science using shape-selective ion exchange intercalation chemistry. Advanced Materials，1999，11（17）：1466-1469

[294] Novoselov K S，Geim A K，Morozov S V，et al. Electric field effect in atomically thin carbon films. Science，2004，306（5696）：666-669

[295] 陈莹莹，宓一鸣，阮勤超，等. 石墨烯的制备及应用的研究进展. 硅酸盐通报，2015，34（3）：755-763

[296] Chae H K，Siberio-Perez D Y，Kim J，et al. A route to high surface area，porosity and inclusion of large molecules in crystals. Nature，2004，427（6974）：523-527

[297] Lee C，Wei X，Kysar J W，et al. Measurement of the elastic properties and intrinsic strength of monolayer graphene. Science，2008，321（5887）：385-388

[298] Zhang Y B，Tan Y W，Stormer H L，et al. Experimental observation of the quantum Hall effect and Berry's phase in graphene. Nature，2005，438（7065）：201-204

[299] Zhu Y，Murali S，Cai W，et al. Graphene and graphene oxide：synthesis，properties，and applications. Advanced

Materials，2010，22（35）：3906-3924

[300] Novoselov K S，Jiang Z，Zhang Y，et al. Room-temperature quantum hall effect in graphene. Science，2007，315（5817）：1379-1379

[301] Novoselov K S，Geim A K，Morozov S V，et al. Two-dimensional gas of massless Dirac fermions in graphene. Nature，2005，438（7065）：197-200

[302] Dikin D A，Stankovich S，Zimney E J，et al. Preparation and characterization of graphene oxide paper. Nature，2007，448（7152）：457-460

[303] He H Y，Klinowski J，Forster M，et al. A new structural model for graphite oxide. Chemical Physics Letters，1998，287（1-2）：53-56

[304] Berger C，Song Z，Li X，et al. Electronic confinement and coherence in patterned epitaxial graphene. Science，2006，312（5777）：1191-1196

[305] Sprinkle M，Soukiassian P，de Heer W A，et al. Epitaxial graphene：the material for graphene electronics. Physica Status Solidi-Rapid Research Letters，2009，3（6）：A91-A94

[306] De Heer W A，Berger C，Wu X，et al. Epitaxial graphene. Solid State Communications，2007，143（1-2）：92-100

[307] Emtsev K V，Bostwick A，Horn K，et al. Towards wafer-size graphene layers by atmospheric pressure graphitization of silicon carbide. Nature Materials，2009，8（3）：203-207

[308] Gao L，Ren W，Xu H，et al. Repeated growth and bubbling transfer of graphene with millimetre-size single-crystal grains using platinum. Nature Communications，2012，3：699

[309] Somani P R，Somani S P，Umeno M. Planer nano-graphenes from camphor by CVD. Chemical Physics Letters，2006，430（1-3）：56-59

[310] Tang Y B，Lee C S，Chen Z H，et al. High-quality graphenes via a facile quenching method for field-effect transistors. Nano Letters，2009，9（4）：1374-1377

[311] Jiang B，Tian C，Wang L，et al. Facile fabrication of high quality graphene from expandable graphite：simultaneous exfoliation and reduction. Chemical Communications，2010，46（27）：4920-4922

[312] Chakrabarti A，Lu J，Skrabutenas J C，et al. Conversion of carbon dioxide to few-layer graphene. Journal of Materials Chemistry，2011，21（26）：9491-9493

[313] Zhou S，Zhang H，Zhao Q，et al. Graphene-wrapped polyaniline nanofibers as electrode materials for organic supercapacitors. Carbon，2013，52：440-450

[314] Liu Y，Yan D，Zhuo R，et al. Design，hydrothermal synthesis and electrochemical properties of porous birnessite-type manganese dioxide nanosheets on graphene as a hybrid material for supercapacitors. Journal of Power Sources，2013，242：78-85

[315] Secor E B，Prabhumirashi P L，Puntambekar K，et al. Inkjet printing of high conductivity，flexible graphene patterns. Journal of Physical Chemistry Letters，2013，4（8）：1347-1351

[316] Zhao H，Yang J，Wang L，et al. Fabrication of a palladium nanoparticle/graphene nanosheet hybrid via sacrifice of a copper template and its application in catalytic oxidation of formic acid. Chemical Communications，2011，47（7）：2014-2016

[317] Xu C，Cui A，Xu Y，et al. Graphene oxide-TiO_2 composite filtration membranes and their potential application for water purification. Carbon，2013，62：465-471

[318] Zeng L，Wang R，Zhu L，et al. Graphene and CdS nanocomposite：a facile interface for construction of DNA-based electrochemical biosensor and its application to the determination of phenformin. Colloids and Surfaces B-Biointerfaces，2013，110：8-14

[319] Guo G F，Huang H，Xue F H，et al. Electrochemical hydrogen storage of the graphene sheets prepared by DC arc-discharge method. Surface and Coatings Technology，2013，228：S120-S125

[320] Chu S，Hu L，Hu X，et al. Titanium-embedded graphene as high-capacity hydrogen-storage media. International Journal of Hydrogen Energy，2011，36（19）：12324-12328

[321] Wang Q H，Kalantar-Zadeh K，Kis A，et al. Electronics and optoelectronics of two-dimensional transition metal dichalcogenides. Nature Nanotechnology，2012，7（11）：699-712

[322] Chhowalla M，Shin H S，Eda G，et al. The chemistry of two-dimensional layered transition metal dichalcogenide nanosheets. Nature Chemistry，2013，5（4）：263-275

[323] Benavente E，Santa Ana M A，Mendizabal F，et al. Intercalation chemistry of molybdenum disulfide. Coordination Chemistry Reviews，2002，224（1-2）：87-109

[324] Liu K K，Zhang W，Lee Y H，et al. Growth of large-area and highly crystalline MoS_2 thin layers on insulating substrates. Nano Letters，2012，12（3）：1538-1544

[325] Lee Y H，Zhang X Q，Zhang W，et al. Synthesis of large-area MoS_2 atomic layers with chemical vapor deposition. Advanced Materials，2012，24（17）：2320-2325

[326] Shi Y，Zhou W，Lu A Y，et al. Van der waals epitaxy of MoS_2 layers using graphene as growth templates. Nano Letters，2012，12（6）：2784-2791

[327] Li X L，Li Y D. MoS_2 nanostructures：synthesis and electrochemical Mg^{2+} intercalation. Journal of Physical Chemistry B，2004，108（37）：13893-13900

[328] Ma L，Xu L M，Xu X Y，et al. Synthesis and characterization of flower-like MoS_2 microspheres by a facile hydrothermal route. Materials Letters，2009，63（23）：2022-2024

[329] Lin H，Chen X，Li H，et al. Hydrothermal synthesis and characterization of MoS_2 nanorods. Materials Letters，2010，64（15）：1748-1750

[330] Tian Y，He Y，Zhu Y F. Low temperature synthesis and characterization of molybdenum disulfide nanotubes and nanorods. Materials Chemistry and Physics，2004，87（1）：87-90

[331] Mastai Y，Homyonfer M，Gedanken A，Hodes G. Room temperature sonoelectrochemical synthesis of molybdenum sulfide fullerene-like nanoparticles. Advanced Materials，1999，11（12）：1010-1013

[332] Sano N，Wang H L，Chhowalla M，et al. Fabrication of inorganic molybdenum disulfide fullerenes by arc in water. Chemical Physics Letters，2003，368（3-4）：331-337

[333] Golub A S，Shumilova I B，Novikov Y N，et al. Phenanthroline intercalation into molybdenum disulfide. Solid State Ionics，1996，91（3-4）：307-314

[334] Bissessur R，White W. Novel alkyl substituted polyanilines/molybdenum disulfide nanocomposites. Materials Chemistry and Physics，2006，99（2-3）：214-219

[335] Bissessur R，Liu P K Y. Direct insertion of polypyrrole into molybdenum disulfide. Solid State Ionics，2006，177（1-2）：191-196

[336] Golub A S，Protsenko G A，Gumileva L V，et al. The formation of intercalation compounds of MOS_2 with cations

of alkali-metals and alkylammonium from monolayer dispersion of molybdenum-disulfide. Russian Chemical Bulletin，1993，42（4）：632-634

[337] Min S，Lu G. Sites for high efficient photocatalytic hydrogen evolution on a limited-layered MoS_2 cocatalyst confined on graphene sheets-the role of graphene. Journal of Physical Chemistry C，2012，116（48）：25415-25424

[338] Xiang Q，Yu J，Jaroniec M. Synergetic effect of MoS_2 and graphene as cocatalysts for enhanced photocatalytic H-2 production activity of TiO_2 nanoparticles. Journal of the American Chemical Society，2012，134（15）：6575-6578

[339] 朱力华，张大全，高立新. 智能防腐涂层的研究进展. 腐蚀科学与防护技术，2015，27（2）：203-206

[340] Zhang J，Frankel G S. Corrosion-sensing behavior of an acrylic-based coating system. Corrosion，1999，55（10）：957-967

[341] Augustyniak A，Ming W. Early detection of aluminum corrosion via “turn-on” fluorescence in smart coatings. Progress in Organic Coatings，2011，71（4）：406-412

[342] Augustyniak A，Tsavalas J，Ming W. Early detection of steel corrosion via “Turn-On” fluorescence in smart epoxy coatings. Acs Applied Materials and Interfaces，2009，1（11）：2618-2623

[343] Kalendova A，Vesely D，Stejskal J. Organic coatings containing polyaniline and inorganic pigments as corrosion inhibitors. Progress in Organic Coatings，2008，62（1）：105-116

[344] Arefinia R，Shojaei A，Shariatpanahi H，Neshati J. Anticorrosion properties of smart coating based on polyaniline nanoparticles/epoxy-ester system. Progress in Organic Coatings，2012，75（4）：502-508

[345] White S R，Sottos N R，Geubelle P H，et al. Autonomic healing of polymer composites. Nature，2001，409（6822）：794-797

[346] 鄢瑛，罗永平，张会平. 自修复微胶囊的制备及其性能研究. 高校化学工程学报，2011，25（3）：513-518

[347] 朱孟花，齐晶瑶，李欣. 自修复微胶囊复合材料的制备及力学性能研究. 材料科学与工艺，2011，19（5）：63-66

[348] Yuan Y C，Rong M Z，Zhang M Q，et al. Study of factors related to performance improvement of self-healing epoxy based on dual encapsulated healant. Polymer，2009，50（24）：5771-5781

[349] 童晓梅，张敏，张婷，等. 自修复聚脲甲醛微胶囊的制备及成囊机理研究. 塑料科技，2009，37（1）：64-67

[350] Cho S H，White S R，Braun P V. Self-healing polymer coatings. Advanced Materials，2009，21（6）：645-649

[351] Sun W，Wang L，Wu T，et al. Alpha-Mn_2O_3-catalyzed adsorption reaction of benzotriazole for “smart” corrosion protection of copper. Corrosion Science，2014，82：1-6

[352] 武婷婷，王立达，孙文，等. 负载缓蚀剂的微米容器对涂层防腐性能的影响. 电镀与涂饰，2013，32（6）：57-61

[353] Chen J Y，Chen X B，Li J L，et al. Electrosprayed PLGA smart containers for active anti-corrosion coating on magnesium alloy AMlite. Journal of Materials Chemistry A，2014，2（16）：5738-5743

[354] Vimalanandan A，Lv L P，Hai T，et al. Redox-responsive self-healing for corrosion protection. Advanced Materials，2013，25（48）：6980-6984

[355] Kendig M，Hon M，Warren L. ‘Smart’ corrosion inhibiting coatings. Progress in Organic Coatings，2003，47（3-4）：183-189

[356] 刘洋，王立达，武婷婷，等. PANI/氧化锌复合膜的制备及其防腐性能. 电镀与涂饰，2013，32（4）：69-72

[357] Andreeva D V，Fix D，Moehwald H，et al. Self-healing anticorrosion coatings based on pH-sensitive

polyelectrolyte/inhibitor sandwichlike nanostructures. Advanced Materials，2008，20（14）：2789-2794

[358] Shchukin D G，Zheludkevich M，Yasakau K，et al. Layer-by-layer assembled nanocontainers for self-healing corrosion protection. Advanced Materials，2006，18（13）：1672-1678

[359] 陈向荣，丁小斌，郑朝晖，等. 聚合物纳米容器的研究进展. 化学进展，2004，16（3）：370-375

[360] Ambrogi V，Fardella G，Grandolini G，et al. Intercalation compounds of hydrotalcite-like anionic clays with anti-inflammatory agents，Ⅱ：uptake of diclofenac for a controlled release formulation. AAPS PharmSciTech，2002，3（3）：E26-E26

[361] Boyd G E，Adamson A W，Myers L S. The exchange adsorption of ions from aqueous solutions by organic zeolites. 2. Journal of the American Chemical Society，1947，69（11）：2836-2848

[362] Bhaskar R，Murthy R S R，Miglani B D，et al. Novel method to evaluate diffusion controlled release of drug from resinate. International Journal of Pharmaceutics，1986，28（1）：59-66

[363] Higuchi T. Mechanism of sustained-action medication - theoretical analysis of rate of release of solid drugs dispersed in solid matrices. Journal of Pharmaceutical Sciences，1963，52（12）：1145-1149

[364] Higuchi T. Rate of release of medicaments from ointment bases containing drugs in suspension. Journal of Pharmaceutical Sciences，1961，50（10）：874-875

[365] Ritger P L，Peppas N A. A simple equation for description of solute release I. Fickian and non-fickian release from non-swellable devices in the form of slabs，spheres，cylinders or discs. Journal of Controlled Release，1987，5（1）：23-36

[366] Cheung C W，Porter J F，McKay G. Sorption kinetics for the removal of copper and zinc from effluents using bone char. Separation and Purification Technology，2000，19（1-2）：55-64

[367] Robertson W D. Molybdate and tungstate as corrosion inhibitors and the mechanism of inhibition. Journal of the Electrochemical Society，1951，98（3）：94-100

[368] Ilevbare G O，Burstein G T. The inhibition of pitting corrosion of stainless steels by chromate and molybdate ions. Corrosion Science，2003，45（7）：1545-1569

[369] 于湘. 缓蚀剂插层类水滑石/氧化物材料用于镁合金防腐研究. 哈尔滨：哈尔滨工程大学博士学位论文，2009

[370] Buchheit R G，Guan H，Mahajanam S，et al. Active corrosion protection and corrosion sensing in chromate-free organic coatings. Progress in Organic Coatings，2003，47（3-4）：174-182

[371] 吴俊升，肖葵，李欣荣，等. 离子交换型缓蚀填料在防腐蚀涂层中的应用——Ⅱ阴离子交换型填料. 腐蚀与防护，2011，32（6）：458-462

[372] Chico B，Simancas J，Vega J M，et al. Anticorrosive behaviour of alkyd paints formulated with ion-exchange pigments. Progress in Organic Coatings，2008，61（2-4）：283-290

[373] Alvarez D，Collazo A，Hernandez M，et al. Characterization of hybrid sol-gel coatings doped with hydrotalcite-like compounds to improve corrosion resistance of AA2024-T3 alloys. Progress in Organic Coatings，2010，67（2）：152-160

[374] 吴俊升，肖葵，李欣荣，等. 离子交换型缓蚀填料在防腐蚀涂层中的应用——Ⅰ阳离子交换型填料. 腐蚀与防护，2011，32（5）：377-380

[375] Bohm S，McMurray H N，Powell S M，et al. Novel environment friendly corrosion inhibitor pigments based on naturally occurring clay minerals. Materials and Corrosion-Werkstoffe Und Korrosion，2001，52（12）：896-903

[376] Loveridge M J，McMurray H N，Worsley D A. Chrome free pigments for corrosion protection in coil coated galvanised steels. Corrosion Engineering Science and Technology，2006，41（3）：240-248

[377] Williams G，McMurray H N，Loveridge M J. Inhibition of corrosion-driven organic coating disbondment on galvanised steel by smart release group Ⅱ and Zn（Ⅱ）-exchanged bentonite pigments. Electrochimica Acta，2010，55（5）：1740-1748

[378] Truc T A，Hang T T X，Oanh V K，et al. Incorporation of an indole-3 butyric acid modified clay in epoxy resin for corrosion protection of carbon steel. Surface and Coatings Technology，2008，202（20）：4945-4951

[379] Williams G，McMurray H N. Inhibition of filiform corrosion on polymer coated AA2024-T3 by hydrotalcite-like pigments incorporating organic anions. Electrochemical and Solid State Letters，2004，7（5）：B13-B15

[380] Williams G，McMurray H N. Anion-exchange inhibition of filiform corrosion on organic coated AA2024-T3 aluminum alloy by hydrotalcite-like pigments. Electrochemical and Solid State Letters，2003，6（3）：B9-B11

[381] Buchheit R G，Mamidipally S B，Schmutz P，et al. Active corrosion protection in Ce-modified hydrotalcite conversion coatings. Corrosion，2002，58（1）：3-14

[382] Zhang W，Buchheit R G. Hydrotalcite coating formation on Al-Cu-Mg alloys from oxidizing bath chemistries. Corrosion，2002，58（7）：591-600

[383] Kendig M，Hon M. A hydrotalcite-like pigment containing an organic anion corrosion inhibitor. Electrochemical and Solid State Letters，2005，8（3）：B10-B11

[384] 宋诗哲，唐子龙. 工业纯铝在3.5% NaCl溶液中的电化学阻抗谱分析. 中国腐蚀与防护学报，1996，16（2）：127-132

[385] Hintze P E，Calle L M. Electrochemical properties and corrosion protection of organosilane self-assembled monolayers on aluminum 2024-T3. Electrochimica Acta，2006，51（8-9）：1761-1766

[386] Mitra A，Wang Z B，Cao T G，et al. Synthesis and corrosion resistance of high-silica zeolite MTW，BEA，and MFI coatings on steel and aluminum. Journal of the Electrochemical Society，2002，149（10）：B472-B478

[387] Song Y，Shan D，Chen R，et al. Corrosion characterization of Mg-8Li alloy in NaCl solution. Corrosion Science，2009，51（5）：1087-1094

[388] Wang L，Zhang B P，Shinohara T. Corrosion behavior of AZ91 magnesium alloy in dilute NaCl solutions. Materials and Design，2010，31（2）：857-863

[389] Yang L，Li J，Zheng Y，et al. Electroless Ni-P plating with molybdate pretreatment on Mg-8Li alloy. Journal of Alloys and Compounds，2009，467（1-2）：562-566

[390] 庄丽宏，吕振波，田彦文，等. 铜腐蚀及其缓蚀技术应用研究现状. 腐蚀科学与防护技术，2005，17（6）：418-421

[391] Mahajanarn S P V，Buchheit R G. Characterization of inhibitor release from Zn-Al- V10O28（6-）hydrotalcite pigments and corrosion protection from hydrotalcite-pigmented epoxy coatings. Corrosion，2008，64（3）：230-240

[392] Zhang F，Sun M，Xu S，et al. Fabrication of oriented layered double hydroxide films by spin coating and their use in corrosion protection. Chemical Engineering Journal，2008，141（1-3）：362-367

[393] 全贞兰，张冬梅，侯万国. 天冬氨酸插层ZnAl双金属氢氧化物的制备及其对铜的缓蚀性能研究. 腐蚀科学与防护技术，2011，23（2）：151-154

[394] 张昕，全贞兰. 半胱氨酸表面修饰的层状双金属氢氧化物薄膜对铜的缓蚀性能. 青岛科技大学学报（自然科

学版），2011，32（4）：356-360

[395] Guo X，Xu S，Zhao L，et al. One-step hydrothermal crystallization of a layered double hydroxide/alumina bilayer film on aluminum and its corrosion resistance properties. Langmuir，2009，25（17）：9894-9897

[396] Zhang F，Zhao L，Chen H，et al. Corrosion resistance of superhydrophobic layered double hydroxide films on aluminum. Angewandte Chemie-International Edition，2008，47（13）：2466-2469

[397] Lin J K，Hsia C L，Uan J Y. Characterization of Mg，Al-hydrotalcite conversion film on Mg alloy and Cl^- and CO_3^{2-} anion-exchangeability of the film in a corrosive environment. Scripta Materialia，2007，56（11）：927-930

[398] Lin J K，Uan J Y. Formation of Mg，Al-hydrotalcite conversion coating on Mg alloy in aqueous HCO_3^- /CO_3^{2-} and corresponding protection against corrosion by the coating. Corrosion Science，2009，51（5）：1181-1188

[399] Wang J，Li D，Yu X，et al. Hydrotalcite conversion coating on Mg alloy and its corrosion resistance. Journal of Alloys and Compounds，2010，494（1-2）：271-274

[400] Chen J，Song Y，Shan D，et al. Study of the corrosion mechanism of the in situ grown Mg-Al-CO_3^{2-} hydrotalcite film on AZ31 alloy. Corrosion Science，2012，65：268-277

[401] Chen J，Song Y，Shan D，et al. Modifications of the hydrotalcite film on AZ31 Mg alloy by phytic acid：the effects on morphology，composition and corrosion resistance. Corrosion Science，2013，74：130-138

[402] Ishizaki T，Chiba S，Suzuki H. In situ formation of anticorrosive Mg-Al layered double hydroxide-containing magnesium hydroxide film on magnesium alloy by steam coating. Ecs Electrochemistry Letters，2013，2（5）：C15-C17

[403] Kuzawa K，Jung Y J，Kiso Y，et al. Phosphate removal and recovery with a synthetic hydrotalcite as an adsorbent. Chemosphere，2006，62（1）：45-52

[404] Yi J L，Zhang X M，Chen M A，et al. Effect of Na_2CO_3 on corrosion resistance of cerium conversion film on Mg-Gd-Y-Zr magnesium alloy surface. Scripta Materialia，2008，59（9）：955-958

[405] Meyerhofer D. Characteristics of resist films produced by spinning. Journal of Applied Physics，1978，49（7）：3993-3997

[406] Lei X，Wang L，Zhao X，et al. Oriented CuZnAl ternary layered double hydroxide films：in situ hydrothermal growth and anticorrosion properties. Industrial and Engineering Chemistry Research，2013，52（50）：17934-17940

[407] 彭哲超. 在铜表面制备 LDHs 薄膜及其缓蚀性能研究. 青岛：青岛科技大学硕士学位论文，2014

[408] Kirschner C M，Brennan A B. Bio-inspired antifouling strategies. Annual Review of Materials Research，2012，42（1）：211-229

[409] Verhulsel M，Vignes M，Descroix S，et al. A review of microfabrication and hydrogel engineering for micro-organs on chips. Biomaterials，2014，35（6）：1816-1832

[410] Thiele J，Ma Y，Bruekers S M C，et al. 25th Anniversary article：designer hydrogels for cell cultures：a materials selection guide. Advanced Materials，2014，26（1）：125-148

[411] Wang Q，Mynar J L，Yoshida M，et al. High-water-content mouldable hydrogels by mixing clay and a dendritic molecular binder. Nature，2010，463（7279）：339-343

[412] Lee W F，Chen Y C. Effects of intercalated hydrotalcite on drug release behavior for poly（acrylic acid-co-N-isopropyl acrylamide）/intercalated hydrotalcite hydrogels. European Polymer Journal，2006，42（7）：1634-1642

[413] Lee W F，Chen Y C. Effect of intercalated hydrotalcite on swelling and mechanical behavior for poly（acrylic

acid-co-N-isopropylacrylamide）/hydrotalcite nanocomposite hydrogels. Journal of Applied Polymer Science，2005，98（4）：1572-1580

[414] Kumar M，Muzzarelli R A A，Muzzarelli C，et al. Chitosan chemistry and pharmaceutical perspectives. Chemical Reviews，2004，104（12）：6017-6084

[415] 李红良，刘谦. 海洋防腐涂料的研究进展. 宁波化工，2011，2：27-31

[416] Veleva L，Chin J，del Amo B. Corrosion electrochemical behavior of epoxy anticorrosive paints based on zinc molybdenum phosphate and zinc oxide. Progress in Organic Coatings，1999，36（4）：211-216

[417] Zhang X，Wang F，Du Y. Effect of nano-sized titanium powder addition on corrosion performance of epoxy coatings. Surface and Coatings Technology，2007，201（16-17）：7241-7245

[418] Bagherzadeh M R，Mahdavi F. Preparation of epoxy-clay nanocomposite and investigation on its anti-corrosive behavior in epoxy coating. Progress in Organic Coatings，2007，60（2）：117-120

[419] Yu H J，Wang L，Shi Q，et al. Study on nano-$CaCO_3$ modified epoxy powder coatings. Progress in Organic Coatings，2006，55（3）：296-300

[420] Yang L H，Liu F C，Han E H. Effects of P/B on the properties of anticorrosive coatings with different particle size. Progress in Organic Coatings，2005，53（2）：91-98

[421] 王耀文. PANI 与石墨烯的制备及其在防腐涂料中的应用. 哈尔滨：哈尔滨工程大学硕士学位论文，2012

[422] Malucelli G，Di Gianni A，Deflorian F，et al. Preparation of ultraviolet-cured nanocomposite coatings for protecting against corrosion of metal substrates. Corrosion Science，2009，51（8）：1762-1771

[423] 于湘，王君，杨黎晖，等. $[V_{10}O_{28}]^{6-}$柱撑纳米水滑石在 AZ31 镁合金有机防腐涂层中的应用. 电镀与涂饰，2008，27（9）：50-53

[424] 叶青萱. 纳米材料改性聚氨酯近期进展. 化学推进剂与高分子材料，2014，12（6）：1-9

[425] 陈晶晶，朱传方，秦正妮，等. 纳米 SiO_2 含量对水性聚氨酯复合材料性能的影响. 应用化学，2008，25（9）：1047-1051

[426] 曲家乐，王全杰，王闪闪，等. 纳米二氧化硅改性水性聚氨酯. 皮革与化工，2013，30（1）：1-7

[427] Qiu F，Xu H，Wang Y，et al. Preparation，characterization and properties of UV-curable waterborne polyurethane acrylate/SiO_2 coating. Journal of Coatings Technology and Research，2012，9（5）：503-514

[428] 罗晓民，吴东秋，杨菲菲，等. 纳米 TiO_2 晶形对合成革用阴离子水性聚氨酯性能的影响. 精细化工，2012，29（11）：1103-1107

[429] 刘士荣，徐杨军，倪忠斌，等. 水性聚氨酯/纳米 TiO_2 复合乳液制备及其抗菌性能的研究. 化学研究与应用，2013，25（8）：1144-1148

[430] 何海平，许淳淳. 改性聚氨酯乳液在铁质文物保护中的应用. 北京化工大学学报，2005，32（2）：47-50

[431] 高翠，曾晓飞，陈建峰. 多壁碳纳米管的表面改性及其在水性聚氨酯体系中的应用. 化学反应工程与工艺，2012，28（3）：244-250

[432] 马学勇. 水性聚氨酯基纳米氧化锌复合材料的制备及其性能研究. 广州：华南理工大学硕士学位论文，2010

[433] 王亮，张军营，史翎. 纳米 Al_2O_3 的表面改性及其对水性聚氨酯涂膜耐磨性的影响. 化工新型材料，2008，36（11）：65-66

[434] 侯孟华，刘伟区，黎艳，等. 水性聚氨酯/硅烷蒙脱土纳米复合材料的制备与性能. 石油化工，2005，34（7）：677-680

[435] Javaheriannaghash H，Ghazavi N. Preparation and characterization of water-based polyurethane-acrylic hybrid nanocomposite emulsion based on a new silane-containing acrylic macromonomer. Journal of Coatings Technology and Research，2012，9（3）：323-336

[436] Jin H，Wie J J，Kim S C. Effect of organoclays on the properties of polyurethane/clay nanocomposite coatings. Journal of Applied Polymer Science，2010，117（4）：2090-2100

[437] Sreedhar B，Chattopadhyay D K，Swapna V. Thermal and surface characterization of polyurethane-urea clay nanocomposite coatings. Journal of Applied Polymer Science，2006，100（3）：2393-2401

[438] Rahman M M，Kim H D，Lee W K. Preparation and characterization of waterborne polyurethane/clay nanocomposite：effect on water vapor permeability. Journal of Applied Polymer Science，2008，110（6）：3697-3705

[439] Hu H，Yuan Y，Shi W. Preparation of waterborne hyperbranched polyurethane acrylate/LDH nanocomposite. Progress in Organic Coatings，2012，75（4）：474-479

[440] 孙家干，杨建军，张建安，等. 有机改性高岭土/聚氨酯纳米复合材料的制备与表征. 高分子材料科学与工程，2012，28（2）：128-131

[441] Deberry D. Modification of the electrochemical and corrosion behavior of stainless steel with electroactive coating Journal of the Electrochemical Society，1985，132（5）：1022-1026

[442] Wrobleski D，Benecewicz B，Thompson K，et al. Corrosion resistant coating from conducting polyaniline. Polymer Preprint，1994，35（1）：264-268

[443] McAndrew T. Corrosion prevention with electrically conductive polymers. Trends in Polymer Science，1997，5（1）：7-12

[444] Fang J，Xu K，Zhu L，et al. A study on mechanism of corrosion protection of polyaniline coating and its failure. Corrosion Science，2007，49（11）：4232-4242

[445] Sathiyanarayanan S，Azim S S，Venkatachari G. Preparation of polyaniline-TiO_2 composite and its comparative corrosion protection performance with polyaniline. Synthetic Metals，2007，157（4-5）：205-213

[446] Meroufel A，Deslouis C，Touzain S. Electrochemical and anticorrosion performances of zinc-rich and polyaniline powder coatings. Electrochimica Acta，2008，53（5）：2331-2338

[447] Radhakrishnan S，Sonawane N，Siju C R. Epoxy powder coatings containing polyaniline for enhanced corrosion protection. Progress in Organic Coatings，2009，64（4）：383-386

[448] Da Silva J E P，de Torresi S I C，Torresi R M. Polyaniline acrylic coatings for corrosion inhibition：the role played by counter-ions. Corrosion Science，2005，47（3）：811-822

[449] Wessling B. Passivation of metals by coating with polyaniline-corrosion potential shift and morphological-changes. Advanced Materials，1994，6（3）：226-228

[450] Fahlman M，Jasty S，Epstein A J. Corrosion protection of iron/steel by emeraldine base polyaniline：an X-ray photoelectron spectroscopy study. Synthetic Metals，1997，85（1-3）：1323-1326

[451] Lu W K，Elsenbaumer R L，Wessling B. Corrosion protection of mild-steel by coatings containing polyaniline. Synthetic Metals，1995，71（1-3）：2163-2166

[452] Beard B C，Spellane P. XPS evidence of redox chemistry between cold rolled steel and polyaniline. Chemistry of Materials，1997，9（9）：1949-1953

[453] Ahmad N，MacDiarmid A G. Inhibition of corrosion of steels with the exploitation of conducting polymers. Synthetic Metals，1996，78（2）：103-110

[454] Li Y，Zhang H，Wang X，et al. Role of dissolved oxygen diffusion in coating defect protection by emeraldine base. Synthetic Metals，2011，161（21-22）：2312-2317

[455] Li Y，Zhang H，Wang X，et al. Growth kinetics of oxide films at the polyaniline/mild steel interface. Corrosion Science，2011，53（12）：4044-4049

[456] Karpakam V，Kamaraj K，Sathiyanarayanan S，et al. Electrosynthesis of polyaniline-molybdate coating on steel and its corrosion protection performance. Electrochimica Acta，2011，56（5）：2165-2173

[457] Sathiyanarayanan S，Dhawan S K，Trivedi D C，et al. Soluble conducting polyethoxy aniline as an inhibitor for iron in HCl. Corrosion Science，1992，33（12）：1831-1841

[458] Kinlen P J，Silverman D C，Jeffreys C R. Corrosion protection using polyaniline coating formulations. Synthetic Metals，1997，85（1-3）：1327-1332

[459] Schauer T，Joos A，Dulog L，et al. Protection of iron against corrosion with polyaniline primers. Progress in Organic Coatings，1998，33（1）：20-27

[460] Jain F C，Rosato J J，Kalonia K S，et al. Formation of an active electronic barrier at Al semiconductor interfaces - a novel-approach in corrosion prevention. Corrosion，1986，42（12）：700-707

[461] Xiong S，Phua S L，Dunn B S，et al. Covalently bonded polyaniline-TiO_2 hybrids：a facile approach to highly stable anodic electrochromic materials with low oxidation potentials. Chemistry of Materials，2010，22（1）：255-260

[462] Su S J，Kuramoto N. Processable polyaniline-titanium dioxide nanocomposites：effect of titanium dioxide on the conductivity. Synthetic Metals，2000，114（2）：147-153

[463] Zhang L J，Wan M X，Wei Y. Polyaniline/TiO_2 microspheres prepared by a template-free method. Synthetic Metals，2005，151（1）：1-5

[464] Tanami G，Gutkin V，Mandler D. Thin nanocomposite films of polyaniline/Au nanoparticles by the Langmuir-Blodgett technique. Langmuir，2010，26（6）：4239-4245

[465] Sohn J I，Kim J W，Kim B H，et al. Application of emulsion intercalated conducting polymer-clay nanocomposite. Molecular Crystals and Liquid Crystals，2002，377：333-336

[466] Karatchevtseva I，Zhang Z，Hanna J，et al. Electrosynthesis of macroporous polyaniline-V_2O_5 nanocomposites and their unusual magnetic properties. Chemistry of Materials，2006，18（20）：4908-4916

[467] Deng J G，He C L，Peng Y X，et al. Magnetic and conductive Fe_3O_4-polyaniline nanoparticles with core-shell structure. Synthetic Metals，2003，139（2）：295-301

[468] Xuan S，Wang Y X J，Leung K C F，et al. Synthesis of Fe（3）O（4）@polyaniline core/shell microspheres with well-defined blackberry-like morphology. Journal of Physical Chemistry C，2008，112（48）：18804-18809

[469] Bian C，Xue G. Nanocomposites based on rutile-TiO_2 and polyaniline. Materials Letters，2007，61（6）：1299-1302

[470] Xu J C，Liu W M，Li H L. Titanium dioxide doped polyaniline. Materials Science and Engineering C-Biomimetic and Supramolecular Systems，2005，25（4）：444-447

[471] Li J，Zhu L，Wu Y，et al. Hybrid composites of conductive polyaniline and nanocrystalline titanium oxide prepared via self-assembling and graft polymerization. Polymer，2006，47（21）：7361-7367

[472] Xiong S X，Wang Q，Xia H. Template synthesis of polyaniline/TiO_2 bilayer microtubes. Synthetic Metals，2004，

146（1）：37-42

[473] Oh M，Park S J，Jung Y，et al. Electrochemical properties of polyaniline composite electrodes prepared by in-situ polymerization in titanium dioxide dispersed aqueous solution. Synthetic Metals，2012，162（7-8）：695-701

[474] Xu P，Han X，Jiang J，et al. Synthesis and characterization of novel coralloid polyaniline/$BaFe_{12}O_{19}$ nanocomposites. Journal of Physical Chemistry C，2007，111（34）：12603-12608

[475] Gill M，Mykytiuk J，Armes S P，et al. Novel colloidal polyaniline silica composites. Journal of the Chemical Society-Chemical Communications，1992，2：108-109

[476] Xiao P，Xiao M，Liu P G，et al. Direct synthesis of a polyaniline-intercalated graphite oxide nanocomposite. Carbon，2000，38（4）：626-628

[477] Al-Mashat L，Shin K，Kalantar-zadeh K，et al. Graphene/polyaniline nanocomposite for hydrogen sensing. Journal of Physical Chemistry C，2010，114（39）：16168-16173

[478] Wu Q，Xu Y，Yao Z，et al. Supercapacitors based on flexible graphene/polyaniline nanofiber composite films. Acs Nano，2010，4（4）：1963-1970

[479] Liao Y，Zhang C，Zhang Y，et al. Carbon nanotube/polyaniline composite nanofibers：facile synthesis and chemosensors. Nano Letters，2011，11（3）：954-959

[480] Shao D，Hu J，Chen C L，et al. Polyaniline multiwalled carbon nanotube magnetic composite prepared by plasma-induced graft technique and its application for removal of aniline and phenol. Journal of Physical Chemistry C，2010，114（49）：21524-21530

[481] Long Y Z，Chen Z J，Duvail J L，et al. Electrical and magnetic properties of polyaniline/Fe_3O_4 nanostructures. Physica B-Condensed Matter，2005，370（1-4）：121-130

[482] Wan M X，Li S Z，Li J C. Magnetic properties of doped polyaniline with tetrachloferrate counter-ions. Solid State Communications，1996，97（6）：527-530

[483] Wang S X，Tan Z C，Li Y S，et al. Synthesis，characterization and thermal analysis of polyaniline/ZrO_2composites. Thermochimica Acta，2006，441（2）：191-194

[484] Liu Y，Liu P，Su Z. Core-shell attapulgite@polyaniline composite particles via in situ oxidative polymerization. Synthetic Metals，2007，157（13-15）：585-591

[485] Anaissi F J，Demets G J F，Timm R A，et al. Hybrid polyaniline/bentonite-vanadium（V）oxide nanocomposites. Materials Science and Engineering a-Structural Materials Properties Microstructure and Processing，2003，347（1-2）：374-381

[486] Kinomura N，Toyama T，Kumada N. Intercalative polymerization of aniline in $VOPO_4$-CENTER-DOT-2H（2）O. Solid State Ionics，1995，78（3-4）：281-286

[487] Ray S S，Okamoto M. Polymer/layered silicate nanocomposites：a review from preparation to processing. Progress in Polymer Science，2003，28（11）：1539-1641

[488] 刘汉功，王云普，杨超，等. PANI/蒙脱土/水性氟碳树脂复合防腐涂料的研究. 现代涂料与涂装，2007，10（12）：5-8

[489] 李玉峰，高晓辉. 聚苯乙烯磺酸掺杂PANI/蒙脱土复合材料的制备与表征. 功能高分子学报，2008，21（3）：322-326

[490] 李志涛. 聚2，3-二甲基苯胺及其无机纳米复合物的制备及防腐性能研究. 重庆：重庆大学博士学位论文，2014

[491] Hu J，Gan M，Ma L，et al. Synthesis and anticorrosive properties of polymer-clay nanocomposites via chemical grafting of polyaniline onto Zn-Al layered double hydroxides. Surface and Coating Technology，2014，240：55-62

[492] Wong F，Buchheit R G. Utilizing the structrual memory effect of layered double hydroxides for sensing water uptake in organic coating. Progress in Organic Coatings，2004，51（2）：91-102

[493] Buchheit R G，Guan H，Mahajanam S，et al. Active corrosion protection and corrosion sensing in chromate-free organic coatings. Progress in Organic Coatings，2003，47（3/4）：174-182

[494] Lv L，He J，Wei M，et al. Uptake of chloride ion from aqueous solution by calcined layered double hydroxides：equilibrium and kinetic studies. Water Research，2006，40（4）：735-743

[495] 唐聿明，牛乐，左禹. 焙烧水滑石对含氯中性化混凝土孔隙液中钢筋腐蚀行为的影响. 电化学，2010，16（4）：368-372